酷炫的网页

简洁的网页

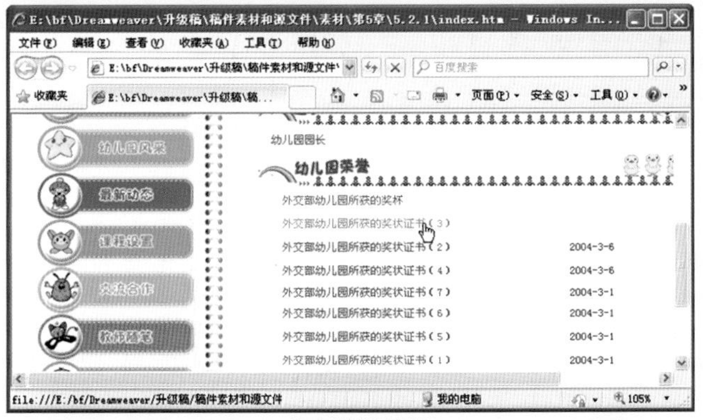
文本链接效果

插入Shockwave影片

调整图像大小

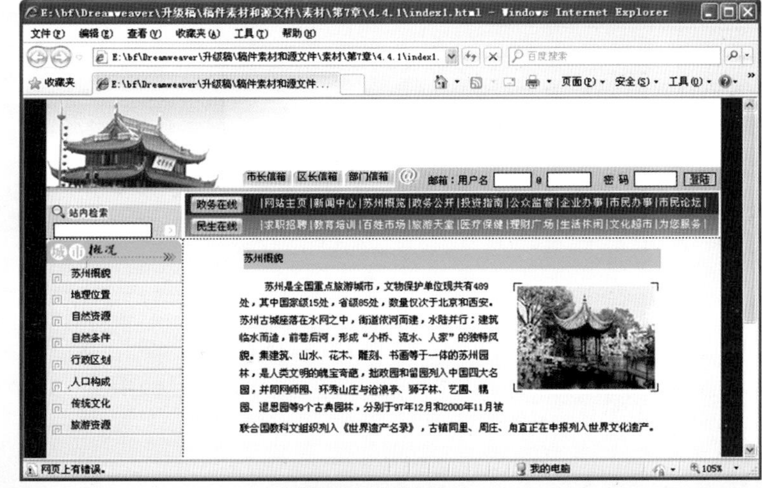
创建图文混排网页

在页面中插入FLV视频

插入SWF动画

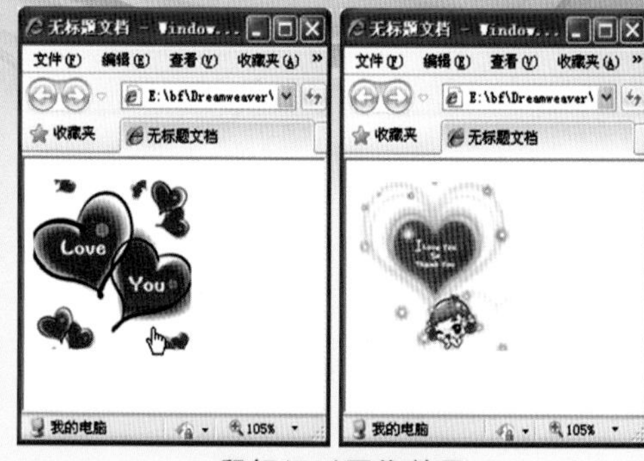

鼠标经过图像效果

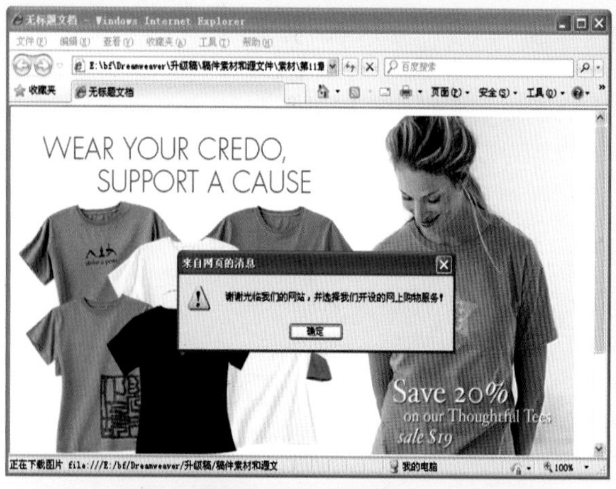

页面加载时的效果

弹出窗口效果

应用模板网页

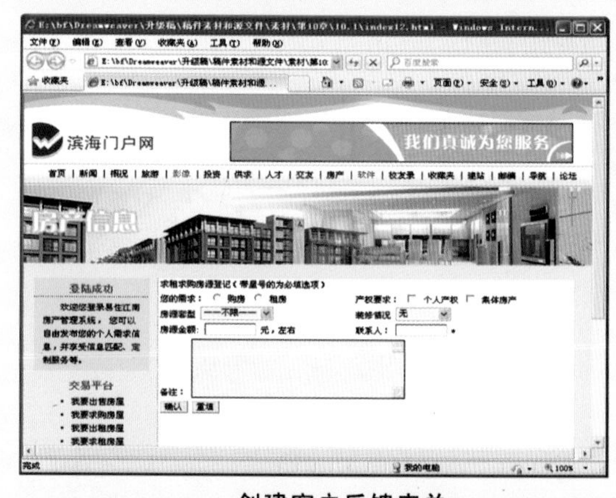

创建客户反馈表单

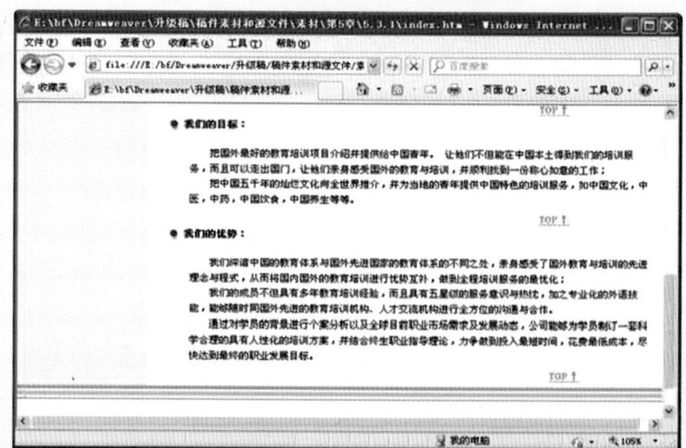

创建锚点链接

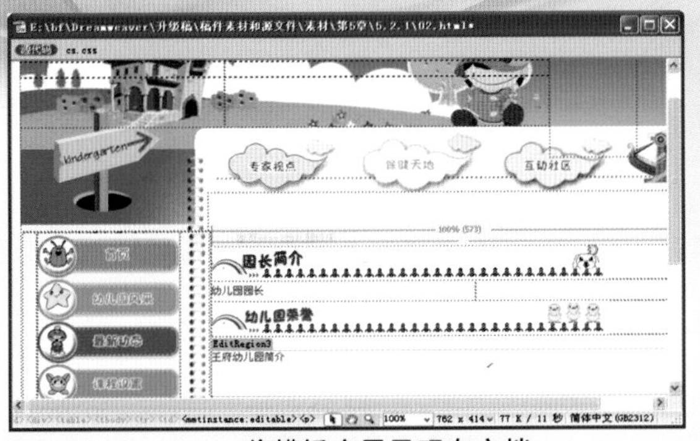

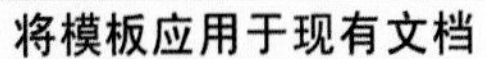

将模板应用于现有文档

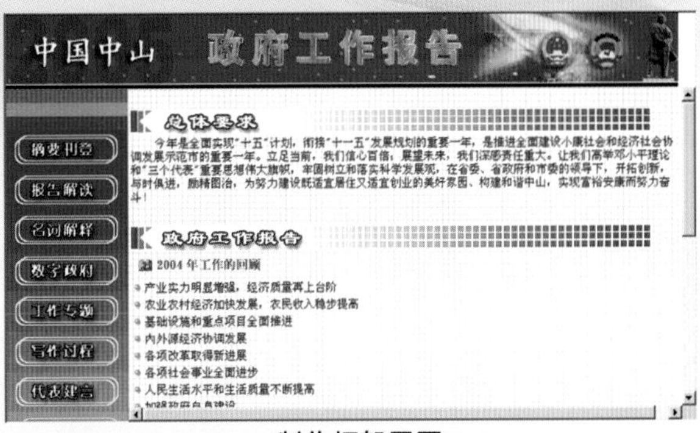

制作框架网页

粉色站点

在网页中插入图像

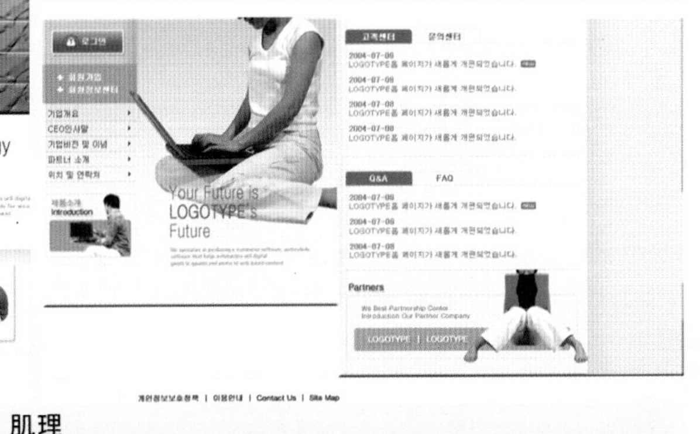

肌理

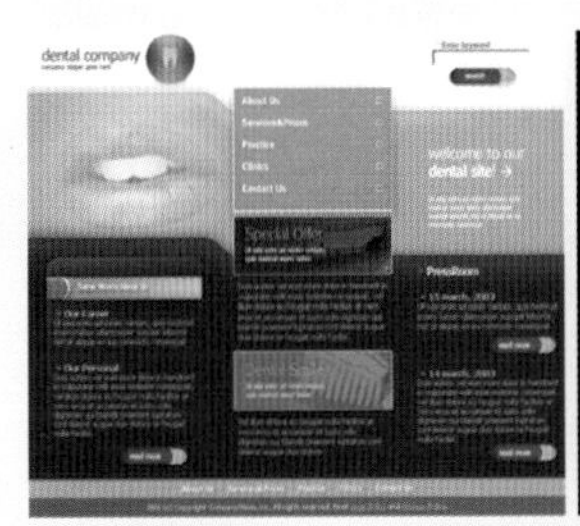

使用同一色系

色彩联想

使用相近色

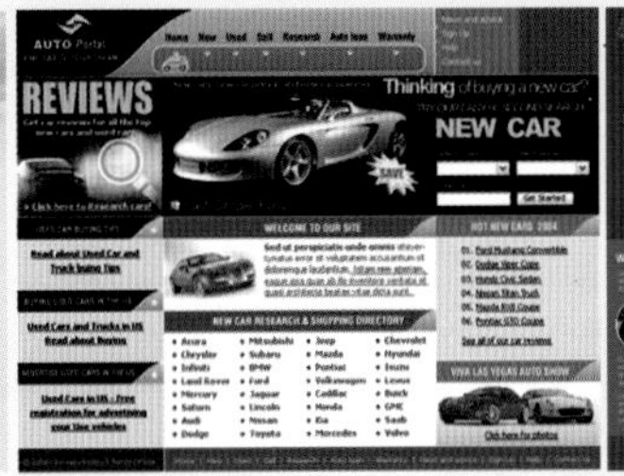

色彩鲜明

个人网站效果

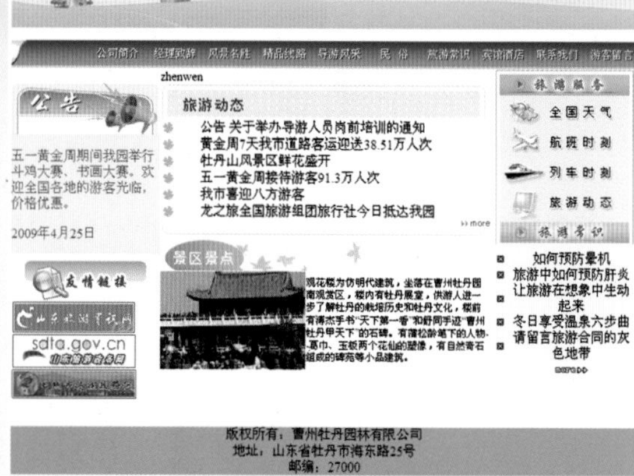

企业网站效果

房地产网站设计

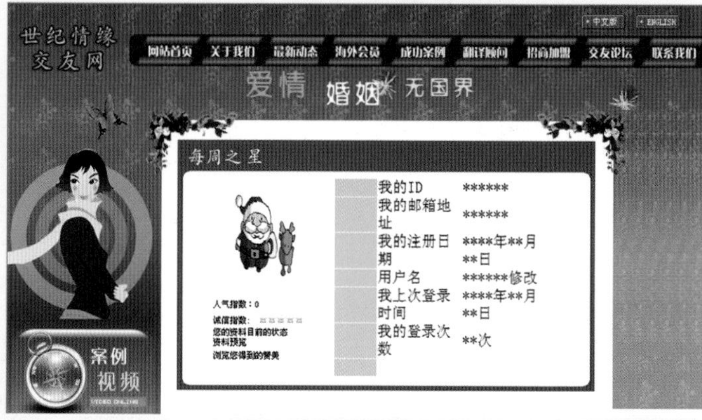

交友网站设计

插入和设置文本

创建图像热点链接（一）

创建图像热点链接（二）

创建框架网页

中文版 Dreamweaver 应用基础教程

Dw

ADOBE® DREAMWEAVER® CS4

版本 10.0 内部版本 4117

颜虹 主编

宁加豪 副主编

上海科学普及出版社

图书在版编目（CIP）数据

中文版Dreamweaver应用基础教程 / 颜虹 主编. 一上海：上海科学普及出版社，2010.2

ISBN 978-7-5427-4495-1

Ⅰ.中…　Ⅱ.颜…　Ⅲ.主页制作—图形软件，Dreamweaver CS4—教材　Ⅳ.TP393.092

中国版本图书馆CIP数据核字（2009）第209076号

策　　划　胡名正
责任编辑　徐丽萍

中文版Dreamweaver应用基础教程
颜　虹　主　编
宁加豪　副主编
上海科学普及出版社出版发行
（上海中山北路832号　邮政编码200070）
http://www.pspsh.com

各地新华书店经销　　北京蓝迪彩色印务有限公司印刷
开本787×1092　1/16　印张20　彩插4　字数490000
2010年2月第1版　　2010年2月第1次印刷

ISBN 978-7-5427-4495-1　　定价：35.00元

内 容 提 要

本书以实际应用为主线，精辟地讲解中文版 Dreamweaver CS4 的基本操作方法和网页设计技巧。其主要内容包括：网页制作概述、设计与管理站点、创建网页文档、插入和设置文本、设置超链接、设计页面布局、网页中的图像、插入多媒体对象、使用模板和库、创建表单、行为与插件，并以案例实训的方式介绍个人网站、企业网站、房地产网站及交友网站的制作方法，具有很强的实用性和代表性。

本书采用由浅入深、图文并茂、任务驱动的方式讲述，既可作为高等院校、职业教育学校及社会计算机培训中心的规划教材，也可作为从事网页制作和设计人员的学习参考用书。

21 世纪职业教育系列规划教材

编审委员会名单

前　言

随着网络时代的到来，互联网成了海量信息的载体。网络的发展为人们的工作与生活提供了极大的便利，从最初的信息发布和资源共享，到现在的网上支付、网上咨询、网上议事、网上联络和网上购物等网上社区功能，网络越来越显示出它的魅力和生机。大多数人上网的目的是为了浏览新闻、查阅信息或从网上下载资料，而当自己想转换角色成为信息的发布者时，却因为对网页不了解和不知该如何制作网页而一筹莫展。对于这种情况，最好的办法就是自己先学习设计网页，然后再动手制作。网页制作技术不再仅仅是一种计算机应用技术，而是随着网络的普及，已成为人们使用网络的一种基本技能。

Dreamweaver CS4 是美国 Adobe 公司开发的集网页制作和网站管理于一身的所见即所得的网页编辑器，它是一套针对专业网页设计师特别发展的可视化网页开发工具，利用它可以轻而易举地制作出跨越平台限制和跨越浏览器限制的充满动感的网页。另外，Dreamweaver CS4 的集成度非常高，开发环境简洁，开发人员能够运用 Dreamweaver 软件与服务器技术构建功能强大的网络应用程序。

高等职业教育不同于其他传统形式的高等教育，它的根本任务是培养生产、建设、管理和服务第一线需要的德、智、体、美等全面发展的技术应用型专业人才，因而对应这种形式的高等教育教材也应有自己的体系和特色。

为了适应我国高等职业教育对教学改革和教材建设的需要，我们根据《教育部关于加强高职高专教育人才培养工作的意见》文件的要求编写了本书。通过对本书的学习，读者可掌握中文版 Dreamweaver CS4 的基本操作方法和应用技巧，并通过案例实训，提高岗位适应能力和工作应用能力。

本书最大的特色是以实际应用为主线，采用“任务驱动、案例教学”的编写方式，力求在理论知识“够用为度”的基础上，通过案例的实际应用和实际训练让读者掌握更多的知识和技能，学以致用。

本书共 12 章，内容包括网页制作概述、设计与管理站点、创建网页文档、插入和设置文本、设置超链接、设计页面布局、网页中的图像、插入多媒体对象、使用模板和库、创建表单、行为与插件，以及应用案例实训。

本书采用了由浅入深、图文并茂、任务驱动的方式讲述，既可作为高等院校、职业学校及社会计算机培训中心的规划教材，也可作为从事网页制作和设计人员的学习参考用书。

本书由颜虹主编，参与编写的还有宁加豪、王志杰、武海燕、郭领艳、常淑凤等人，由于编者水平所限，且时间仓促，书中不足之处在所难免，恳请广大读者批评指正，联系网址：http://www.china-ebooks.com。

编　者

总　序

高等职业教育不同于其他传统形式的高等教育，它既是我国高等教育的重要组成部分，也是适应我国现代化建设需要的特殊教育形式。它的根本任务是培养生产、建设、管理和服务第一线需要的德、智、体、美等全面发展的技术应用型专业人才，学生应在掌握必要的基础理论和专业知识的基础上，重点掌握从事本专业领域实际工作所需的基本知识和职业技能，因而对应这种形式的高等教育教材也应有自己的体系和特色。

为了适应我国高等职业教育对教学改革和教材建设的需要，根据《教育部关于加强高职高专教育人才培养工作的意见》文件的要求，上海科学普及出版社和电子科技大学出版社联合在全国范围内挑选来自高职高专和高等教育教学与研究工作第一线的优秀教师和专家，组织并成立了“21 世纪职业教育系列规划教材编审委员会”，旨在研究高职高专的教学改革与教材建设，规划教材出版计划，编写和审定适合于各类高等专科学校、高等职业学校、成人高等学校及本科院校主办的职业技术学院使用的教材。

“21 世纪职业教育系列规划教材编审委员会”力求本套教材能够充分体现教育思想和教育观念的转变，反映高等学校课程和教学内容体系的改革方向，依据教学内容、教学方法和教学手段的现状和趋势精心策划，系统、全面地研究高等院校教学改革、教材建设的需求，倾力推出本套实用性强、多种媒体有机结合的立体化教材。本套教材主要具有以下特点：

1．任务驱动，案例教学，突出理论应用和实践技能的培养，注重教材的科学性、实用性和通用性。

2．定位明确，顺应现代社会发展和就业需求，面向就业，突出应用。

3．精心选材，体现新知识、新技术、新方法、新成果的应用，具有超前性、先进性。

4．合理编排，根据教学内容、教学大纲的要求，采用模块化编写体系，突出重点与难点。

5．教材内容有利于拓展学生的思维空间和自主学习能力，着力培养和提高学生的综合素质，使学生具有较强的创新能力，促进学生的个性发展。

6．体现建设“立体化”精品教材的宗旨，为主干课程配备电子教案、学习指导、习题解答、上机操作指导等，并为理论类课程配备 PowerPoint 多媒体课件，以便于实际教学，有需要多媒体课件的教师可以登录网站 http://www.china-ebooks.com 免费下载，在教材使用过程中若有好的意见或建议也可以直接在网站上进行交流。

21 世纪职业教育系列规划教材编审委员会

目 录

第 1 章　网页制作概述

本章学习目标

通过本章的学习，读者应了解网页设计的基础知识、网页的构成要素、网页的布局及版式与色彩在网页中的应用，认识中文版 Dreamweaver CS4 的工作界面。

学习重点和难点

- 网页设计的基础知识
- 网页的构成要素
- 网页的布局
- 版式与色彩在网页中的应用
- Dreamweaver CS4 的工作界面

1.1　网页设计的基础知识

随着网络的普及，互联网已经成为人们生活中不可缺少的组成元素。制作网站似乎也成为一种时尚，越来越多的个人和公司开始制作网站，各式各样的网站如雨后春笋般出现在互联网上。但是要制作一个优秀的网站却并非易事，先要进行网页的设计，然后再进行网站的制作，所以了解和掌握一些网站设计的基础知识是必需的。

1.1.1　Web 的定义及其特点

所谓 Web，是指一种超文本信息系统，它的一个重要概念就是超文本链接，即超链接。超链接使得文本不再像书本那样是固定的、线性的，而是可以从一个位置跳转到其他位置。想要了解某一主题的内容，只要在这个主题上单击鼠标左键，即可跳转到包含这一主题的文档上，而正是由于这种多链接性，人们才把它称为 Web。

Web 的特点主要表现在以下几个方面：

- 图形化的界面：Web 流行的一个重要原因是它可以在一个页面上同时显示色彩丰富的图形和文本，可以提供将图形、音频和视频等集于一体的信息资源（而在此之前，Internet 上的信息只局限于枯燥的文本形式）。
- 兼容的系统平台：Web 的使用与系统平台无关，无论是 Windows、UNIX、Macintosh 还是别的平台，用户都可以通过 Internet 访问 WWW，系统平台对用户浏览 WWW 没有任何限制。
- 交互式的操作：当用户向 Web 提出请求后，Web 就会提供用户需要的信息。例如，用户在百度或 Google 搜索引擎中输入想查看的信息，确认搜索后，服务器将给出相关网站的网址，这就是一个交互行为；而传统的纸质出版物是无法响应用户请求的，这是 Web 的一大优势。另外，与传统的纸质出版物不同的是，Web 是非线性的。我们看书的习惯是从头到尾按顺序获得信息，而 Web 不一样，Web 允许访问者在大量的信息中选择自己感兴趣的信息，然后跳转到相应的 Web 页面。Web 页面之间的读取顺序不是固定的，这样做的好处是可以用最短的时间获得最有用的信息，这也正是 Web 成为电子出版物发布平台的主要优势。

- 分布式的存储：Internet 上大量的图形、音频和视频信息会占用相当大的磁盘空间，我们甚至无法预知信息的多少，而对于 Web 来说，不可能也没有必要将所有的信息都存放在一起，信息可以存放在不同的站点上，只要在浏览器中指明这个站点，就会使不同站点上的信息在逻辑上一体化，从用户的角度看这些信息就是一体的。
- 信息的时效性：Web 站点上的信息是动态的、经常更新的，一般各信息站点都会尽量保证信息的时效性。由于 Web 上的信息是分布式存储的，因而这一点可由信息的提供者来保证。
- Web 的可设计性：Web 成为 Internet 第一种适用于图形设计的服务，就像 Microsoft 公司设计的图形界面操作系统 Windows 一样，一扫枯燥乏味的文字信息传递。不仅如此，Web 还可以通过超链接进行导航，这就提出一个在 Web 出现之前被忽视的问题——设计问题。相信读者都用过多媒体光盘，其流畅、友好、吸引人的图形界面，让用户心情愉快的同时，可以方便地浏览所需的信息。Web 设计在某种程度上已成为界面设计的一种，它通过对图形、文字和各种媒体元素的合理运用和安排，使浏览者能迅速方便地找到自己需要的信息，如图 1-1 和图 1-2 所示。酷、炫、靓的网页会给浏览者留下深刻印象，并为网站带来更多的访问量。可以看到的是，这些看起来很炫、很酷、很靓的网页中都设计了方便的导航元素，优秀的网页设计要具有友好的图形界面，能指引浏览者流畅地浏览整个网站，这是任何一个网页都必须具备的。

图 1-1　简洁的网页

图 1-2　酷炫的网页

1.1.2　网页与网站

网页其实就是一个用来承载各种多媒体信息的 HTML 文件，其在 Internet 上传输、被浏览器识别并翻译成页面后，即可在浏览器中显示出来，如图 1-3 所示。网页上的所有内容，包括文字、图形、声音、影像、表格和表单等，都由 HTML 来控制。

HTML（超文本标记语言）是一种可以在 Internet 上传递多媒体信息、易于学习和扩展、可跨平台使用的文本标记语言，它的出现是推动 Internet 向前发展的关键。为了在 Internet 上传递 HTML 文档，原有的 TCP/IP 协议被进一步演化成 HTTP 协议（超文本传输协议）。WWW（World Wide Web）是随着 HTTP 协议和 HTML 一起出现的一种全新服务方式，这种服务也叫 Web 服务。它的出现有效地将文本、声音、动画及各种多媒体表现形式有机地融合到了一起。

图 1-3　网页

WWW 由众多网站构成，而网站则由若干个网页构成。这些网页含有某些相同类型的信息，通过各种超链接相互连接在一起，用户可以很方便地从一个网页跳转到另一个网页，从而方便地实现信息访问。而网站之间又以各种形式相互连接在一起，这样就构成了一个强大的网状体系结构，成为传播文字、图形、声音和动画等信息资料的载体。

在 Internet 上，网页是由网址来识别与存取的，当用户在浏览器中输入网址后，指定的网页文件就会被传送到用户的计算机中，再通过浏览器的解释，将用户可以识别的网页内容显示到屏幕上，供用户浏览。

网络已经渗透到人们生活的方方面面，各种不同功能的网络社区的出现，使虚拟空间像现实空间一样，实实在在地成为了人们生活的一部分，虚拟世界已经逐渐融入了人们的现实生活，而所有这些功能都是以一个个网页的形式实现的。另外，企业可以通过网站宣传自己的产品，政府可以通过网站提高行政工作的透明度，学校可以通过网站让学生及家长更好地了解学校状况。网站已成为人们了解信息和进行各种商务活动的空间，而网页制作也成为一种时尚和一种自我展示的需求。

1.1.3　网页制作的相关术语

在网页制作过程中要用到许多专业术语，如果对这些术语不了解，在制作网页时将会遇到很多问题。为了方便后面的学习，本节将介绍一些网页制作中的基本术语。

1. 域名

简单地说，域名就是一个网站的网址，如网易的网址 www.163.com，就是一个域名。域名由固定的网络域名管理组织在全球进行统一管理，要获得域名，需要到相关网络管理机构申请。域名申请成功后，无论在哪里，只要在与 Internet 相连的浏览器地址栏中输入域名即可登录相应的网站，域名在世界范围内具有唯一性。

域名可分为顶层、第二层和子域等。顶层又可分为以下几种类型：

- com：商业性的机构或公司。
- org：非盈利的组织和团体。
- gov：政府部门。
- mil：军事部门。
- net：从事与Internet相关的网络服务的机构或公司。
- xx：由两个字母组成的国家（或地区）代码，如中国为cn，日本为jp，英国为uk等。一般来说，大型的或有国际业务的公司或机构不使用国家（或地区）代码，这种不带国家（或地区）代码的域名也称为国际域名。在这种情况下，域名的第二层就是代表一个机构或公司的特征部分，如IBM.com中的IBM。对于具有国家（或地区）代码的域名，代表一个机构或公司的特征部分的则是第三层，如ABC.com.jp中的ABC。
- biz：取意于business。
- info：为一般的信息服务使用。

2. 统一资源定位器（URL）

URL（Uniform Resource Locator）即统一资源定位器，俗称为“网址”。网络上的各种资源实际上分散在各地的计算机主机中，定位器（Locator）的作用就是要指出这些资源的所在处。通俗地讲，URL就是一个能带领计算机用户到达所需资源的所在处，并通过适当的方式取得该项资源的工具。例如，一个网页的地址是http://www.zaobao.com/zg/zg09082.html，它的含义是通过http协议，查找到名叫www.zaobao.com的主机，并在该主机的路径zg下找到一个名为zg09082.html的文件。

3. 万维网（WWW）

WWW是World Wide Web（环球信息网）的缩写，中文名字为“万维网”。它起源于1989年3月由欧洲粒子物理实验室CERN（the European Laboratory for Particle Physics）所发展出来的主从结构分布式超媒体系统。WWW是Internet上的多媒体信息查询工具，人们只要使用简单的方法，就可以迅速方便地取得丰富的信息资料。正是因为WWW非常友好的用户界面，因而在Internet上一经推出就得到广泛好评和迅速发展。也正是因为有了WWW，才使得Internet在近年来发展迅速，且用户数量飞速增长。

4. 浏览器

浏览器是专门用于定位和访问Web信息的工具软件，每一个万维网的用户都通过在计算机上安装浏览器来“阅读”网页中的信息，这是使用万维网最基本的条件，就像我们要用电视机来收看电视节目一样。当前大家所用的Windows操作系统中已经内置了IE浏览器。

5. HTML

HTML（Hyper Text Mark-up Language）即超文本标记语言，是目前网络上应用最广泛的语言，也是构成网页文档的主要语言。HTML能把存放在一台电脑中的文本或图形与另一台电脑中的文本或图形方便地联系在一起，形成有机整体。用户只需使用鼠标在某个文档中点击一个图标，Internet 就会马上转到与此图标相关的内容上去，而这些信息可能存在 Internet 中的另一台电脑中。HTML 文本是由 HTML 命令组成的描述性文本，HTML 命令可以说明文字、图形、动画、声音、表格、链接等。

6. Web 节点

Web 节点是由许多网页组成的，就像一本杂志包含许多页那样。但不同的是，网页上的页与页之间是由一种叫做“超链接”的技术连接在一起的。通过超链接可以由第一页直接跳转到第若干页，甚至连接到其他站点的网页上，这种功能使用户可以非常方便地在 Internet 上查找资料。

7. 主页

主页是某一个 Web 节点的起始点，它就像一本书的封面或目录。每一个网站都包括 Web 节点的主页，而且拥有一个被称为“统一资源定位器（URL）”的唯一地址。例如，百度主页的地址是 http://www.baidu.com。

8. 超链接

“超链接”是带有下划线或边框，并内嵌了 Web 地址（即 URL）的文字或图形。当用户将鼠标指针移到超链接上时，鼠标指针就变成小手形状，这时单击鼠标左键，就会自动跳转到相关的页面中。超链接可以连接不同的媒体，为用户的使用带来了极大的方便。

1.2 网页构成要素

不同性质的网站，其页面布局以及内容的安排是不同的。一般网页的基本构成要素包括：页面标题、网站标志、页眉、导航栏、主内容区和页脚。下面将分别对网页的这些基本要素进行介绍。

1.2.1 页面标题

通常在站点的每一个页面中都有一个标题，用来提示页面的主要内容，页面标题将显示在浏览器的标题栏中，而不是在页面的布局中。例如，在 HTML 页面的<title>和</title>之间输入网站名称“网易”（即：<title>网易</title>），那么用户在浏览该页面时，浏览器标题栏将显示如图 1-4 所示的信息。

网易 - Windows Internet Explorer

图 1-4　浏览器中显示的页面标题

由于网页标题对搜索引擎检索有很大的影响，因此网站大都比较重视网页标题（尤其是网站首页标题）的设计。网页标题设计的一般规律有以下三点：

- 网页标题应概括网页的核心内容：当用户通过搜索引擎检索网页时，检索结果页面中的内容一般是网页标题和页面摘要信息，旨在引起用户的关注。如果网页标题和页面摘要信息有较大的相关性，摘要信息对网页标题将发挥进一步的补充说明作用，从而提高点击率（也就意味着搜索引擎推广发挥了作用）。另外，当网页标题被其他网站或本网站其他栏目/网页链接时，一个概括了网页核心内容的标题将有助于用户判断是否要点击该网页标题链接。

- 网页标题中应含有丰富的关键词：由于搜索引擎对网页标题中所包含的关键词赋予较高的权重，所以应尽量让网页标题中含有用户检索所使用的关键词。以网站首页设计为例，一般来说，首页标题就是网站的名称或公司名称，但是考虑到有些名称可能无法包含公司/网站的核心业务，也就是说没有核心关键词，所以通常采用"核心关键词＋公司名/品牌名"的方式来作为网站首页标题。
- 网页标题不宜过短或过长：一般来说，6～10个汉字比较理想，最好不超过30个汉字。网页标题字数过少可能包含不了有效关键词，字数过多不仅搜索引擎无法正确识别标题中的核心关键词，而且也让用户难以对网页标题（尤其是代表了网站名称的首页标题）产生深刻印象，同时也不便于与其他网站链接。

1.2.2 网站标志

网站作为对外交流的重要窗口和渠道，创建者都会利用它来对自身形象进行宣传。成功的网站就像成功的商品一样，商品最注重的是商标和商品质量，而网站最注重的则是网站的标志和内容。成功的网站标志有着独特的形象标识，在网站的推广和宣传中将起到事半功倍的效果。

网站的标志应体现该网站的特色、内容及其文化内涵和理念，其标志性图案就是网站的LOGO。如果企业（社团）已经导入了CIS（Corporate Identity System，企业形象识别系统），那么在网站建设过程中应依据该系统进行网站LOGO的设计；如果企业还没有导入CIS，那么在网站建设之前应该根据网站的总体定位，设计制作一个网站LOGO，以集中体现该网站的特色。网站LOGO一般设置在主页面的显要位置，二级页面的页眉位置。图1-5所示即为百度主页面及二级页面中的网站LOGO。

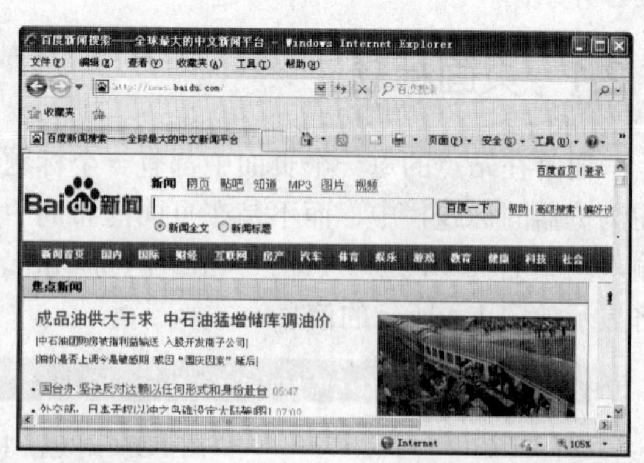

图1-5 百度网站LOGO

1.2.3 页面尺寸

网页的局限性在于无法突破显示器的范围，而且因为浏览器也要占用一部分空间，留给

页面的显示范围就变得更小，因而页面尺寸和显示器大小及分辨率密切相关。显示器的分辨率为 800×600 时，页面的显示尺寸为 780 像素×428 像素；分辨率为 1 024×768 时，页面的显示尺寸为 1 007 像素×600 像素。根据以上数据可以看出，分辨率越高，页面的显示尺寸越大。

浏览器的工具栏也是影响页面显示尺寸的元素之一。一般浏览器的工具栏都可以显示或者隐藏，当显示全部工具栏或关闭全部工具栏时，页面的尺寸是不一样的。

在网页设计过程中，向下拖动页面是给网页增加更多内容的方法。除非能肯定站点的内容精彩到足以吸引访问者拖动页面，否则不要让访问者拖动页面超过三屏。如果需要在同一页面显示超过三屏的内容，那么最好能在网页顶部加上页面内部链接，以方便访问者浏览。

1.2.4　整体造型

造型就是创造出来的物体形象，用在网页中就是指页面的整体视觉形象设计。例如，企业网站通过对企业标志、标准字、标准色、辅助图形、色彩计划以及各类标准组合的创意性规划，可以使企业整体视觉形象极具个性，不仅突出了公司的形象，而且可以为公司产品的宣传及推广提供帮助，如图 1-6 所示。

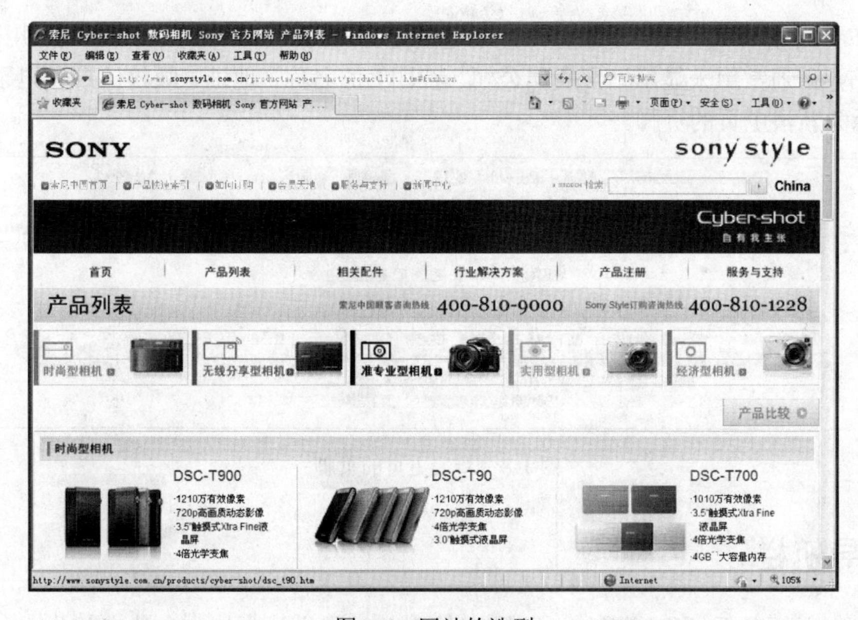

图 1-6　网站的造型

页面的整体形象应该注重页面各部分结构的整体性，图形与文本的结合应该层叠有序。虽然显示器和浏览器界面都是矩形，但是对于页面的造型却可以充分运用自然界中的其他形状以及它们的组合，如矩形、圆形、三角形和菱形等。不同的形状所代表的意义也各不相同，例如，矩形代表正式、规则，很多 ICP 和政府网页都以矩形为整体造型；圆形代表柔和、团结、温暖和安全等，许多时尚站点都喜欢以圆形为页面整体造型；三角形代表力量、权威、牢固和侵略等，许多大型的商业站点为显示其权威性，常以三角形为页面整体造型；菱形代表着平衡、协调和公平，一些交友站点常运用菱形作为页面整体造型。虽然不同形状代表着不同的意义，但目前的网页制作多数是结合多种图形加以设计，只是其中某种图形所占的构图比例多一些。

1.2.5 页眉和页脚

页眉指的是页面顶端的部分，有的页面划分比较清晰明了，有的页面则没有明确的区分或者没有页眉。页眉的注意力值较高，大多数网站制作者会在此设置网站宗旨、宣传口号和广告语等，有的则把它设计成广告位出租。

页眉的风格一般和页面的整体风格保持一致。一个富有个性和特色的页眉将和网站标志一样起到标识及定义页面主题的作用。例如，站点的名称多数都显示在页眉里，这样访问者就能很快知道这个站点包含什么内容。页眉是整个页面设计的关键，它将关系到页面中其他部分设计和整个页面的协调性。图 1-7 所示为新浪主页的页眉。

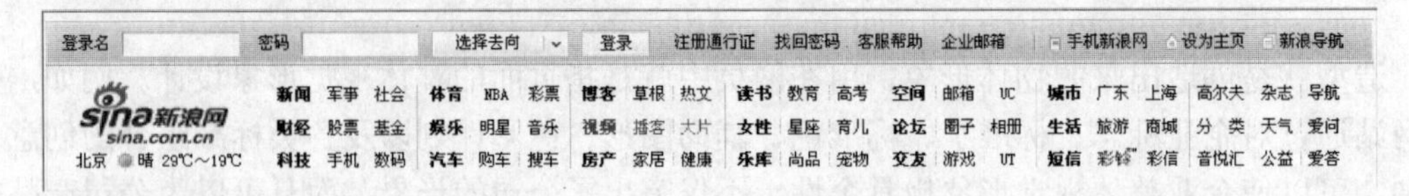

图 1-7　新浪主页的页眉

页脚和页眉相呼应，页眉是放置站点主题的地方，而页脚则位于页面底端，用于放置公司的联系信息，通常用来显示站点所属公司（社团）的名称、地址、版权信息和电子信箱等。图 1-8 所示为新浪主页的页脚。

图 1-8　新浪主页的页脚

1.2.6 导航栏

导航栏是网页的重要组成部分，也是整个 Web 站点设计中的一个独立部分。一般来说，网站中的导航栏在各个页面中出现的位置是比较固定的，而且风格也较为一致。导航栏的位置对网站的结构与各个页面的整体布局起着举足轻重的作用。

导航栏的四种常见位置是：左侧、右侧、顶部和底部。如果网页的页面较长，则除了在顶部设置导航栏外，在页面底部也可设置一个导航栏，这样，浏览者在阅读页面底部的内容时，就不用再拖动滚动条来选择页面顶部的导航栏，直接使用页面底部的导航栏即可。有的站点在同一个页面中运用了多种导航栏，如在顶部设置了主菜单，在页面的左侧设置了折叠菜单，同时又在页面的底部设置了多种链接，这样做的目的是为了增强网站访问的灵活性。当然，导航栏并不是在页面中出现的次数越多越好，而是要合理运用，使页面整体协调一致。

图 1-9 所示为现在网站论坛中比较流行的折叠式导航栏。

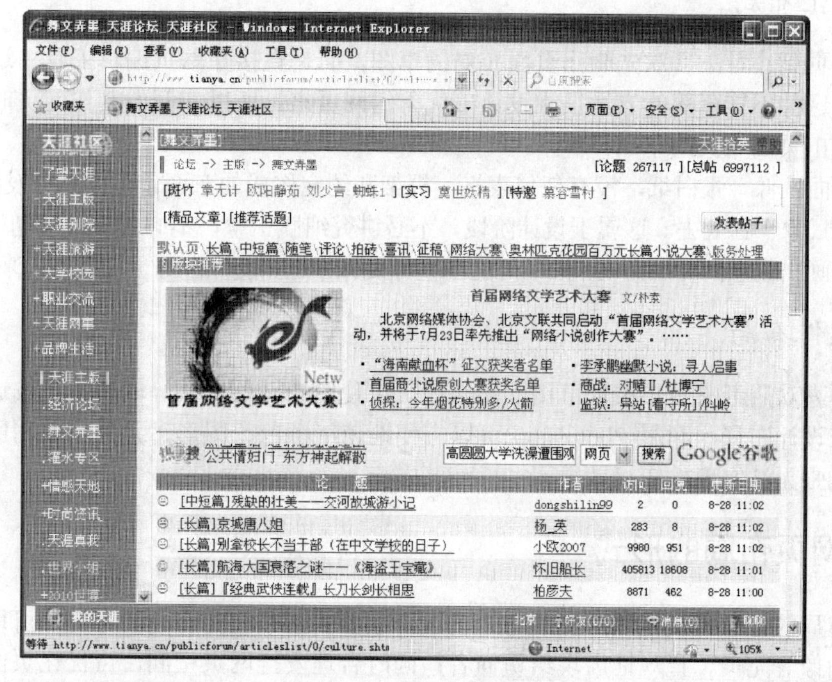

图 1-9　折叠式导航栏

1.2.7　主体内容

主体内容是页面设计的主体元素，它一般是二级连接内容的标题，或者是内容提要，或者是内容的部分摘录。主体内容的布局通常按内容的分类进行分栏安排，页面的注意力值一般是按照从上到下、从左到右递减的顺序排列，所以重要的内容一般放置在页面的左上位置，次要的内容放置在页面的右下位置。主体内容的表现手法主要是文本和图片相结合，因而如何处理好图片和文本的位置，就成了整个页面布局的关键。除了文本和图片外，主体内容还可以是声音、动画和视频等媒体元素。随着动态网页的兴起，这些多媒体元素在网页布局中的作用会越来越重要。

1.3　网页的布局

网页实质上就是显示在屏幕上的一个画面，要对它进行合理的安排，就需要创作者了解网页布局方面的知识。本节我们将介绍网页布局的方法及常见的网页布局形式，在后面的章节中还将对网页布局的具体实现技术进行详细的介绍。

1.3.1　网页布局的方法

网页布局的方法主要有两种：第一种为纸上布局法，第二种为软件布局法，下面将分别对这两种方法进行介绍。

1. 纸上布局

许多网页制作者不喜欢先画出页面布局的草图，而是直接在网页编辑工具中边设计布局边加内容。这种不打草稿的方法很难设计出优秀的网页来，所以在开始制作网页时，最好首先在纸上画出页面布局的草图。

新建页面就像一张白纸，没有任何表格、框架和约定俗成的东西，可以充分发挥想象力，将想到的“景象”画上去。这属于设计阶段，不必讲究细腻工整，不必考虑细节功能，只以粗陋的线条勾画出创意的轮廓即可。应尽可能地多画几张草图，最后选出一张满意的来进行创作。

2. 软件布局

如果不喜欢用纸来画出布局草图，那么还可以使用 Photoshop 等软件来完成这些工作。不像用纸来设计布局，利用 Photoshop 可以方便地使用颜色、图形，并且可以利用层的功能设计出用纸张无法实现的布局效果。

1.3.2 网页布局的形式

网页布局的好坏是决定网页美观与否的一个重要因素。通过合理的布局，可以将页面中的文字、图像等完美、直观地展现给访问者；同时合理安排网页空间，可优化页面并提高下载速度。

常见的网页布局形式包括 T 型布局、口型布局、三型布局、门户型布局、框架布局和 POP 布局等。

1. T 型布局

T 型布局是目前最常见的一种网页布局，它是以页面顶部为横条型网站标志和广告条，下方左侧（也可放在右侧）为主菜单，右侧（左侧）显示内容的详细分类，整体效果类似英文字母 T，如图 1-10 所示。这种布局的优点是：结构清晰、主次分明；缺点是：规格死板，如果不注意细节上的色彩搭配，很容易产生呆板的感觉。

2. 口型布局

口型布局一般是页面上下各有一个广告条，左侧是主菜单，右侧放置友情链接等，中间则是网页的主要信息，如图 1-11 所示。这种布局的优点是充分利用版面，可容纳的信息量大；缺点是由于页面所容纳的信息过多而显得拥挤，不够生动。

3. 三型布局

三型结构布局的网页在国外网站中可以经常看到，这种网页布局是在页面上用横向的两条色块将整个网页划分为上、中、下 3 个区域，而色块中一般放置广告和版权提示等信息，如图 1-12 所示。

4. 门户型布局

门户型布局通常内容多、信息量大，没有明显的线条作为边界，图片用得也较少，主要通过文字的排列产生视觉上的分区效果，如图 1-13 所示。

图 1-10　T 型布局的网页

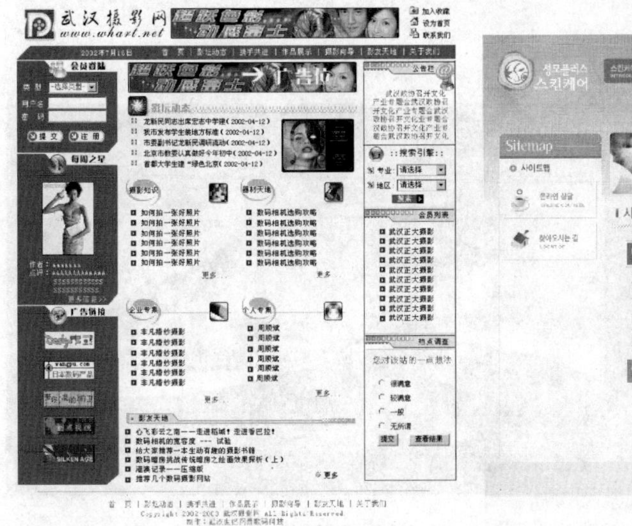

图 1-11　口型布局的网页　　　　　　　　图 1-12　三型布局的网页

图 1-13　门户型布局的网页

5. 框架布局

框架布局包括左右框架布局、上下框架布局和综合框架布局等多种形态。采用框架布局的网页一般可以通过某个框架内的链接控制另一个框架内的信息的显示，如图 1-14 所示。

6. POP 布局

POP 引自广告术语，指页面布局像一张宣传海报，以一张精美图片作为页面的设计中心，以鲜亮的色彩吸引浏览者，可以作为宣传单使用（如图 1-15 所示的网页），常用于美容类、时尚类站点。

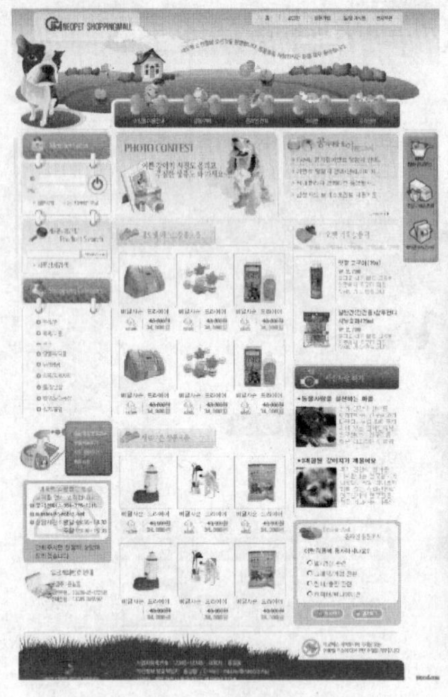

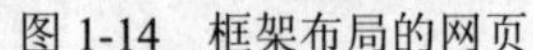

图 1-14　框架布局的网页　　图 1-15　POP 布局的网页

1.4 版式构图与色彩搭配

创建网站是一个庞大且复杂的工程，在确定了网站的主体内容之后，还需要对网站的整体布局进行认真的研究和设计。网站的设计要合理，内容要充实，页面要美观，这就要求设计者应掌握基本的版式构图与色彩搭配知识。

1.4.1 版式构图

版式设计是对图形与平面空间的视觉创造，是一种能够让浏览者清晰、容易地理解作品所传达的信息的方式，是一种将不同介质上的不同元素在平面空间上巧妙排列的方式。图形与平面空间的构图是平面设计的重要组成部分，只有彻底了解它们的构图方法，设计者在设计时才能构造出完美的版式。

1. 重复

重复是指在同一平面空间内相同的基本图形出现两次或两次以上的空间构成。使用重复手法最能体现矩形的视觉效果，如图 1-16 所示。

图 1-16　重复

2. 相似

相似是指基本图形之间的一种相似性，这种手法往往是将在形状或大小、色彩、肌理等方面拥有共同特征的某些形体以重复或近似的方式来排列，如图 1-17 所示。

图 1-17　相似

3. 渐变

当重复的图形发生有规律的变化，且基本图形也依次发生有规律的变大、变小、变异时，就形成了渐变。渐变蕴含着均匀的时空感和节奏感，渐变包括形状、方向、虚实、色彩等的渐变，如图 1-18 所示。

4. 发射

发射是渐变的一种特殊表现形式，通常是基本图形围绕一个或几个中心向内或向外放射。发射的类型包括离心式、向心式、同心式、多心式等，如图 1-19 所示。

图 1-18　渐变

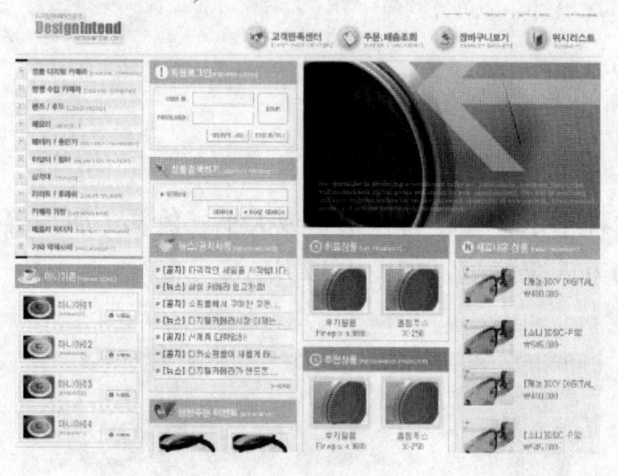

图 1-19　发射

5. 特异

特异是指在规律化的重复中的突变，用以打破重复和单调，并以对比的方式形成视觉焦点，如图 1-20 所示。

图 1-20　特异

6. 密集

根据基本图形的多少进行疏密关系的自由安排，通过画面产生最疏松或最密集的地方，形成整个画面的视觉焦点，如图 1-21 所示。

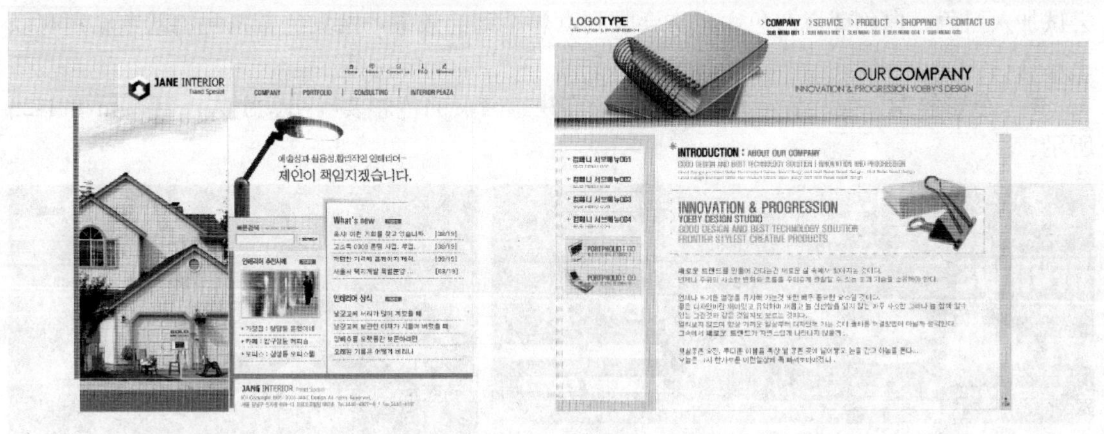

图 1-21　密集

7. 肌理

物体的表面纹理（即肌理）指物体特征的外在形态，如玻璃和树皮给人以不同的心理感觉。肌理的不同形态会使人产生多种感觉，如干燥与潮湿、光滑与粗糙、柔和与坚硬等，如图 1-22 所示。

图 1-22　肌理

1.4.2　色彩搭配

网页给浏览者的第一印象就是页面的色彩。色彩的视觉效果非常重要，一个网页设计的成功与否，在某种程度上取决于色彩的运用与搭配是否合理。对于平面图像而言，色彩的冲击力是最强的，它很容易给浏览者留下深刻的印象。因此在设计网页时，必须高度重视色彩的搭配。

1. 色彩搭配的原则

色彩的运用首先要从黑、白、灰3种颜色谈起，因为黑、白、灰三种色彩是万能的，可以跟任意一种色彩搭配。当为某种色彩的搭配而苦恼，或者两种色彩的搭配不协调时，不妨尝试加入黑色、白色或者灰色，也许会收到意想不到的效果。网页色彩搭配的基本原则有以下几点：

- 色彩鲜明。设计者在设计网页时，需注意网页的色彩要鲜明、引人注目，如图1-23所示。

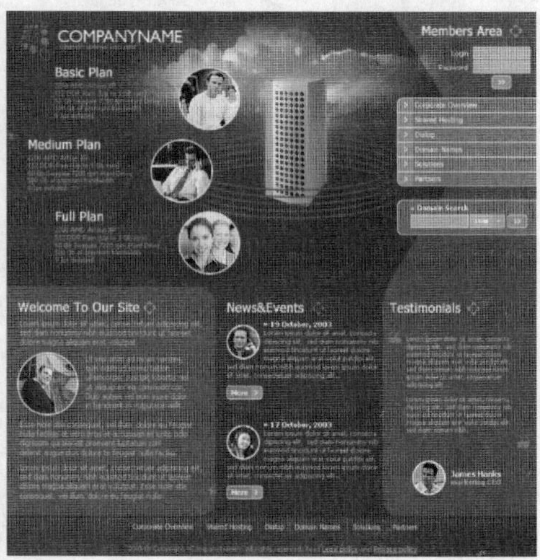

图1-23　色彩鲜明

- 色彩独特。设计的网页要有与众不同的色彩或点睛之笔，这样才能使浏览者对网页印象深刻，如图1-24所示。

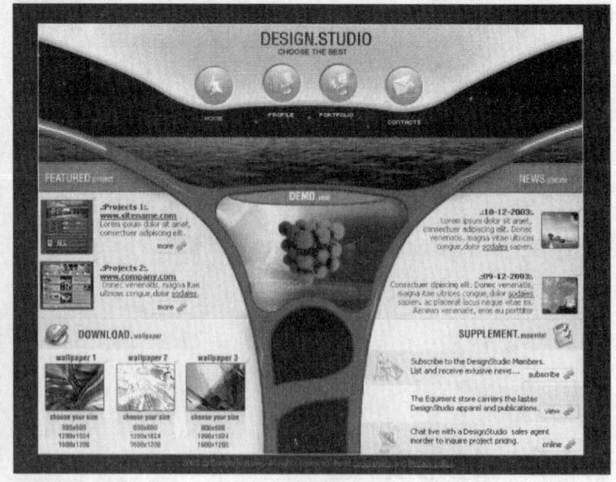

图1-24　色彩独特

- 色彩合适。网页的色彩要和想表达的内容气氛适合、协调。例如，使用粉色可以体现女性站点的柔和性，如图1-25所示。
- 色彩联想。不同的色彩会让人产生不同的联想，蓝色让人联想到天空、黑色让人联

想到黑夜、红色让人联想到喜事等，因此设计网页时选择的色彩要和网页的内涵相关联，如图 1-26 所示。

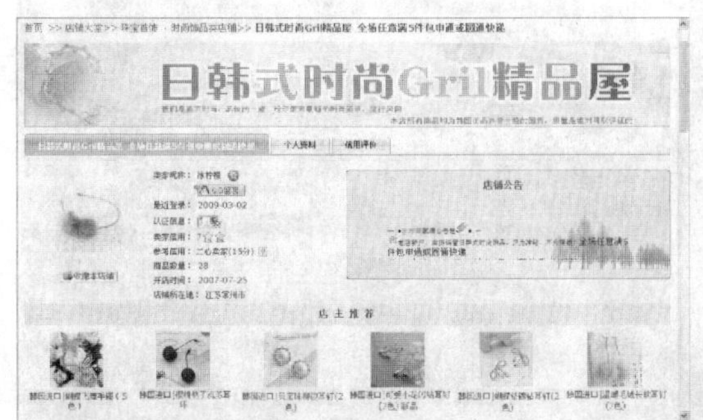

图 1-25　粉色站点

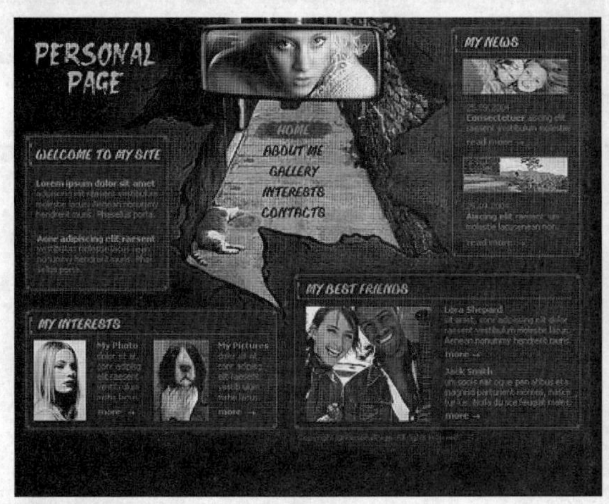

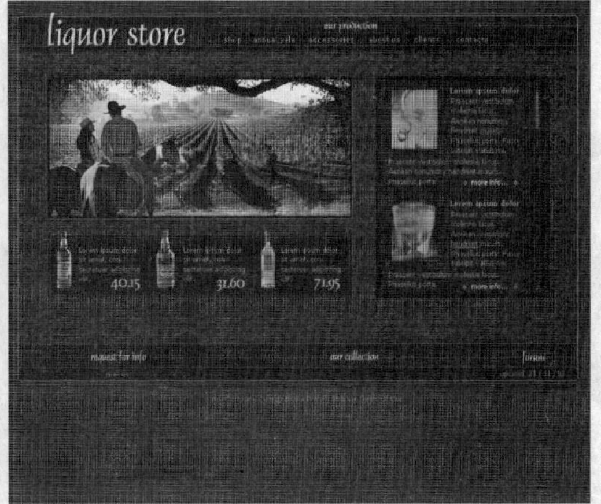

图 1-26　色彩联想

2. 色彩搭配的技巧

一个网站不能只使用一种颜色，这样会让人感觉单调、乏味，但是也不能将所有的颜色都运用到网站中去，这会让人感觉轻浮、花哨。一个网站必须有一种或两种主题色，确定网站的主题色是设计者必须考虑的问题之一。一个页面尽量不要超过 4 种色彩，用太多的颜色会让人觉得内容没有侧重点。当主题色确定后，在考虑其他配色时，一定要考虑其他配色与主题色之间的关系，以及要体现什么样的效果。另外，还要考虑配色中哪种属性占主要地位，是明度、纯度，还是色相。常用的色彩搭配技巧如下：

- 使用同一色系。先选定一种色彩，然后调整它的透明度或者饱和度，从而产生新的色彩，用于网页的不同位置，这样可以使页面看起来色彩统一，又有层次感，如图 1-27 所示。
- 使用对比色。要使用对比色设计页面，可先选定一种色彩，然后选择其对比色，调整其饱和度并用于网页中。一款和谐的对比色能够使整个页面的色彩丰富又不花哨，如图 1-28 所示。
- 使用相近色。使用相近色，简单地说就是运用一种“感觉”色彩来表达信息，如淡黄、淡蓝、淡绿，或者土黄、土灰、土蓝等，如图 1-29 所示。

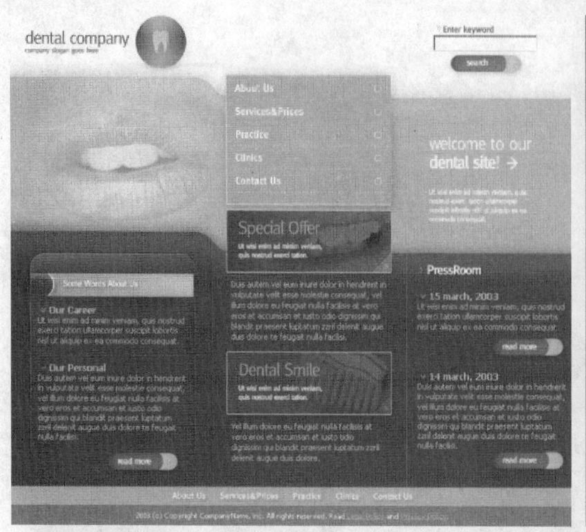

图 1-27　使用同一色系

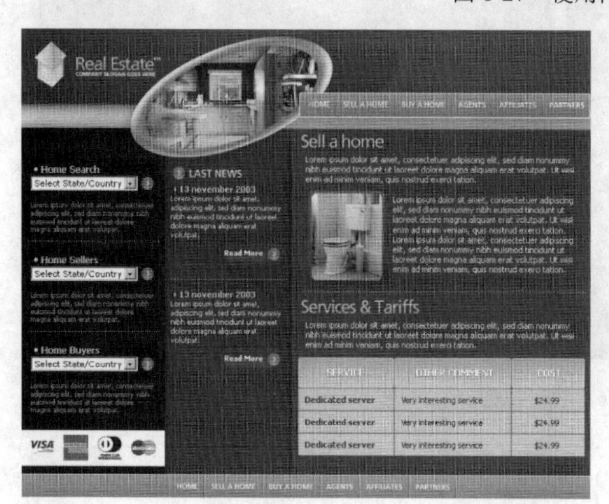

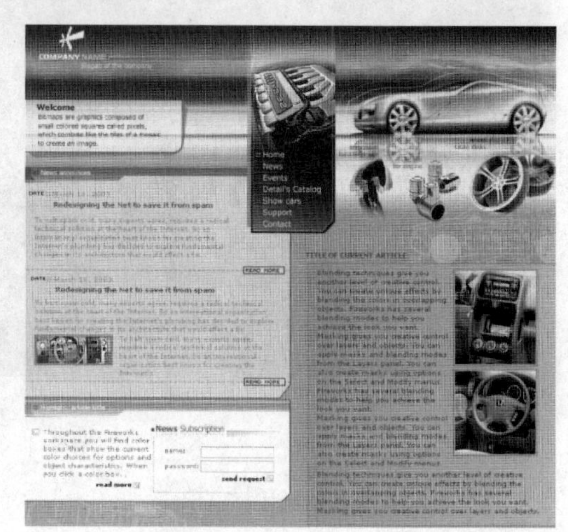

图 1-28　使用对比色

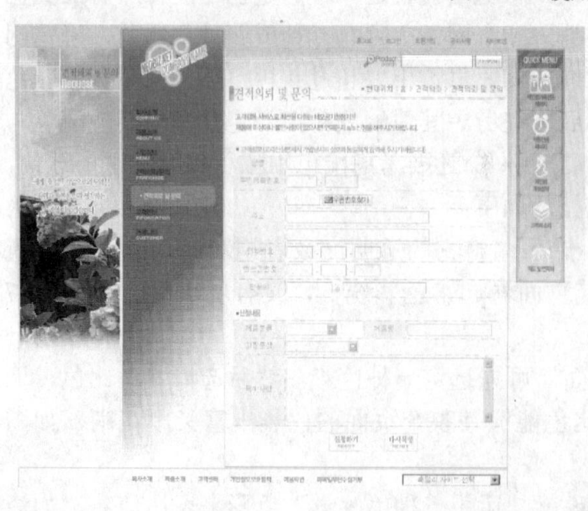

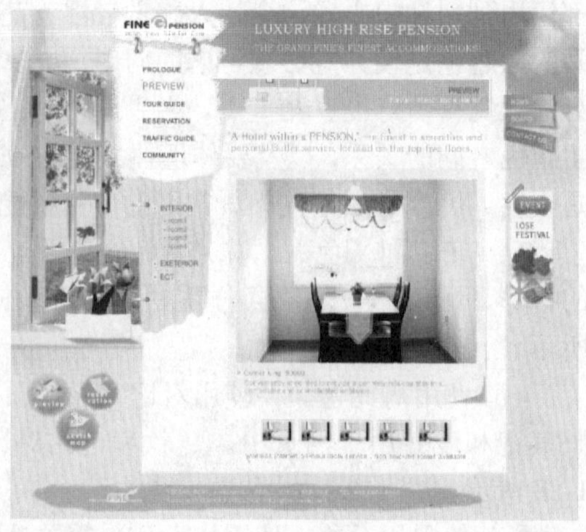

图 1-29　使用相近色

1.5　网页设计工具

网站的建立并不是简单地将图像拼合并输入文本就完成了。它从图像设计到动画制作，再到网页的组成，需要多方软件的支持。例如，网页图像的处理主要由 Fireworks 和 Photoshop 这两个最常用的图像处理软件来完成；网页中的动画制作主要由专业动画制作软件 Flash 来完成；网页信息的布局以及网页后期制作，则常用网页制作软件 Dreamweaver 来完成。

1.5.1　网页制作软件

制作网页，首先要掌握网页制作软件。Dreamweaver 是目前最为常用的网页制作软件之一，其最新版本是 Dreamweaver CS4，它具有简单易学、操作方便以及适用于网络等优点。通过对 Dreamweaver 的学习，即使没有任何网页制作经验的用户，也能轻松上手，制作出精美的网页，如图 1-30 所示。

图 1-30　使用 Dreamweaver CS4 制作的网页

1.5.2　动画制作软件

随着网络的普及与网速的提高，网页中的动画也越来越多，且越来越精美。网页中大部分的动画都是用 Flash 制作的。Flash 是一款矢量图形编辑和动画创作软件，用它可以将音乐、视频、图像及富有新意的元素融合在一起，以制作出高品质的动画效果，如图 1-31 所示。

图 1-31　使用 Flash 制作的动画效果

1.5.3　图形图像处理软件

在网页制作过程中，经常需要处理大量的图形和图像，使用图像软件处理图像会让网页更加美观。目前，使用最广泛的图像处理软件有 Fireworks 和 Photoshop 两种。

1. Fireworks CS4

Fireworks CS4 是由 Adobe 公司专门为处理网页中的图片量身定做的图像处理软件，它是一款创建与优化 Web 图像、快速构建网站及 Web 界面原形的理想工具。Fireworks CS4 可以用最少的步骤生成容量最小但是质量很高的 JPEG 和 GIF 图像，这些图像可以直接用于网页。图 1-32 所示为使用 Fireworks CS4 制作的导航条。

图 1-32 使用 Fireworks CS4 制作的导航条

2. Photoshop CS4

Photoshop CS4 也是由 Adobe 公司推出的一款优秀的图像处理软件，它深入到各个设计领域，是目前最为主流的平面设计软件之一，使用该软件可以制作出具有强烈视觉冲击效果的图像。图 1-33 所示为使用 Photoshop CS4 软件处理的图像。

图 1-33 使用 Photoshop CS4 处理的图像

除了上述几种专业制作网页的软件外，还有多种制作网页的工具，如用于制作网页特效的“网页特效王”、制作三维动画的 Xtra 3D 和 Cool 3D、制作网页按钮的 Crystrl Button、编辑网页代码的 HomeSite 和 HotDog、网页配色的“玩转颜色”和“网页调色专家”，以及查看含有 Java applet 网页的 Java 虚拟机等，读者如有兴趣，可自行学习。

1.6 认识 Dreamweaver CS4

Dreamweaver CS4 是美国 Adobe 公司开发的集网页制作和网站管理于一身的所见即所得

的网页编辑器，运用它可以轻而易举地制作出完美的网页。Dreamweaver CS4 提供了众多的可视化设计工具、应用开发环境以及代码编辑支持，开发人员和设计师能够快捷地创建代码应用程序。另外，Dreamweaver CS4 的集成度非常高，开发环境简洁，开发人员能够运用 Dreamweaver 软件与服务器技术构建功能强大的网络应用程序。

启动 Dreamweaver CS4 后，新建一个文件即可进入其工作界面。Dreamweaver CS4 的工作界面是编辑和修改网页文档的主要窗口，该窗口由快速访问工具栏、菜单栏、“插入”面板、“CSS 样式”面板、“属性”面板、编辑窗口和状态栏等部分组成，如图 1-34 所示。

图 1-34　工作界面

1.6.1　快速访问工具栏

图 1-35　快速访问工具栏

快速访问工具栏位于窗口的左上方，单击该工具栏中的相应按钮，可以快速执行相应的操作，如图 1-35 所示。

1.6.2　菜单栏

菜单栏位于快速访问工具栏的下方，包括“文件”、“编辑”、“查看”、“插入”、“修改”、“格式”、“命令”、“站点”、“窗口”和“帮助” 10 个菜单命令，如图 1-36 所示。

文件(F)　编辑(E)　查看(V)　插入(I)　修改(M)　格式(O)　命令(C)　站点(S)　窗口(W)　帮助(H)

图 1-36　菜单栏

1.6.3　“插入”面板

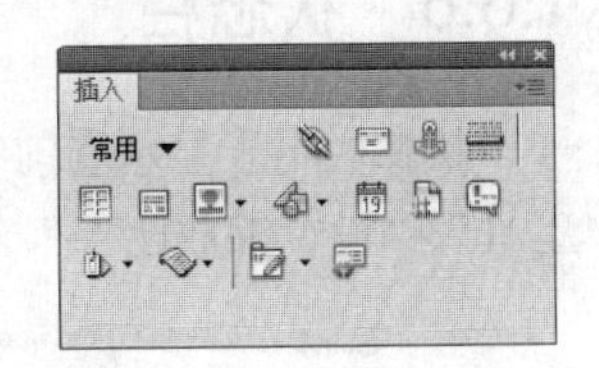

图 1-37　“插入”面板

“插入”面板位于窗口的右上方，包含用于创建和插入对象的按钮，如图 1-37 所示。单击“插入”面板中按钮执行的结果，与执行相应的菜单命令的结果一样，但使用“插入”面板中的按钮操作起来更加方便，当将鼠标指针移到某个按钮上时，会显示该按钮的

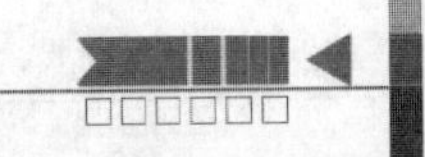

名称。

1.6.4 “CSS 样式”面板

对于一个网站来说，如果网页中文本的字体、颜色、大小、间距以及位置等基本是相同的，那么就可以运用“CSS 样式”面板将这些相同的属性定义成 CSS 样式，然后对相同格式的文本进行样式的应用即可，如图 1-38 所示。

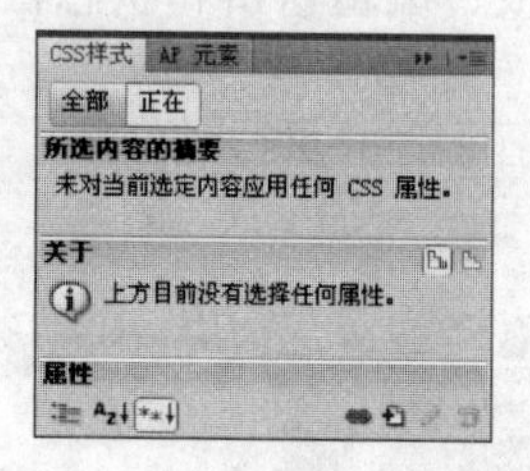

图 1-38 “CSS 样式”面板

1.6.5 编辑窗口

编辑窗口位于菜单栏的下方，是进行网页编辑的主要场所，如图 1-39 所示。

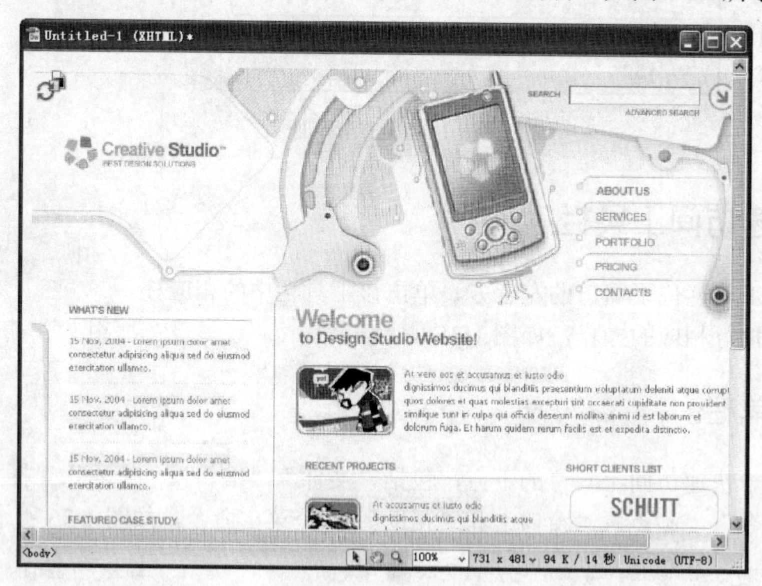

图 1-39 编辑窗口

1.6.6 状态栏

状态栏用于显示当前编辑文档的状态，由“标记选择器”、“选取工具”、“手形工具”、“缩放工具”、“设置缩放比率”、“窗口大小”、“下载文件大小/下载时间”等部分组成，如图 1-40 所示。

<body> 100% 663 x 511 1 K / 1 秒 Unicode (UTF-8)

图 1-40 状态栏

习题与上机操作

一、填空题

1．所谓Web，是指一种__________系统，它的一个重要概念就是________，即超链接。超链接使得文本不再像书本一样是______的、______的，而是可以从一个位置____________。想要了解某一主题的内容只要在这个主题上__________，即可跳转到包含这一主题的文档上，而正是由于这种_______，人们才把它称为_____。

2. Web的特点主要表现在_____个方面，即____________、____________、____________、______________、_____________和____________。

3．简单地说，_______就是一个网站的网址，其中，_______表示商业性的机构或公司，_______表示从事与Internet相关的网络服务的机构或公司。

二、思考题

1．分别解释什么是域名、URL、WWW和HTML。
2．简述网页的构成要素是什么。
3．简述中文版Dreamweaver CS4的工作界面。

三、上机操作

1．练习安装Dreamweaver CS4软件。
2．练习启动与退出Dreamweaver CS4应用程序。

第2章　设计与管理站点

本章学习目标

通过本章的学习，读者应了解网站开发的基本流程及各流程的主要工作，掌握如何创建与管理站点，并能对网站进行上传、下载和更新等操作。

学习重点和难点

- 网站开发的基本流程
- 创建站点
- 管理站点
- 上传站点
- 下载文件
- 同步更新站点

2.1　网站开发流程

从狭义角度而言，相关网页的集合就是一个网站；从广义的角度来说，有了网页后并不能就称其为网站，网站必须有网址和服务器，浏览者才可以通过 URL 访问到其中的网页。建设网站的第一步是完成所有的网页，当第一步完成后，就要把这些网页放到服务器上，以便让用户浏览。任何网站的建设都有一个基本的流程，本节将介绍网站开发的基本流程。

2.1.1　网站策划

网站策划是网站制作的重要环节，包括网站需求分析、网站风格定位、网页版式设计以及网页设计创意等内容。

一般情况下，浏览者在网上浏览都是有一定目的的，所以设计者在制作网页时首先要确定浏览者群体，使自己制作的网页具有针对性，并在明确自己的网站想给人以怎样的印象后，找出网站中最有特色的地方，也就是最能体现网站风格的内容，以它作为网站的特色加以重点强化、宣传，这就是所谓的网站的定位与风格。网站定位包括定位网站的主题与名称，网站风格设计包括设计网站标志和色彩方案，下面将分别进行介绍。

1. 网站主题

所谓网站的主题也就是网站内容的题材，目前比较流行的网站题材主要有：新闻、体育、网上社区、资讯、计算机技术、娱乐、网络游戏、网上求职、网上聊天、网页开发、旅行、家庭、教育、生活、时尚、即时信息、天气预报、股市报道等。其中每一类都可以细分为多个子题材。

网站主题是设计网站的动力源泉，一个网站必须要有一个明确的主题或明确的功能。特别是对于个人网站，其内容不必包罗万象，相反要力争少而精。许多人在开始设计个人网站的时候都会走入盲目求全的误区，不但失去了网站的特色，而且也会给设计者带来高强度的劳动，并给网站的及时更新带来困难。对于个人网站，最好将自己最感兴趣的内容作为网站的主题。兴趣是制作网站的动力，有了创造灵感，才能设计和制作出优秀的作品，也只有这样才能有兴趣对网站进行维护。此外，网站定位要小、内容要精。有时，个人网站也可以使用风格迥异的网页和与众不同的网站策划，从而给浏览者留下深刻的印象。

2. 网站名称

有了网站题材的创意，还要为网站起个响亮而又切题的名字。不要忽视为网站起名字的工作，网站名称是网站设计的一部分，而且是关键要素之一。因为网络中相同题材的网站很多，所以设计者要想让访问者很快记住自己的网站，给网站起名就很重要。据调查，名称响亮易记，对网站的形象和宣传推广有很大影响。名称可以是中文名称，不推荐使用英文或者中英文混合型的名称。网站名称的字数应该控制在六个字以内，最好是四个字以内，因为一般友情链接的小 LOGO 尺寸是 88 像素×31 像素，而六个字的宽度是 78 像素左右，便于其他站点的链接排版。网站的名称也可以制作成醒目的 LOGO 图片。

3. 网站标志

网站标志（LOGO）是代表企业形象或栏目内容的标志性图片，它既可以是中文、英文字母，也可以是符号、图案等。标志的设计创意可以来自网站的名称和内容，也可以将网站内有代表性的人物、动物、植物或者是产品作为设计的蓝本，然后加以修饰和美化。网站设计中设计网站标志最常用的方式是用自己网站的英文名称作标志，采用不同的字体、字母的变形和组合可以很容易制作出自己的标志，图 2-1 所示为几种网站标志的示例。

图 2-1　LOGO 示例

4. 网站色彩

网站给访问者的第一印象来自视觉上的冲击，不同的色彩搭配会产生不同的效果，甚至会影响到访问者的喜好和情绪。因而设计者不仅要掌握基本的网站制作技术，还需要掌握网页的色彩搭配。一般来说，适合于网页颜色设计的有三大标准色系：蓝色、黄/橙色、黑/灰/白色。所谓的“标准色系”，是指能体现网站形象和延伸内涵的色彩，主要用于网页中网站的标志、标题、主菜单和主色块，可以给人以整体统一的感觉。其他色彩也可以使用，但应当只是作为点缀和衬托，绝不能喧宾夺主。

一般来说，一个网站的标准色彩不超过三种，太多则让人眼花缭乱，反而降低了重要内容的吸引力。色彩的位置、每种色彩所占的比例和面积也要均衡。例如，鲜艳明亮的色彩面积应小一点，这样可以让人感觉舒适、不刺眼，以达到均衡的色彩搭配效果。为了能使网页设计得更靓丽，并提高网页的可阅读性，必须合理、恰当地运用页面各要素间的色彩比例，使网页的整体外观让人看上去舒适、协调。在色彩运用上比较成功的例子有：IBM 的深蓝色、肯德基的红色条和 Windows 视窗标志上的红蓝黄绿色块。

2.1.2 规划站点目录结构

网站设计的成功与否，很大程度上取决于设计者的规划水平。规划网站就像设计师设计建筑一样，只有图纸设计好了，才能建成一座漂亮的大厦。网站规划涉及的内容很多，如网站的结构、栏目的设置、网站的风格、颜色搭配、版面布局、文字图片的运用等，只有在制作网页之前把这些方面都考虑周全了，才能在制作时驾轻就熟，胸有成竹，这样制作出来的网页才有特色和吸引力。

在规划网站结构时，可以先用树形的目录结构将每个页面的内容大纲列出来，这一点在制作一个大型网站时尤为重要。另外，在规划网站结构时，也要考虑到以后的扩充性，尽量避免以后再更改整个网站的结构。

网站的目录是指建立网站时创建的目录，在建立网站时如果用户不创建目录，系统将建立默认的根目录和 images 子目录。目录结构的好坏，对站点本身的上传维护，以及以后内容的更新和维护有很大的影响。用户在建立目录结构时，不要将所有文件都存放在根目录下，在建立子目录时要按照网站栏目的内容进行创建。例如，网上教程类站点可以根据技术类别分别建立相应的目录，如数据库、网页制作、图像处理、动画制作等；企业站点可以按公司简介、产品介绍、价格、在线订单、反馈联系等建立相应目录。其他的次要栏目，如友情链接等需要经常更新的栏目，可以建立独立的子目录。而一些相关性强且不需要经常更新的栏目，如关于本站、关于站长、联系我们等，可以合并放在统一目录下。所有程序一般都存放在特定目录下，便于维护管理，所有需要下载的内容也最好再分类存放在相应的目录中。

在默认情况下，站点根目录下都有 images 目录，根目录下的 images 目录只是用来存放首页和次要栏目的图片。至于各个栏目中的图片，应按类存放，在各自的主目录下建立独立的 images 目录，以方便对本栏目中的文件进行查找、修改、压缩等。

为便于维护和管理，目录的层次建议不要超过四层。不要使用中文目录，因为有些浏览器不支持中文，也不要使用过长的目录，尽管服务器支持长文件名，但是太长的目录名不便于记忆，应尽量使用意义明确的目录。另外，本地站点和远程 Web 站点应该具有完全相同的目录结构。

2.1.3 收集整理资料

规划好站点目录结构后，就要搜集相关的资料了。要想使自己的网站内容充实饱满，能够吸引浏览者，搜集的材料不需要很多，但对于所设计的主题要比较深入。其中，图像是网站的特色之一，它具有醒目、吸引人以及传达信息丰富形象的功能，好的图像应用可以让网页增色不少。使用图像时一定要考虑传输时间的问题，应依据 HTML 文件、图像文件的大小，考虑传输速率、延迟时间、网络交通状况，以及服务器端与客户端的软硬件条件，估算网页的传输与显示时间。在图像使用上，尽量采用一般浏览器均可支持的压缩图像格式，如果真要放置大型图像文件，最好将图像文件与网页分开（即在首页中先显示一个具有链接功能的缩小图像或是一行说明文字，然后加上该图像文件大小的说明），不仅可以加快首页的传输速度，而且可以让浏览者选择是否进入观看。

网站的资料来源主要有以下途径：

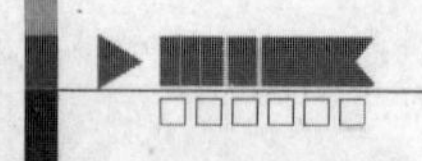

● 客户提供的资料。这是主要的资料来源，主要是收集该站点的关键信息，包括站点的目标用户、要发布的内容、开发服务器平台等。

● 书籍、报刊杂志。将从书籍、报刊杂志上搜集来的材料去粗取精、去伪存真，并分门别类保存，以作为自己制作网页的素材。

● 从网络上收集。只要到雅虎、搜狐等搜索引擎上查找相应的关键字，就可以找到很多的资料：各种类型按钮、背景图片、装饰图形等。依据网站的主题，还可准备一些多媒体素材，如声音、动画、图像等，以增强网页的效果。例如，一个名为“网页制作大宝库”的网站，就提供了大量可下载的精美图片、背景音乐、背景图像等网页素材。

● 自己设计制作。要使自己的网站表现不凡、脱颖而出，还可付出一些精力自行设计网站标志性图像、Flash 动画，甚至自己撰写首页文章。

专家指点

> 用户在搜集资料时应注意根据一定规则进行存放，以便在进行网页设计时作进一步整理和筛选。上述为制作网页前的准备工作，下面就可以开始正式制作网页了。

2.1.4　制作网页

在目标明确的基础上，对网站的整体风格和特色作出定位，规划好网站的组织结构，并收集整理好相关的建站资料后，就可以开始构思网站的创意了。Web 站点应针对服务对象的不同而采用不同的形式，有些站点只提供简洁的文本信息，有些则采用多媒体表现手法，提供华丽的图像、闪烁的灯光、复杂的页面布局，甚至可以下载声音和录像片段。好的 Web 站点把图形表现手法和有效的组织与通信结合起来。要做到主题突出、要点明确，以简洁的语言和画面体现站点的主题，调动一切手段充分表现网站的个性。

1. 页面的基本构成

Web 站点主页应具备的基本成分包括：准确无误地标识站点和企业标志的页眉，用于接收用户垂询的 E-mail 地址、企业的地址或电话，用于声明版权所有者的版权信息，并注意将已有信息（如客户手册、公共关系文档、技术手册和数据库等）应用到企业的 Web 站点中。另外，一个网站一般由多个网页构成，为了便于浏览者轻松自如地访问各个网页，在制作网页时还应考虑以下几个方面：

● 创建导航条。应在网站的任何一个页面上，提供站点的各个相关主题，以随时引导用户从一个页面快速地进入到其他页面中。一般的网站都在页面的上部或左侧位置放置网站导航条。浏览到某个页面时，只需单击导航条中相应的超链接即可从一个页面快速地跳转到另一个页面。

● 创建返回主页链接。在网页中创建返回主页的链接，便于用户快速返回到主页面中，重新单击其他链接进行浏览。

● 构建页面框架。构建页面的框架就是针对导航条、主题按钮及收集信息等将页面划分为几部分。

● 填充页面内容。填充页面内容是对网页的几部分合理地进行分配，并插入图片以及Flash插件等。

2. 网页的版式设计

网页设计作为一种视觉语言，要讲究编排和布局，虽然网页的设计不等同于平面设计，但它们有许多相近之处，应加以利用和借鉴。版式设计通过文字图形的空间组合，表达和谐与美。优秀的网页设计者应该知道哪一段文字、图形该放在何处，才能使整个网页生辉。多页面站点中页面的编排设计要求把页面之间的联系反映出来，特别要处理好页面之间和页面内的秩序与内容的关系。为了达到最佳的视觉表现效果，应讲究整体布局的合理性，使浏览者有一个流畅的视觉体验。

3. 网页的形式设计

要将丰富的含义和多样的形式组织成统一的页面结构，形式语言必须符合页面的内容，体现内容的丰富含义。运用对比与调和、对称与平衡、节奏与韵律等手段，并通过文字、图形之间的相互关系建立整体的均衡状态，产生和谐的美感。如在页面设计中应用对称原则，它的均衡有时会使页面显得呆板，但如果加入一些富有动感的文字、图案，或采用夸张的手法来表现内容往往会收到比较好的效果。点、线、面作为视觉语言中的基本元素，要使用点、线、面的互相穿插、互相衬托、互相补充构成最佳的页面效果。网页设计中点、线、面的运用并不是孤立的，通常需要将它们结合起来，表达完美的设计意境。网络上的三维空间是一个假想空间，这种空间关系需借助图像的动静变化、图像的比例关系等空间因素表现出来。网页上常见的是页面上、下、左、右、中位置所产生的空间关系，以及疏密的位置关系所产生的空间层次，这两种位置关系使产生的空间层次富有弹性，同时也让人产生轻松或紧迫的心理感受。现在人们已不满足于HTML语言编制的二维页面，三维世界的魅力开始吸引更多的人，虚拟现实要在网上展示其迷人的风采，于是VRML语言出现了。VRML是一种面向对象的语言，它类似Web超链接所使用的HTML语言，也是一种基于文本的语言，并可以运行在多种平台之上，而且能够更多地为虚拟现实环境服务。

4. 合理运用多媒体及新技术

网络资源的优势之一是多媒体功能，要吸引浏览者的注意力，页面的内容可以用三维动画、Flash等来表现。但要注意，由于网络带宽的限制，在使用多媒体的形式表现网页的内容时应考虑客户端的传输速率。

另外，新的网页制作技术几乎每天都会出现，如果不是介绍网络技术的专业站点，一定要合理地运用网页制作的新技术，避免把网站变为制作网页的技术展台。使用户能够方便、快捷地得到所需要的信息是最重要的。对于网站设计者来说，必须不断学习网页设计的新技术，如Java、ASP、DHTML、XML等，根据网站的内容和形式的需要合理地应用到设计中。

2.1.5 发布与推广站点

网站制作完后，需要发布上传，上传前先要申请空间和域名，这样才能使制作好的网页在网上安家。

1. 申请空间

对于初学网页的设计者和一般个人网站而言，可以选择免费的网络空间。免费的空间通常以 20～100MB 的比较常见，而且对于许多高级的动态网页技术，如 ASP、PHP 等可以提供支持。当然，如果条件允许，用户也可以找一些收费低廉，服务比较全面的网站空间，还可以申请一个顶级域名。

对于企业网站而言，可以考虑选择有独立 IP 地址的付费空间。不同结构的服务器提供的支持服务也不同，在申请时要仔细了解服务内容，选择既实用又划算的网络空间。在选择 ISP 时，可以优先考虑本地的服务商，以方便及时沟通和处理问题，保证网站的正常运行。图 2-2 所示的中国万网（http://www.net.cn）就是一个较大的服务提供商。

图 2-2　中国万网

2. 上传网页

申请空间和域名后就可以将网站上传到 Internet 的服务器上，实现网上安家了。如果申请的空间是采取主机托管的，则可以直接把网站内容拷贝到服务器上发布；如果申请的网站空间采用的是虚拟主机，则服务商会提供给用户上传服务器地址、管理员名、密码等信息，用户使用相应的上传软件发布网站就可以了。所谓上传文件，就是将本地站点的文件复制到远程服务器上，对于刚制作完成的网站需要上传文件；而对网站进行更新维护时，每次在本地修改后也必须上传那些新增或更新的文件。

3. 推广网站

每天都有成千上万个新站点推出，网站再出色，也应该努力宣传自己，否则制作好的网站不会有多少人访问。在推广网站之前，要先检查网站的信息内容是否足够丰富、准确、及时，网站设计是否具有专业水准，然后再推广网站。推广网站的方法有很多，其中，登录搜索引擎是推广网站最有效的方法之一。登录搜索引擎可以是手动的，也可以使用一些专门的网站服务或者专门的搜索引擎登录软件。不过对于初学者，最简单的还是挑选少数几个大型门户网站来手动登录自己的站点。

在中文搜索引擎中，百度、谷歌、搜狗等门户站点访问量极大、覆盖面广、知名度高。建议用户在网站创建完成后，即将其登录到这些网站的搜索引擎中，使自己的网站走出“深闺”，为人所识。

2.2 创建与管理站点

严格地说，站点也是一种文档的磁盘组织形式，它同样是由文档和文档所在的文件夹组成的。我们在 Internet 上所浏览各种网站，其实就是用浏览器打开存储于 Internet 服务器上的 HTML 文档及其他相关资源。利用 Dreamweaver CS4，可以在本地计算机上创建站点，从整体上对站点进行把握。站点设计完毕后，利用各种上传工具（如 FTP 程序），将本地站点上传到 Internet 服务器上，可形成远程站点。本节将详细介绍有关站点创建与管理的操作。

2.2.1 创建站点

中文版 Dreamweaver CS4 不仅提供了强大的网页设计编写功能，还提供了站点创建和管理功能。在制作网页前，应该首先在本地磁盘中创建一个站点，用来存放和管理网页文件。

创建本地站点的具体操作步骤如下：

（1）在 Dreamweaver CS4 中单击“站点”|“新建站点”命令，启动新建站点向导，打开如图 2-3 所示的对话框。

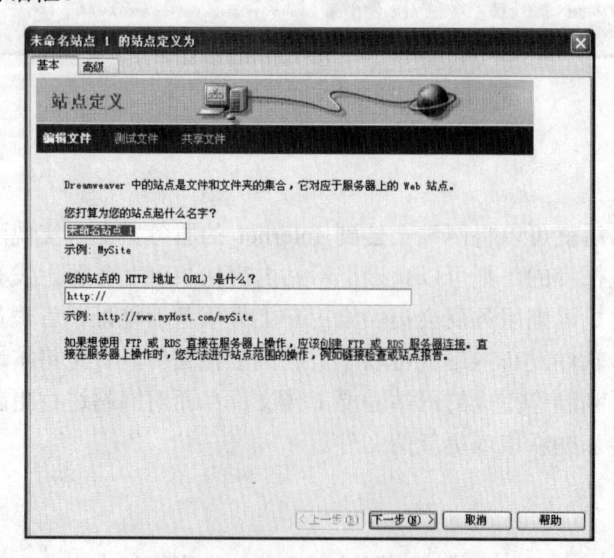

图 2-3 站点向导对话框

（2）在“您打算为您的站点起什么名字”文本框中输入站点名称，这里输入 mysite，单击“下一步”按钮，打开如图 2-4 所示的对话框，选择是否使用服务器技术。

（3）使用默认的设置，即在该对话框中选中“否，我不想使用服务器技术”单选按钮，单击“下一步”按钮，打开如图 2-5 所示的对话框，选择存放站点的路径。

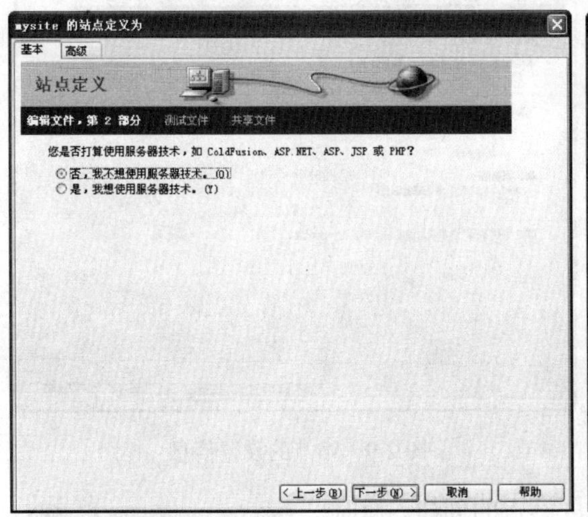

图 2-4　选择是否使用服务器技术

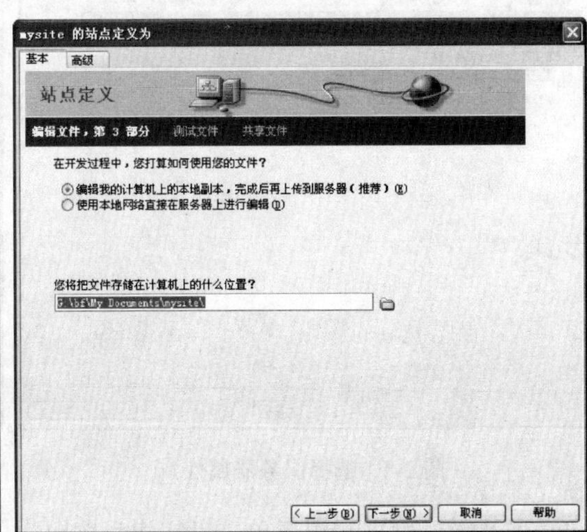

图 2-5　选择站点存放路径

单击“窗口”|“文件”命令或按【F8】键，打开“文件”面板，单击该面板中的“管理站点”超链接，或单击下拉列表框中的下拉按钮，在弹出的下拉列表中选择“管理站点”选项（如图 2-6 所示），在打开的“管理站点”对话框中单击“新建”按钮，在弹出的下拉菜单中选择“站点”选项（如图 2-7 所示），也可以启动新建站点向导。

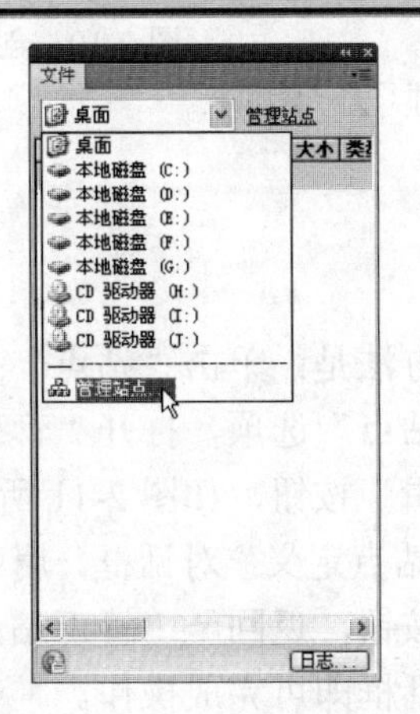

图 2-6　选择“管理站点”选项

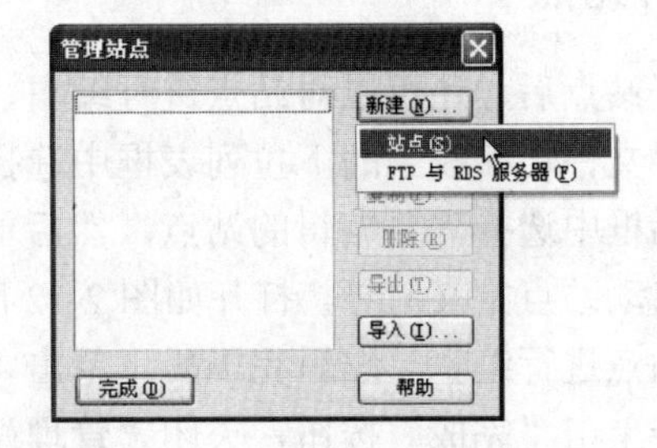

图 2-7　选择“站点”选项

（4）可以单击图标，在打开的对话框中选择存放站点的路径，也可以直接在“您将把文件存储在计算机上的什么位置”文本框中输入路径。完成设置后单击“下一步”按钮，将打开如图 2-8 所示的对话框。

（5）本例在“您如何连接到远程服务器”下拉列表框中选择“无”选项，然后单击“下一步”按钮，打开如图 2-9 所示的对话框，在该对话框中显示了创建站点的设置信息。

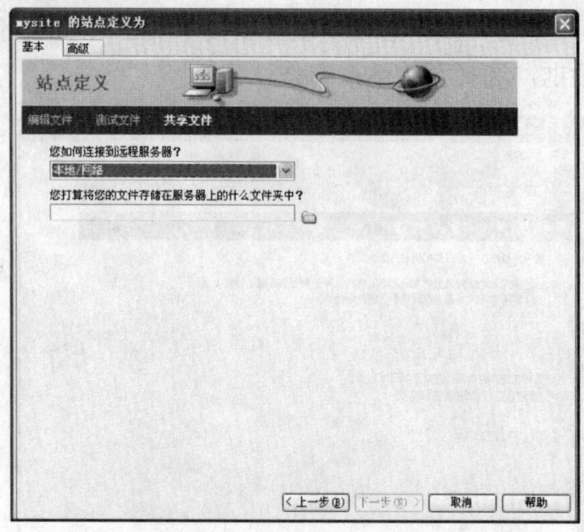

图 2-8 选择服务器属性

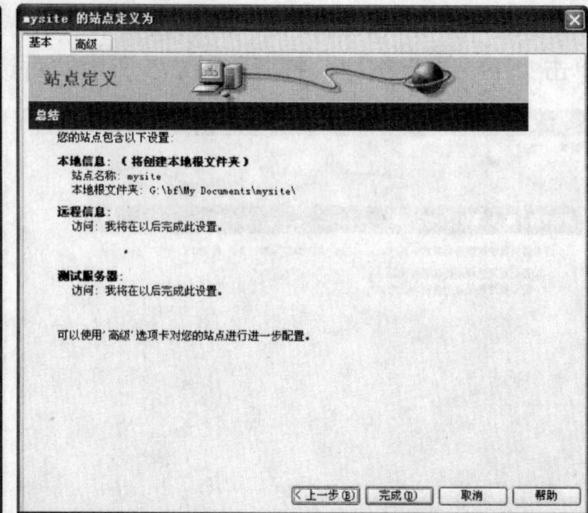

图 2-9 站点的设置信息

（6）确认信息无误后单击“完成”按钮完成站点的创建。此时Dreamweaver自动展开“文件”面板，其中显示出了创建好的站点根目录，如图2-10所示。

要创建其他本地站点，可以参照上述操作。由此可以看出，站点的概念同文档不同，文档可以是已经存在的，但是站点则是新创建的。换句话说，站点只是文档的组织形式而并非内容。

图 2-10 创建完成的站点

2.2.2 管理站点

在创建好本地站点后，就可以方便地对站点进行管理了。下面介绍管理站点的一些基本操作。

1. 编辑站点

在创建好站点后，还可以对站点进行编辑，其操作方法是：单击“站点”|“管理站点”命令，或在“文件”面板上的下拉列表框中选择“管理站点”选项，打开“管理站点”对话框，在该对话框中选择需要编辑的站点，然后单击“编辑”按钮，如图2-11所示。

此时会启动站点定义向导，打开如图2-12所示的“站点定义”对话框，用户可利用该对话框对本地站点进行编辑。编辑完毕后，单击“完成”按钮，返回至“管理站点”对话框，在该对话框中单击“完成”按钮，关闭“管理站点”对话框即可完成操作。

2. 打开站点

要打开一个本地站点，可以按照以下方法进行操作：

- 单击“窗口”|“文件”命令或按【F8】键，打开“文件”面板，单击该面板中的下拉按钮，在弹出的下拉列表中选择需要打开的站点，“文件”面板中即可显示该站点的文件夹和文件信息。
- 单击“站点”|“管理站点”命令，打开“管理站点”对话框，从中选择需要打开的

站点，然后单击“完成”按钮，即可在“文件”面板中显示打开站点的信息，如图 2-13 所示。

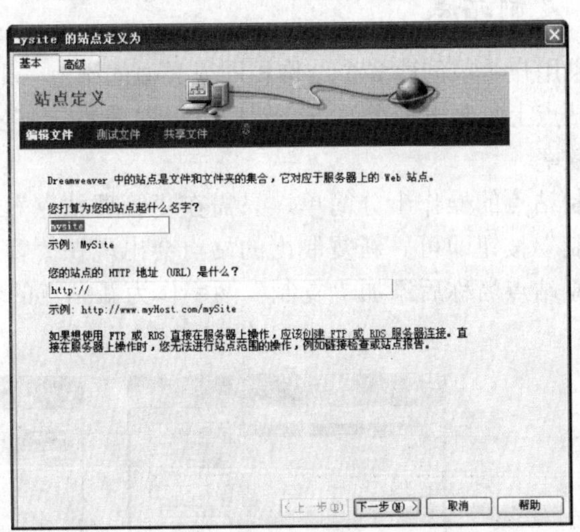

图 2-11　编辑选择的站点　　图 2-12　“站点定义”对话框

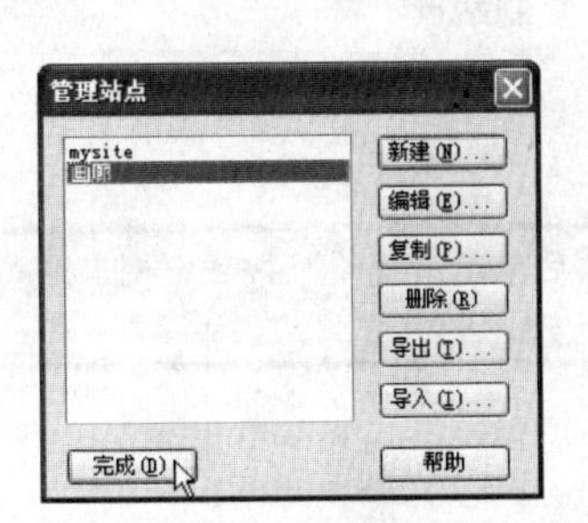

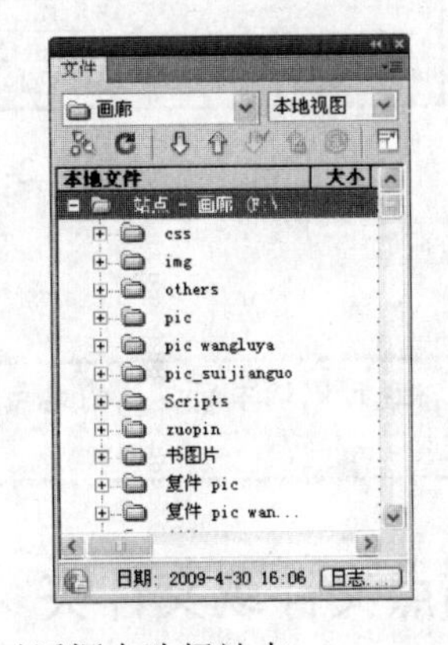

图 2-13　在“管理站点”对话框中选择站点

3. 删除站点

如果不再需要利用 Dreamweaver 对某个本地站点进行操作，则可以将其从站点列表中删除。具体操作方法是：打开“管理站点”对话框，从列表中选择要删除的站点名称，单击“删除”按钮，这时会弹出一个提示信息框（如图 2-14 所示）询问是否要删除本地站点。单击“是”按钮，即可删除选中的本地站点，并返回到“管理站点”对话框。在“管理站点”对话框中单击“完成”按钮，即可完成关闭对话框操作。

图 2-14　提示信息框

专家指点

实际上，删除站点的操作只是删除了 Dreamweaver 同本地站点之间的连接，本地站点的内容，包括文件夹和文档等，仍然保存在磁盘的相应位置上。用户可以重新创建指向该位置的新站点，重新对其进行管理。

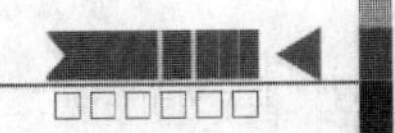

4. 复制站点

如果用户希望创建多个结构相同或类似的站点，则可以利用站点的复制特性。首先从一个基准站点上复制出多个站点，然后再根据需要分别对各站点进行编辑，这样能够极大地提高工作效率。

复制站点的操作十分简单，只需在“管理站点”对话框中选择要复制的站点名称，单击“复制”按钮即可。新复制出的站点会出现在“管理站点”对话框的站点列表中，该站点采用原站点名称后添加“复制”两字作为新站点的名称，站点复制的整个过程如图 2-15 所示。

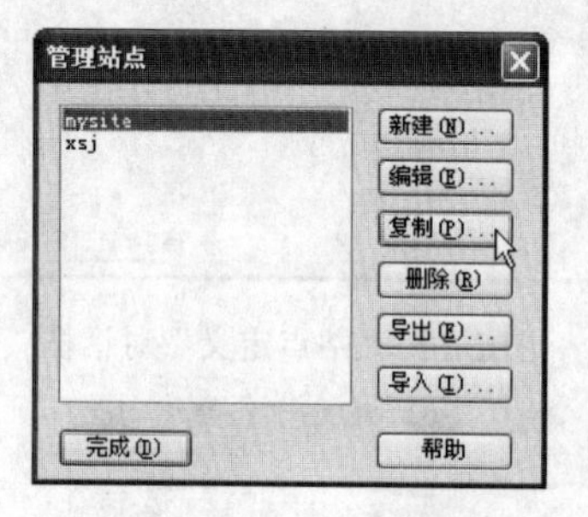

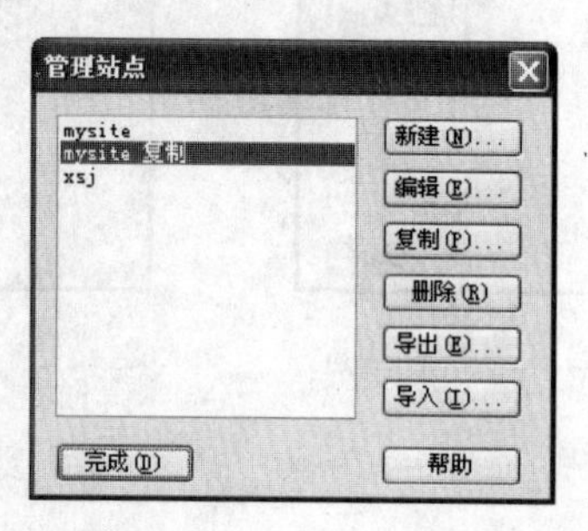

图 2-15　复制站点

如果需要，还可以选中新复制的站点，然后单击“编辑”按钮，对其进行编辑，如修改名称等。

2.2.3　管理站点文件或文件夹

无论是创建空白文档，还是利用已有文档构建站点，都有可能需要对站点中的文件或文件夹进行操作。利用“文件”面板，可以方便地对本地站点的文件夹和文件进行创建、删除、移动和复制等操作。

1. 创建文件或文件夹

在站点中创建文件与创建文件夹的操作相似。例如，要在站点中新建文件夹，只需在“文件”面板中用鼠标右键单击新建文件夹的父级文件夹，然后在弹出的快捷菜单中选择“新建文件夹”选项即可；也可以在“文件”面板右上角单击按钮，在弹出的面板菜单中选择“文件”|“新建文件夹”选项，如图 2-16 所示。

此时的“文件”面板如图 2-17 所示。可以看到新建的文件夹以 untitled 为默认的名称，并处于编辑状态，用户可直接更改其名称。

如果用户需要在文件夹中新建文件，则可用鼠标右键单击该文件夹，在弹出的快捷菜单中选择“新建文件”选项，也可以直接按【Ctrl+Shift+N】组合键，新建一个文件，此时的“文件”面板如图 2-18 所示。输入名称后，单击输入区外任意位置，即可完成对文件的命名。

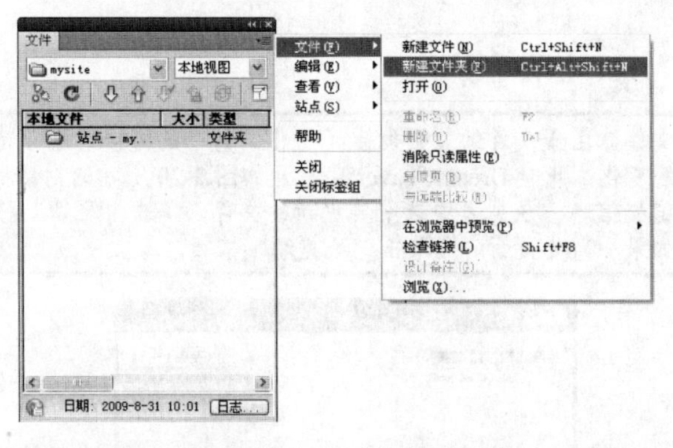

图 2-16　选择“新建文件夹”选项

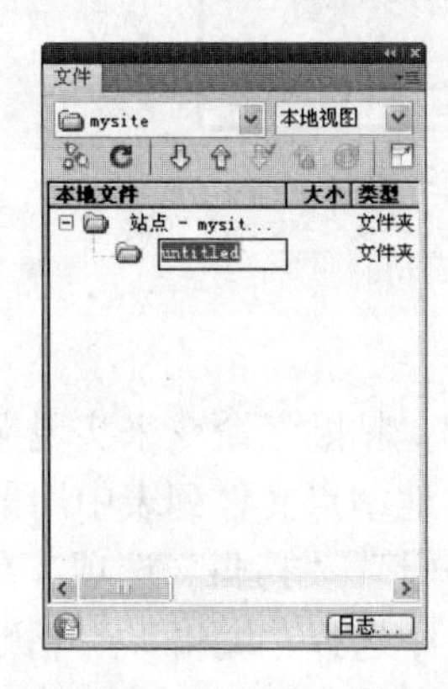
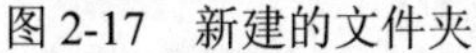

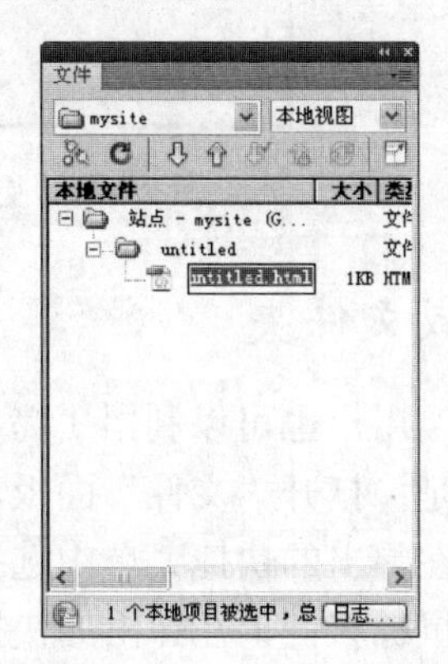

图 2-17　新建的文件夹　　　　图 2-18　新建的文件

2. 移动文件或文件夹

移动文件或文件夹的具体操作步骤如下：

（1）打开“文件”面板，在本地站点文件列表中选择需要移动的文件或文件夹。

（2）在选中的文件或文件夹上单击鼠标右键，在弹出的快捷菜单中选择“编辑”|“剪切”选项。

（3）在“文件”面板中选中目标文件夹，单击鼠标右键，在弹出的快捷菜单中选择“编辑”|“粘贴”选项，选中的文件或文件夹就会被移动到目标文件夹中，如图 2-19 所示。

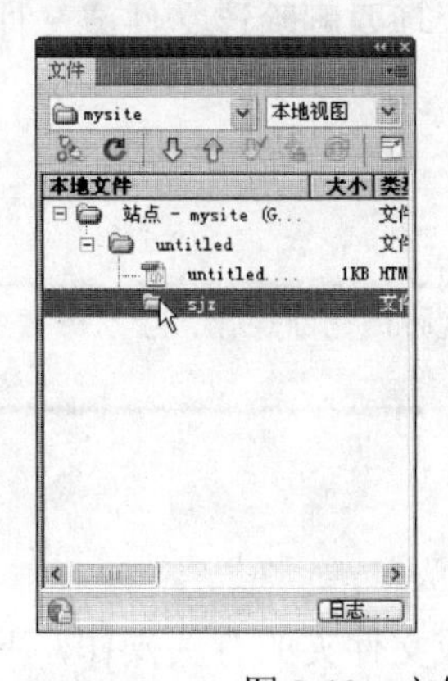

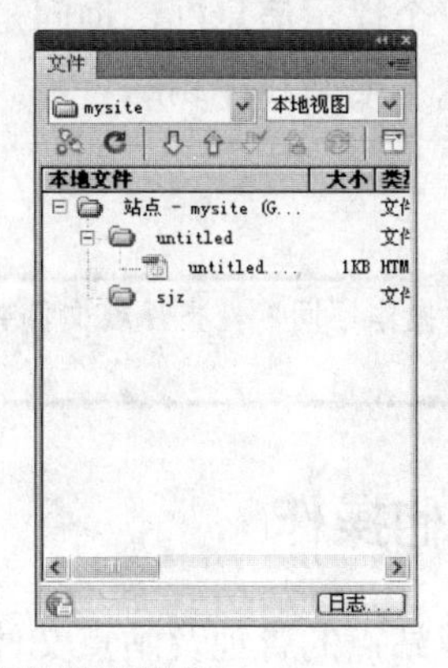

图 2-19　文件夹的移动操作

专家指点

如果移动的是文件，由于文件的位置发生了变化，其中的链接信息（特别是相对链接）也可能会发生相应的变化。此时Dreamweaver会打开如图2-20所示的对话框，询问是否要更新被移动文件中的链接信息。从列表中选中要更新的文件，单击“更新”按钮，即可更新文件中的链接信息；如果不需要更新，则单击“不更新”按钮。

图2-20 “更新文件”对话框

3. 复制文件或文件夹

同移动操作一样，用户也可以利用“拷贝”和“粘贴”命令来实现文件或文件夹的复制操作。具体操作方法是：打开“文件”面板，在本地站点文件列表中用鼠标右键单击需要复制的文件或文件夹，在弹出的快捷菜单中选择“编辑”|“拷贝”选项。在“文件”面板中选中目标文件夹，单击鼠标右键，在弹出的快捷菜单中选择“编辑”|“粘贴”选项，选中的文件或文件夹就会被复制到目标文件夹中。

4. 删除文件或文件夹

从本地站点文件列表中删除文件或文件夹的具体操作方法如下：

在“文件”面板的文件列表中选中要删除的文件或文件夹，然后执行下列操作之一：

- 在选中的文件或文件夹上单击鼠标右键，在弹出的快捷菜单中选择“编辑”|“删除”选项。
- 在“文件”面板右上角上单击按钮，在弹出的面板菜单中选择“文件”|“删除”选项。
- 直接按【Delete】键。

这时系统会弹出一个提示信息框，询问是否真要删除该文件或文件夹，确认此操作后，即可将文件或文件夹从本地站点中删除。

专家指点

与删除站点的操作不同，对文件或文件夹执行的删除操作，会从磁盘上真正删除所选的文件或文件夹。

2.2.4 站点的其他操作

前面的章节介绍了站点的管理及站点文件或文件夹的有关操作，下面将介绍一些与站点相关的其他操作。

1. 设置“远程信息”属性

在 Dreamweaver 中，当用户创建了一个本地站点后，使用“编辑站点”命令可以将该本地站点连接并上传到远程服务器，成为远程站点。具体操作方法如下：

单击“站点”|“管理站点”命令，在打开的“管理站点”对话框中选择一个现有的站点，然后单击“编辑”按钮，在打开的对话框中单击“高级”选项卡，在“分类”列表中选择“远程信息”选项，在对话框右侧的“访问”下拉列表框中选择连接服务器的访问方式。如果用户不希望将自己的站点上传到 Web 服务器上，可在“访问”下拉列表框中选择“无”选项；如果使用 FTP 连接到 Web 服务器，则可在“访问”下拉列表框中选择 FTP 选项，如图 2-21 所示。

- “FTP 主机”文本框用于输入 FTP 主机名，此处要输入计算机完整的 Internet 名称，如果不知道 FTP 主机，可与 ISP 联系。
- “主机目录”文本框用于输入远程服务器上存放网站的目录，如果不输入任何内容，则表示将当前网站内容存放在以 Login 命名的根目录下。
- “登录”文本框用于输入连接到 FTP 服务器的注册名。
- “密码”文本框用于输入连接到 FTP 服务器的密码。默认情况下，输入密码后，Dreamweaver 将自动选中“保存”复选框，如果取消选择“保存”复选框，则用户在每次连接到远程服务器时，都将显示输入密码的提示信息。

专家指点

如果在系统中安装了网络驱动器或只在本地计算机上运行 Web 服务器，则可在“访问”下拉列表框中选择“本地/网络”选项，此时的对话框如图 2-22 所示。其中，在“远端文件夹”文本框中输入站点文件储存在服务器上的文件夹。如果选中“维护同步信息”复选框，则站点文件被添加或删除时，服务器上的站点内容会自动更新；如果要提高向远程站点复制文件的速度，可取消选择该复选框。

此外，在“访问”下拉列表框中还可以选择 WebDAV、RDS 和 Microsoft Visual SourceSafe 选项。

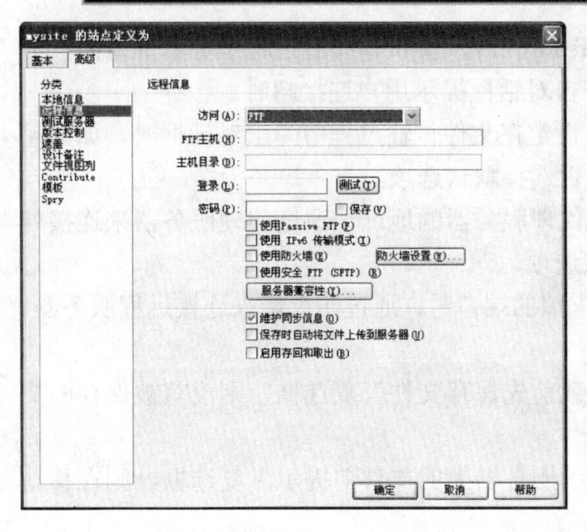

图 2-21　选择 FTP 选项

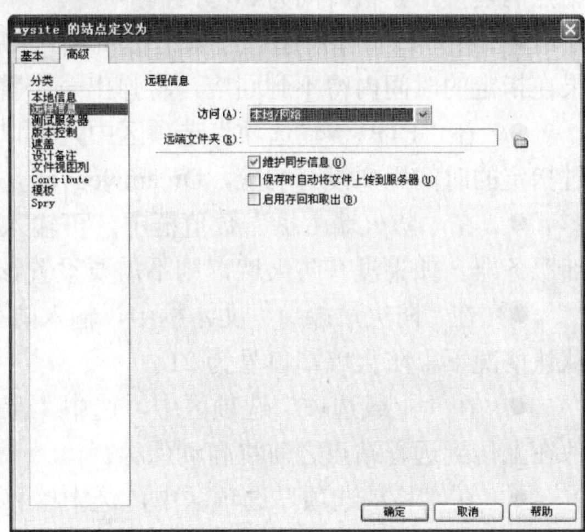

图 2-22　选择“本地/网络”选项

2. 设置站点参数

要设置站点参数，可单击“编辑”|“首选参数”命令，打开“首选参数”对话框，在“分类”列表中选择“站点”选项，显示站点参数设置信息，如图2-23所示。

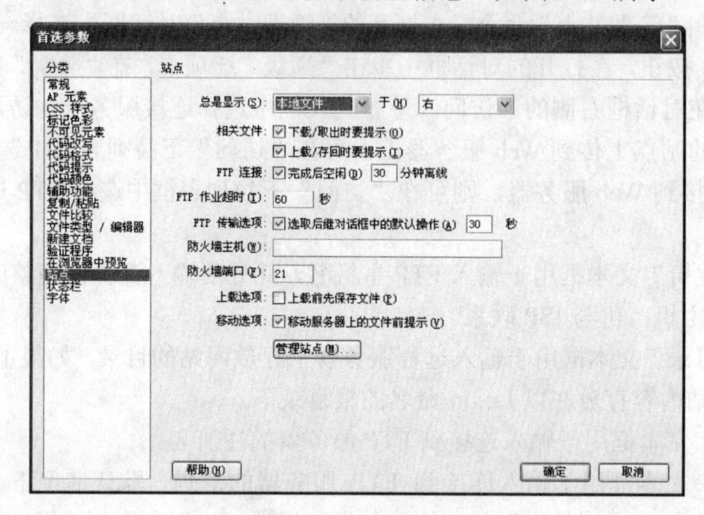

图2-23 “首选参数”对话框

其中各选项的含义分别如下：

- 在“总是显示”下拉列表框中，选择总是显示的站点（本地站点或远程站点），在其右侧的下拉列表框中选择该站点显示在窗口中的位置。默认情况下，本地站点总是显示在站点窗口的右侧。
- 在“相关文件”选项区中，通过选择相关选项，可以设置在浏览器调用HTML文件时，为传递的相关文件（如图像、外部样式、在HTML文件中的其他文件参数等）显示提示信息。默认情况下选中“下载/取出时要提示”和“上载/存回时要提示”两个复选框。
- 在“FTP连接”选项区中，可以指定Dreamweaver空闲多长时间后自动切断与远程站点的连接，默认时间为30分钟。
- 在“FTP作业超时”数值框中输入Dreamweaver尝试连接到远程服务器的时间，如果在指定的时间内得不到回应，将弹出一个警告对话框提示用户连接超时。
- 在“FTP传输选项”选项区中，可以设定在文件传输过程中弹出对话框时，如果超过指定的时间用户没有响应，Dreamweaver是否选择默认选项。
- 在“防火墙主机”数值框中，可输入代理服务器的地址，通过代理服务器来连接外部服务器。如果没有防火墙，则不需要设置该选项。
- 在“防火墙端口”文本框中，输入防火墙的端口号，通过防火墙来连接远程服务器。默认情况下，防火墙端口号为21。
- 在“上载选项”选项区中，选中“上载前先保存文件”复选框，则没有被保存的文件在上传到远程站点之前将自动保存。
- 在“移动选项”选项区中，选中“移动服务器上的文件前提示”复选框，则在移动文件时显示提示信息。
- 单击“管理站点”按钮，将打开“管理站点”对话框，从中可以对站点进行编辑操作。

2.3　上传、下载与同步更新

在 Dreamweaver 中，不仅可以对本地站点进行操作，还可以对远程站点进行操作：可以将本地文件夹中的文件上传到远程站点，也可以将远程站点上的文件下载到本地文件夹中。通过文件的上传/下载操作，可以实现站点的维护。

2.3.1　上传站点

网站制作完成后，可以将其上传，以供浏览者浏览。下面介绍如何上传一个网站。

1. 申请空间

空间分为免费空间和收费空间。免费空间的特点是空间小、稳定性差，适应没有网站制作经验的爱好者练习。收费空间的特点使性能稳定、功能齐全，适合制作高水准的网站。

对于企业网站而言，可以考虑选择有独立 IP 地址的付费空间。不同结构的服务器提供的服务也不同，在申请时要仔细了解服务内容，选择既经济又实用的网络空间。在选择 ISP 时，可以优先考虑本地的服务商，以便及时沟通和处理问题，保证网站的正常运行。

2. 上传文件

申请空间和域名后就可以将网站上传到 Internet 服务器上，供大家浏览。如果申请的空间是采用主机托管的，则可以直接把网站内容拷贝到服务器上发布；如果申请的空间采用的是虚拟主机托管，则服务商会向用户提供服务器的地址、管理员名和密码等信息，用户使用相应的上传软件如 CuteFTP 发布网站就可以了。

所谓上传文件，就是将信息从个人计算机（本地计算机）传递到远程计算机系统上，让网络上的浏览者都能看到。这些信息可以是文字、图片、视频等。在 Dreamweaver 中上传文件，可在本地站点的“文件”面板中选中要上传的文件。如果要上传的目标位置是 FTP 服务器，则首先需要连入 FTP 服务器，然后单击“站点”|“上传”命令，或单击“文件”面板中的“上传文件”按钮（如图 2-24 所示），此时会弹出如图 2-25 所示的提示信息框，询问用户是否上传相关文件。

图 2-24　单击“上传文件”按钮

在该提示信息框中，如果单击“是”按钮，则在上传所选文件的同时，还将上传与其相关的文件；如果单击“否”按钮，则只上传所选的文件，如图 2-26 所示。在上传文件时，文件的流向总是从本地站点指向远程站点或局域网站点。如果从本地站点中选中文件，并单击“上传”命令上传，则上传的是本地站点上的相关文件；如果从远程站点窗口中选中文件，再单击“上传”命令上传，则上传的是本地站点中与远程站点窗口中所选文件的同名文件，即上传的仍然是本地站点中的文件。

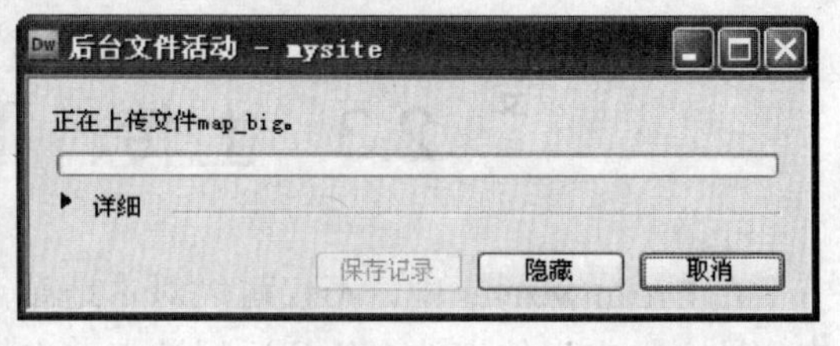

图 2-25 询问是否上传相关文件　　图 2-26 上传文件

2.3.2 下载文件

从远程服务器或局域网站点上获取文件的过程称为下载。在 Dreamweaver 中要下载文件，可从远程站点窗口中选中要下载的文件，然后单击“站点”|“获取”命令或直接单击“文件”面板上的“获取文件”按钮（如图 2-27 所示），此时会弹出如图 2-28 所示的提示信息框，询问用户是否要获取相关文件。

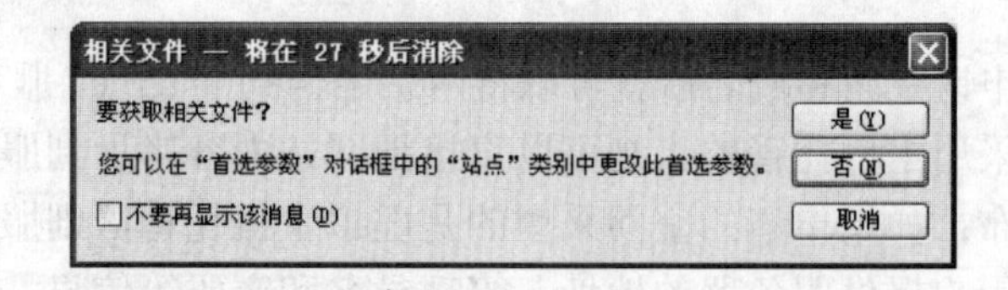

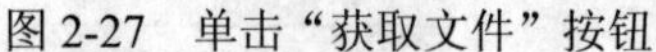

图 2-27 单击“获取文件”按钮　　图 2-28 询问是否要获取相关文件

如果在选中的文件中引用了其他位置的内容，则将弹出一个提示信息框，询问用户是否要包含相关文件。单击“是”按钮，则同时下载相关文件；单击“否”按钮，则不下载相关文件。如果选中“不要再显示该消息”复选框，则以后将不再弹出该提示信息框。

根据带宽或网速的不同，下载文件所需的时间也不同，这些文件将存储在本地站点中。如果本地站点中存在同名文件，则会出现一个提示信息框，询问是否要替换本地站点中的文件。单击“是”按钮，则覆盖当前的文件；单击“全部都是”按钮，则覆盖所有同名的文件；单击“否”按钮，则不覆盖当前文件；单击“全部皆否”按钮，则不覆盖所有的同名文件。

如果在系统中激活了“存回”或“取出”功能，则下载到本地站点上的文件仍然保留它在远程站点上原有的“存回”或“取出”状态，并且无法修改被别人取出的文件。如果没有激活该功能，则拥有下载文件的所有权限，可以读取，也可以编辑和修改。

在下载文件时，文件的流向总是从远程站点或局域网站点指向本地站点。如果从远程站点窗口中选中文件并单击“获取”命令下载，则下载的是远程站点或局域网站点上的相应文件；如果从本地站点窗口中选中文件，然后单击“获取”命令下载，则下载的仍然是位于远程站点或局域网站点中与本地站点窗口中所选文件同名的文件。

2.3.3　同步更新站点

一旦用户创建了本地站点和远程站点，就可以同步更新两个站点上的文件。在“文件”面板右上角单击按钮，在弹出的面板菜单中选择“站点”|“同步”选项（如图 2-29 所示），打开如图 2-30 所示的对话框。该对话框中各选项的含义分别如下：

图 2-29　选择“同步”选项

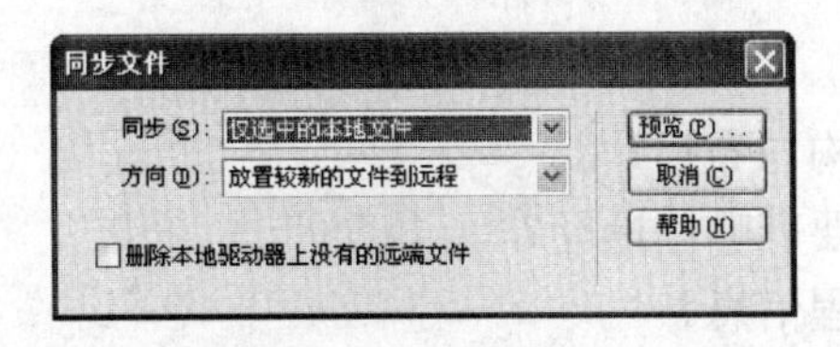

图 2-30　“同步文件”对话框

- 在“同步”下拉列表框中选择“整个‘站点名称’站点”选项，将同步整个站点；选择“仅选中的本地文件”选项，将只同步在本地站点中选择的文件。
- 在“方向”下拉列表框中选择文件的复制方向。选择“放置较新的文件到远程”选项，可将本地最近更新的文件上传到远程站点；选择“从远程获得较新的文件”选项，可将远程站点上的新文件下载到本地站点；选择“获得和放置较新的文件”选项，可同时上传和下载站点上的新文件。
- 选中“删除本地驱动器上没有的远端文件”复选框，则删除远程服务器上的本地文件。

设置好各选项后单击“预览”按钮，Dreamweaver 会显示将要同步的文件，用户可以在执行同步前更改对这些文件进行的操作（如上传、获取、删除和忽略等）。如果所有文件都已同步，则 Dreamweaver 将会通知用户不必进行同步。

在同步站点之前，Dreamweaver 允许用户检查需要上传或下载的文件。在同步结束后，Dreamweaver 可以判断出哪些文件已更新。在没有同步站点文件之前，若要查看本地站点或远程站点上的新文件，则可在“文件”面板右上角单击按钮，在弹出的面板菜单中选择“编辑”|“选择较新的本地文件”或“选择较新的远端文件”选项。

习题与上机操作

一、填空题

1．所谓站点，可以看作是________________，这些文档之间通过________关联起来，它们可能拥有相似的属性，也可能只是毫无意义的链接。在 Dreamweaver 中，站点有______站点（即远程站点）和_________站点。

2．__________是网站设计的依据，__________是网站设计的一部分，而且是关键要素之一。

3．在规划网站结构时，可以先用__________________将每个页面的内容大纲列出来，这一点在创建一个大型网站时尤为重要。用户在组织站点目录时，应将________和__________设置为相同的结构，这样就可以使本地站点同远程站点上的文件夹和文件一一对应，当利用 Dreamweaver 将本地站点上传到_____________时，可以使本地站点内容完全复制到___________上。

4．在 Dreamweaver 中，不仅可以对__________进行操作，还可以对________进行操作：可以将本地文件夹中的文件_______到远程站点，也可以将远程站点上的文件________到本地文件夹中。通过文件的__________操作，可以实现站点的维护与更新。

二、思考题

1．如何规划站点的结构与布局？

2．网站资料的来源主要有哪些途径？

3．如何设置站点的远程信息？

4．如何上传、下载和同步更新站点？

三、上机操作

根据本章所学知识，设计一个以网页制作三剑客软件的使用为主题的站点，并为网页制作三剑客所包含的三个软件分别建立目录，在每个目录下再包含教程、技巧和实例三个目录，并在根目录下建立一个默认存放图片的目录 images，如图 2-31 所示。

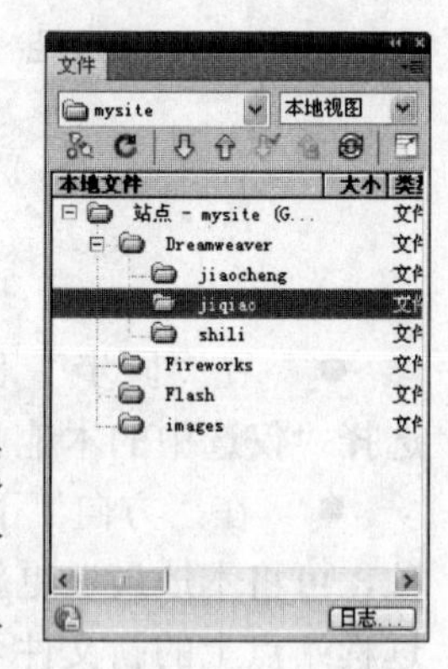

图 2-31　站点结构

第3章 创建网页文档

本章学习目标

通过本章的学习，读者应了解HTML的相关知识，掌握在中文版Dreamweaver CS4中创建文档、保存文档、关闭和打开文档、设置页面属性、使用辅助设计工具等操作。

学习重点和难点

- 创建文档
- 保存文档
- 关闭和打开文档
- 查看代码视图
- 设置页面属性
- 使用辅助设计工具

3.1 HTML简介

HTML是一种超文本标记语言，用来描述WWW上的超文本文件，也就是在文本文件的基础上，加上一系列的表示符号，用以描述其格式，形成网络文件。当用户使用浏览器下载文件时，就把这些标记解释成相应的含义，并按照一定的格式将这些被标记语言标识的文件显示在屏幕上。Dreamweaver编写的文档就是利用HTML语言描述的超文本文件。

3.1.1 HTML概述

HTML的全称是HyperText Mark-up Language，即超文本标记语言，是一种用来制作超文本文档的标记语言。所谓超文本，是指文本中以加入图片、声音、动画和影视等内容。事实上，每一个HTML文档都是一个静态的网页文件，这个文件里面包含了HTML指令代码，这些指令代码并不是程序语言，而是一种排版网页中资料显示位置的标记结构语言，易学易懂，非常简单。

利用HTML标记语言，可以将不同地区服务器上的信息文件链接起来。有的标记是链接一个文件，有的是形成表格，有的是接受用户的信息等。有了这些标记，用户在浏览器中看到的不再是呆板的纯文本文件，而是五彩缤纷的画面。

利用HTML语言还可以将声音、图像甚至视频文件链接起来。如果本地计算机有处理声音和视频文件的功能（即所谓的多媒体功能），浏览器接收到声音和视频文件后，即可与本地计算机的多媒体配置共同完成对声音和视频的处理任务，产生更加生动活泼的画面效果。此外，HTML还可以与数据库中的数据链接，以满足用户的查询要求以及实现与用户交互等。

HTML文档有以下特点：

- HTML语言比任何一种计算机编程语言都简单，学习起来非常容易。
- 每一个HTML文档都不大，能够通过网络迅速传输，不需要加入字体和格式等其他控制信息（如 Word 等文字处理软件的文档），这对于网络环境是相当有利的。

- HTML 文档是独立于平台的，对多平台兼容。因此，只要有一个可以阅读和解释 HTML 文档的浏览器，就能够在任何平台上阅读此文档。
- 制作 HTML 文档并不需要特殊的软件，只要一个能编辑文本文件的字符编辑器（如 Notepad 等）就可以了。当然，专门的 HTML 编辑器生成的 HTML 文档会更加直观。常用的有 Dreamweaver 和 FrontPage 等。
- 当用户通过网络获取用 HTML 标记的文件后，使用不同的浏览器阅读同一个文件，显示的形式可能是不同的；即使是使用同一个浏览器，如果浏览器的设置不同，阅读同一个文件，显示的形式也可能不同。因此，设计网络文件时要特别注意，既要考虑不同种类的浏览器，又要使文件结构清晰，内容易读、易懂。

3.1.2 HTML 基本结构

一个 HTML 文档由一系列的元素和标识符组成，标识符用来标记元素的属性和元素在文档中的位置。下面对一个简单的 HTML 文件进行解释，使读者对它有一个初步的认识，为以后的学习打下基础。

在文本编辑器中输入如下内容（可以使用 Windows 自带的记事本程序编写）：

```
<HTML>
  <head>
  <title>一个简单的 HTML 示例</title>
  </head>
  <body>
    欢迎光临我的主页。
    这是我第一次做主页，无论怎么样，我都会努力做好!
  </body>
</HTML>
```

将文件保存为后缀名为 htm 或 html 的文件，然后双击保存后的文件图标，即可用浏览器打开该文件，如图 3-1 所示。

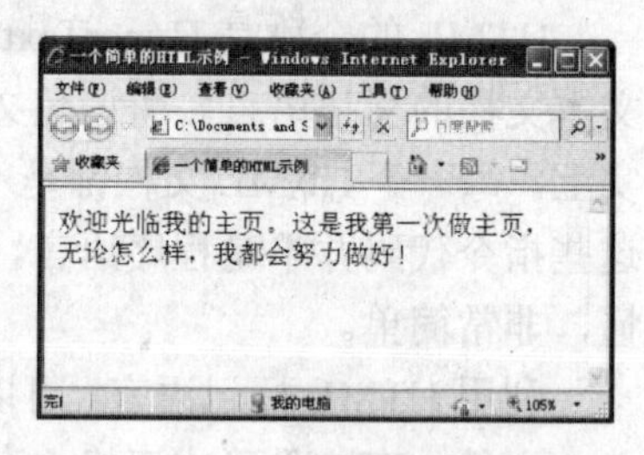

图 3-1 HTML 文件的显示效果

通过上面的实例可以发现，HTML 文件是纯文本文件，是用 ASCII 码编写的源文件，可以用任何文本编辑器打开和编辑。在上面的实例中，<HTML></HTML>、<head></head>、<title></title>、<body></body>等都是 HTML 的标识符，而文本“一个简单的 HTML 示例”与“欢迎光临我的主页。这是我第一次做主页，无论怎么样，我都会努力做好!”则是 HTML 文档的内容。

3.1.3 HTML 标识符

在 HTML 文档中，“<”和“>”符号之间的文本称为 HTML 标识符，每个标识符实际上都是一条命令，它告诉浏览器如何显示文本。而浏览器的功能是对这些标识符进行解释，以显示出文字、图像和动画，并播放出声音。

HTML 标识符的书写格式如下：

<标识符名>显示内容</标识符名>

下面将介绍一些常用标识符的含义及功能。

1. HTML 常用标识符

HTML 常用标识符的含义如下：

- <HTML></HTML>标识符：任何一个 HTML 文档都以该标识符开头和结尾，该标识符在文档的最外层，表示文档是以超文本标记语言（HTML）编写的。事实上，现在常用的 Web 浏览器都可以自动识别 HTML 文档，并不要求有<HTML></HTML>标识符，也不需要对该标识符进行任何操作，但为了使 HTML 文档能够适应不断变化的 Web 浏览器，还是应该养成不省略此标识的良好习惯。
- <head></head>标识符：该标识符是网页头部标识，它们之间的内容一般不显示出来。在<head></head>标识符中可以插入其他标识，用以说明文件的标题和整个文件的一些公共属性。若不需要头部信息，则可省略此标记。
- <title></title>标识符：该标识符是嵌套在头部标识符中的，它们之间的文本是文档标题，显示在浏览器的标题栏中。
- <body></body>标识符：网页的主体内容应该放置在该标识符之间。<body></body>标识符一般不省略，它们之间的文本是正文，是在浏览器中显示的页面内容。

2. <HR>分隔线标识符

<HR>的语法很简单，在需要插入分隔线的位置输入该标识符即可。例如，现在需要在上一个实例的第一句话后面插入一条分隔线，使布局更合理，则可以修改其源代码如下：

```
<HTML>
  <head>
    <title>一个简单的 HTML 示例</title>
  </head>
  <body>
    欢迎光临我的主页。
    <HR>
    这是我第一次做主页，无论怎么样，我都会努力做好!
  </body>
</HTML>
```

用浏览器打开该文件，即可看到显示效果，如图 3-2 所示。

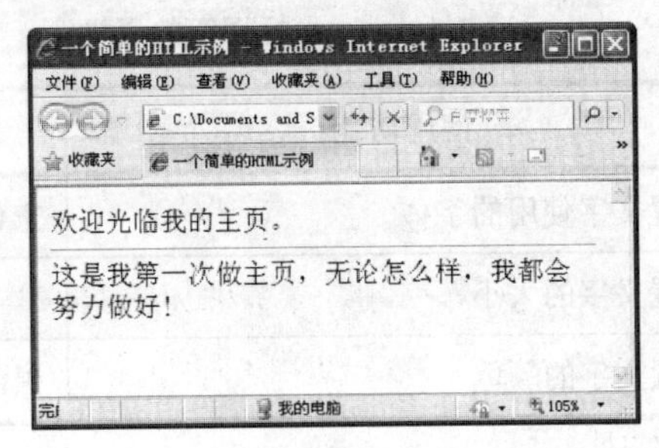

图 3-2　插入分隔线后的页面效果

3.
行中断标识符

在 HTML 语言中，换行是靠一个行中断标识符
来实现的，而不是在源代码中按【Enter】键。
标识符的用法非常简单，例如，如果需要在上一个实例中换行，则可对源代码进行如下修改：

```
<HTML>
  <head>
    <title>一个简单的 HTML 示例</title>
  </head>
  <body>
    欢迎光临我的主页。
    <HR>
    这是我第一次做主页。
    <br>
    无论怎么样，我都会努力做好!
  </body>
</HTML>
```

用浏览器打开该文件，即可看到显示效果，如图 3-3 所示。

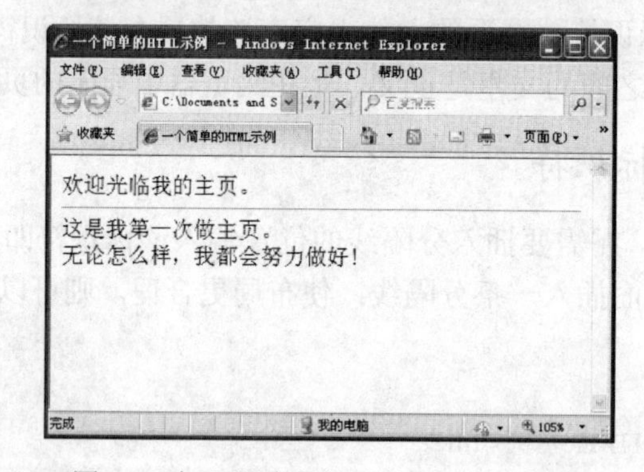

图 3-3　加入行中断标识符后的页面效果

4. <font>文本修饰标识符

<font>标识符用于控制文字的字体、大小和颜色，它的控制方式是利用属性设置来实现的，其格式为 font<font face=值 1 size=值 2 color=值 3>文字</font>。<font>标识符的可用属性及其功能如表 3-1 所示。

表 3-1　<font>标识符的属性

属　性	使用功能	默 认 值
face	设置文字使用的字体	宋体
size	设置文字的大小	3
color	设置文字的颜色	黑色

仍以上面实例为例，现将其源代码修改如下：

```
<HTML>
  <head>
    <title>一个简单的 HTML 示例</title>
  </head>
  <body>
    <font size=6>
    <font face="隶书">
    <font color=red>
    欢迎光临我的主页
    </font>
    </font>
    </font>
    <HR>
    这是我第一次做主页.
    <br>
    无论怎么样，我都会努力做好!
  </body>
</HTML>
```

在浏览器中进行测试，效果如图 3-4 所示。

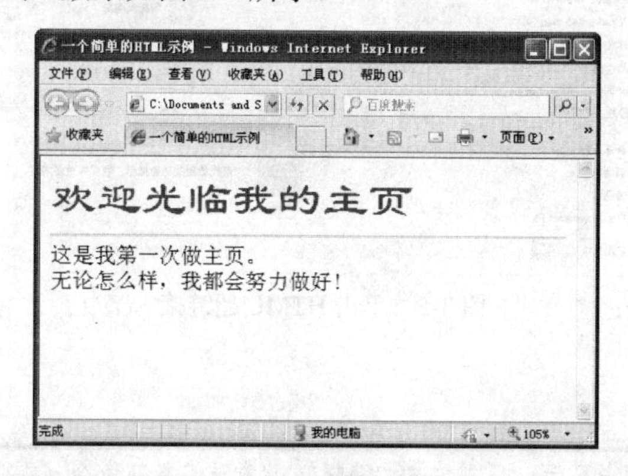

图 3-4　改变字体属性后的页面

专家指点

如果用户的系统中没有 face 属性所指的字体，则将使用默认字体。size 属性的取值为 1~7，也可以用“+”或“-”来设定字号的相对值。color 属性的值为 RGB 颜色#nnnnnn 或颜色的名称。

在 HTML 文档中还有很多标识符，如图像标识符<Img>、超链接标识符<a>文档</a>、表格标识符<table>表格内容</table>等，在使用 Dreamweaver 的过程中，用户可以在代码视图中查看这些标识符，体会其使用方法。

3.2　文档的基本操作

一个网站是由众多网页有机整合而成的，因此在学习网站建设之前，我们首先要学习网页文档的基本操作。

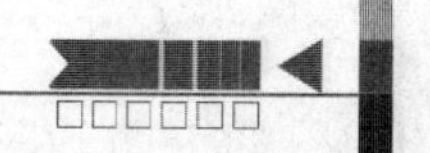

3.2.1 创建网页文档

创建网页文档的过程非常简单，既可以快速创建新的空白文档，也可以基于模板创建特定类型的文档。

1. 创建空白文档

在 Dreamweaver 中要创建一个空白文档，可以按照下列方法中的任意一种进行操作：

- 启动 Dreamweaver CS4，打开如图 3-5 所示的欢迎界面，在该页面的“新建”选项区中单击 HTML 超链接，即可创建一个空白文档。

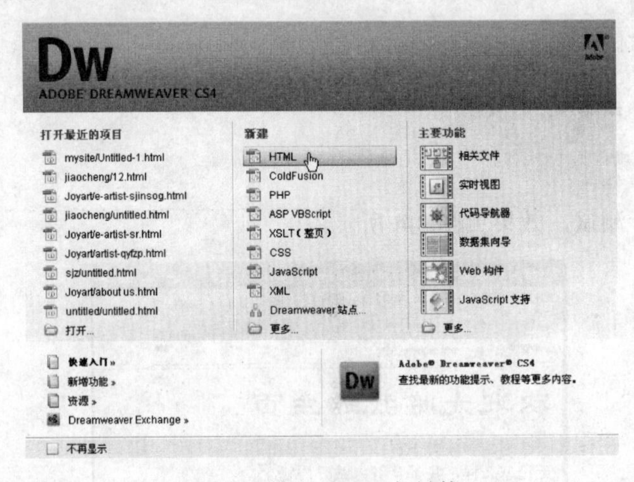

图 3-5 单击 HTML 超链接

专家指点

> 如果该欢迎界面未显示，只需单击“编辑”|“首选参数”命令，在“首选参数”对话框的“分类”列表中选择“常规”选项，再在其右侧选中“文档选项”选项区中的“显示欢迎屏幕”复选框（如图 3-6 所示），最后单击“确定”按钮即可。

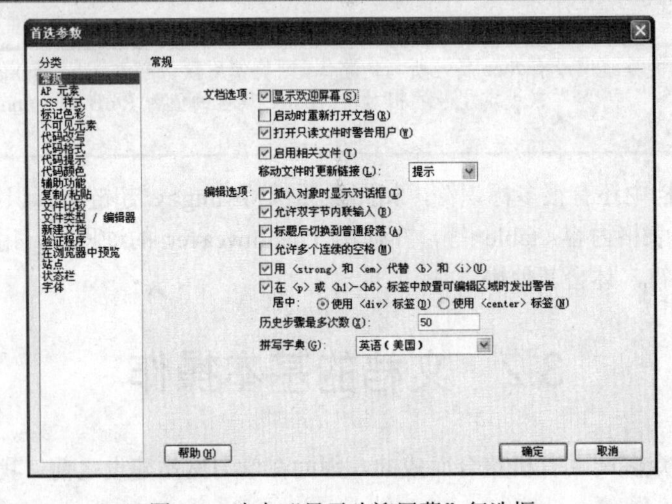

图 3-6 选中“显示欢迎屏幕”复选框

- 如果 Dreamweaver CS4 已经启动，要创建空白文档，可以单击“文件”|“新建”命令，打开如图 3-7 所示的“新建文档”对话框。单击“空白页”选项卡，可以创建新的空白页或使用预定义的页。

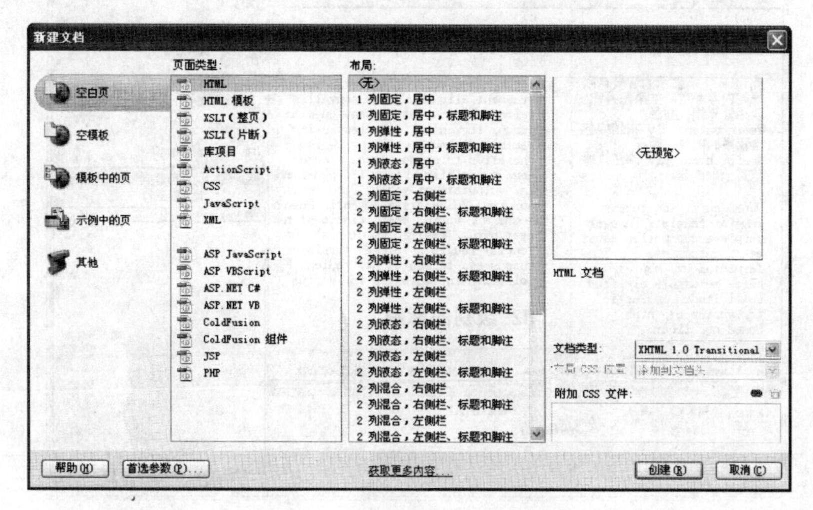

图 3-7　“新建文档”对话框

2. 创建基于预置页面的文档

Dreamweaver CS4 预置了一些具有专业水准的页面布局和设计文件。这些设计文件包括具有辅助功能的标准文档和模板、基于表格的页面布局文档和 CSS 样式表。用户可以基于这些设计文件创建文档。

若希望基于预置页面创建文档，可单击“文件”|“新建”命令或按【Ctrl+N】组合键，在打开的“新建文档”对话框中单击“空白页”选项卡，并在“页面类型”列表中选择 HTML 选项，然后根据需要在“布局”列表框中选择合适的选项（在右侧的预览区中可以预览该类型文档，如图 3-8 所示），单击“创建”按钮，即可在当前窗口中创建基于预置页面设计的文档，如图 3-9 所示。

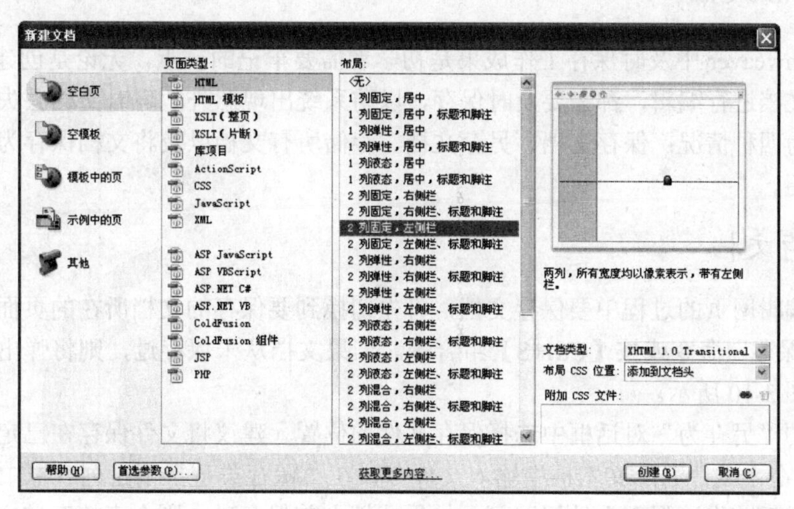

图 3-8　页面设计类别

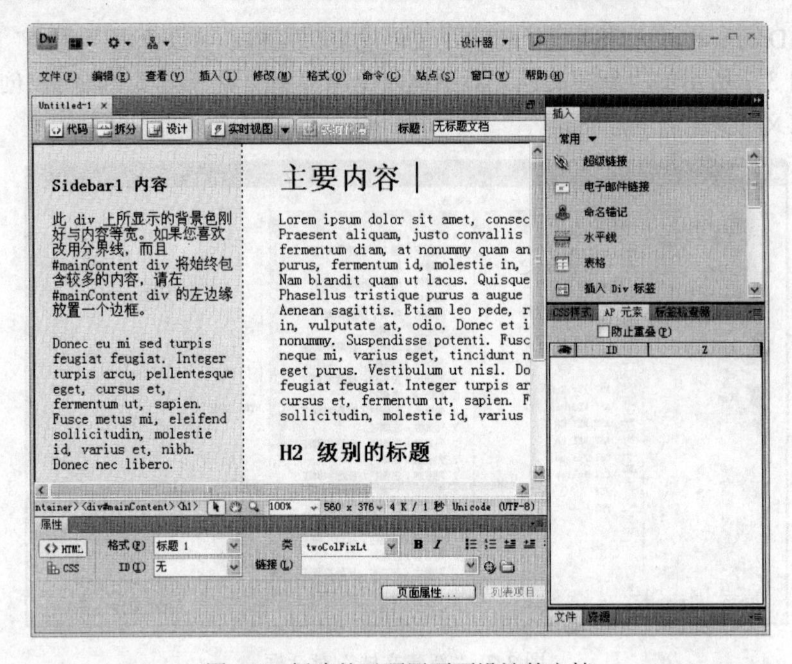

图 3-9 创建基于预置页面设计的文档

3. 创建基于模板的文档

Dreamweaver CS4 中的模板是一种特殊类型的文档，利用模板可以批量创建具有相同格式的文档，具体操作步骤如下：

（1）在 Dreamweaver CS4 中单击“文件”|“新建”命令。

（2）在弹出的“新建文档”对话框中单击“空模板”选项卡，在其右侧的“模板类型”列表中选择应用的模板类型，在“布局”列表框中选择合适的选项。

（3）单击“创建”按钮，即可基于所选模板创建新文档。

3.2.2 保存文档

在 Dreamweaver 中及时保存工作成果是初学者需要牢记的一点，无论是创建新的文档，还是对已有文档进行编辑，都需要及时保存，以防系统出现意外故障时文档丢失。网页文档的保存可分为四种情况：保存文档、另存文档、存储所有文档以及将文档保存为模板，下面分别进行介绍。

1. 保存文档

如果在编辑网页的过程中要保存文档，可先切换到要保存的文档所在的页面，然后单击“文件”|“保存”命令或按【Ctrl+S】组合键。如果文档从未保存过，则将弹出“另存为”对话框，如图 3-10 所示。

在打开的“另存为”对话框中选择保存文件的位置（建议将文件保存在已定义好的站点文件夹中），在“文件名”文本框中输入文件名，在“保存类型”下拉列表框中选择文件的保存类型，然后单击“保存”按钮即可。如果文档之前保存过，则会直接存储文档。

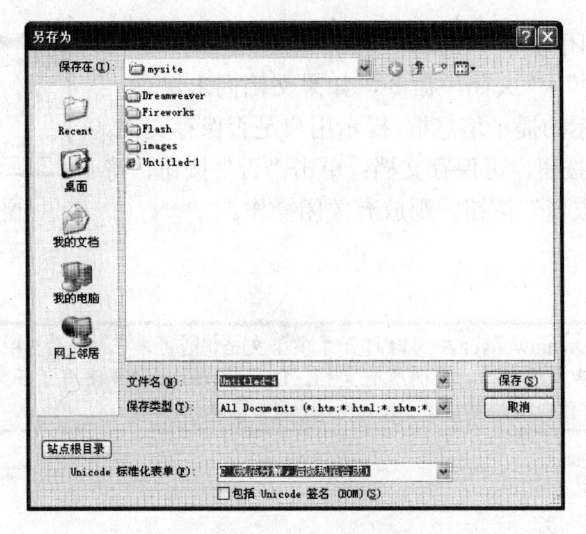

图 3-10 “另存为”对话框

2. 另存文档

如果希望将文档以另外的名称保存，只需单击“文件”|“另存为”命令，在弹出的“另存为”对话框中选择需要保存的路径并输入新的文件名，单击“保存”按钮，即可将文档以另外的名称保存。

3. 存储所有文档

在制作网站的过程中，可能会同时打开多个 Dreamweaver 文档，如果希望保存所有文档，只要在任意一个 Dreamweaver 页面中单击“文件”|“保存全部”命令，即可保存所有打开的 Dreamweaver 文档。如果某些文档尚未被保存过，也会弹出“另存为”对话框，提示用户设置路径和文件名。输入相应的信息后，单击“保存”按钮即可。

4. 将文档保存为模板

如果用户需要将文档保存为模板，可单击“文件”|“另存为模板”命令，弹出如图 3-11 所示的“另存模板”对话框。在“站点”下拉列表框中选择要保存该文档的站点，在“另存为”文本框中输入模板的名称，然后单击“保存”按钮即可。

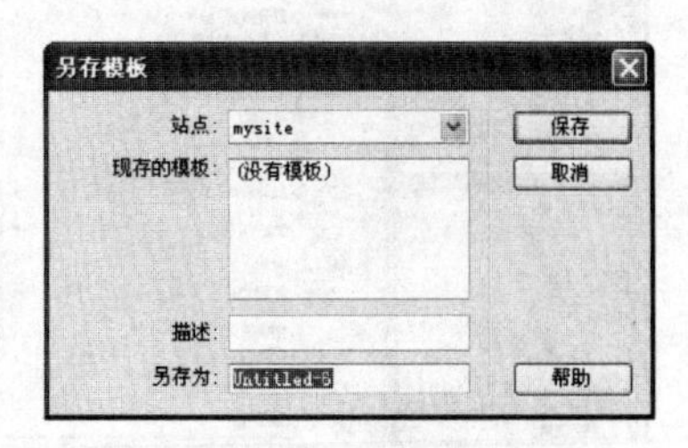

图 3-11 “另存模板”对话框

3.2.3 关闭和打开文档

保存后的文档可直接将其关闭，如果需要编辑，可再次将其打开，以便在 Dreamweaver 中进行修改。

1. 关闭文档

关闭正在编辑的文档的具体操作步骤如下：

（1）切换到要关闭的文档页面。

（2）单击“文件”|“关闭”命令，如果文档尚未保存，将会弹出如图 3-12 所示的提示信息框，提示用户是否保存文档。

（3）单击“是”按钮，可保存文档；单击“否”按钮，将不保存文档；单击“取消”按钮，则放弃关闭操作。

图 3-12　提示信息框

专家指点

如果用户在 Dreamweaver 中同时打开了多个文档，则可单击“文件”|“全部关闭”命令，或按【Ctrl+Shift+W】组合键，关闭所有文档。Dreamweaver CS4 使用了多文档页面技术，所以允许用户关闭所有页面而不退出 Dreamweaver 主窗口。

2. 打开文档

要打开现有文档，可执行以下操作之一：

- 在 Windows 资源管理器中选中要打开的文档，单击鼠标右键，在弹出的快捷菜单中选择使用 Dreamweaver CS4 编辑，如图 3-13 所示。
- 在 Dreamweaver 已经启动的情况下，可单击“文件”|“打开”命令，在弹出的“打开”对话框中选择需要打开的文件，然后单击“打开”按钮，打开该文档。如果要打开最近编辑过的文档，则直接单击“文件”|“打开最近的文件”命令，然后在弹出的子菜单中选择需要打开的文档即可，如图 3-14 所示。

图 3-13　在资源管理器中打开文档

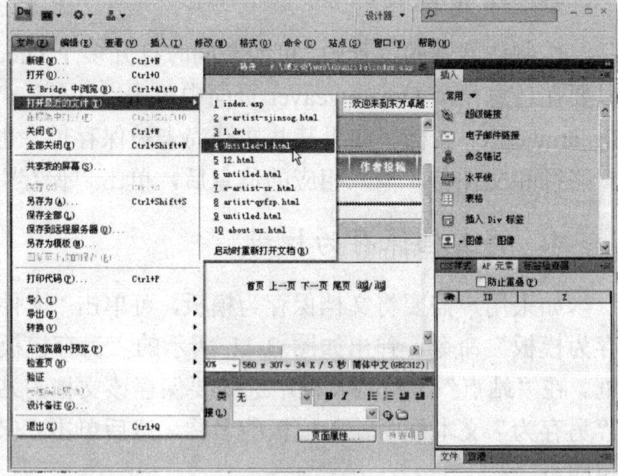

图 3-14　打开最近编辑过的文档

- 单击“窗口”|“文件”命令或按【F8】键，打开“文件”面板，在文件下拉列表框中选择站点、服务器或驱动器，以确定要打开的文件，然后双击该文件图标，或用鼠标右键单击该文件图标，在弹出的快捷菜单中选择“打开”选项（如图 3-15 所示），即可在文档窗口中打开该文件。
- 如果要编辑由其他软件（如 Microsoft Word）创建的文档，可单击“文件”|“导入”命令，在弹出的子菜单中选择相应的选项（如“Word 文档”）来打开文档，如图 3-16 所示。

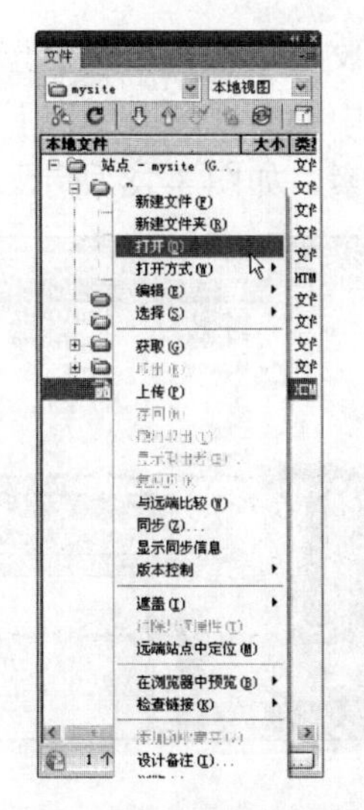

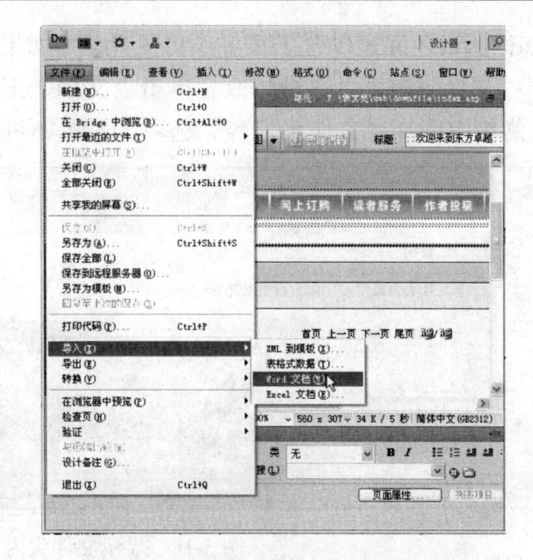

图 3-15 在“文件”面板中打开文档 图 3-16 打开由其他软件创建的文档

3.3 文档的代码视图

代码是 HTML 文件中最基本的组成元素。虽然初学者无需全面掌握 HTML 代码的细节，但如果能了解一些 HTML 代码的基础知识，就能更好地理解和编辑网页。

3.3.1 查看代码视图

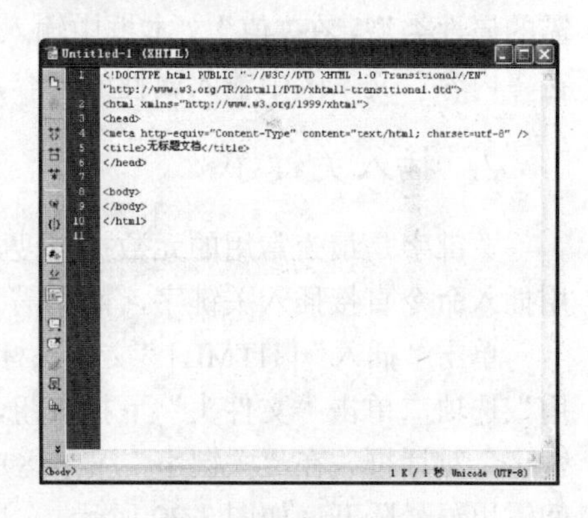

图 3-17 “代码”视图

在 Dreamweaver 中新建了一个空白文档后，文档窗口是空白的。单击“文档”工具栏中的“代码”按钮，切换到“代码”视图，即打开了 HTML 源代码窗口，此时可以看到其中已经有了一些通用的缺省代码，如图 3-17 所示。

在 Dreamweaver 空白文档的“代码”视图中，也可以看到前面章节中介绍过的 HTML 常见标识符，即标记 HTML 文档开始和结束的标识符<html></html>，用于定义 HTML 头部信息的标识符<head></head>以及控制文档基本特征的标识符<body></body>。

3.3.2 编辑文件头部元素

网页中的头部元素一般不可见，但它们在网页中所发挥的作用却很大。Dreamweaver CS4 提供了非常方便的编辑和修改这些头部元素的方法，下面将一一进行介绍。

1. 显示头部元素

文档窗口一般显示的是正文内容，即包含在<body></body>标记之间的内容。而在

<head></head>标记之间还包含了很多不可见元素。如果要将文档的头部信息显示出来，可单击“查看”|“文件头内容”命令，或者单击“文档”工具栏中的“视图选项”下拉按钮，从弹出的下拉菜单中选择“文件头内容”选项，显示不可见元素，如图 3-18 所示。

图 3-18 显示文件头内容

要在“设计”视图中向文档的头部添加信息，可单击“插入”|HTML|“文件头标签”|Meta 命令，或在“插入”面板中选择“常用”选项，单击“文件头”下拉按钮，从弹出的下拉菜单中选择 META 选项，弹出如图 3-19 所示的对话框。

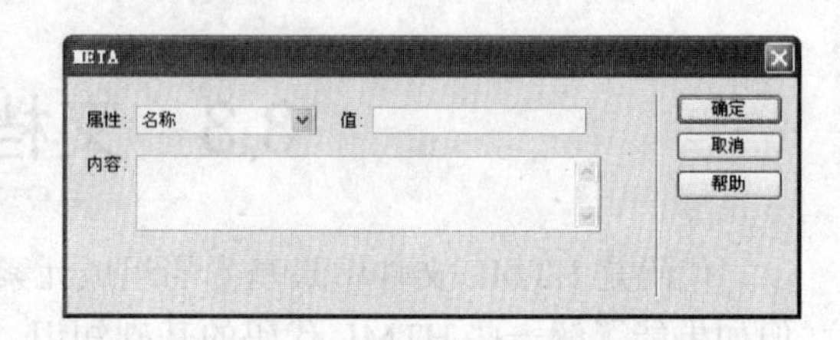

图 3-19 META 对话框

在该对话框的“属性”下拉列表框中选择所需的属性类型，在“值”文本框中输入属性的值，在“内容”文本区中输入属性的内容，然后单击“确定”按钮即可。

2. 插入关键字

关键字是最为常用的元数据，搜索引擎正是根据关键字来搜索相关网页的。用户可以使用插入命令直接插入关键字，而无需手工将<meta>标记的 name 属性设置为 keywords。

单击“插入”|HTML|“文件头标签”|“关键字”命令，或者在“插入”面板中选择“常用”选项，单击“文件头”下拉按钮，在弹出的下拉菜单中选择“关键字”选项，打开“关键字”对话框，在“关键字”文本区中输入关键字信息（若要输入多个关键字，则关键字之间需用逗号隔开，如图 3-20 所示），单击“确定”按钮，即可在文件头标签中插入关键字。其“代码”视图中的显示效果如图 3-21 所示。

图 3-20 “关键字”对话框

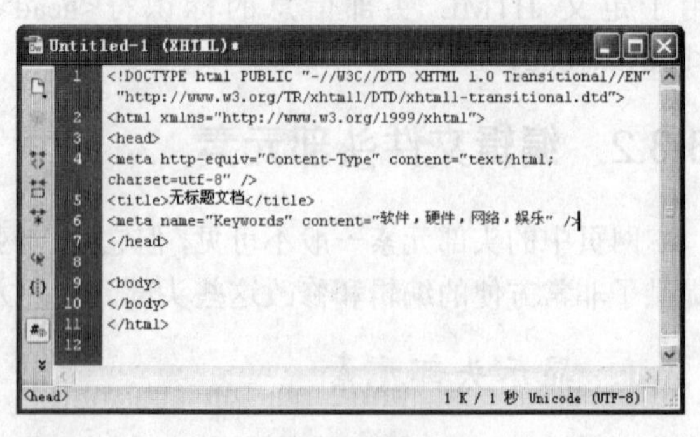

图 3-21 代码视图中的显示效果

3. 设置说明信息

说明信息也属于元数据的一种，用户可以直接插入说明信息，而无需手工将<meta>标记的 name 属性设置为 description。

单击“插入”| HTML |“文件头标签”|“说明”命令，或在“插入”面板中选择“常用”选项，单击“文件头”下拉按钮，从弹出的下拉菜单中选择“说明”选项，打开“说明”对话框，在“说明”文本区中输入说明文字（如图 3-22（左）所示），单击“确定”按钮，即可插入文件头的说明信息，其“代码”视图中的显示效果如图 3-22（右）所示。

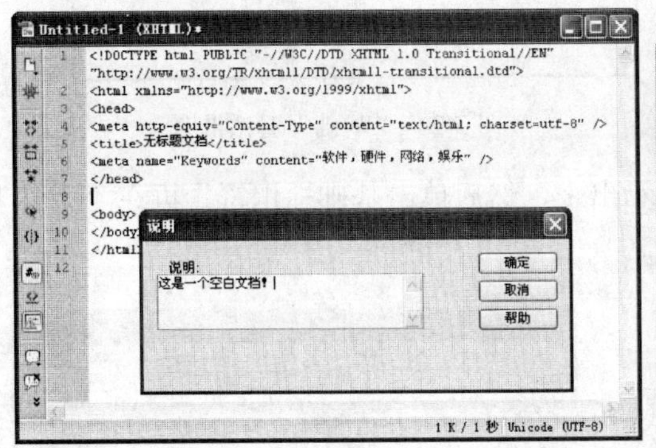

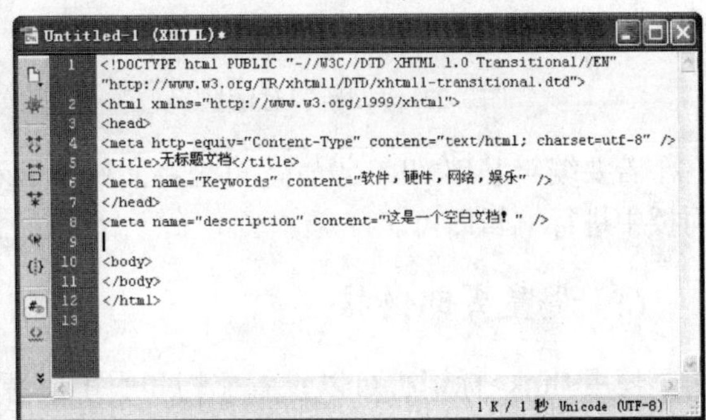

图 3-22　设置说明信息

若要编辑插入的说明信息，只需先显示文档的头部元素，然后单击说明信息的标识，并在“属性”面板中进行编辑即可。

4. 定义自动刷新

自动刷新功能已被应用到越来越多的网页中，使用自动刷新功能可以在页面上设置欢迎信息，使其经过一段时间后自动跳转到另一个指定的网页上。自动刷新功能还可以应用于网站地址的迁移，在原主页上显示新的网址信息，在指定的时间间隔后，自动从旧主页跳转到新主页中。

为网页设置自动刷新功能，就是将<meta>标记的 http-equiv 属性设置为 refresh，利用这个属性，设置让浏览器每隔一段指定的时间就自动刷新当前页面，或跳转到其他页面。为网页设置自动刷新功能的方法如下：

单击“插入”| HTML |“文件头标签”|“刷新”命令，或者在“插入”面板中选择“常用”选项，单击“文件头”下拉按钮，从弹出的下拉菜单中选择“刷新”选项，打开如图 3-23 所示的“刷新”对话框。

在该对话框的“延迟”文本框中输入间隔时间（秒），在“转到 URL”文本框中输入跳转到的文档地址（如 http://www.sohu.com），然后单击“确定”按钮即可。

5. 设置 URL 基础地址

网页中的<base>标识符定义了文档的基础 URL 地址，文档中所有相对地址形式的 URL 都是相对于 URL 基础地址而言的。一个文档中的<base>标识符一般应该放在文档的头部，并且应在任何包含相对 URL 地址的语句之前。

单击“插入”| HTML |“文件头标签”|“基础”命令，或在“插入”面板中选择“常用”选项，单击“文件头”下拉按钮，从弹出的下拉菜单中选择“基础”选项，打开“基础”对话框，在 HREF 文本框中指定基础地址的 URL（也可以单击“浏览”按钮，在磁盘中选择基础地址路径），然后在“目标”下拉列表框中选择当在文档中单击该链接时，在哪个框架或窗口中打开链接文档，如图 3-24 所示。设置完成后单击“确定”按钮即可。

图 3-23 “刷新”对话框

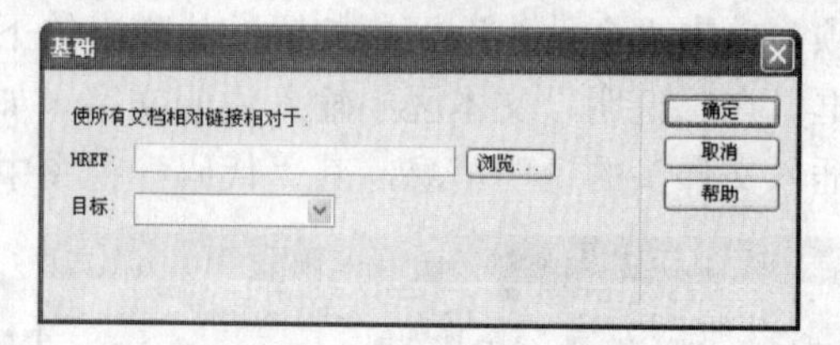

图 3-24 “基础”对话框

若要编辑基础 URL 设置，可先将文件头显示出来，然后单击基础标识符，再在“属性”面板中进行编辑即可。

6. 设置头部链接

使用<link>标识符可以设置文档和引用资源之间的链接关系，在 HTML 头部可以插入任意数量的<link>标识符。单击“插入”| HTML |“文件头标签”|“链接”命令，或者在 HTML“插入”面板中单击“文件头”下拉按钮，从弹出的下拉菜单中选择“链接”选项，打开如图 3-25 所示的“链接”对话框。

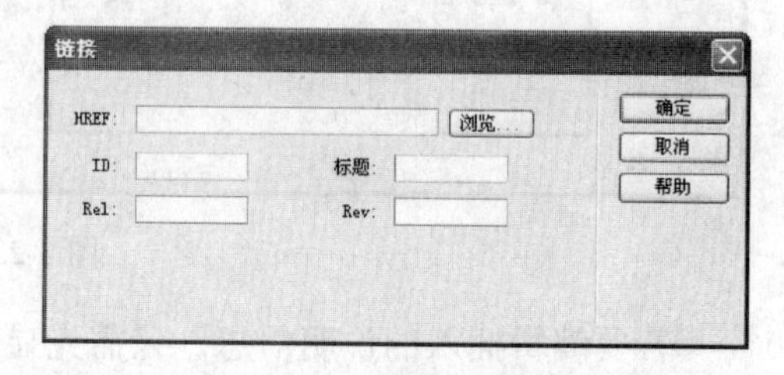

图 3-25 “链接”对话框

在该对话框中可以设置<link>标识符的属性，例如，HREF 用于指定链接资源的 URL，Rel 用于定义文档和所链接资源之间的链接关系，“标题”则用于说明该链接关系为一个字符串。<link>标识符的用法很多，有兴趣的读者可以参阅相关书籍，在此不再过多介绍。

若要设置文档链接的属性，可先显示文档头部元素，然后单击链接标识符，再在“属性”面板中进行编辑，如图 3-26 所示。

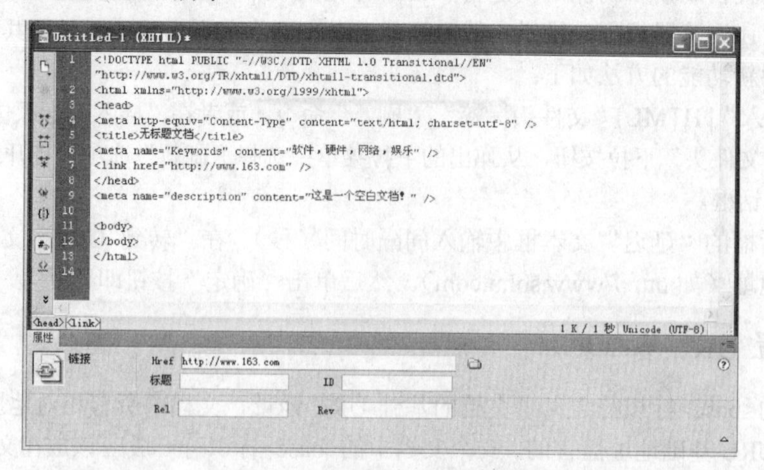

图 3-26 链接的“属性”面板

3.4　设置文档的页面属性

对于在 Dreamweaver 中创建的每一个页面，都可以使用“页面属性”对话框设置其布局和格式。在“页面属性”对话框中可以指定页面的默认字体和字号大小、背景颜色、边距、链接样式及页面设计等其他方面，即可以为创建的每个新页面指定其页面属性，也可以修改现有的页面属性。

3.4.1　设置外观

单击“修改”|“页面属性”命令，弹出“页面属性”对话框（如图 3-27 所示），在该对话框中可以设置关于整个网页文档的一些属性。

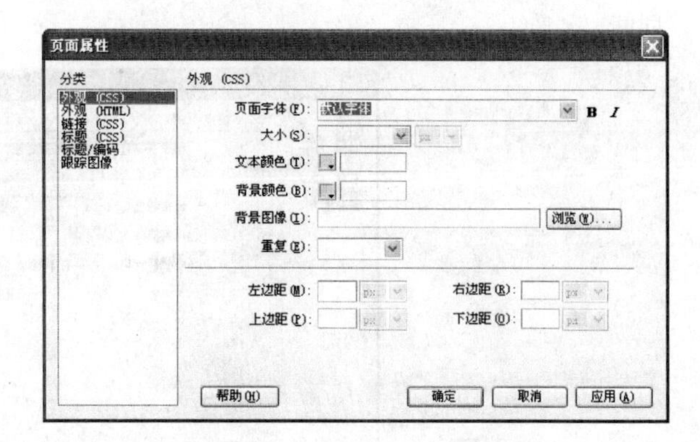

图 3-27　“页面属性”对话框

● 在“页面字体”下拉列表框中可以设置文本的字体。

● 在“大小”下拉列表框中可以设置网页中文本的字号。

● 在“文本颜色”文本框中可以设置网页文本的颜色。

● 在“背景颜色”文本框中可以设置网页的背景颜色。

● 单击“背景图像”文本框右侧的“浏览”按钮，会弹出“选择图像源文件”对话框，在该对话框中可以选择一幅图像作为网页的背景图像。

● “左边距”、“右边距”、“上边距”、“下边距”文本框用于指定页面四周的边距大小。

专家指点

一般网站的页面左边距和上边距都设置为 0，这样看起来不至于页面有太多的空白。如果选择的图像不在本地站点的根目录下，则会弹出如图 3-28 所示的提示信息框。

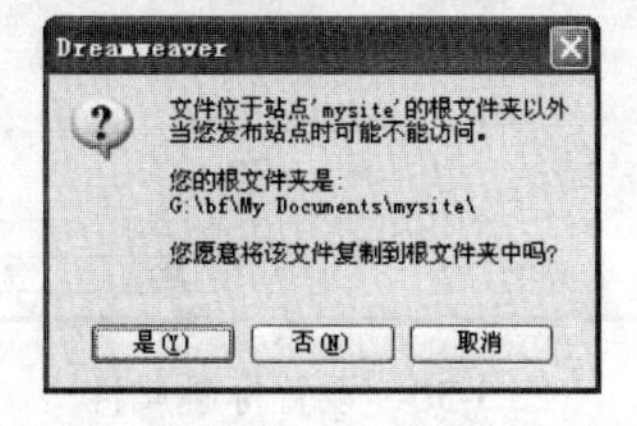

图 3-28　提示信息框

3.4.2　设置链接

在“页面属性”对话框的“分类”列表框中选择“链接（css）”选项（如图 3-29 所示），

在“链接”选项区中设置与页面链接相关的属性。

- 在“链接字体”下拉列表框中可以设置页面超链接文本的字体。
- 在“大小”下拉列表框中可以设置超链接文本的字号大小。
- 在“链接颜色”文本框中可以设置页面超链接文本的颜色。
- 在“变换图像链接”文本框中可以设置页面中变换图像后的超链接文本的颜色。
- 在“已访问链接”文本框中可以设置网页中访问过的超链接文本的颜色。
- 在“活动链接”文本框中可以设置网页中激活的超链接文本的颜色。
- 在“下划线样式”下拉列表框中可以自定义网页中鼠标指针上下滚动时采用何种下划线。

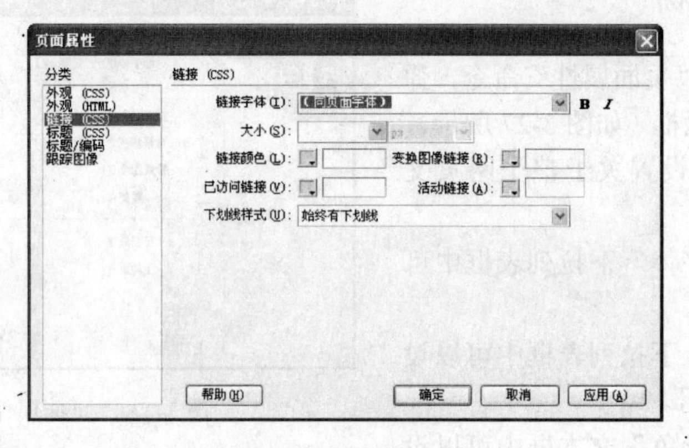

图 3-29 设置链接属性

3.4.3 设置标题

在“页面属性”对话框的“分类”列表框中选择“标题（css）”选项（如图 3-30 所示），在“标题”选项区相应的文本框中设置标题的字号大小和标题颜色。

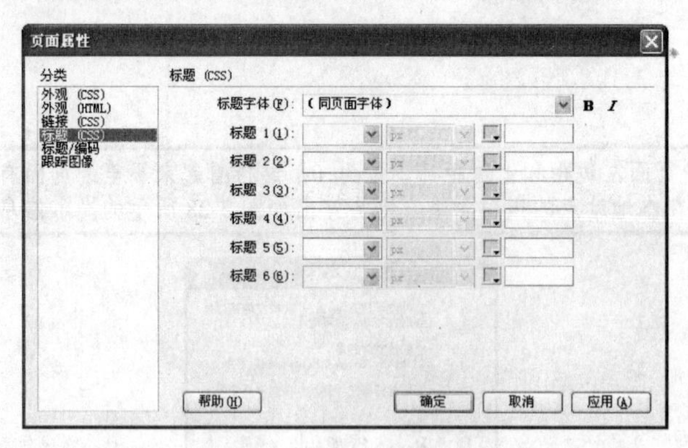

图 3-30 设置标题属性

3.4.4 设置标题/编码

在“页面属性”对话框的“分类”列表框中选择“标题/编码”选项（如图 3-31 所示），在“标题/编码”选项区中设置与页面标题和编码相关的属性。

- 在“标题”文本框中可以输入网页的标题。
- 在“编码”下拉列表框中可以设置网页的文字编码，这里将其设置为“简体中文(GB2312)”选项。

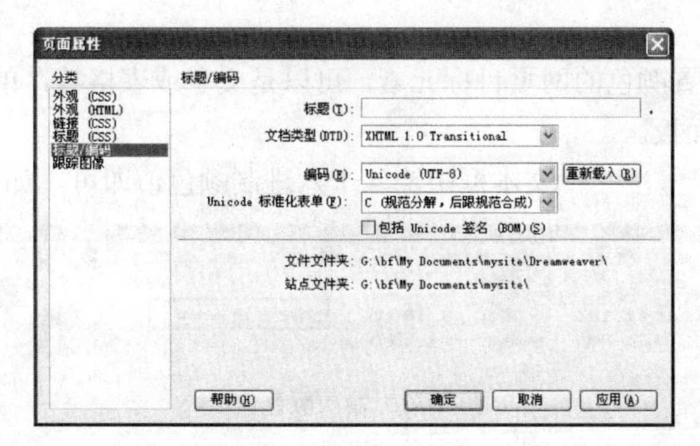

图 3-31　设置标题/编码属性

3.4.5　设置跟踪图像

在“页面属性”对话框中可以设置跟踪图像的属性，如图 3-32 所示。跟踪图像一般在设计网页时作为网页背景，用于引导网页的设计。单击“跟踪图像”文本框右侧的“浏览”按钮，弹出“选择图像源文件”对话框，在其中选取一幅图像作为跟踪图像。拖动“透明度”滑块可以指定图像的透明度，百分比越大则图像显示越明显。

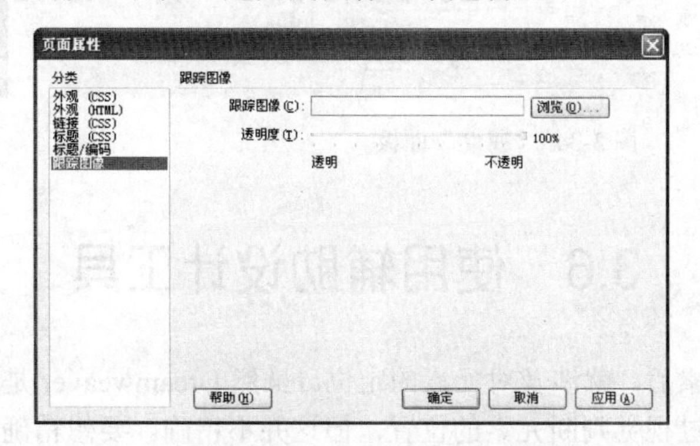

图 3-32 “页面属性”对话框

3.5　设置网页颜色

颜色是网页中的重要元素，在网页中合理地使用颜色、科学地搭配颜色，可以增强网页的吸引力。

颜色是个人的感觉，可以用语言进行大致的描述，但是要在相似的颜色中用语言来表达颜色的真实情况，是很难做到的。所以颜色值这个概念被创造出来，它是用特定的数值、符号来代表颜色的类别。十六进制颜色值就是其中的一种，如#0099FF。在#号后面有六位数字和字母的组合，其中前面两位数字用来表示相应数值的红色，中间两位表示相应数值的绿色，最后两位用来表示相应数值的蓝色。每一种颜色以 FF 为最亮，00 为最暗，所以#FFFFFF 为白色，#000000 为黑色。

当知道一种颜色的十六进制值后，就可以在 Dreamweaver CS4 中进行设置了。其具体操作步骤如下：

（1）选择需要设置颜色的网页目标元素，可以是文字或表格等，单击“窗口”|“属性”命令，打开“属性”面板。

（2）在背景颜色文本框中输入十六进制颜色值即可，如图 3-33 所示。

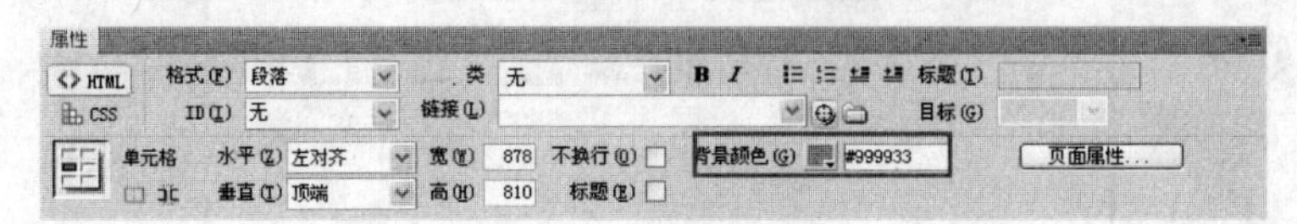

图 3-33　输入颜色值

通过输入颜色的十六进制值来设置颜色，适用于用户知道颜色值或对颜色有特定要求的情况。在不知道代码或没有特别要求的情况下，可使用调色板来选择颜色。其具体操作步骤如下：

（1）选择需要设置颜色的网页目标元素，可以是文字或表格等，单击“窗口”|“属性”命令，打开“属性”面板，如图 3-34 所示。

（2）单击背景颜色图标，在弹出的调色板中选择需要的颜色，如图 3-35 所示。

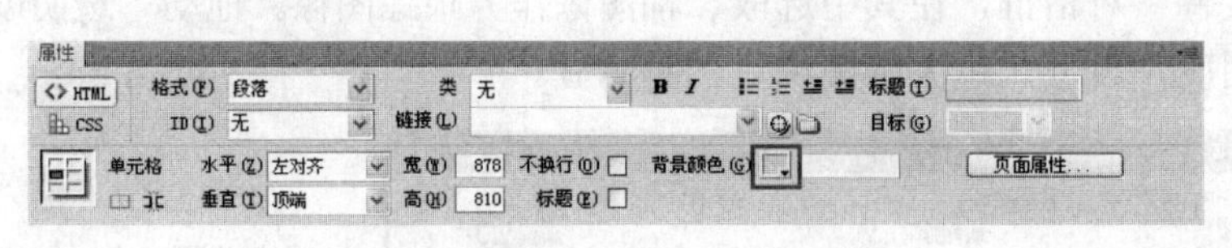

图 3-34 “属性”面板

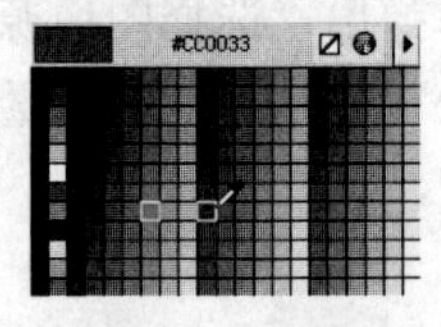

图 3-35　调色板

3.6　使用辅助设计工具

在网页中插入元素后，就涉及对元素的定位。虽然 Dreamweaver 是所见即所得的编辑软件，在网页中可以通过视觉判断元素的位置，但这并不精确。要想精确地定位元素，就必须使用其他工具来实现，标尺和网格就是 Dreamweaver 为精确定位元素而提供的工具。

3.6.1　使用标尺

标尺显示在文档窗口中页面的上方和左侧，标尺的单位可以是像素、英寸或厘米。

使用标尺可以精确地设置所编辑网页的宽度和高度，使网页能符合浏览器的显示要求。

单击“查看”|“标尺”|“显示”命令，显示标尺，如图 3-36 所示。

若要更改原点的位置，则将标尺的原点图标拖动到页面的任意位置。若要将原点重设到它的默认位置，则单击“查看”|“标尺”|“重设原点”命令。

若要更改度量单位，则单击“查看”|“标尺”命令，然后在弹出的子菜单中选择“像素”、“英寸”或“厘米”选项，有了标尺就可以精确定位网页元素。

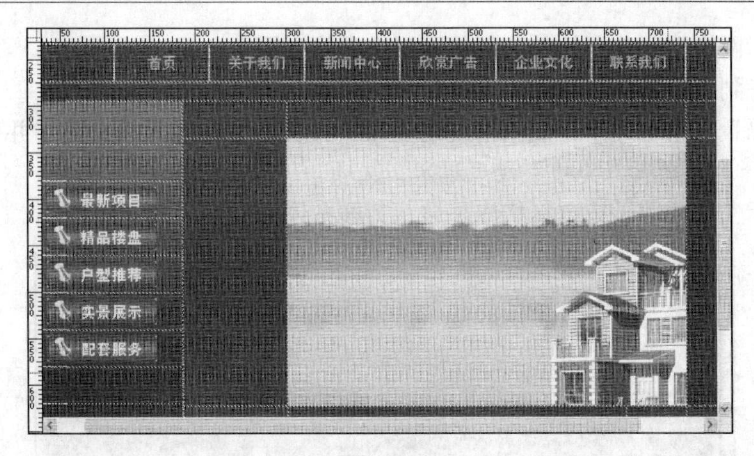

图 3-36　显示标尺

若要关闭标尺的显示，则单击“查看”|“标尺”|“显示”命令，将“显示”命令前的√号去掉，即可关闭标尺的显示，如图 3-37 所示。

图 3-37　关闭标尺

3.6.2　使用网格

同样是定位工具，网格使用起来则更加有效，尤其是在网页的布局方面，网格使用起来更加方便。网格是在 Dreamweaver 窗口的设计视图中对层进行绘制、定位或调整大小的可视化向导。通过对网格的操作，可以使页面元素在被移动后自动靠齐到网格，并可以通过指定网格的各项设置更改网格或控制靠齐行为。

若要显示网格，则单击“查看”|“网格设置”|“显示网格”命令，如图 3-38 所示。

若要启用或禁用靠齐，则单击“查看”|“网格设置”|“靠齐到网格”命令。

若要更改网格设置，则单击“查看”|“网格设置”|“网格设置”命令，打开“网格设置”对话框，如图 3-39 所示。

“网格设置”对话框主要有以下参数：

- “颜色”文本框用于指定网格线的颜色。单击图标并从弹出的调色板中选取一种颜色，或者在文本框中输入一个十六进制的颜色值。

- “显示网格”复选框的勾选可使网格在设计视图中可见。
- “靠齐到网格”复选框的勾选可使页面元素靠齐到网格线。
- “间隔”文本框用于控制网格线的间距，在文本框中输入一个数字并从其右侧的下拉列表框中选择“像素”、“英寸”或“厘米”选项。
- “显示”选项用于指定网格线是显示为线条还是显示为点。

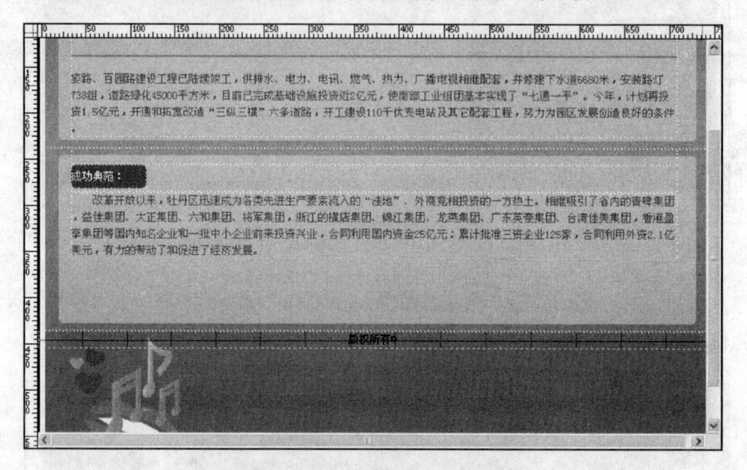

图 3-38　显示网格

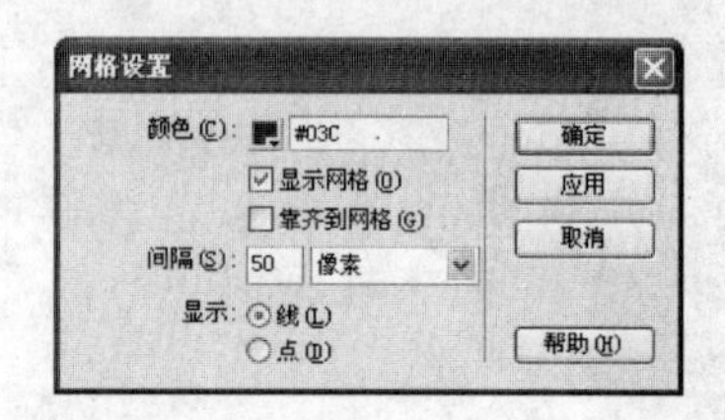

图 3-39　“网格设置”对话框

单击“应用”按钮可应用更改而不关闭该对话框，单击“确定”按钮可应用更改并关闭该对话框。

如果要关闭网格，只需单击“查看”|“网格设置”|“显示网格”命令，将“显示网格”命令前的√号去掉，即可关闭网格显示，如图 3-40 所示。

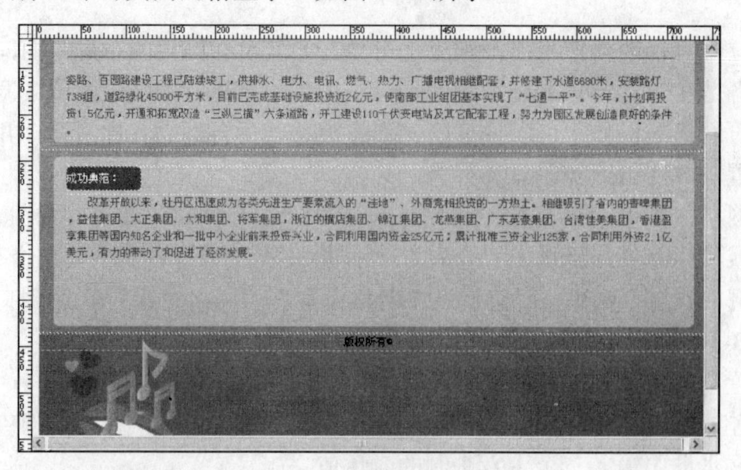

图 3-40　关闭网格显示

上机操作指导

在本节的上机操作部分，我们将制作一个欢迎页面的文档，并在该文档显示 7 秒钟后，自动跳转到 http://www.chinaren.com 页面，效果如图 3-41 所示。

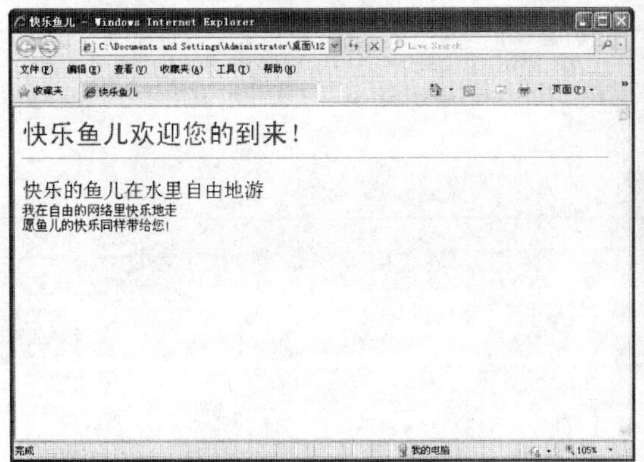

图 3-41　效果图

制作欢迎页面的具体操作步骤如下：

（1）在 Windows XP 操作系统中单击“开始”|“所有程序”|“附件”|“记事本”命令，打开记事本程序。

（2）根据本章所学的 HTML 知识，在记事本中输入以下 HTML 代码：

```
<HTML>
  <head>
  </head>
  <body>
  </body>
</HTML>
```

（3）在<head></head>之间输入页面标题代码<title>快乐鱼儿</title>，在<body></body>之间输入文本“快乐鱼儿欢迎您的到来！快乐的鱼儿在水里自由地游　我在自由的网络里快乐地走　愿鱼儿的快乐同样带给您！”，具体代码如下：

```
<HTML>
  <head>
  <title>快乐鱼儿</title>
  </head>
  <body>
    快乐鱼儿欢迎您的到来！
    快乐的鱼儿在水里自由地游
    我在自由的网络里快乐地走
    愿鱼儿的快乐同样带给您！
  </body>
</HTML>
```

（4）为输入的文本设置格式并添加分隔线，具体代码如下：

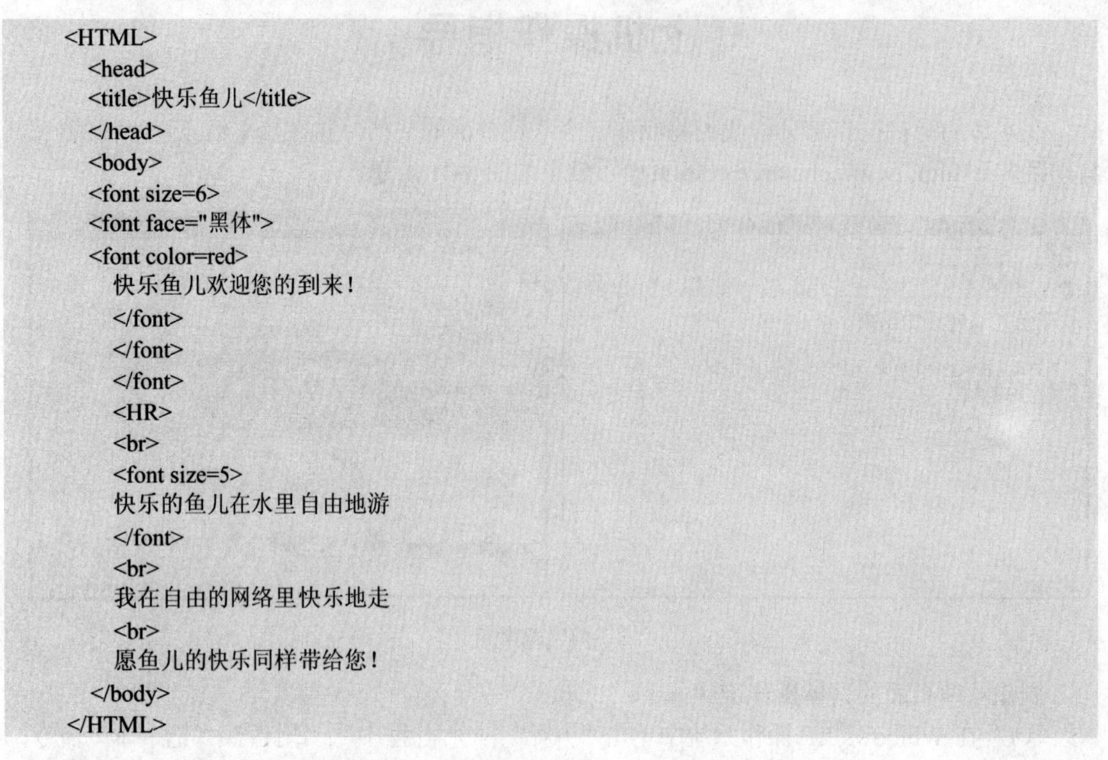

```
<HTML>
  <head>
  <title>快乐鱼儿</title>
  </head>
  <body>
  <font size=6>
  <font face="黑体">
  <font color=red>
    快乐鱼儿欢迎您的到来！
    </font>
    </font>
    </font>
    <HR>
    <br>
    <font size=5>
    快乐的鱼儿在水里自由地游
    </font>
    <br>
    我在自由的网络里快乐地走
    <br>
    愿鱼儿的快乐同样带给您！
  </body>
</HTML>
```

输入完整代码后的记事本文档如图 3-42 所示。

（5）单击“文件”|“保存”命令，在弹出的对话框中进行相应的设置（如图 3-43 所示），单击“保存”按钮，将该文档保存。

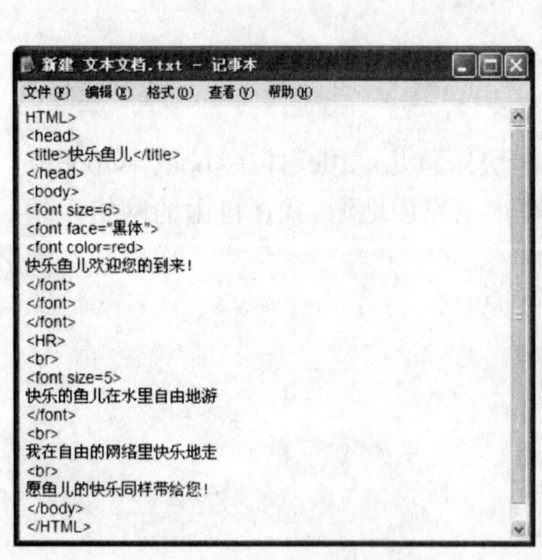

图 3-42 输入代码后的记事本

图 3-43 保存文档

（6）启动 Dreamweaver CS4，打开刚保存的文档“欢迎页面.html”。在“文档”工具栏中单击“代码”按钮，切换到“代码”视图，将光标定位到<head>代码的后面。

（7）单击“插入”| HTML |“文件头标签”|“刷新”命令，或者在 HTML“插入”面

板中单击“文件头”下拉按钮，从弹出的下拉菜单中选择“刷新”选项，打开“刷新”对话框，设置“延迟”为 7 秒，选中“转到 URL”单选按钮，并在其右侧的文本框中输入跳转到的 URL 地址，如 http://www.chinaren.com，如图 3-44 所示。

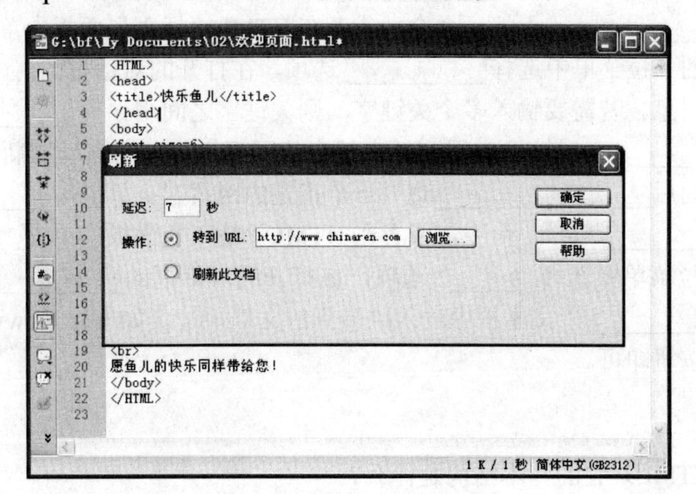

图 3-44　设置自动刷新参数

（8）单击“确定”按钮，关闭“刷新”对话框。单击“文件”|“保存”命令，保存文档。按【F12】键预览本例最终效果。

习题与上机操作

一、填空题

1. HTML 是一种______________语言，用来描述________上的超文本文件，也就是在文本文件的基础上，加上一系列的____________，用以描述其______，形成______文件。

2. 任何一个 HTML 文档都以______________标识符开头和结尾，该标识符在文档的最外层，用于表示该文档是以______________语言（HTML）编写的；网页文档的头部标识符是_____________，写在该标识符之间的内容一般__________，但嵌套在其中的____________标识符之间的内容会显示在_____________________；网页的主体内容放置在______________标识符之间，该标识符一般不省略，标识符之间的文本是正文，是在__________中显示的页面内容。

3. 启动 Dreamweaver CS4 后，如果起始页未显示，只需单击_____________________命令，在打开的对话框的“分类”列表中选择“常规”选项，再选中__________选项区的_____________复选框即可。

4. 网页文档的保存可分为四种情况，即______________、______________、_____________以及________________。如果用户在 Dreamweaver 中同时打开了多个文档，则可单击_______________命令，或按_______________组合键，关闭所有文档。

5. 在网页文档的"设计"视图中，如果用户需要向文档的头部添加信息，则可单击__________________命令，或者在 HTML"插入"面板中单击"文件头"下拉按钮，从弹出的下拉菜单中选择__________选项；如果需要添加关键字，则可单击__________________命令，或者在 HTML"插入"面板中单击"文件头"下拉按钮，在弹出的下拉菜单中选择________选项，在打开的对话框的__________列表框中输入关键字信息。若需要输入多个关键字，则关键字之间用________隔开。

6. ____________属性已应用到越来越多的网页中，使用自动刷新功能可以使一个页面经过一段时间后____________到另一个指定的网页上。单击____________________命令，或者在 HTML"插入"面板中单击"文件头"下拉按钮，从弹出的下拉菜单中选择______选项，在打开的对话框的________文本框中输入间隔时间（秒），在________文本框中输入跳转到的文档地址（如 http://www.sohu.com），然后单击"确定"按钮即可。

二、思考题

1. 什么是 HTML？它的基本结构是什么？
2. HTML 中的常见标识符有哪些？其作用是什么？
3. 在 Dreamweaver 中创建文档有哪几种方法？
4. 在 Dreamweaver 中保存文档有哪几种方法？
5. 在 Dreamweaver 中可使用什么命令设置文档属性？
6. 在 Dreamweaver 中如何查看 HTML 代码？如何编辑文档的头部信息？

三、上机操作

1. 练习使用不同的方法创建文档。
2. 在 Dreamweaver 中设置文档的页面属性。

第 4 章　插入和设置文本

本章学习目标

通过本章的学习，读者应掌握插入和设置文本的方法，包括添加文本、插入日期、插入特殊符号、设置文本对象的属性、设置段落格式、创建列表、使用 CSS 样式等操作。

学习重点和难点

- 添加文本
- 插入水平线
- 插入特殊符号
- 设置段落格式
- 创建列表
- CSS 样式的编辑与应用

4.1　插入文本对象

文本对象的添加方法很简单，既可以直接在编辑区输入文本内容，包括中文、英语、标点符号及其他字符对象，也可以从其他文档中将文本内容拷贝过来，但是对于拷贝过来的文本，中文版 Dreamweaver CS4 将不保留文本原来的格式。

4.1.1　添加文本

无论是打开已有的网页，还是新创建的网页，在文档编辑区的左上角都会显示一个闪烁的光标，光标的位置就是文本对象的默认插入点。

在中文版 Dreamweaver CS4 中添加文本，只需将光标定位在需要添加文本的位置，然后直接输入文本内容即可。随着输入文本内容的增多，光标将按照从左到右、从上到下的顺序逐渐移动，并在每行的最右端自动换行，移至下一行的开始处。在添加文本时，行的宽度是由文档窗口的宽度决定的，改变文档窗口的宽度时，文本内容将重新排列，但不影响段落的划分。

在输入文本时，按【Delete】键将删除光标右侧的文本或对象；按【Back Space】键将删除光标左侧的文本或对象。要一次性删除更多的文本或对象，只需先选中要删除的文本或对象，然后按【Delete】或【Back Space】键即可。

输入文本时，如果按【Enter】键，则可以在网页中创建一个新的段落，并且在前后两个段落之间会自动插入一个空行，这是中文版 Dreamweaver CS4 有别于其他文本编辑器的显著特征之一。如果用户不想在两个段落之间产生空行，可以按【Shift+Enter】组合键，或者单击“插入” | HTML | “特殊字符” | “换行符”命令，这样光标将移动到下一行开始处。图 4-1 所示为分别按【Enter】键和按【Shift+Enter】组合键时的换行效果。

用户也可以用复制（剪切）/粘贴的方法来插入文本：先复制（或剪切）要插入的文本，

在编辑区中确定需要插入文本的位置后，单击“编辑”|“粘贴”命令或按【Ctrl+V】组合键，即可完成文本的插入操作。

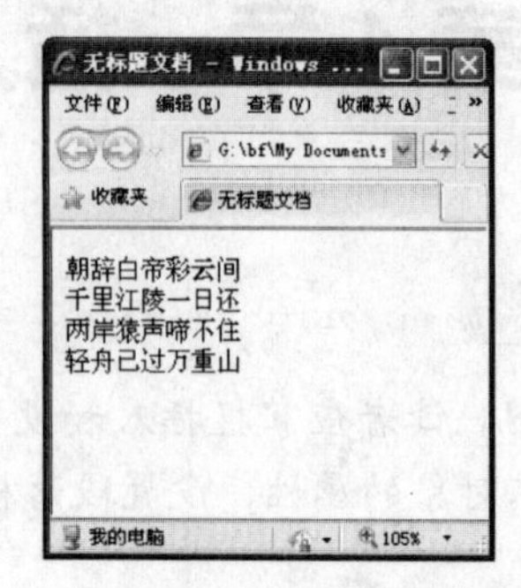

按【Enter】键的换行效果　按【Shift+Enter】组合键的换行效果

图 4-1　换行效果

在段落中设置换行符后，这些多行文字仍然属于同一个段落，因此，对于被换行的每行文本所设置的段落格式，都会应用到其他行中。

如果用户需要插入不换行的空格符，按【Ctrl+Shift+Space】组合键即可。

4.1.2 插入日期

在制作的网页中，如果要显示当前时间，就需要插入日期对象，具体操作方法如下：将光标置于需要插入日期的位置，单击“插入”|“日期”命令或单击“常用”插入栏中的“日期”按钮，打开如图 4-2 所示的“插入日期”对话框。

“插入日期”对话框中各选项的含义分别如下：

- 星期格式：选择“【不要星期】”选项，则不使用星期格式；如果要使用星期格式，在如图 4-3 所示的下拉列表中选择其他选项即可。
- 日期格式：在该列表框中可以选择一种日期显示格式。
- 时间格式：在该下拉列表框中有 12 小时制和 24 小时制，以及“【不要时间】”三个选项（如图 4-4 所示），用户可以根据需要从中选择一种时间格式。

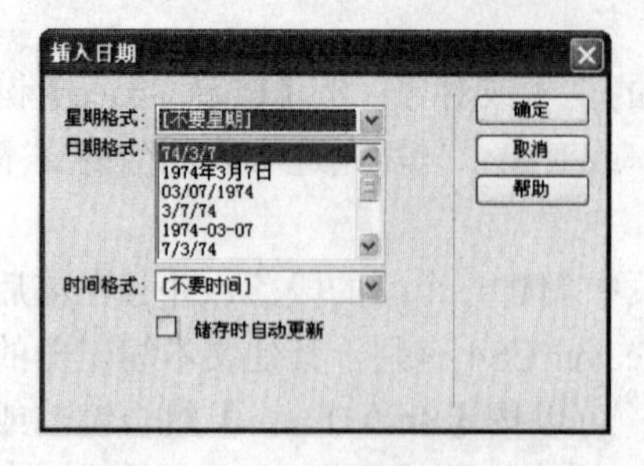

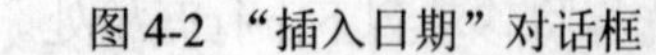

图 4-2 “插入日期”对话框

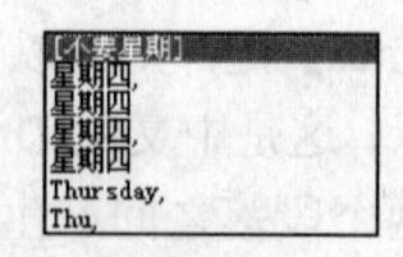

图 4-3　星期格式下拉列表

图 4-4　时间格式

- 储存时自动更新：如果选中该复选框，存储时将自动更新文档中的日期；如果取消选择该复选框，则插入的是普通的文本，存储时将不自动更新文档中的日期。

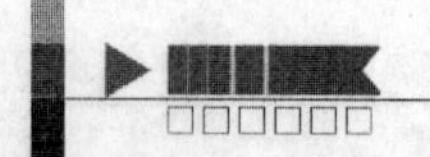

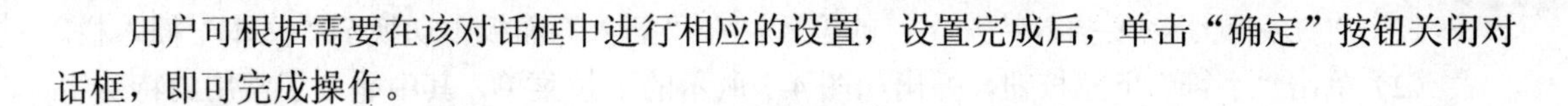

用户可根据需要在该对话框中进行相应的设置，设置完成后，单击“确定”按钮关闭对话框，即可完成操作。

4.1.3　插入其他对象

一个精彩的页面常常是由多种元素组成的，只有充分利用各种元素来丰富页面内容，才能设计出引人入胜的网页。在中文版 Dreamweaver CS4 中，除了插入普通文本与日期对象外，还允许插入水平线、特殊字符以及不换行空格符等对象，下面将分别进行介绍。

1. 插入水平线

人们常习惯在文章标题下加一条水平线，以区分标题和文章内容；或者在注释之上加一条水平线，以区分正文与注释。在中文版 Dreamweaver CS4 中，插入水平线的方法如下：

（1）在 Dreamweaver CS4 中打开需要插入水平线的文档，并将光标置于需要插入水平线的位置。

（2）单击“常用”插入栏中的“水平线”按钮，即可完成水平线的插入操作。

用户也可以单击“插入”|HTML|“水平线”命令，插入水平线。

选中水平线，可以看到此时的“属性”面板，如图 4-5 所示。

图 4-5　插入水平线的“属性”面板

水平线“属性”面板中各选项的含义分别如下：

- 水平线：设置水平线的名称。
- 宽：设置水平线的宽度。
- 高：设置水平线的高度。宽和高的值有两种设置方式，可以按像素设置宽和高的具体值，也可以按百分比设置宽和高所占文档窗口的比例。
- 对齐：设置水平线的对齐方式，默认为居中对齐。另外，还有“左对齐”和“右对齐”两种选项可以选择。
- 阴影：选中该复选框，将使水平线产生阴影效果；取消选择该复选框，则水平线会去掉阴影效果，呈实心型，如图 4-6 所示。

使用阴影效果

不使用阴影效果

图 4-6　水平线阴影效果

2. 插入特殊符号

在中文版 Dreamweaver CS4 中，可以很方便地插入商标符和版权符等特殊符号，具体操作方法如下：

（1）将光标置于需要插入特殊字符的位置，在“插入”面板中切换至“文本”插入栏。

（2）单击“字符”下拉按钮，弹出如图 4-7 所示的下拉菜单，其中显示了常用的特殊字符，选择需要的选项，即可插入相应的特殊符号。

在该下拉菜单中选择“其他字符”选项，将弹出如图 4-8 所示的对话框，该对话框用于插入其他特殊字符。选择相应的字符，在“插入”文本框中将显示该字符的 HTML 标识，单击“确定”按钮，即可将该字符插入到网页中。

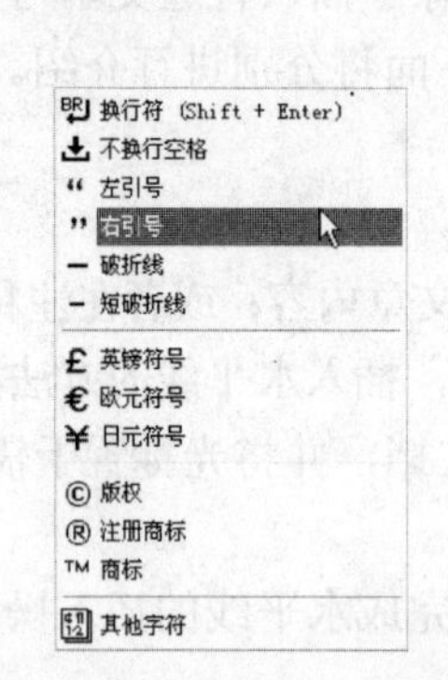

图 4-7　特殊符号下拉菜单　　图 4-8　“插入其他字符”对话框

此外，还可以通过菜单命令完成特殊字符的插入，具体操作方法如下：单击“插入”|HTML|“特殊字符”命令，在弹出的子菜单中单击相应的命令，即可插入特殊符号，如图 4-9 所示。

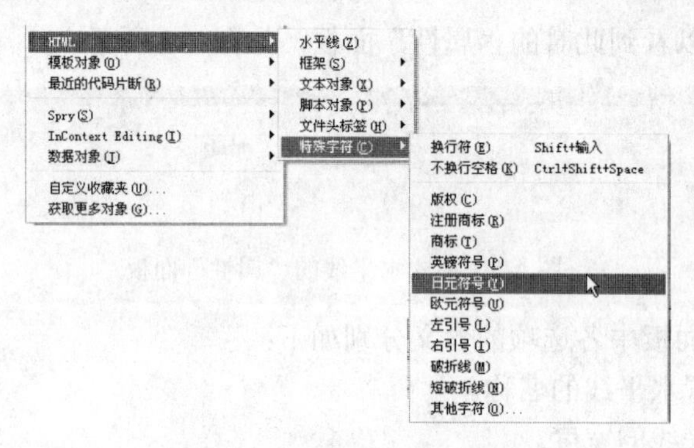

图 4-9　“特殊字符”子菜单

4.2　设置文本对象的属性

在完成文本对象的插入操作后，下面要做的工作就是对文本对象的属性进行编辑与设置。以前调整文本格式，需要通过 HTML 语言来完成，这样做不仅费时费力，而且容易出错，而中文版 Dreamweaver CS4 提供了编辑文本的可视化工具，可以帮助用户迅速、准确地完成文本编辑工作。

4.2.1　编辑字体列表

在编辑区输入中文文本时，中文版 Dreamweaver CS4 会默认使用宋体。如果需要更改字体，则可先选中要改变字体的文本，然后在“属性”面板中切换到 CSS 属性面板，单击“字体”下拉列表框中的下拉按钮，弹出“字体”下拉列表，如图 4-10 所示。在该下拉列表中，显示了中文版 Dreamweaver CS4 默认提供的常用字体列表。如果其中没有用户需要的字体，则可选择“编辑字体列表”选项，打开“编辑字体列表”对话框，如图 4-11 所示。

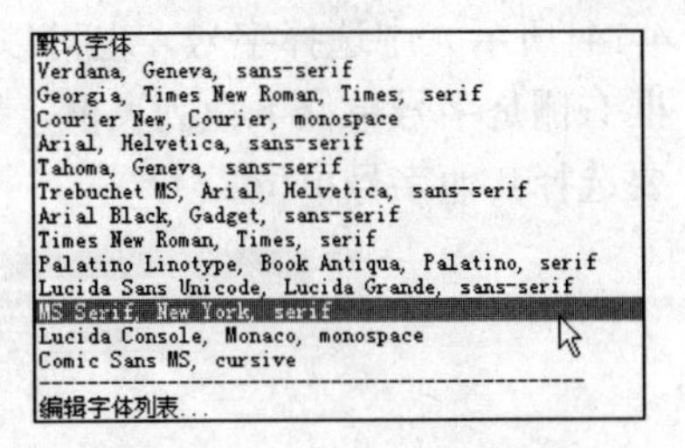

图 4-10 “字体”下拉列表

如果需要添加新的字体，可在“可用字体”列表框中选中要添加的字体，然后单击<<按钮，将选中的字体添加到“选择的字体”列表中；如果想从“选择的字体”列表中删除字体，则先选中要删除的字体，再单击>>按钮，即可将“选择的字体”列表中选中的字体删除，如图 4-12 所示。

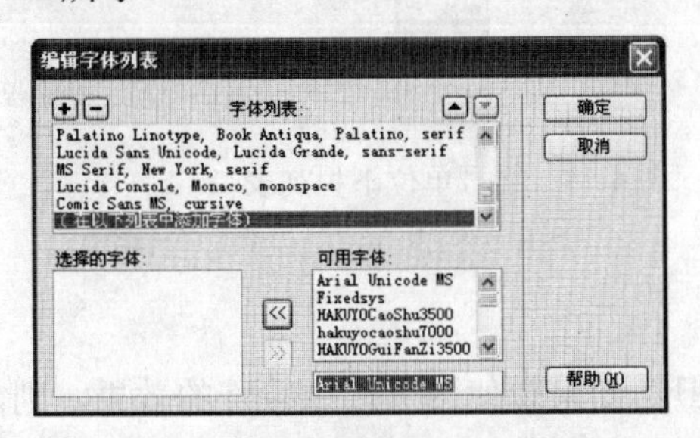

图 4-11 “编辑字体列表”对话框

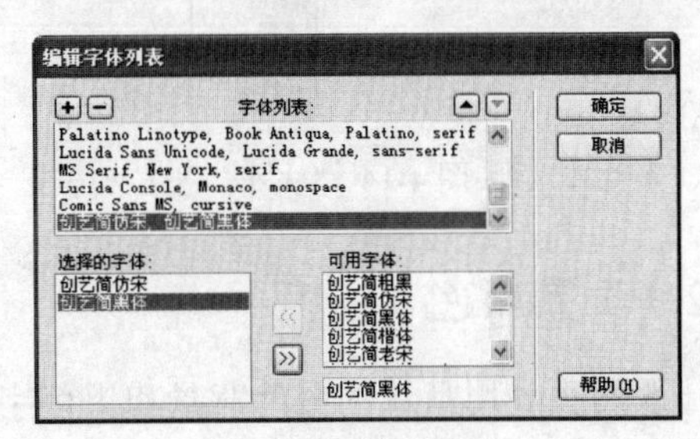

图 4-12 增减字体

单击“编辑字体列表”对话框上部的+按钮，可以再次在“字体列表”列表框中增加字体；单击−按钮，可以移除“字体列表”列表框中的字体；单击▲按钮，可以使字体在“字体列表”列表框中的位置上移；单击▼按钮，可以使字体在“字体列表”列表框中的位置下移。

单击“确定”按钮，即可完成编辑字体列表的操作。

建议使用常用的字体，因为如果浏览者的计算机上未安装网页制作者所使用的字体，则该字体将无法显示出来，这反而会影响网页的美观。

4.2.2 设置文本格式

Dreamweaver 与文字处理程序一样，可以为文本块设置缺省的样式，如段落、标题等，还可设置字体、大小、颜色和对齐方式等文本属性。作为一名网页设计者，应该格外重视文本格式的设置，否则制作出来的页面将很难吸引访问者。

1. 设置字体与字号

在设计网页时，如果需要为文本设置字体及字号，可先选中需要进行设置的文本，然后在文本的 CSS 属性面板中进行相应的设置，如图 4-13 所示。如果需要设置字体，则直接单击“字体”下拉列表框中的下拉按钮，在弹出的下拉列表中选择相应的选项即可。

在中文版 Dreamweaver CS4 中，既可以从 CSS 属性面板的“大小”下拉列表框（如图

4-14 所示）中选择字号，也可以在“大小”下拉列表框中直接输入字号。“大小”下拉列表框右侧是字号单位下拉列表框，如图4-15所示（默认单位为“像素（px）”，用户可以根据需要选择其他字号单位）。

图4-13 文本的“属性”面板

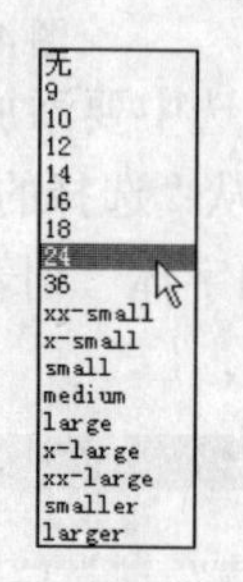

图4-14 “大小”下拉列表

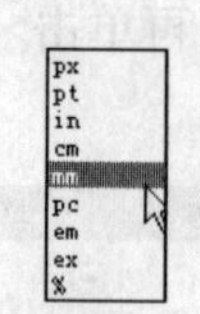

图4-15 字号单位下拉列表

2. 设置颜色

一般网页使用默认的白色背景和黑色字体，但是如果想使网页产生特殊的效果，则需要对字体的颜色进行设置。

单击文本CSS属性面板中的“文本颜色”颜色井，将弹出立方色调色板，在该调色板中可以选择需要的颜色：当鼠标指针变为吸管形状时，移动鼠标指针到调色板的色块上，在调色板上方会显示出该颜色的色码值，在合适的色块上单击鼠标左键，即可选中该颜色，如图4-16所示。如果想还原为默认的颜色，则只需单击调色板右上方的◩按钮即可。如果用户单击立方色调色板右上方的◉按钮，将弹出如图4-17所示的“颜色”对话框，在该对话框中既可以选择使用基本颜色，也可以自定义颜色。

单击立方色调色板右上方的▸按钮，将弹出如图4-18所示的调色板选择菜单，选择不同的选项将打开不同的调色板，系统默认选择“立方色”选项。

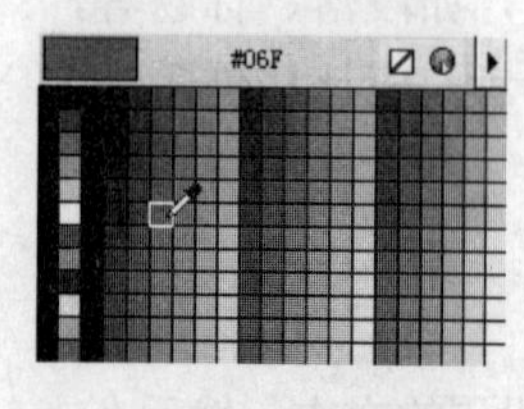

图4-16 立方色调色板

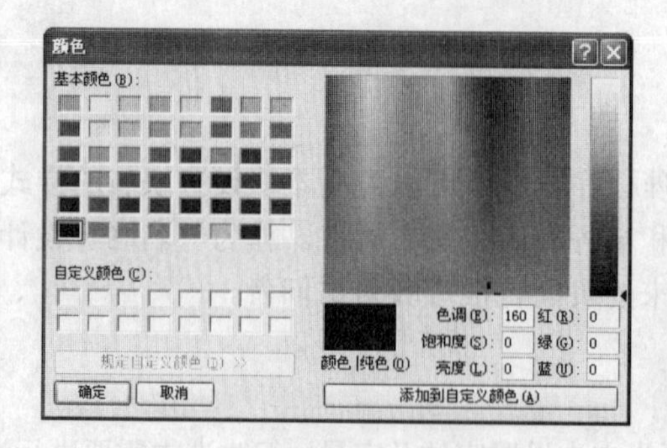

图4-17 “颜色”对话框

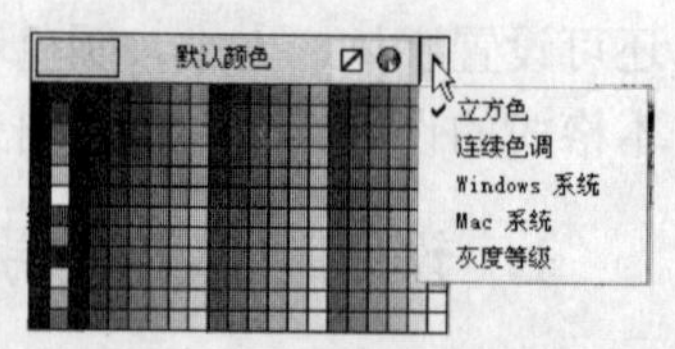

图4-18 调色板选择菜单

从调色板选择菜单中可以看到，除了立方色调色板外，还有连续色调调色板、Windows 系统调色板、Mac系统调色板和灰度等级调色板，各个调色板的颜色范围如图4-19所示。

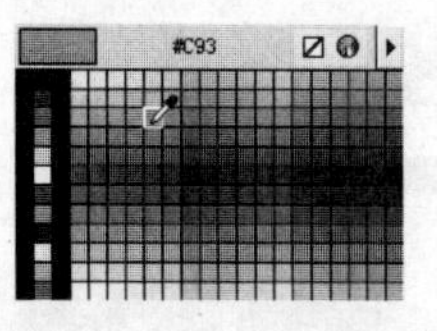
连续色调调色板

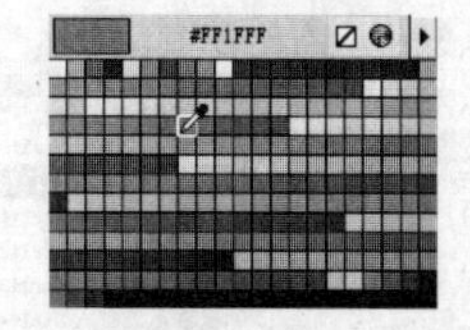
Windows 系统调色板

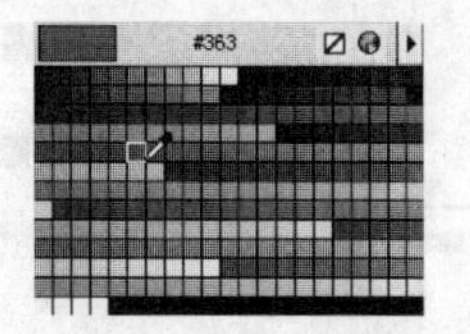
Mac 系统调色板

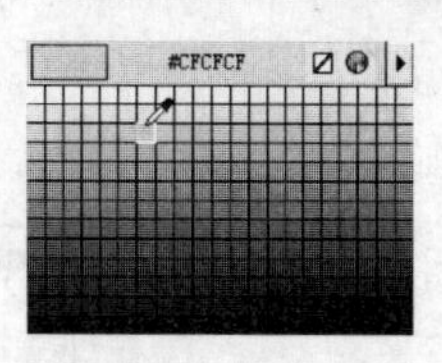
灰度等级调色板

图 4-19　其他调色板

3. 设置其他属性

除了可以设置文本的字体、字号和颜色等属性外，还可以设置文本的其他属性，如文字加粗、倾斜等，这些属性可以通过“格式”菜单来实现。

单击“格式”|“样式”命令，将弹出如图 4-20 所示的子菜单。其中各命令的含义分别如下：

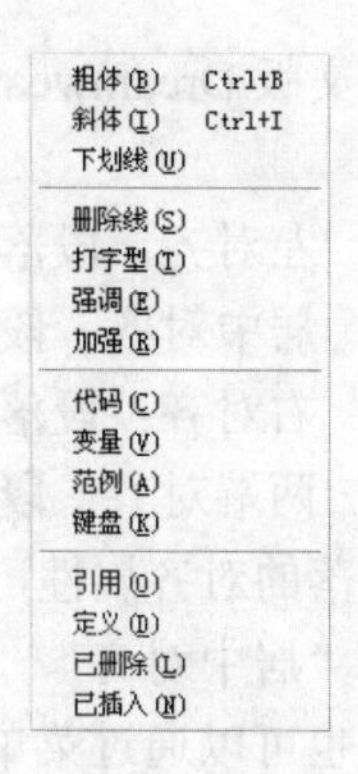

图 4-20　文本的“样式”子菜单

- 粗体：使选中的文本加粗，其快捷键为【Ctrl+B】。
- 斜体：使选中的文本倾斜，其快捷键为【Ctrl+I】。
- 删除线：为选中的文本添加删除线，在 HTML 中的标识符为<s></s>。
- 打字型：为选中的文本加上等宽标识符。
- 强调：为选中的文本使用斜体着重强调。
- 加强：为选中的文本使用黑体着重强调。
- 代码：为选中的文本使用描述程序代码效果。
- 变量：为选中的文本使用动态字体。
- 范例：为选中的文本使用标准字体。
- 键盘：为选中的文本使用黑体字体，在 HTML 中用<kbd></kbd>标识符。
- 引用：为选中的文本使用斜体字体，在 HTML 中用<cite></cite>标识符。
- 定义：为选中的文本使用斜体字体，在 HTML 中用<dfn></dfn>标识符。
- 已删除：为选中的文本添加删除线，在 HTML 中用<del></del>标识符。
- 已插入：为选中的文本添加下划线，在 HTML 中用<ins></ins>标识符。

4.2.3　设置段落格式

段落是排列文本时最常用的格式之一。在 HTML 中，段落用<P></P>标识符来标记，当页面被浏览器处理时，浏览器将<P></P>之间的所有内容识别为一个段落，并显示在屏幕上。

为文本设置段落，只需选中需要设置段落标记的文本，或将光标置于要分段的文本前，然后执行下列任意一种操作即可：

- 在准备分段的地方直接按【Enter】键。
- 在“属性”面板的“格式”下拉列表框中选择“段落”选项，如图 4-21 所示。
- 单击“格式”|“段落格式”|“段落”命令，如图 4-22 所示。

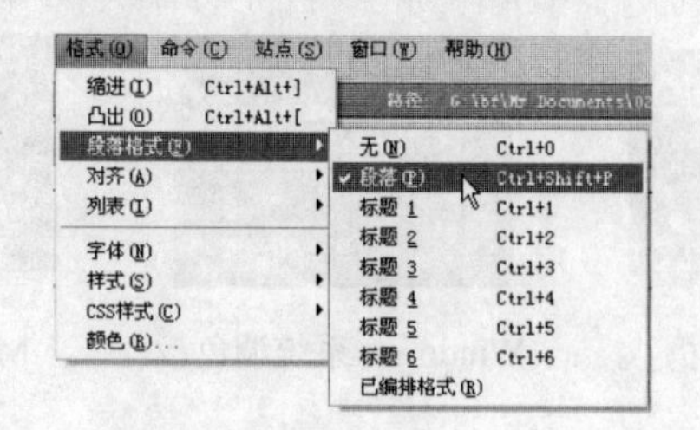

图 4-21　选择“段落”选项　　　　图 4-22　单击“段落”命令

1. 设置段落的对齐属性

中文版 Dreamweaver CS4 提供了四种段落对齐方式：左对齐、居中对齐、右对齐和两端对齐。

- 左对齐：段落中的所有文本靠左对齐，这是最常用的对齐方式。
- 居中对齐：段落中的所有文本居中排列。
- 右对齐：段落中的所有文本靠右对齐。
- 两端对齐：段落中的所有文本向两端对齐。

段落的对齐属性可以在文本的“属性”面板中单击“左对齐”、“居中对齐”、“右对齐”和“两端对齐”按钮进行设置，也可以通过菜单命令和快捷键来设置。其具体操作方法如下：单击“格式”|“对齐”命令（如图 4-23 所示），在弹出的“对齐”子菜单中单击相应的命令，即可应用相应的对齐方式。“对齐”子菜单还显示了文本对齐命令的快捷键，利用这些快捷键，操作起来会更加方便。

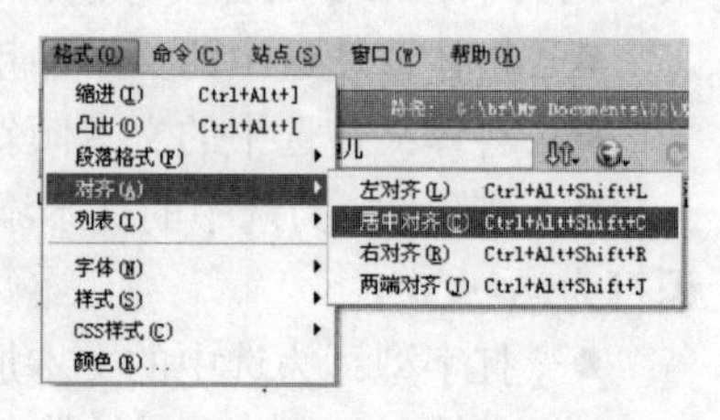

图 4-23　文本的“对齐”子菜单

2. 设置段落的缩进属性

如果通过文本进行对齐操作仍然达不到用户的要求，则可以使用文本凸出或文本缩进来调整文本的宽度。

在文本的“属性”面板中，单击按钮可以凸出文本，单击按钮可以缩进文本。操作方法很简单，只需将光标置于需要设置的文本中，然后单击或按钮即可。

通过菜单命令也可以实现该操作，具体操作方法如下：将光标置于需要设置的文本中，单击“格式”|“缩进”或“格式”|“凸出”命令，即可将文本缩进或凸出。缩进后的文本，如果想减少其缩进量，则可以通过文本凸出来实现。文本缩进是文本两端同时缩进相应大小，缩进后的文本与原来的文本对比效果如图 4-24 所示。

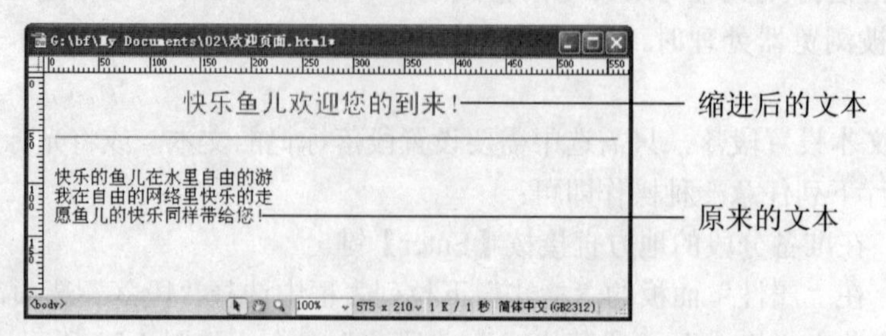

图 4-24　文本缩进前后的效果

> 在实现文本凸出效果时，由于文本与页面边缘的距离限制，文本不能无限地凸出；而缩进功能则没有这种限制，文本宽度最小可以缩到一个字一行，再继续缩进时，页面的宽度会增大，即文本距页面的边距可以一直增大。
>
> Dreamweaver 不能像 Word 那样通过按【Tab】键（制表符）来控制首行的缩进，要在 Dreamweaver 中缩进段落的首行文字，只有通过使用【Ctrl+Shift+Space】组合键，插入不间断空格来实现。

3. 设置标题段落

为便于对页面中的文本进行分级分类，Dreamweaver 提供了为文本设置标题的功能，这样可以使文本的层次结构更加清晰。

中文版 Dreamweaver CS4 提供了 6 种不同级别的标题，其中 1 级标题的字号最大，6 级标题的字号最小。若想设置不同级别的标题，可首先选中要设置标题的文本或将光标置于要设置的文本内（如果需要将多个对象设为同一级标题，可以同时选择多个对象），然后在文本“属性”面板的“格式”下拉列表框中选择“标题 1”～“标题 6”中的任一选项，或者单击“格式”|“段落格式”子菜单中的命令，来设置相应级别的标题格式。为了更加形象地说明各级标题的特点，现将“标题 1”～“标题 6”各级标题的文本格式展示出来，效果如图 4-25 所示。

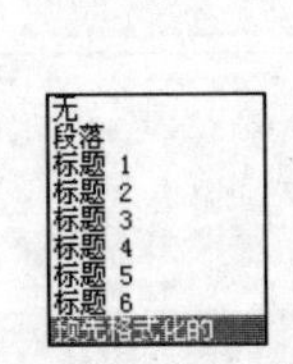

图 4-25　各级标题文本格式

标题的格式不是固定的，在选择标题格式后，可以再次设置标题的格式，对其进行格式化，包括设置字体、字号、颜色以及粗体、斜体等，和设置段落中的文本属性一样。

> 标题属于块元素，用户不能在同一段落内应用不同级别的标题。即使只选择了部分文本，标题格式也将应用于整个段落。

4.3 创建列表

对于需要逐条列出的文本项目，一般将其设置为列表的形式，中文版 Dreamweaver CS4 提供了三种类型的列表：项目列表、编号列表和定义列表。列表可以详细地列出主题的要点，使访问者一目了然地了解到所要展示的文本内容。一个好的列表有助于网页内容的介绍，因为列表可以将页面的内容分解，同时可以将访问者吸引到用列表形式展示的内容上。列表对于文本而言，无疑是最为基础的工具之一。

4.3.1 项目列表

项目列表不进行编号，而是将所要罗列的内容逐条列出，对于需要罗列的主题，可以使用项目列表。创建项目列表既可以先创建列表再输入文本，也可以将已经存在的文本转换为含有项目符号的文本。

1. 创建项目列表

创建项目列表的具体操作步骤如下：

（1）打开如图 4-26 所示的网页文档。

（2）单击“格式”|“列表”|“项目列表”命令，或单击“属性”面板中的项目列表按钮，创建一个项目列表，如图 4-27 所示。

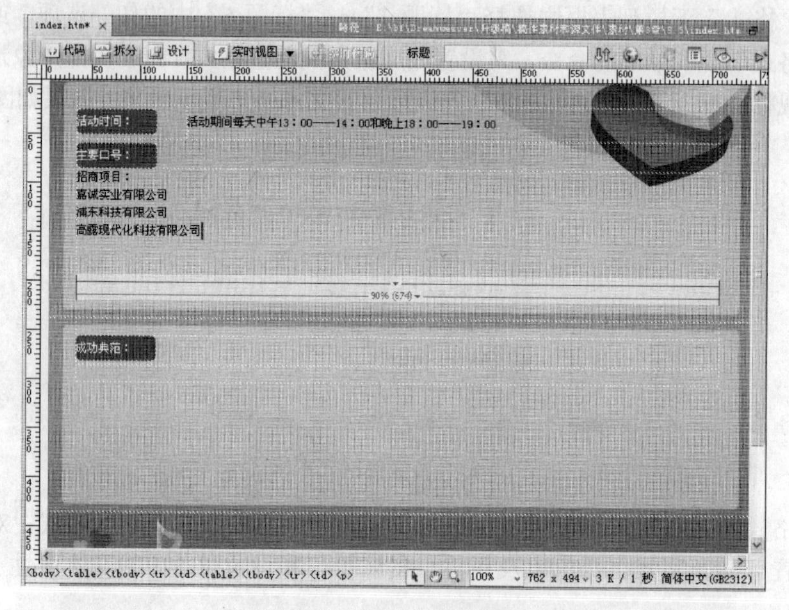

图 4-26　打开网页文档

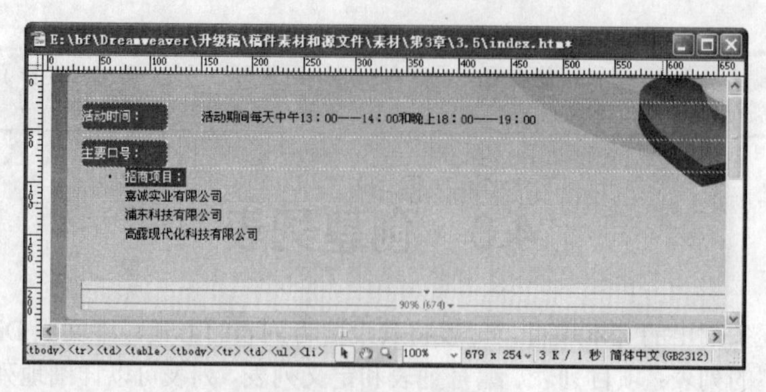

图 4-27　创建项目列表

要结束一个项目列表，按【Shift+Enter】组合键即可；要取消一个项目列表，只需再次单击按钮或者单击“格式”|“列表”命令，在弹出的如图 4-28 所示的子菜单中选择“无”选项即可。

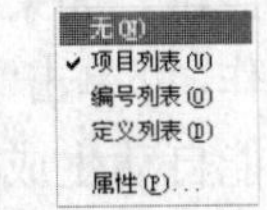

图 4-28　“列表”子菜单

2. 设置项目列表属性

设置项目列表属性的具体操作步骤如下：

（1）将鼠标指针置于项目列表中的任意位置。

（2）单击“格式”|“列表”|“属性”命令，弹出“列表属性”对话框，如图 4-29 所示。

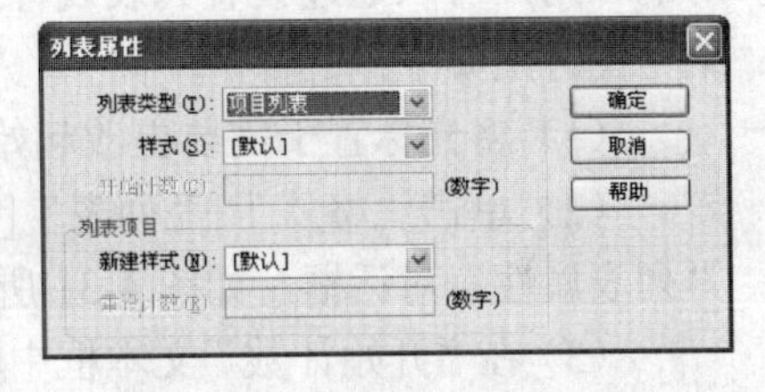

图 4-29　“列表属性”对话框

（3）在“列表类型”下拉列表框中选择“项目列表”选项，在“样式”下拉列表框中选择一种样式。

在“样式”下拉列表框中有两个选项：

- 项目符号：为实心圆点。
- 正方形：为实心正方形。

3. 嵌套使用项目列表

对于级别不同的主题，可以通过嵌套使用项目列表的方式列出不同级别的主题。嵌套使用项目列表的方法如下：

（1）在 Dreamweaver 中创建项目列表，并将光标定位在需要作为二级项目的文本处，如图 4-30（左）所示。

（2）单击“属性”面板中的缩进按钮，使作为二级项目的文本缩进一个缩进量，此时可以看到二级项目前的项目符号变为空心圆点，如图 4-30（中）所示。

（3）使用同样的方法嵌套其他二级标题项目，效果如图 4-30（右）所示。

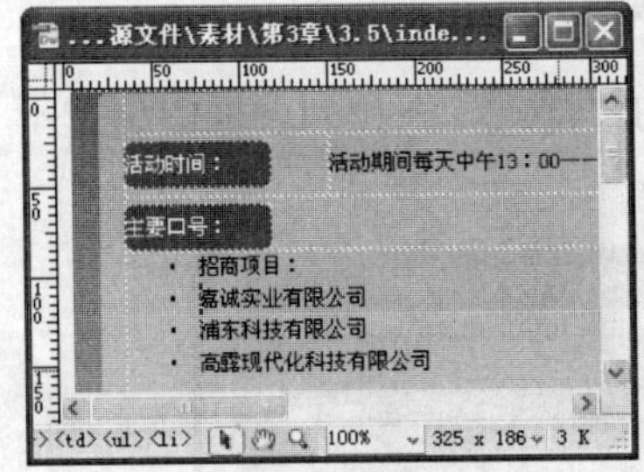

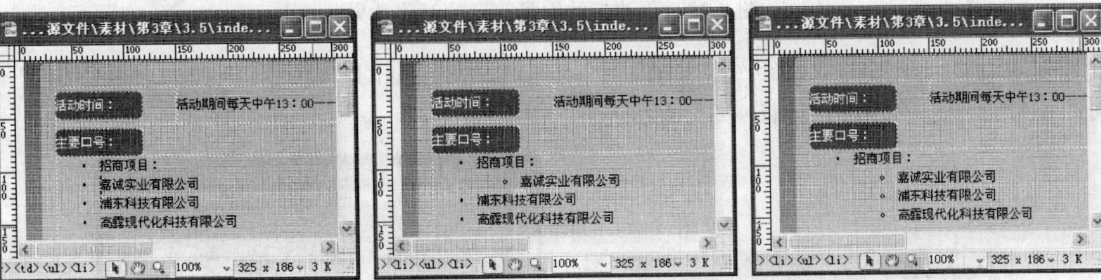

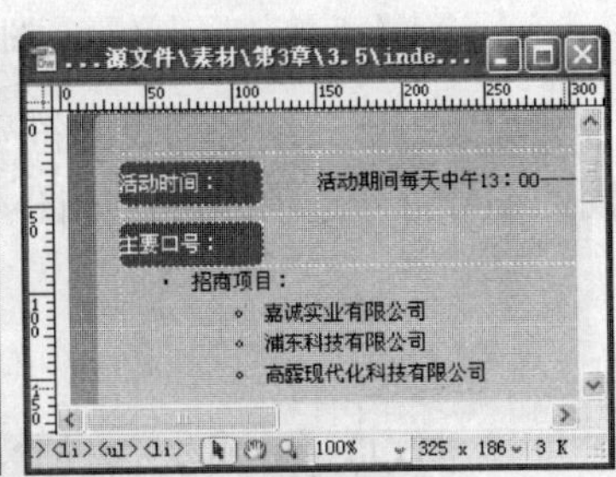

图 4-30　嵌套使用项目列表

4.4-2 编号列表

编号列表将所要列出的内容按顺序排列，并进行编号。对于需要按顺序排列的主题，可以使用编号列表。

1. 创建编号列表

编号列表的创建和取消与项目列表的创建和取消类似，读者可以参照项目列表知识的介

绍进行尝试。如果想通过“属性”面板操作，可单击“编号列表”按钮；如果想通过菜单命令操作，可单击“格式”|“列表”|“编号列表”命令。同样，对于编号列表，中文版Dreamweaver CS4不能自动生成分级形式的列表，但是可以通过嵌套的方式实现分级列表。编号列表嵌套的方法与项目列表的嵌套的方法一样，在此不再赘述。

2. 更改起始编号

编号列表默认从第一个符号开始编号，但并不是绝对的，用户可以通过设置列表属性进行修改。更改起始编号的方法如下：

（1）将光标置于需要更改起始编号的编号列表中。

（2）单击“格式”|“列表”|“属性”命令，弹出“列表属性”对话框，如图4-31所示。

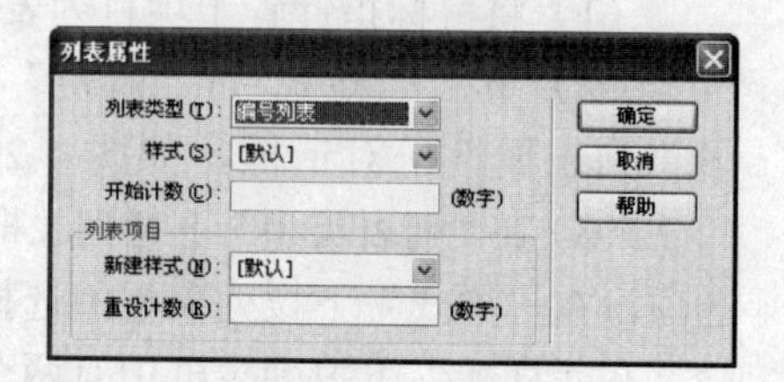

图4-31 “列表属性”对话框

（3）在“开始计数”文本框中输入编号列表的起始编号，此处输入3。

（4）单击“确定”按钮完成设置，更改起始编号前后的对比效果如图4-32所示。

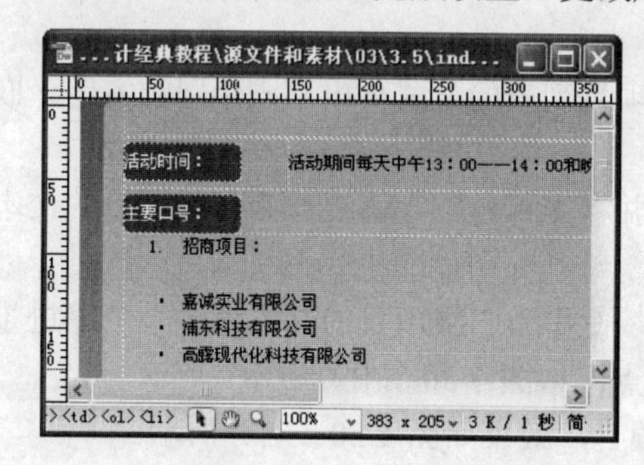

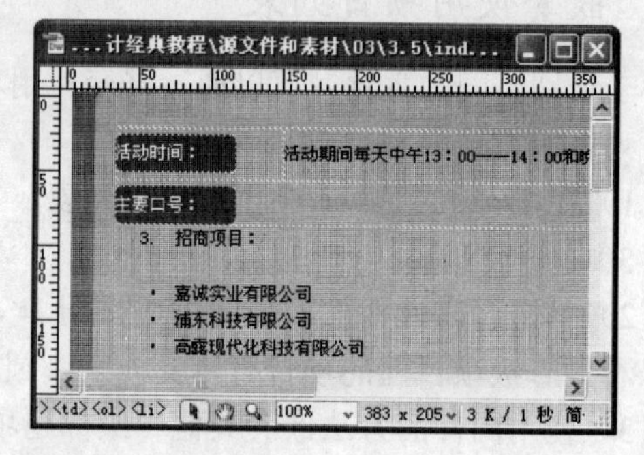

图4-32 更改起始编号前后的对比效果

如果想更改编号列表的符号，则在“列表属性”对话框的“样式”下拉列表框中选择不同的编号符号选项即可，如图4-33所示。

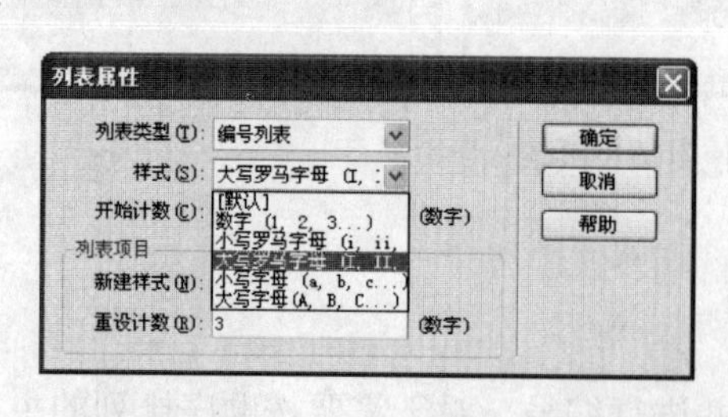

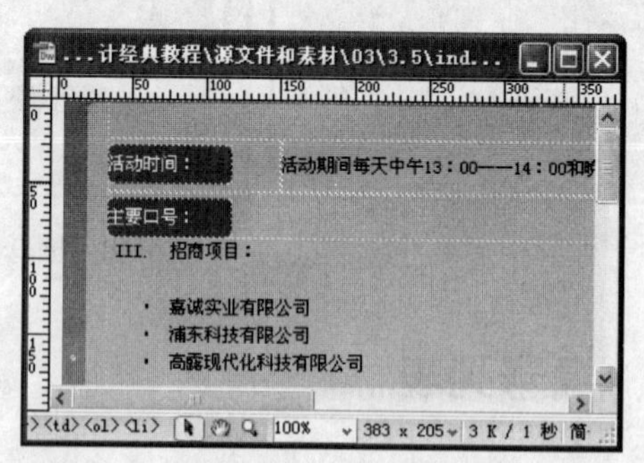

图4-33 将编号更改为大写罗马字母

如果只想更改个别编号列表项的符号，则可以在“列表属性”对话框的“新建样式”下拉列表框中进行设置，并在“重设计数”文本框中重设该列表项的编号。图4-34所示是将编号改为大写字母E（相当于数字5）的效果。

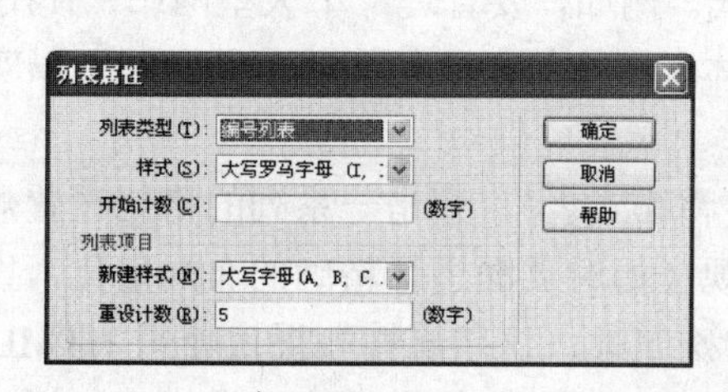

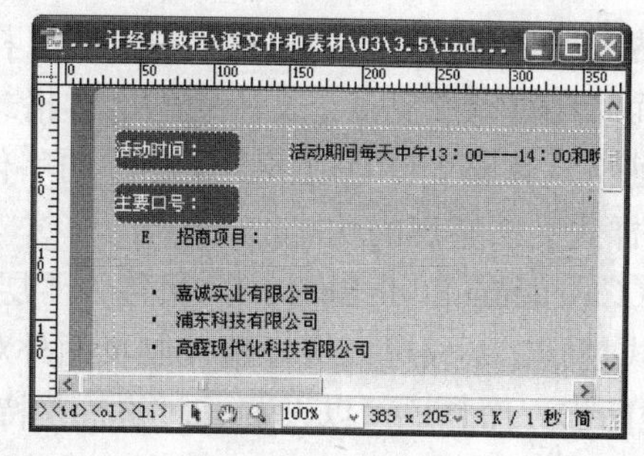

图 4-34 将编号更改为大写字母

4.3.3 定义列表

定义列表主要用于对文本中的特定术语进行解释或说明。定义列表由两部分组成：定义名称和定义，定义位于定义名称下方并缩进。

创建定义列表的操作步骤如下：

（1）将光标置于已经输入的定义名称中或将光标置于需要输入定义名称的项目处。

（2）单击“格式”|“列表”|“定义列表”命令。如果还没有输入定义名称的内容，可在执行菜单命令后，输入定义名称。

（3）将光标置于定义名称后，按【Enter】键，中文版 Dreamweaver CS4 会缩进定义所在的行。

（4）输入定义内容。当用户完成输入后，按【Enter】键可以再次输入定义名称，进行新的定义。

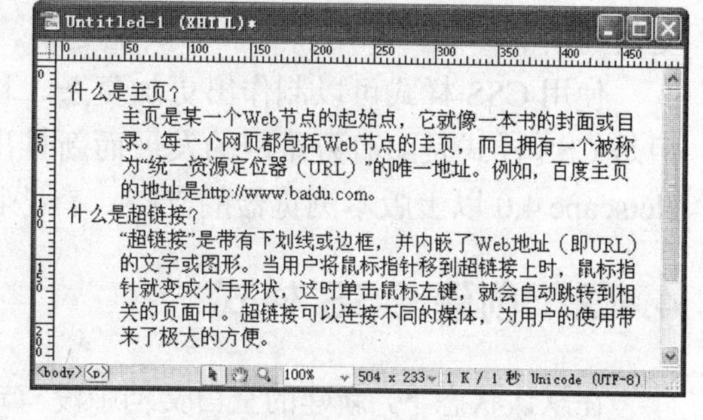

图 4-35 定义列表的效果

参照上述操作方法，定义列表中的其他内容，直至完成定义列表中的所有内容。若想结束定义，连续按两次【Enter】键即可。定义列表的效果如图 4-35 所示（其中，凸出的部分是定义名称，缩进的部分是定义）。

如果想取消定义列表，只需单击“格式”|“列表”|“无”命令，或者再次单击“格式”|“列表”|“定义列表”命令，即可将定义列表格式转变为段落格式。

4.4 使用 CSS 样式

样式是用来控制页面外观、设置元素对象属性的工具，使用样式可以使页面产生各种特殊效果。

4.4.1 CSS 样式简介

HTML 样式是在 CSS 样式之前被广泛应用的一种网页样式，它主要用于控制单个文档中某一范围内的文本格式。与之不同的是，CSS 样式不仅可以控制单个文档中多个范围内的文本格式，而且还可以控制多个文档中的文本格式。例如，要管理一个大型网站，使用 CSS 样式可以快速格式化整个站点或多个文档中的字体和图像等元素的格式，并且还可以实现多种用 HTML 样式无法实现的功能。

CSS（Cascading Style Sheets），又称为“层叠样式表”，它是一系列的格式设置规则，利用这些格式规则，不仅可以很好地控制页面外观（如对页面进行精确的布局定位，设置特定的字体和样式），而且还可以设置页面的一些特殊属性，这些属性如果仅使用 HTML 是无法实现的。例如，可以自定义项目列表的符号，设置不同颜色组合的边框等。CSS 样式规则由两部分组成：选择器和声明。选择器是样式的名称（如 tr 或 p），而声明则用于定义样式元素。声明又由两部分组成：属性（如 font-family）和值（如 Helvetica）。

CSS 样式表位于文档的<head>区，其作用范围由 CLASS 或其他符合 CSS 规范的文本设置。对于其他现有的文档，只要其中的 CSS 样式符合规范，Dreamweaver 就能识别它们。

CSS 样式有以下几点优势：

- 几乎在所有的浏览器上都可以使用。
- 以前一些必须通过图片转换才能实现的功能，现在只要用 CSS 就可以轻松实现，从而提高页面下载的速度。
- 使页面更加美观，更容易编排。
- 可以轻松地控制页面布局。
- 能够提供方便的更新功能。更新 CSS 样式时，套用该样式的所有页面文件都将自动更新为新的样式，不用再一页一页地更新。

使用 CSS 样式可以制作出更加复杂、精美的网页，维护或更新网页也更加容易、方便，但是 CSS 样式是随着万维网的发展而新推出的一种样式工具，它需要 Internet Explorer 4.0 和 Netscape 4.0 以上版本浏览器的支持，有些特殊效果甚至要求更高的版本才能支持。

4.4.2 创建 CSS 样式

在默认状态下，新建的空白文档中没有定义任何 CSS 样式，要在文档中使用 CSS 样式，首先应创建 CSS 样式，方法如下：在“CSS 样式”面板中单击“新建 CSS 规则”按钮，在弹出的对话框中定义样式类型并进行具体设置。

1. 新建 CSS 样式

在中文版 Dreamweaver CS4 中，新建 CSS 样式的具体操作步骤如下：

（1）单击“窗口”|“CSS 样式”命令或按【Shift+F11】组合键，打开“CSS 样式”面板，单击其右下角的“新建 CSS 规则”按钮（如图 4-36 所示），弹出“新建 CSS 规则”对话框，如图 4-37 所示。

（2）在该对话框中包含了四种可定义的样式类型，其含义分别如下：

- 类（可应用于任何 HTML 元素）：表示将要创建一个可以应用于部分文本块和完整文本块的 CSS 样式。若选中该选项，则可在下面的下拉列表框中输入自定义样式的名称。
- ID（仅应用于一个 HTML 元素）：表示要创建一个仅应用于某种 HTML 元素的 CSS 样式。

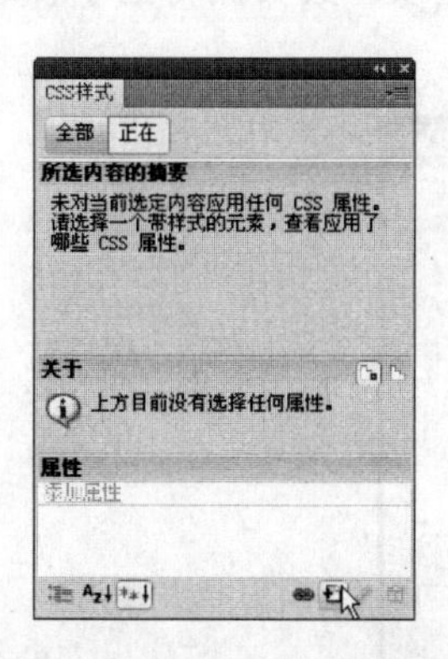

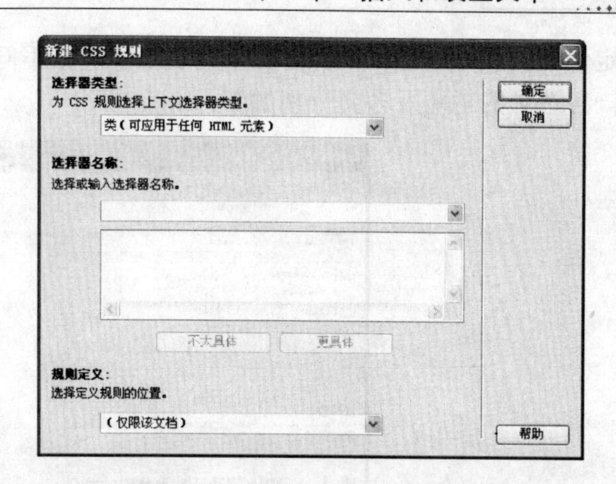

图 4-36　“CSS 样式”面板　　　　图 4-37　“新建 CSS 规则”对话框

● 标签（重新定义 HTML 元素）：表示将要创建一个对现有某些标记格式进行重新定义的 CSS 样式。若选中该选项，则图 4-37 中的下拉列表框将变成“标签”下拉列表框，可以从中选择重新定义的标签。

● 复合内容（基于选择的内容）：表示创建一个对某些 HTML 标记组合或所含有某个 ID 属性的标记进行重新定义的 CSS 样式。选中该选项，图中的下拉列表框将变为“选择器”下拉列表框，从中可以选择相应选项进行定义。

（3）用户可根据需要选择一种样式类型，并在“规则定义”选项区中选中“（仅限该文档）”选项。设置完成后单击“确定”按钮，将弹出如图 4-38 所示的 CSS 规则定义对话框。

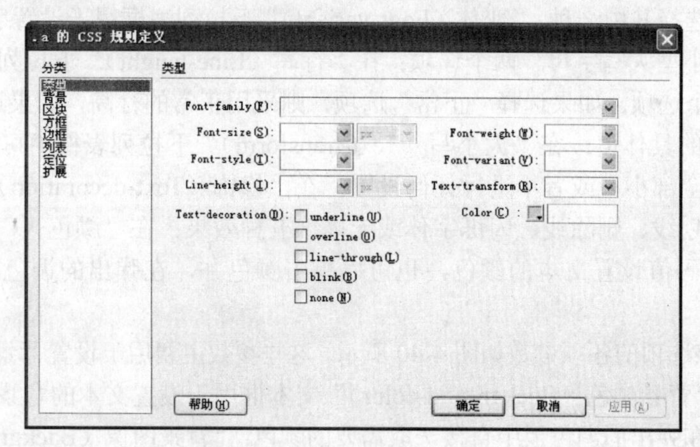

图 4-38　CSS 规则定义对话框

如果在“新建 CSS 规则”对话框的“规则定义”选项区中选择“新建样式表文件”选项，则会打开“将样式表文件另存为”对话框，如图 4-39 所示。用户只有保存样式后，才能打开 CSS 规则定义对话框。

2. 定制 CSS 样式

CSS 规则定义对话框用于定义 CSS 样式规则，其中包括类型、背景、区块、方框、边框、列表、定位和扩展等属性，在“分类”列表框中选择不同的选项，其右侧将显示该选项的相关属性。各选项的功能及含义分别如下：

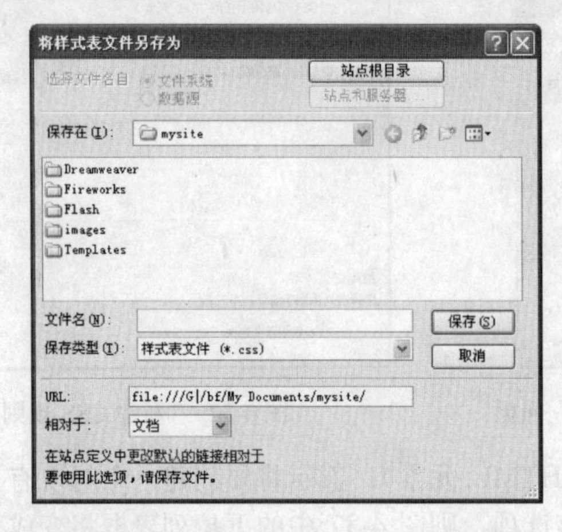

图 4-39 “将样式表文件另存为”对话框

● 类型：该选项的各项参数可参见图 4-38。其中，“字体（Font-family）”下拉列表框用于选择字体类型；“大小（Font-size）”下拉列表框用于设置字号的大小，用户既可以直接输入具体数值，也可以在该下拉列表框中进行选择；“粗细（Font-weight）”下拉列表框用于设置字体的粗细，如果不使用 CSS 样式，直接设置字体的粗细，则只有普通和粗体两种方式；在“样式（Font-style）”下拉列表框中有“正常（normal）”、“斜体（italic）”和“偏斜体（oblique）”三种样式，可以选择其中一种；“变体（Font-variant）”下拉列表框用于设置字体的变体效果，有“正常”和“小型大写字母”两个选项；在“行高（Line-height）”下拉列表框中包括“正常”和“值”两个选项。如果选择“正常”选项，则采用正常的行高，如果选择“值”选项，则可以设置行高的具体值；在“大小写（Text-transform）”下拉列表框中可以设置首字母大写、全部大写、全部小写或者不进行任何设置；在“修饰（Text-decoration）”选项区中可以选择下划线、上划线、删除线、闪烁字体或无修饰五种效果；在“颜色（Color）”文本框中可以直接输入色码值设置文本的颜色，也可以单击颜色井，在弹出的调色板中选取需要的颜色。

● 背景：该选项的各项参数如图 4-40 所示。这些参数主要用于设置背景颜色和背景图像等属性。其中，“背景颜色（Background-color）”文本框用于设置文本的背景颜色，单击该选项的颜色井，可在弹出的调色板中直接选取需要的颜色；“背景图像（Background-image）”下拉列表框用于设置文本的背景图像，单击“浏览”按钮，可在打开的对话框中选择背景图像；“重复（Background-repeat）”下拉列表框用于设置当背景图像不能充满页面时，是否重复背景图像；“附件（Background-attachment）”下拉列表框用于设置背景图像是固定在一处，还是连同网页一起滚动；“水平位置（Background-position X）”下拉列表框用于设置背景图像相对于页面元素在水平方向上的初始位置，既可以使用左对齐、居中对齐和右对齐三种对齐方式，也可以设置具体的数值；“垂直位置（Background-position Y）”下拉列表框用于设置背景图像相对于页面元素在垂直方向上的初始位置，既可以使用顶部对齐、居中对齐和底部对齐三种对齐方式，也可以设置具体的数值。

● 区块：该选项的各项参数如图 4-41 所示。“区块”选项主要用于设置字符间的间距、文本对齐和文字缩进等属性。其中，“单词间距（Word-spacing）”下拉列表框用于设置单词之间的距离，如果在其中选择“值”选项，则可以在其右侧的下拉列表框中选择间距单位；“字母间距（Letter-spacing）”下拉列表框用于设置字母之间的距离，Internet Explorer 4.0 以上版本和 Netscape Navigator 6 浏览器都支持该属性，其使用方法与“单词间距”下拉列表框的使用方法相同，若要缩小字母间距，可以输入一个负值；“垂直对齐（Vertical-align）”下拉列表框用于设置使用该选项元素的垂直对齐方式；“文本对齐（Text-align）”下拉列表框用于设置使用该选项元素的对齐方式；“文字缩进（Text-indent）”下拉列表框用于设置使用该选项元素的缩进量；“空格（White-space）”下拉列表框用于设置元素间空白的方式；“显示(Display)”下拉列表框用于设置是否显示元素以及如何显示元素。

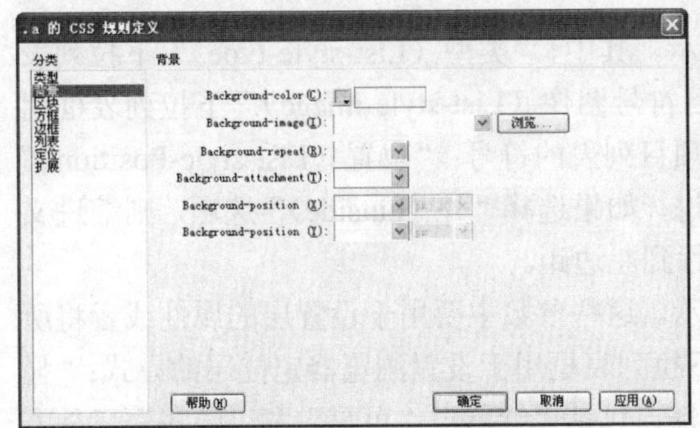

图 4-40　“背景”选项的参数

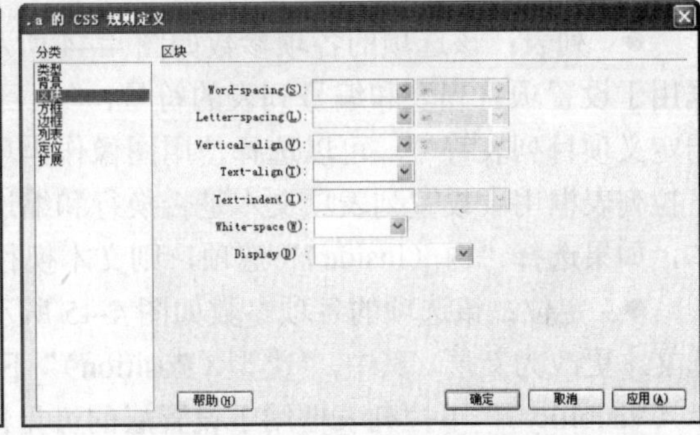

图 4-41　“区块”选项的参数

● 方框：该选项的各项参数如图 4-42 所示。“方框”选项主要用于设置元素在页面上的放置方式，其中，“宽（Width）”下拉列表框用于设置元素对象的宽度；“高（Height）”下拉列表框用于设置元素对象的高度；“浮动（Float）”下拉列表框用于设置文本、表格和层等元素对象在哪条边围绕所选元素对象浮动，其他元素则按照通常的方式环绕在浮动元素的周围；“清除（Clear）”下拉列表框用于设置当层出现在被设置了清除属性的元素上时，该元素移到层的下方；“填充（Padding）”选项区用于设置元素内容与元素边框（或边界）的间距，如果选中“全部相同”复选框，则可使元素内容到各个边的填充量相同，取消选择“全部相同”复选框，则可分别设置元素内容到各边的填充量；“边界（Margin）”选项区用于指定一个元素的边框（或填充）与另一个元素的间距（仅在设置段落、标题、列表等属性时，才会显示该属性），如果选中“全部相同”复选框，则可使元素与其各个边框的间距相同，取消选择该复选框，可分别设置元素与其各边框的间距。

● 边框：该选项的各项参数如图 4-43 所示。其中，“样式（Style）”选项区用于设置边框的样式，可供选择的样式包括点划线、虚线、实线、双线、槽状、脊状、凹陷、凸出以及无样式。如果选中“全部相同”复选框，则可为“上”、“下”、“左”、“右”边框设置相同的样式；如果取消选择“全部相同”复选框，则可以为“上”、“下”、“左”、“右”边框设置不同的样式。“宽度（Width）”选项区用于设置边框的粗细，在该选项区的下拉列表框中，既可以选择细、中、粗三种宽度，也可以设置具体值，“上”、“下”、“左”、“右”边框既可设置为相同的粗细，也可设置为不同的粗细；“颜色（Color）”选项区用于设置边框的颜色，该选项区中的“上”、“下”、“左”、“右”边框既可设置为相同的颜色，也可设置为不同的颜色。

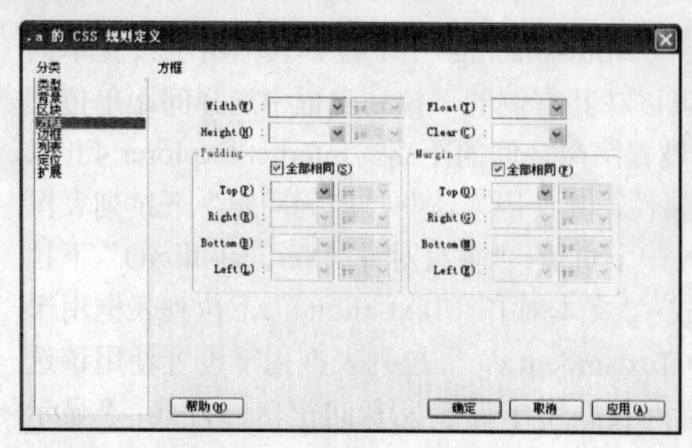

图 4-42 “方框”选项的参数

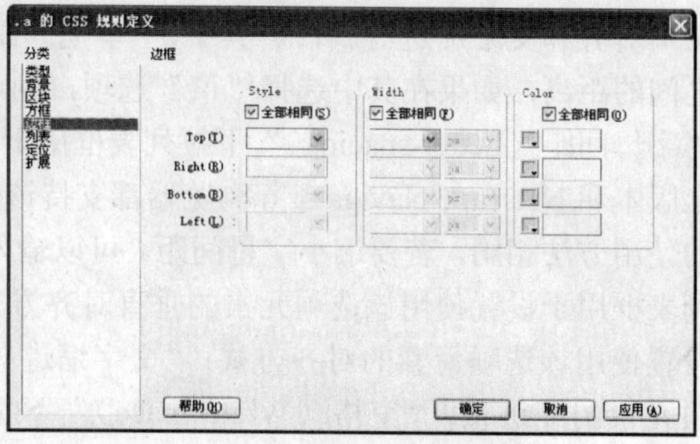

图 4-43 “边框”选项的参数

● 列表：该选项的各项参数如图 4-44 所示。其中，“类型（List-style-type）”下拉列表框用于设置项目列表和编号列表的符号；“项目符号图像（List-style-image）”下拉列表框用于定义项目列表符号，可以选择使用图像作为项目列表的符号；“位置（List-style-Position）”下拉列表框用于设置列表项文本是否换行和缩进，如果选择“外（outside）”选项，则缩进文本，如果选择“内（inside）”选项，则文本换行到左边距。

● 定位：该选项的各项参数如图 4-45 所示。这些参数主要用于设置层的属性或者将所选文本更改为新层。其中，“类型（Position）”下拉列表框用于设置浏览器定位层的方式；“显示（Visibility）”下拉列表框用于设置层的可见性，包括“继承”、“可见”和“隐藏”三种方式；“宽（Width）”下拉列表框用于设置层的宽度；“高（Height）”下拉列表框用于设置层的高度；“Z 轴（Z-Index）”下拉列表框用于设置层的叠放顺序，该下拉列表框的值可以设置为正，也可以设置为负，值较大的层将显示在值较小层的上面；“溢位（Overflow）”下拉列表框中的设置仅限于 CSS 层，当层的内容超出层的范围时，可以选择“可见”、“隐藏”、“滚动”和“自动”选项进行处理；“置入（Placement）”选项区用于设置层的位置和大小；“裁切（Clip）”选项区用于设置层的可见部分。

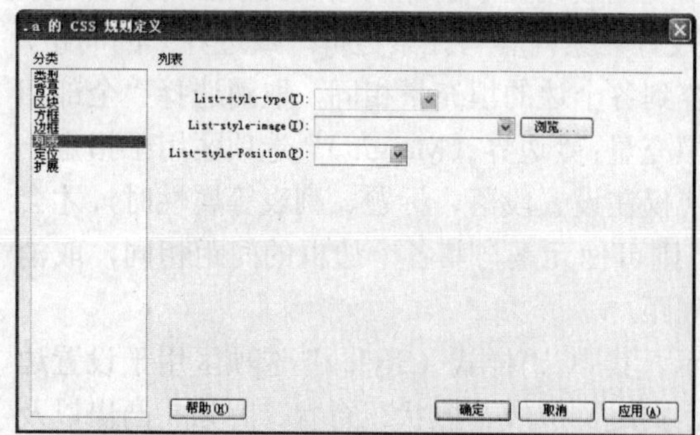

图 4-44 “列表”选项的参数

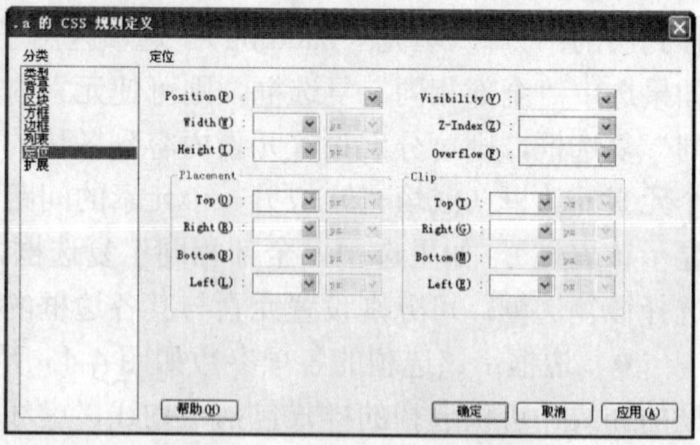

图 4-45 “定位”选项的参数

● 扩展：该选项的各项参数如图 4-46 所示。其中，“之前（Page-break-before）”下拉列表框用于设置打印时在样式所控制的元素对象之前强制分页；“之后（Page-break-after）”下拉列表框用于设置打印时在样式所控制的元素对象后强制分页；“光标（Cursor）”下拉列表框用于设置鼠标指针位于样式所控制的元素对象之上时的形状，Internet Explorer 4.0 以上版本和 Netscape Navigator 6 浏览器支持该属性；“滤镜（Filter）”下拉列表框用于设置样式所控制的元素对象的特殊效果。

设置好 CSS 样式规则后，单击"确定"按钮，即可完成 CSS 样式的创建，并返回"CSS 样式"面板。在该面板中可以看到新创建的 CSS 样式，如图 4-47 所示。

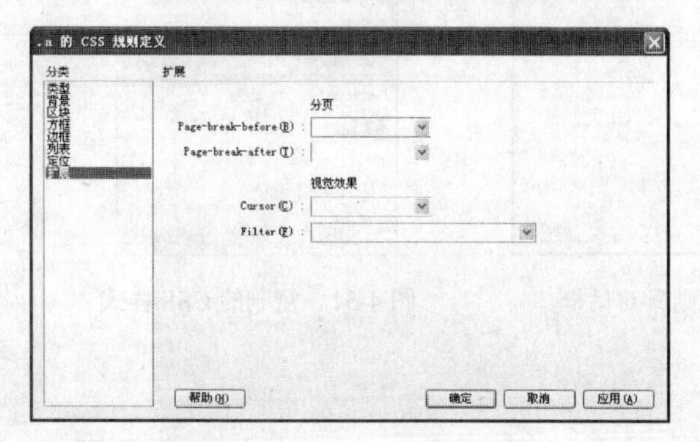

图 4-46 "扩展"选项的参数

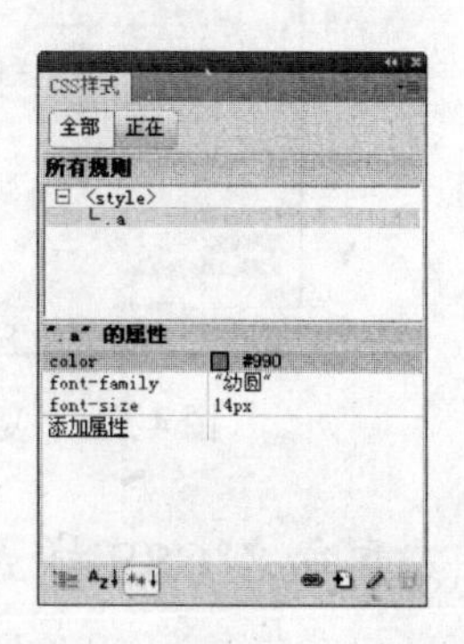

图 4-47 新创建的 CSS 样式

4.4.3 CSS 样式的编辑与应用

对于已经定制好的 CSS 样式，如果用户感到不满意，还可以对其进行编辑。对于已经创建和编辑好的 CSS 样式，需要时可以直接套用。

1. 修改 CSS 样式

在打开的"CSS 样式"面板中展开"样式"选项，在其中选中需要编辑的样式，然后单击该面板底部的"编辑样式"按钮（如图 4-48 所示），打开 CSS 规则定义对话框，如图 4-49 所示。在该对话框中根据需要修改样式，修改完后单击"确定"按钮，即可完成所选样式的编辑。

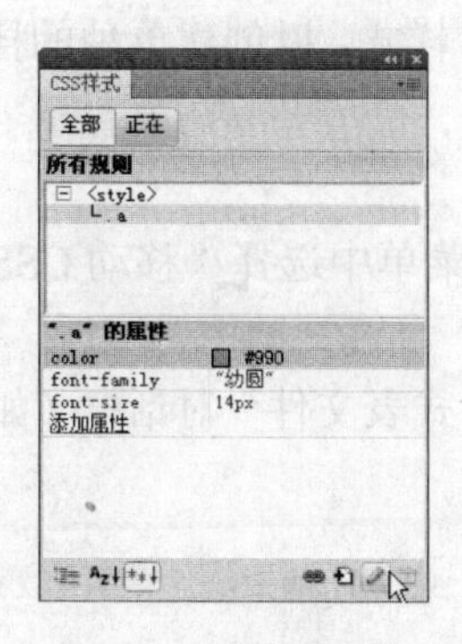

图 4-48 编辑 CSS 样式

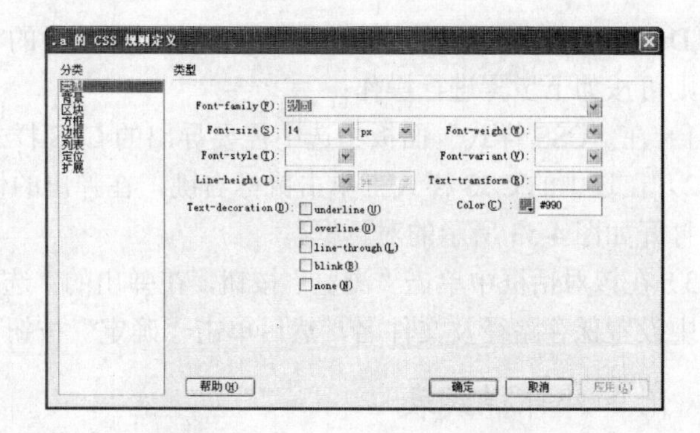

图 4-49 CSS 规则定义对话框

2. 复制 CSS 样式

在"CSS 样式"面板中需要复制的 CSS 样式上单击鼠标右键，或者单击"CSS 样式"面板右上角的按钮，在弹出的面板菜单中选择"复制"选项，弹出如图 4-50 所示的对话框，单击"确定"按钮，即可复制选择的 CSS 样式，如图 4-51 所示。

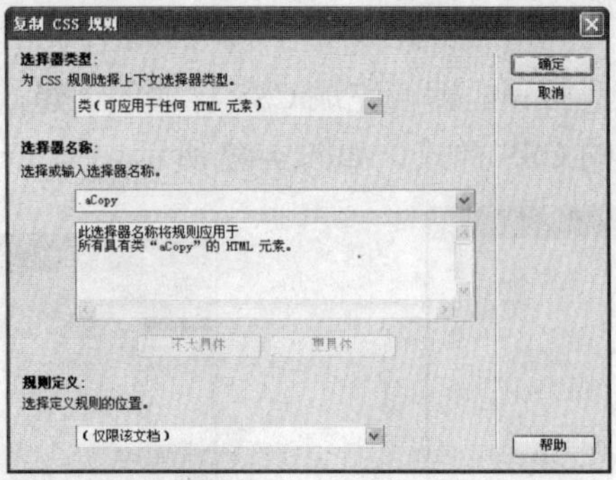

图 4-50 “复制 CSS 规则”对话框

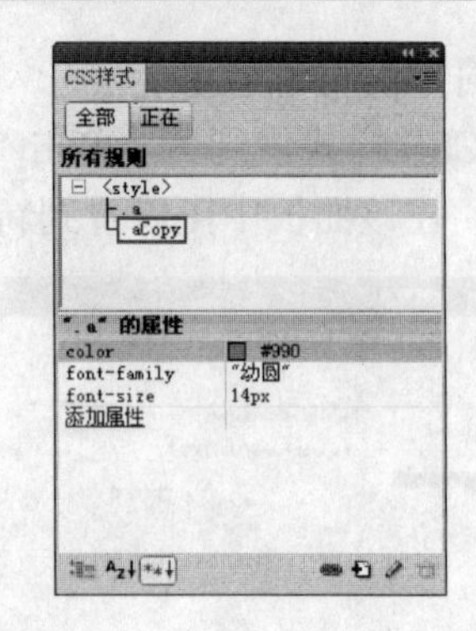

图 4-51 复制的 CSS 样式

3. 重命名 CSS 样式

在“CSS 样式”面板中选中需要重命名的样式，单击鼠标右键，在弹出的快捷菜单中选择“重命名类”选项，将弹出如图 4-52 所示的“重命名类”对话框，在该对话框中可以为已经定义的 CSS 样式重新命名。

图 4-52 “重命名类”对话框

4. 删除 CSS 样式

对于不再使用的 CSS 样式，可以将其删除。在打开的“CSS 样式”面板中选中需要删除的 CSS 样式，单击鼠标右键，在弹出的快捷菜单中选择“删除”选项，即可将该 CSS 样式删除。用户也可以在选中 CSS 样式后，直接单击“CSS 样式”面板右下角的按钮，删除选中的 CSS 样式。

5. 导出 CSS 样式表

在 Dreamweaver 中，如果用户需要导出文档中包含的 CSS 样式，以创建单独的样式列表文件，则可按如下步骤进行操作：

（1）在“CSS 样式”面板中选中需要导出的 CSS 样式。

（2）在选中的 CSS 样式上单击鼠标右键，在弹出的快捷菜单中选择“移动 CSS 规则”选项，打开如图 4-53 所示的对话框。

（3）在该对话框中单击“浏览”按钮，在弹出的“选择样式表文件”对话框（如图 4-54 所示）中设置保存路径及文件名，然后单击“确定”按钮即可。

6. 附加外部样式表

外部样式表是一个包含样式并符合 CSS 规范的外部文本文件。在编辑外部样式表后，链接到该样式表的所有文档都会随之更新。外部样式表可以应用于任何页面，如果用户需要在当前文档中附加外部样式表，则可按如下步骤进行操作：

（1）在 Dreamweaver 中打开需要附加外部样式表的文档页面，单击“窗口”|“CSS 样式”命令，打开“CSS 样式”面板。

（2）在“CSS 样式”面板中单击“附加样式表”按钮，弹出如图 4-55 所示的“链接外部样式表”对话框。

（3）在该对话框的“文件/URL”下拉列表框中既可以直接输入需要附加的外部样式表的路径，也可以单击“浏览”按钮，在弹出的对话框中选择要链接的外部样式文件，如图 4-56 所示。

图 4-53　导出 CSS 样式

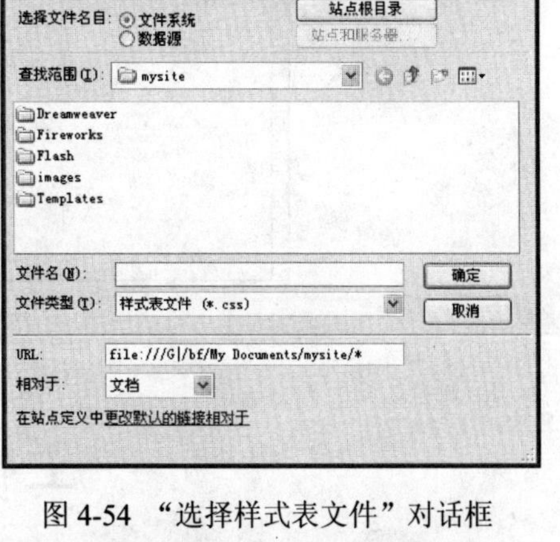

图 4-54　“选择样式表文件”对话框

链接外部样式表
文件/URL(F):
浏览...
确定
添加为: 链接(L)
导入(I)
预览(P)
取消
媒体(M):
您也可以输入逗号分隔的媒体类型列表。
Dreamweaver 的范例样式表可以帮助您起步。
帮助

图 4-55　“链接外部样式表”对话框

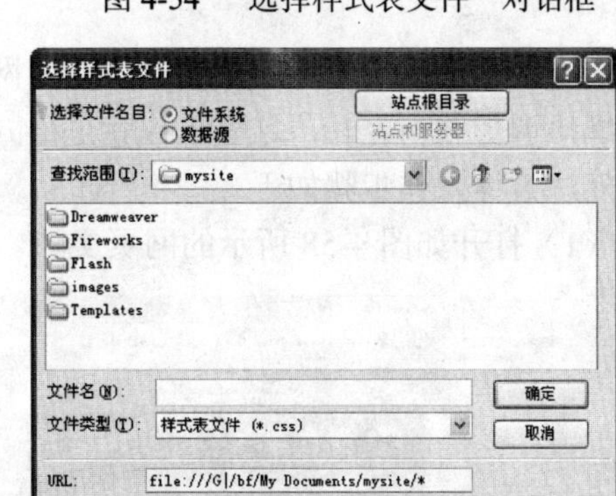

图 4-56　“选择样式表文件”对话框

（4）单击“确定”按钮，返回“链接外部样式表”对话框。在“添加为”选项区中选中“链接”单选按钮，然后单击“确定”按钮，该样式表文件即被应用于当前文档中。

7. 应用 CSS 样式

已经创建和编辑好的 CSS 样式，需要时可以直接套用。套用 CSS 样式的方法如下：

（1）在 Dreamweaver 文档中选中需要套用样式的文本或其他元素对象。

（2）在“CSS 样式”面板中选中需要的 CSS 样式，单击鼠标右键或者单击“CSS 样式”面板右上角的按钮，在弹出的面板菜单中选择“套用”选项，即可将 CSS 样式套用到选中的对象上，如图 4-57 所示。

此外，用户还可以通过 CSS 属性面板套用 CSS 样式，选中需要套用样式的文本或其他元素对象后，在该对象 CSS 属性面板的“目标规则”下拉列表框中选择需要的 CSS 样式，即可应用该样式。

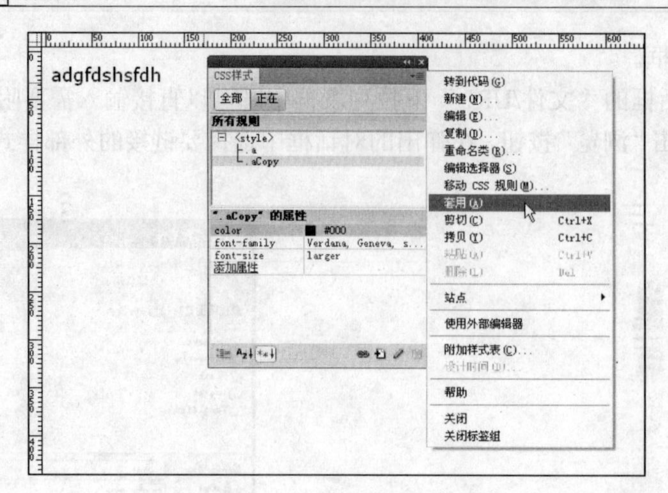

图 4-57　套用样式

上机操作指导

文本是网页中最基本的元素，虽然向网页中插入文本和添加文本非常容易，但是要将它们组织协调却并不容易，这个工作就是格式化文本。下面通过综合实例来讲述基本文本网页的创建，具体操作步骤如下：

（1）打开如图 4-58 所示的网页文档。

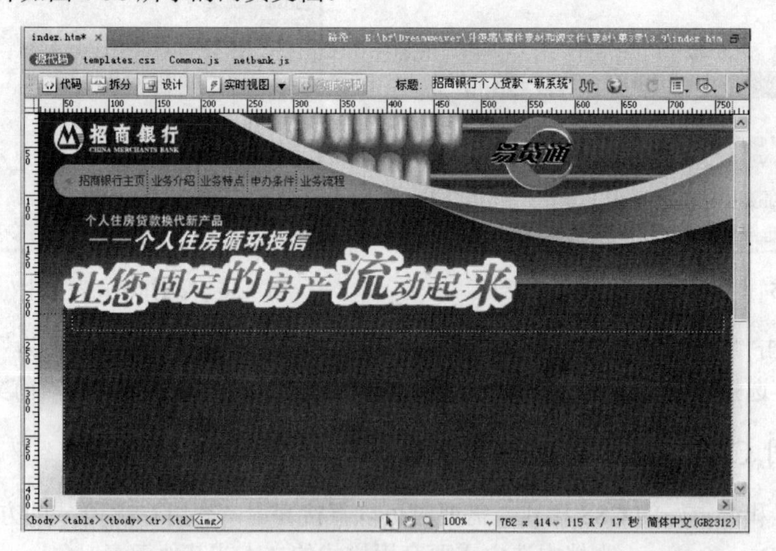

图 4-58　打开网页文档

（2）将光标置于网页中合适的位置，输入文字，如图 4-59 所示。

（3）选中文字“什么是‘个人住房循环授信’”，在“属性”面板的“大小”下拉列表框中选择 18 选项，并单击“属性”面板中的 B 按钮，再单击“大小”下拉列表框右边的颜色井，弹出颜色调色板，这时鼠标指针变为吸管状态，在颜色调色板中拾取颜色#0FF，如图 4-60 所示。

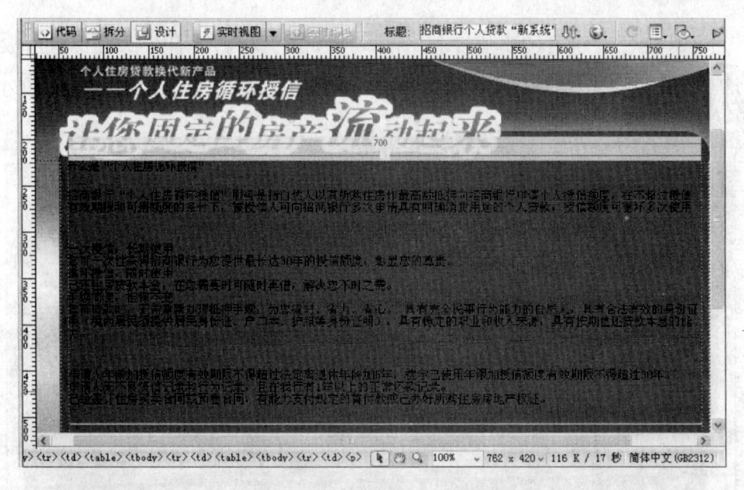

图 4-59　输入文字

图 4-60　设置文字颜色

（4）此时设置的文字效果如图 4-61 所示。

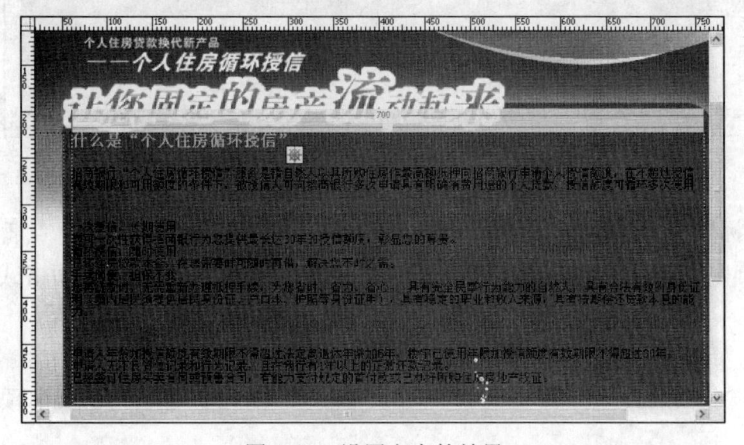

图 4-61　设置文字的效果

（5）选中“什么是‘个人住房循环授信’”下面的文字，在“属性”面板中将“大小”下拉列表框中的值设置为 12 像素，颜色文本框中设置为# FFF，如图 4-62 所示。

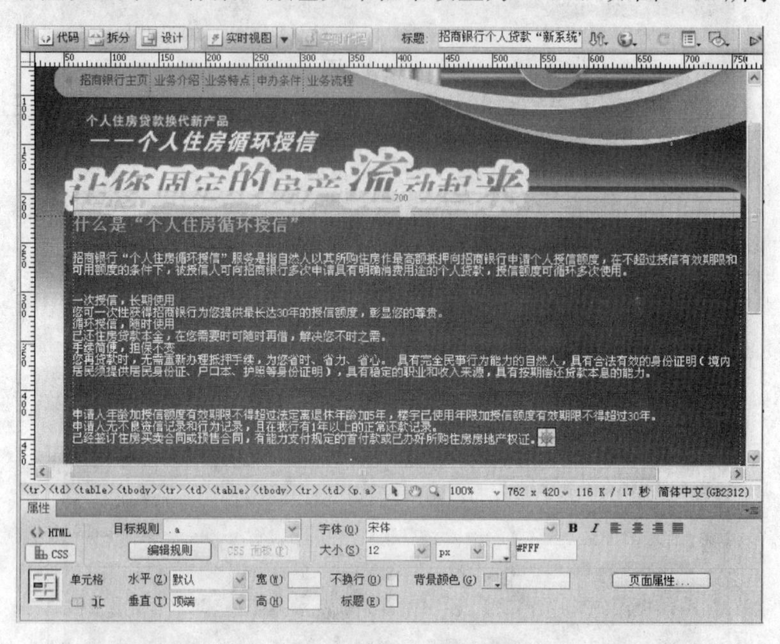

图 4-62　设置其他文字的属性

（6）将光标置于文本的下方，单击“插入”| HTML |“水平线”命令，插入水平线，如图 4-63 所示。

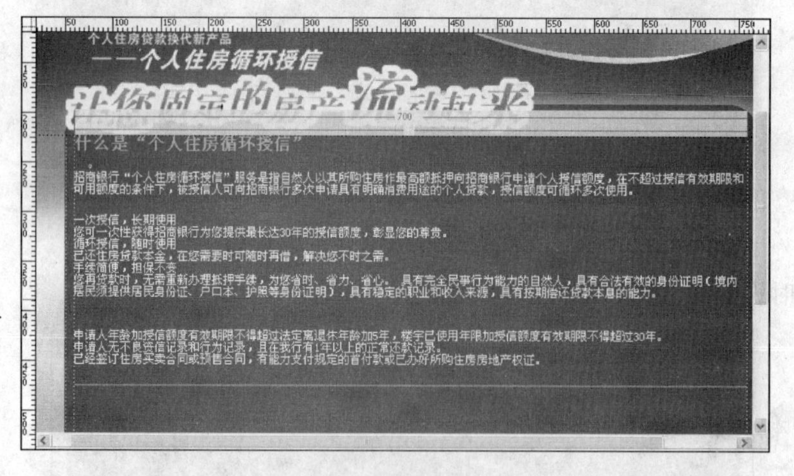

图 4-63　插入水平线

（7）将光标置于水平线的下方，单击“插入”|“日期”命令，弹出“插入日期”对话框，在该对话框中根据需要分别设置“星期格式”、“日期格式”和“时间格式”，如图 4-64 所示。

（8）单击“确定”按钮即可插入时间和日期，如图 4-65 所示。

（9）单击“文件”|“保存”命令，保存页面，按【F12】键在浏览器中预览页面，效果如图 4-66 所示。

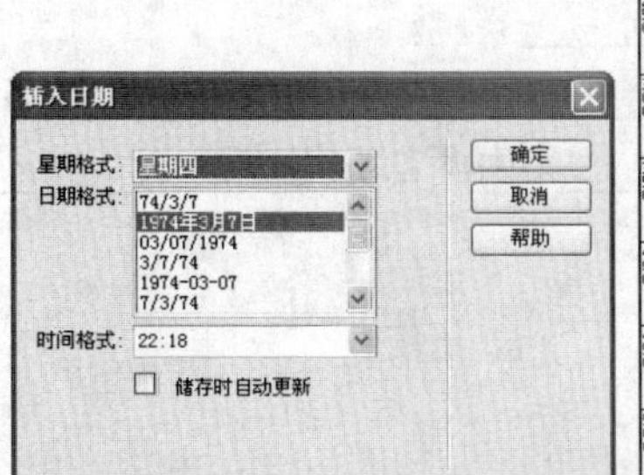

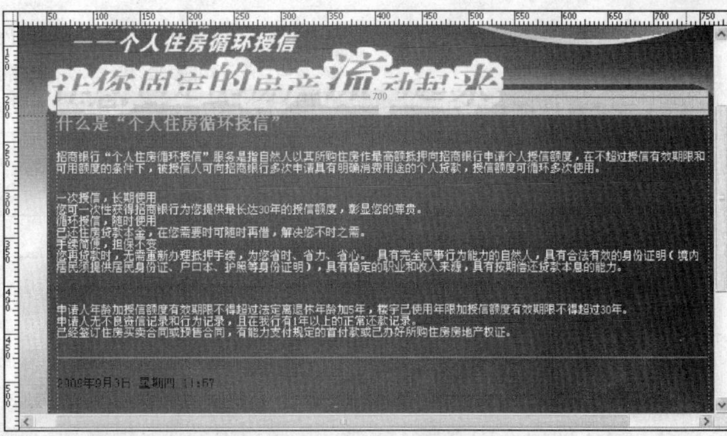

图 4-64 “插入日期”对话框

图 4-65 插入时间和日期

图 4-66 效果图

习题与上机操作

一、填空题

1．在输入文本时，按________键，将删除光标右侧的文本或对象；按__________键，将删除光标左侧的文本或对象；按________键，可在网页上创建新的段落，并在前后两个段落之间自动插入一个空行；如果不想在段落之间产生空行，可按__________组合键；如果用户需要插入不换行的空格符，则可按__________________组合键。

2．如果用户需要在中文版 Dreamweaver CS4 中添加字体，则可在“属性”面板的“字体”下拉列表框中选择______________选项，在打开的______________对话框中进行设置。

3．中文版 Dreamweaver CS4 提供了三种类型的列表：______列表、_______列表和______

列表。其中，________列表不进行编号，而是将所要罗列的内容逐条列出，对于需要罗列的主题，可以使用____________；________列表将所要列出的内容按顺序排列，并进行编号，因而对于需要按顺序排列的主题，可以使用______________。

4．CSS 又称______________，它是一系列的____________。

5．CSS 样式规则由两部分组成：__________和__________。__________是样式的名称（如 tr 或 p），而__________则用于定义样式元素。________又由两部分组成：________（如 font-family）和____（如 Helvetica）。

二、思考题

1．简述如何在 Dreamweaver 文档中插入日期与水平线。

2．简述如何在中文版 Dreamweaver CS4 中编辑字体。

3．简述如何在 Dreamweaver 文档中设置文本及段落的格式。

4．简述如何定义项目及编号列表。

5．简述如何创建及使用 CSS 样式。

三、上机操作

新建一个名称为 index.htm 的网页文档，并且在该文档中输入文本和插入当前日期，如图 4-67 所示。

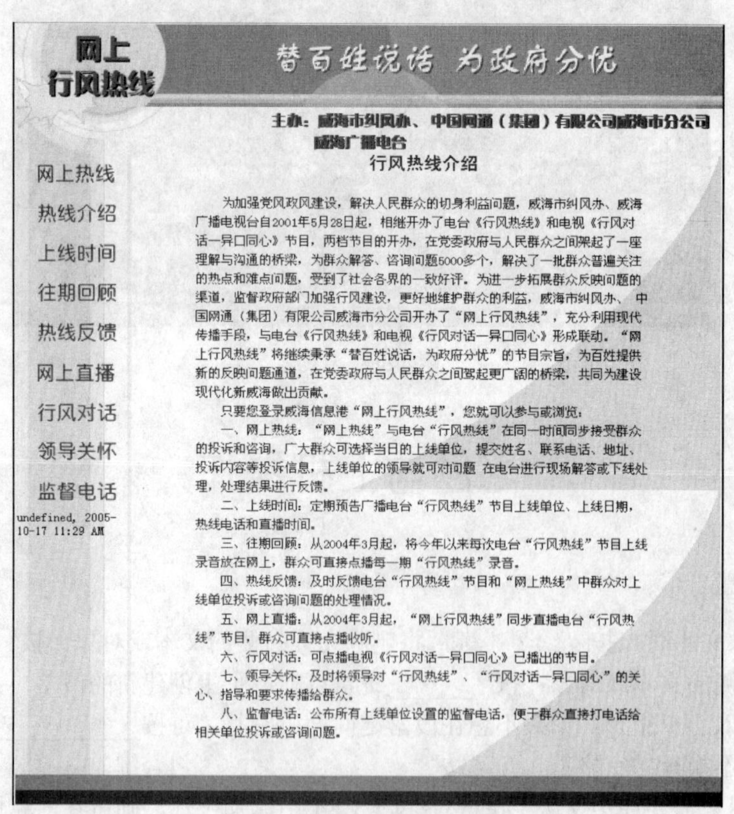

图 4-67 网页文档

第5章 设置超链接

本章学习目标

通过本章的学习，读者应了解超链接的分类、相对链接和绝对链接等知识，掌握创建文本链接、锚点链接、电子邮件链接、图像热点链接、下载文件链接及脚本链接的方法，并能够对创建好的链接设置其链接风格及打开方式。

学习重点和难点

- 超链接的分类
- 相对链接和绝对链接
- 创建文本链接
- 创建锚点链接
- 创建图像热点链接
- 创建脚本链接
- 设置打开超链接的方式

5.1 超链接概述

超链接（也称为超级链接或链接）是网页与网页以及网站与网站之间互联的桥梁，也是网页区别于其他媒体最重要的特征。通过单击超链接操作，即可从一个网页跳转到另一个网页、从网页中的一个位置跳转到另一个位置、从一个网站跳转到另一个网站。正是因为有了超链接，我们才可以在Internet上享受“冲浪”的乐趣。

5.1.1 URL简介

超链接是网页最基本的特点之一，只有合理地将网站中的众多网页通过超链接的方式链接到一起，才能构筑真正有用的网站，因此合理设置超链接是网页制作中非常重要的一个环节。在介绍超链接之前，我们应先了解URL，因为互联网上的资源都是通过URL定位的，所以创建超链接要用到URL的知识。

URL是Uniform Resource Locator的缩写，即统一资源定位器。它的功能在于能够提供在Internet上查找资源的标准。使用URL可以在Internet上查找到相关联的网站。URL的格式为protocol://host:port/path/file#anchor，各部分的含义分别如下：

- protocol：即Internet协议类型，各类型协议的说明如表5-1所示。

表5-1 协议类型

类　型	说　明
http	超文本传输协议，主要用于传输Web页面

续 表

类 型	说 明
ftp	文件传输协议，用于远程传输文件
gopher	传输全文本的目录结构索引
mailto	电子邮件传输协议
telnet	登录远程主机协议
news	Newsgroup 新闻组协议
file	本地文件定位协议

- host：指出 Web 页所在服务器的域名或 IP 地址。
- port：默认端口为 80，即设置为 80 的端口不需要提供端口号，但访问 80 以外的端口，需给出相应 Web 服务器的端口号。
- path：指明服务器上某资源的位置，通常是“目录/子目录/文件名”这样的结构。如果访问 Web 服务器默认的网页，则不需要输入文件的路径。
- file：待访问的具体文件。如果文件名被省略了，Web 浏览器就会寻找一个默认的页面，这个页面往往被命名为 default.htm 或 index.htm。浏览器会根据不同的文件类型作出不同的响应。能被浏览器执行的程序将在浏览器中执行，不能执行的将弹出下载窗口。
- anchor：锚记名称。加上该项后，打开网页时将直接跳转到页面中定义锚记链接的地方。

5.1.2 超链接的分类

按不同的分类标准，超链接可以分为不同的种类。例如，根据链向位置划分，超链接可分为站内链接和友情链接；根据链接对象划分，超链接可分为文件链接、邮件链接和脚本链接。下面将分别对不同分类标准下的典型超链接进行介绍。

1. 按连接位置的不同划分

为了实现站内跳转而设置的链接称为站内链接；为了实现网站之间的互联而设置的链接称为友情链接。图 5-1 所示为友情链接页面。

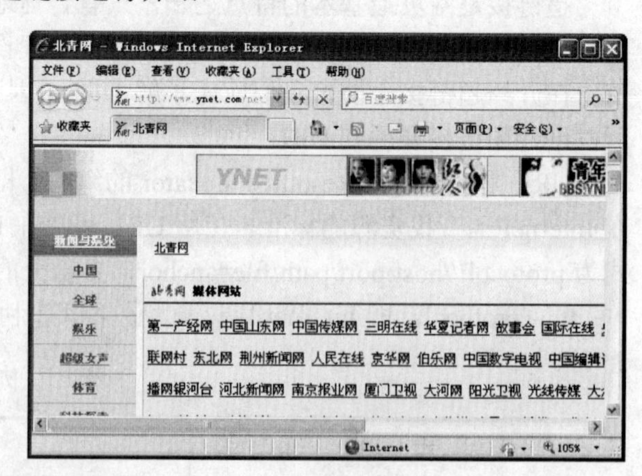

图 5-1 友情链接页面

另外，站内链接又可分为网页间链接和网页内链接。网页间链接是根据链向位置划分的站内链接，最常见的网页间链接是创建文档之间的链接，利用这种链接可以从一个文档跳转到另一个文档；网页内链接也是根据链向位置划分的站内链接，该链接也被称为锚链接，常用在包含长篇文章和技术文件等内容的网页中。在网页中使用锚记来链接文章的每一个段落，可以方便文章的阅读。当访问者单击某个超链接时，就可以转到同一网页中添加了锚记的特定段落。

2. 按链接对象的不同划分

按链接对象划分，超链接可以分为文件链接、邮件链接和脚本链接等。其中，脚本链接是指允许用户创建一个执行 JavaScript 代码的超链接。脚本链接是一种特殊的链接，单击设置了脚本链接的对象，将会运行相应的 JavaScript 脚本或 JavaScript 函数，从而实现相应的效果；邮件链接即 E-Mail 链接，单击该链接，不是跳转到相应的网页上，也不是下载相应的文件，而是启动计算机中相应的 E-Mail 程序，书写电子邮件，并发往指定的地址。一般情况下，在页面的底部都放置了邮件链接，以便访问者能够及时与管理员取得联系，图 5-2 所示为清华大学主页底部的邮件链接。

文件链接按文件类型的不同又可以分为很多种，每种文件都可以设置为链接内容，能够在浏览器中执行的就在浏览器中执行，如普通页面文件、图像文件的链接；不能在浏览器中执行的，则会弹出“文件下载”对话框，询问是在当前位置打开还是保存到本地磁盘。例如，在访问如图 5-3 所示的曲谱库资源站点时，看到自己喜欢的曲目，只要单击“下载”超链接，即可将其下载下来。

图 5-2　邮件链接

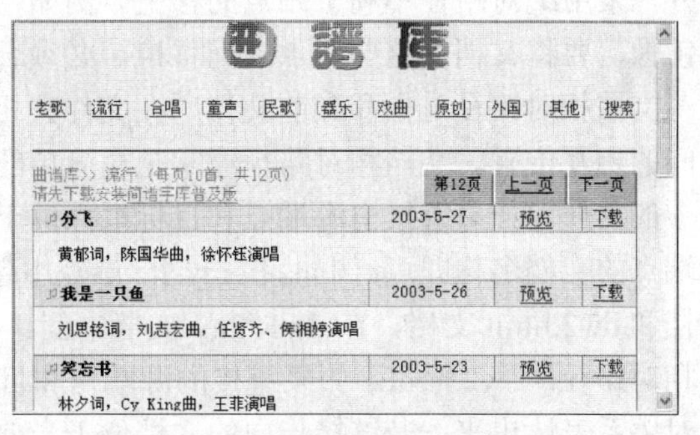

图 5-3　资源下载站点

单击“下载”超链接后，将弹出如图 5-4 所示的对话框，单击“打开”按钮，将在当前位置打开要下载的文件；单击“保存”按钮，将把下载的文件保存到本地磁盘，如图 5-5 所示。

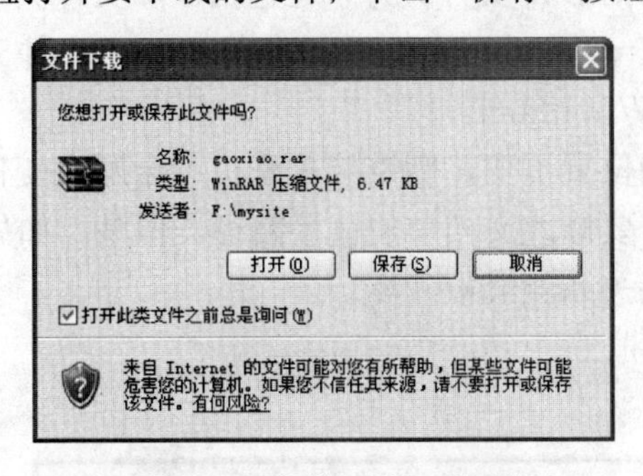

图 5-4 “文件下载”对话框

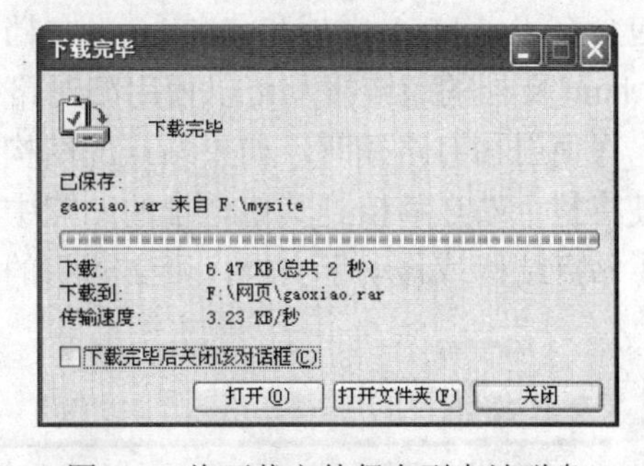

图 5-5　将下载文件保存到本地磁盘

一般情况下，超链接中的 URL 使用的都是 http 协议，但是也可以使用其他协议，前提是这些协议能够被支持，如 ftp 协议、gopher 协议、mailto（即邮件链接）协议、telnet 协议

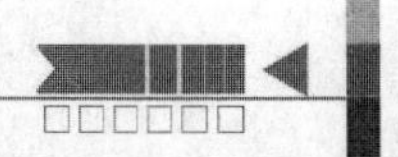

和 news 协议等。

5.1.3 相对链接和绝对链接

在 Dreamweaver 中，超链接有两种路径：绝对路径和相对路径。使用相对路径创建的超链接称为相对链接，相对链接指向当前站点所在的文件夹，它不包括 URL 中的协议和服务器的域名或 IP 地址。使用绝对路径创建的超链接称为绝对链接，绝对链接指向其他站点或当前站点之外的文件夹。因此，在介绍相对链接与绝对链接之前，应先了解相对路径与绝对路径的概念。

1. 相对路径和绝对路径

绝对路径是包含服务器协议（在网页上通常是 http://或 ftp://）的完整路径。当用户创建当前站点以外文件的超链接时，必须使用绝对路径。但链接图片时不能使用绝对地址，因为不在本地站点内的图片无法显示在文档窗口中。在链接路径中，绝对路径提供了链接文档完整的 URL 地址。绝对路径与链接的源端点无关，只要站点地址不变且目标文档不移动，无论文档在站点中如何移动，都可以正常实现跳转而不会发生错误。但是，绝对路径链接方式不利于测试，在站点中使用绝对路径地址测试链接是否有效，必须在 Internet 服务器端进行。此外，采用绝对路径不利于站点的移植。例如，一个较为重要的站点可能会在几个地址上创建镜像，要将文档在这些站点之间移植，必须一一修改站点中每个使用绝对路径的链接。

文档相对路径是指和当前文档所在文件夹相对应的路径，它可以表述源端点同目标端点之间的相互位置。文档相对路径通常是最简单的路径，可以用来链接与当前文档在同一文件夹中的文件。如果链接中源端点和目标端点位于同一个目录下，则在链接路径中只需指明目标端点的文档名称即可。例如，在 mysite 站点中包括 DW 文件夹，在该文件夹中包含 dw1.html 文档和 dw2.html 文档，在 dw1.html 文档中创建指向 dw2.html 文档的超链接时，可以直接使用相对路径：dw2.html。如果链接的源端点和目标端点不在同一个目录下，则需要将目录的相对关系表达出来；若链接指向的文档位于当前目录的子级目录中，则可以直接输入目录名称和文档名称；若链接指向的文档没有位于当前目录的子级目录中，则可以使用“..”符号来表示当前位置的父级目录，利用多个这样的符号，可以表示其更高的父级目录，从而构建出目录的相对位置。例如，在 mysite 站点中除了包括 DW 文件夹外，还包括 FW 文件夹，其中包含有 fw1.html 文档和 fw2.html 文档，若要在 dw1.html 文档中创建指向 FW 文件夹中 fw1.html 文档的超链接，可以使用相对路径：../FW/fw1.html。

在使用相对路径时，如果站点的结构和文档的位置不变，则链接关系也不会发生变化。即使将整个站点移植到其他地址的站点中，也不需要修改文档中的链接路径。但是，如果修改了站点结构或移动了文档，则文档中的相对链接关系就会被破坏。

> 在创建文档的相对路径之前必须保存新文件，因为在没有定义文件起始点的情况下，文档的相对路径是无效的。在文档保存之前，Dreamweaver 会自动使用以 File://开头的绝对路径。
>
> 另外，在 Dreamweaver 站点中移动或重命名文档时，系统会自动更新文档中的链接路径，以确保链接的正确性。

2. 相对链接与绝对链接

清楚了相对路径与绝对路径的概念后，就很容易理解相对链接与绝对链接的概念了。

当将站点内的网页链接到一起时，应使用相对链接，这样便于站点的维护和管理，而且在把站点从本地计算机上传到服务器，或者从一个服务器转移到另一个服务器时，不必修改链接就可以直接访问。由于网页之间的链接关系是相对的，所有网页作为一个整体进行迁移，内部关系不会改变；相反，如果使用绝对链接，在迁移后如果网页的存放位置发生变化或者要变更域名，则原来的链接可能就无法使用。对于在同一网站或同一目录内网页之间的链接，应该使用相对链接而不是绝对链接，但是如果从一个站点指向不在同一服务器上的另一个站点，则无法使用相对链接，必须使用绝对链接。

下面举例说明相对链接与绝对链接的区别。新建一个页面，在保存之前设置一个超链接，中文版 Dreamweaver CS4 会自动使用绝对路径表示所指向的地址（在“属性”面板“链接”下拉列表框中的链接地址是绝对地址：file:///E|/mywebhome/4/link.htm）。然后将页面保存在 E:\mywebhome\4 文件夹下，可以看到“属性”面板“链接”下拉列表框中的链接地址变为了相对地址：link.htm。

file:///E|/mywebhome/4/link.htm 是一个绝对定位的链接，由于该链接指向本地文件，所以使用的是 file 协议。该链接将会一直指向本地磁盘上的 E:\mywebhome\4 文件夹下的 link.htm 文件。如果页面文件位置不变，该链接就不会出现问题，但是一旦移动文件位置，可能就会出现找不到链接的错误。要解决这种问题就需要引入相对地址的概念，将链接指向相对地址，只要站点文件夹中文件的相对位置不变，那么无论站点移动到什么位置，都不会出现找不到链接的错误。

5.2　创建超链接

在一个文档中可以创建几种类型的链接：链接到其他文档或文件的链接；命名锚记链接，此类链接跳转至文档内的特定位置；电子邮件链接，单击此类链接新建一个收件人地址已经填好的空白电子邮件；空链接和脚本链接，此类链接使用户能够在对象上附加行为，或者创建执行 JavaScript 代码的链接。

5.2.1　创建文本链接

文字是信息的基本载体，文本链接是网页中最常用的链接，创建文本链接的具体操作步骤如下：

（1）打开如图 5-6 所示的网页文档。

（2）在文档中选中要链接的文本，在“属性”面板的“链接”文本框中输入要链接的地址和名称，或单击文本框右边的□按钮，弹出“选择文件”对话框，在该对话框中选择链接的对象，如图 5-7 所示。单击“确定”按钮，即可进行链接，如图 5-8 所示。

（3）按【F12】键在浏览器中预览，将鼠标指针放在链接后的文字上时鼠标指针会变成小手状，如图 5-9 所示。

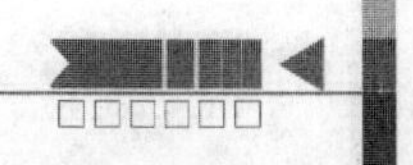

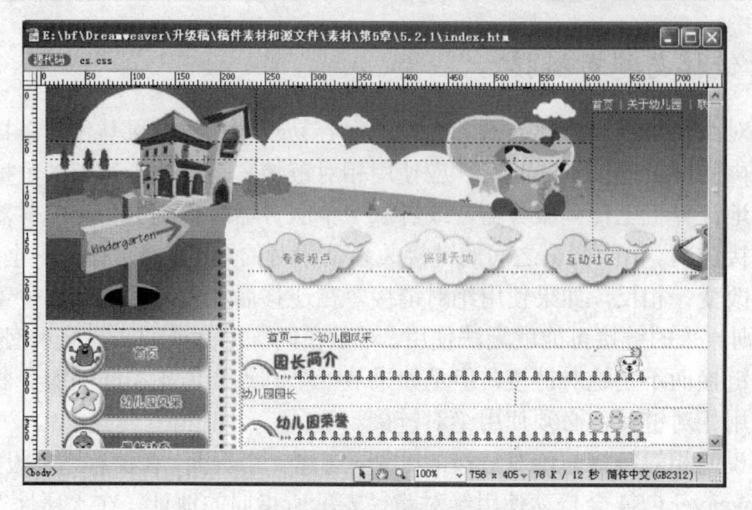

图 5-6 打开网页文档

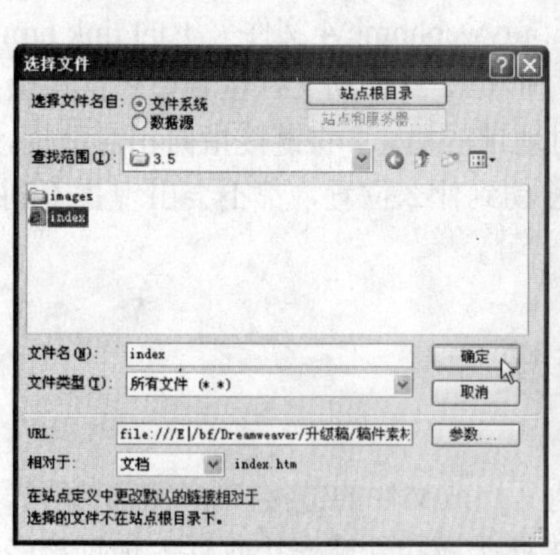

图 5-7 “选择文件”对话框

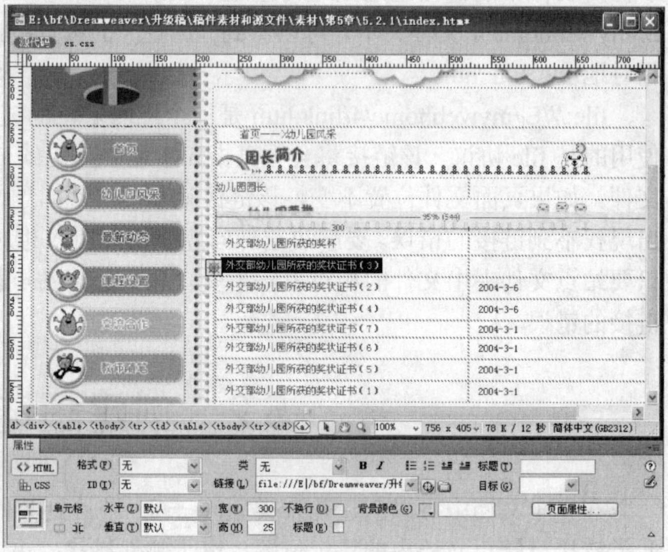

图 5-8 文本链接

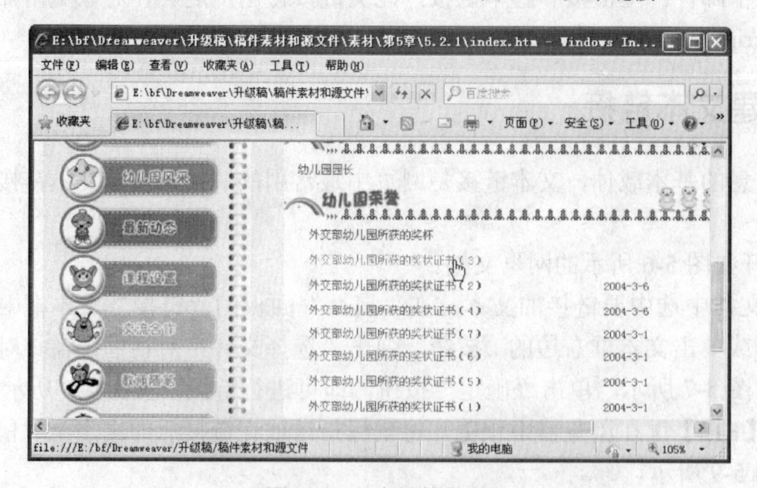

图 5-9 文本链接效果

5.2.2　创建锚点链接

锚点是一种网页内的超链接，锚点能够更精确地控制访问者在单击超链接之后到达的位置。没有利用锚点的链接将把访问者带到目标网页的顶端，而当访问者单击一个引向锚点的超链接时，将直接跳转到网页中这个锚点所在的位置，使访问者能够快速地浏览到选定的位置，加快信息检索的速度。创建锚点链接首先要创建锚点，然后再创建锚点链接。

1. 插入命名锚记

插入命名锚记的具体操作步骤如下：

（1）打开如图 5-10 所示的网页文档。

（2）将光标置于要插入锚记的位置，单击“插入”|“命名锚记”命令，弹出“命名锚记”对话框，在该对话框的“锚记名称”文本框中输入 01，如图 5-11 所示。

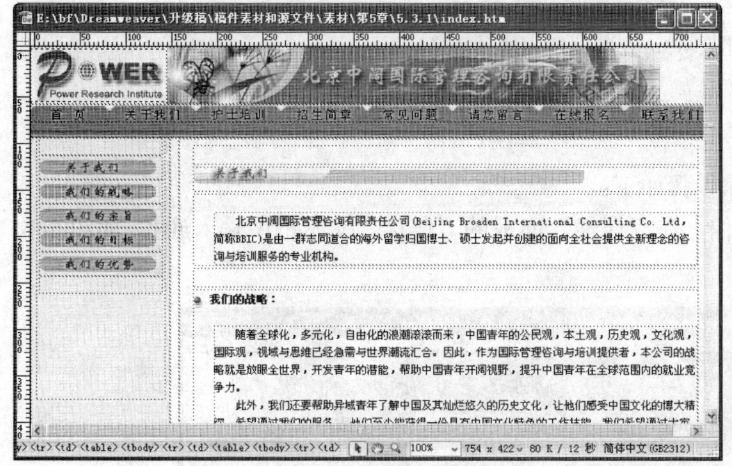

图 5-10　打开网页文档

图 5-11　“命名锚记”对话框

（3）单击“确定”按钮，插入命名锚记图标，如图 5-12 所示。

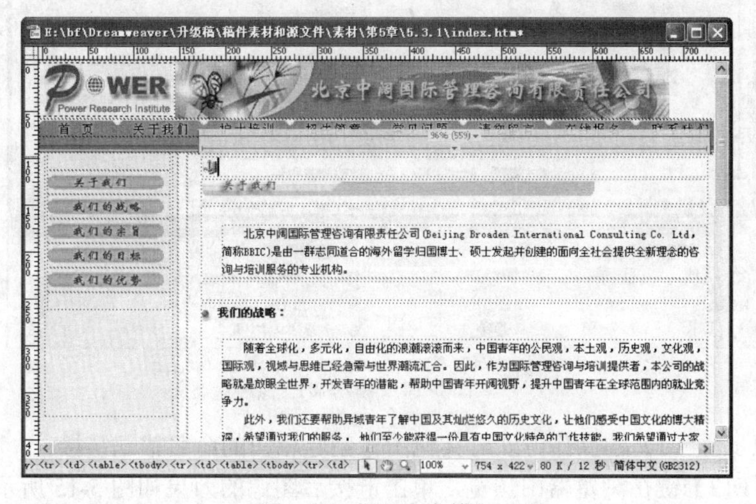

图 5-12　插入命名锚记

（4）按照以上方法在其他的位置插入命名锚记，如图5-13所示。

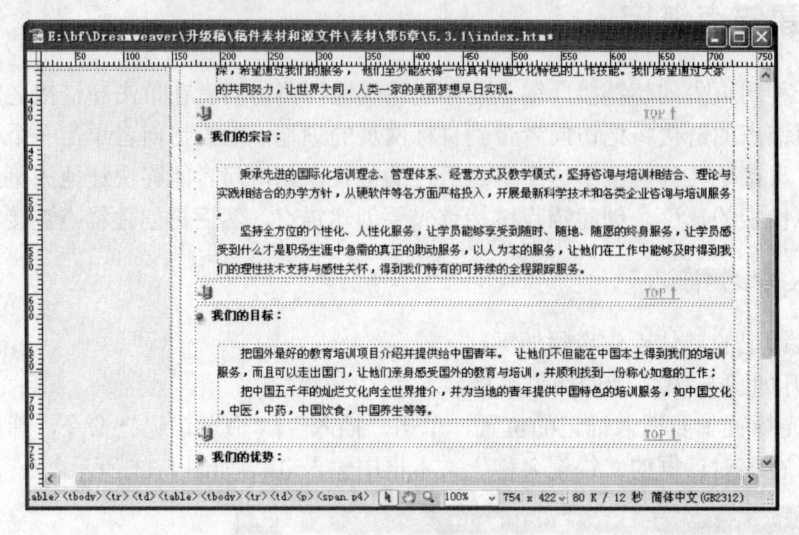

图5-13　在其他位置插入命名锚记

2. 创建命名锚记链接

给锚记创建链接的具体操作步骤如下：

（1）选中“关于我们”图像，在“属性”面板的“链接”文本框中输入#01，如图5-14所示。

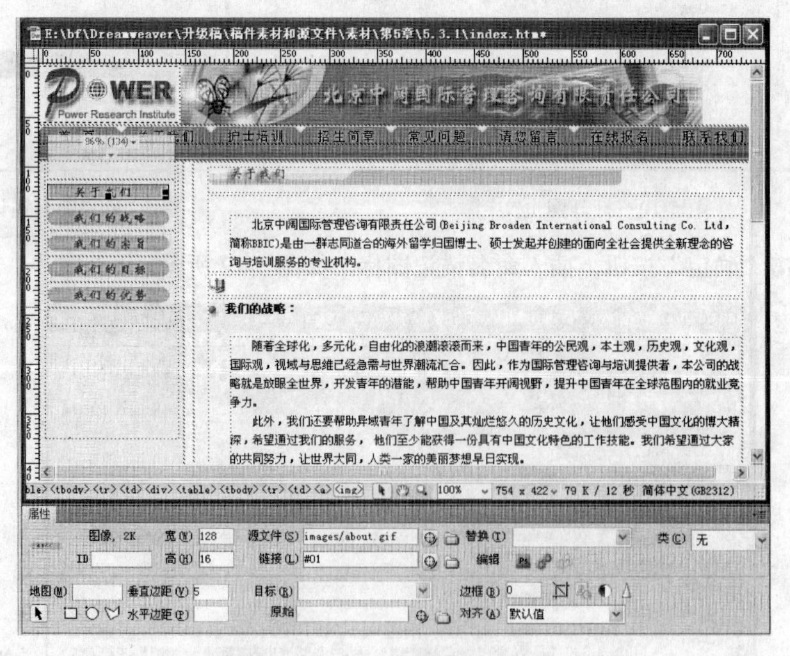

图5-14　输入#01

（2）参照步骤（1）的操作方法对其他图像创建相应的命名锚记链接。

（3）按【F12】键在浏览器中预览，单击链接后图像的效果如图5-15所示。

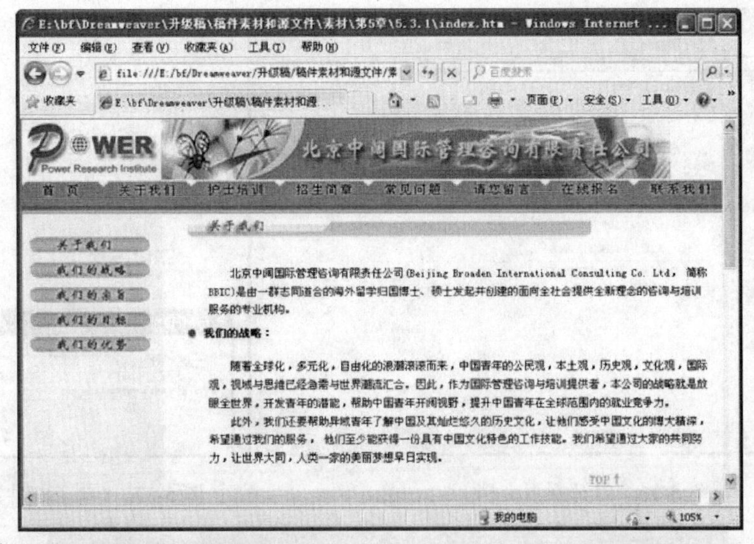

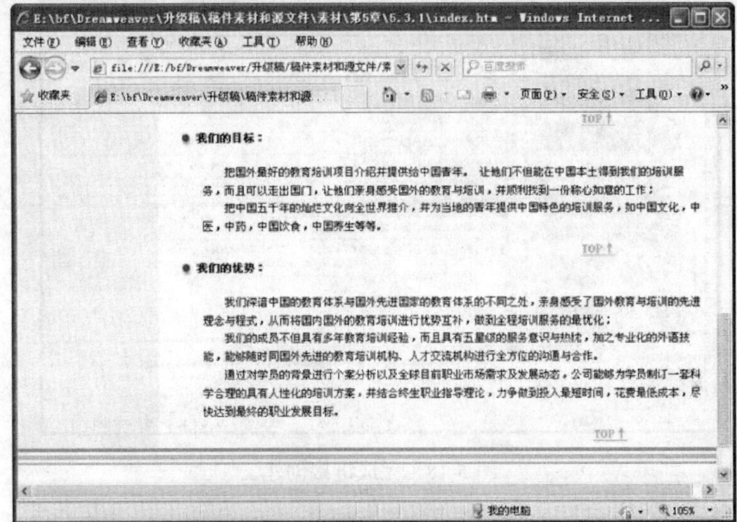

图 5-15　效果图

5.2.3　创建电子邮件链接

电子邮件地址作为超链接的链接目标与其他链接目标不同。当用户在浏览器上单击指向电子邮件地址的超链接时，将会打开默认的邮件管理器的新邮件窗口，其中会提示用户输入信息并将该信息传送至指定的 E-mail 地址。创建电子邮件链接的具体操作步骤如下：

（1）打开如图 5-16 所示的网页文档。

（2）将光标放置在要插入电子邮件链接的位置，单击“插入”|“电子邮件链接”命令，弹出“电子邮件链接”对话框，在该对话框的“文本”文本框中输入“欢迎加入”，在 E-mail 文本框中输入 mail:waiyu@sina.com，如图 5-17 所示。

（3）单击“确定”按钮完成链接创建，如图 5-18 所示。

（4）保存网页文档，在浏览器中预览时单击“欢迎加入”链接文字，效果如图 5-19 所示。

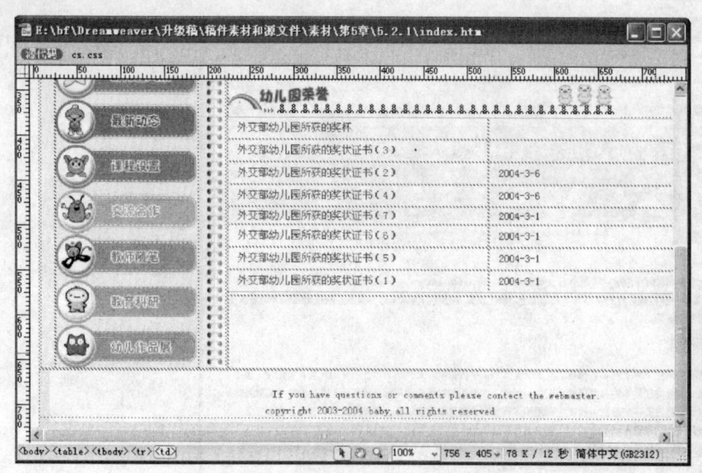

图5-16　打开网页文档

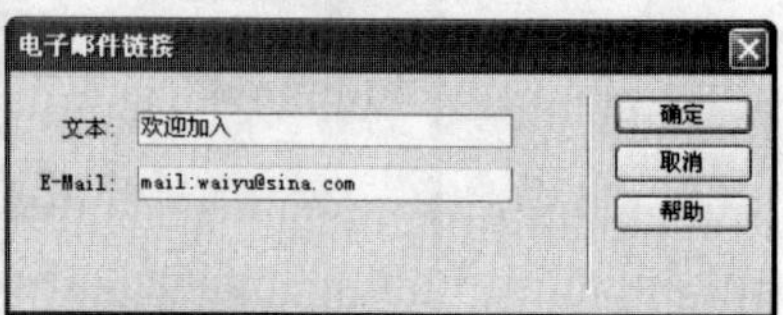

图5-17　“电子邮件链接”对话框

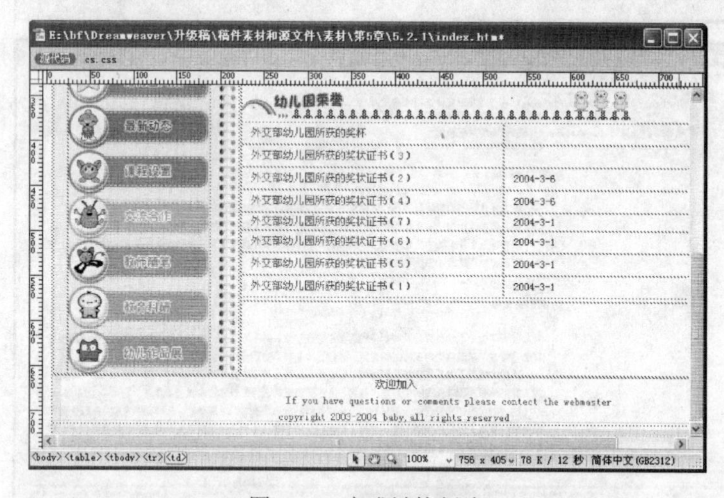

图5-18　完成链接创建

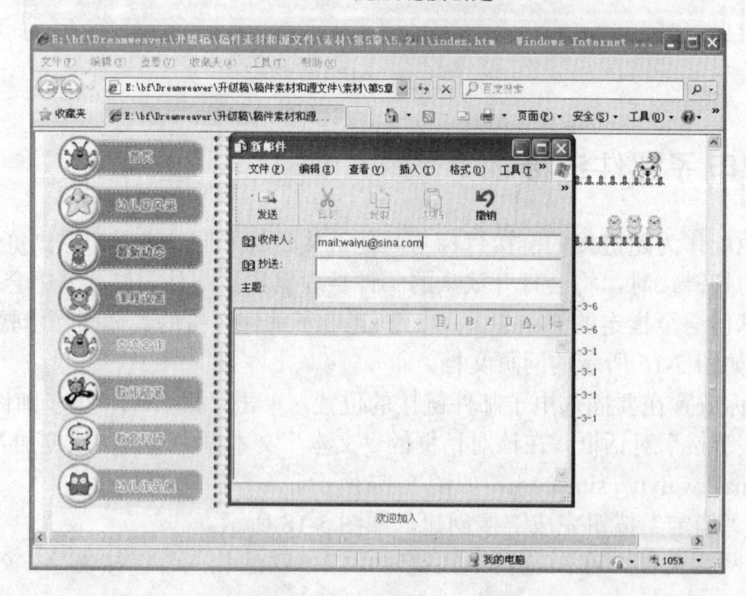

图5-19　电子邮件链接效果

5.2.4　创建图像热点链接

当需要对一幅图像的特定部位进行链接时就需要用到热区链接，当用户单击某个热点时，会链接到相应的网页。根据图像轮廓的不同，可以用不同的形状制作热区映射。矩形主要针对图像轮廓较规则且呈方形的图像；椭圆形主要针对圆形规则的轮廓；不规则多边形则针对复杂的轮廓外形。在这里以矩形为例介绍热区链接的创建。在创建过程中，首先选中图像，然后在“属性”面板中选择热点工具在图像上绘制热区。其具体操作步骤如下：

（1）打开如图 5-20 所示的网页文档。

图 5-20　打开网页文档

（2）选中图像，在 “属性”面板中单击“矩形热点工具”按钮，如图 5-21 所示。

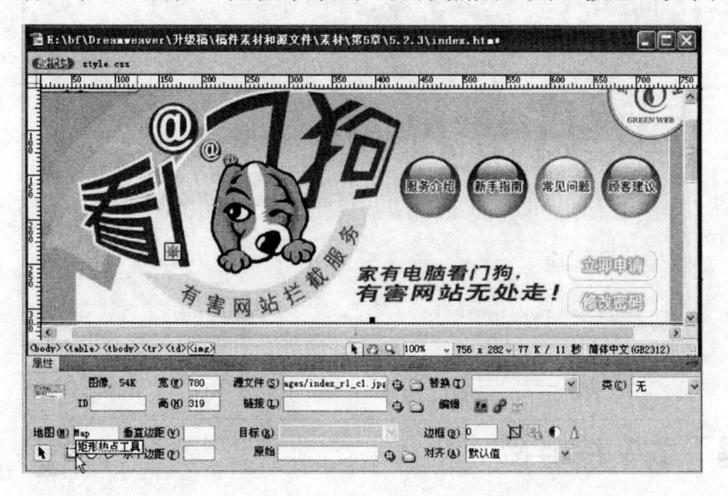

图 5-21　单击“矩形热点工具”按钮

Dreamweaver 中包含了三个热点制作工具，分别是矩形热点工具、圆形热点工具和多边形热点工具，可以根据链接目标的不同选择不同的工具。

（3）将鼠标指针拖至图像上要创建热点的部分，绘制一个矩形热点。在“属性”面板中，单击“链接”文本框右侧的按钮，弹出“选择文件”对话框，在该对话框中选择相应的文件，在“替代”下拉列表框中输入“服务介绍”，效果如图 5-22 所示。

图 5-22　绘制矩形热点

（4）使用以上方法对图像其他部分创建热点链接，按【F12】键在浏览器中预览，效果如图 5-23 所示。

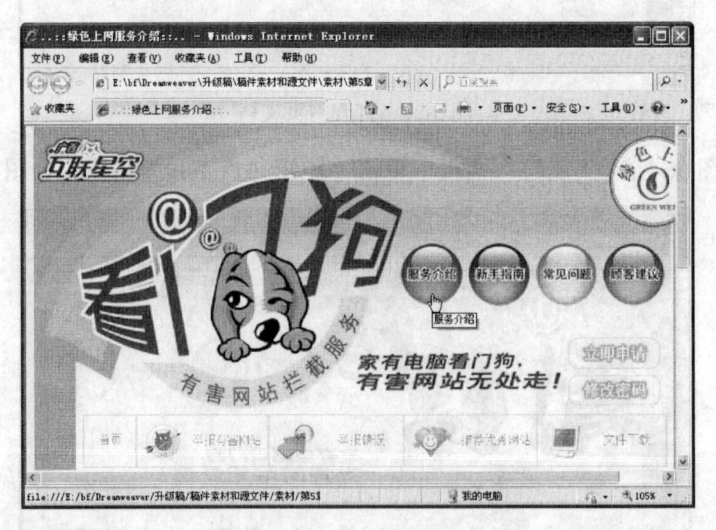

图 5-23　预览效果图

5.2.5　创建下载文件链接

如果要在网站中提供资料下载功能，就需要创建下载链接，网站中每个用于下载的文件都必须对应一个下载链接。如果需要对多个文件或文件夹提供下载，则必须将这些文件压缩为一个文件。如果超链接指向的不是一个网页文件，而是其他的文件，如 ZIP、MP3、EXE 文件等，则单击链接的时候就会下载相应的文件。其具体操作步骤如下：

（1）打开如图 5-24 所示的网页文档。

图 5-24 打开网页文档

（2）选中文字“文件下载”，在“属性”面板中单击“链接”文本框右侧的按钮，弹出“选择文件”对话框，在该对话框中选择链接的对象，如图 5-25 所示。

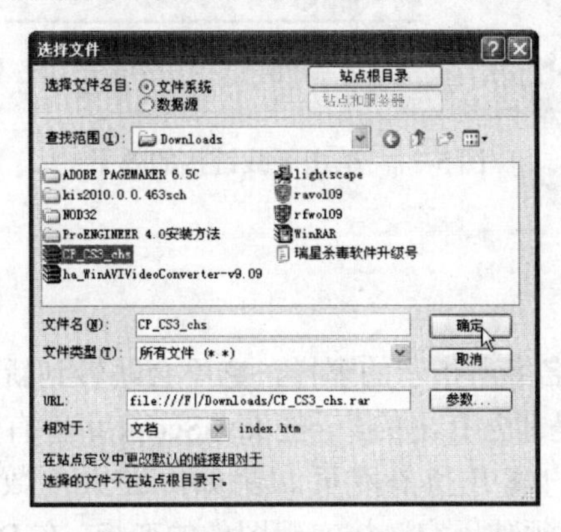

图 5-25 “选择文件”对话框

（3）单击“确定”按钮，即可完成链接创建，如图 5-26 所示。

图 5-26 完成链接创建

（4）按【F12】键在浏览器中预览，单击“文件下载”链接，会弹出“文件下载”对话框，如图 5-27 所示。

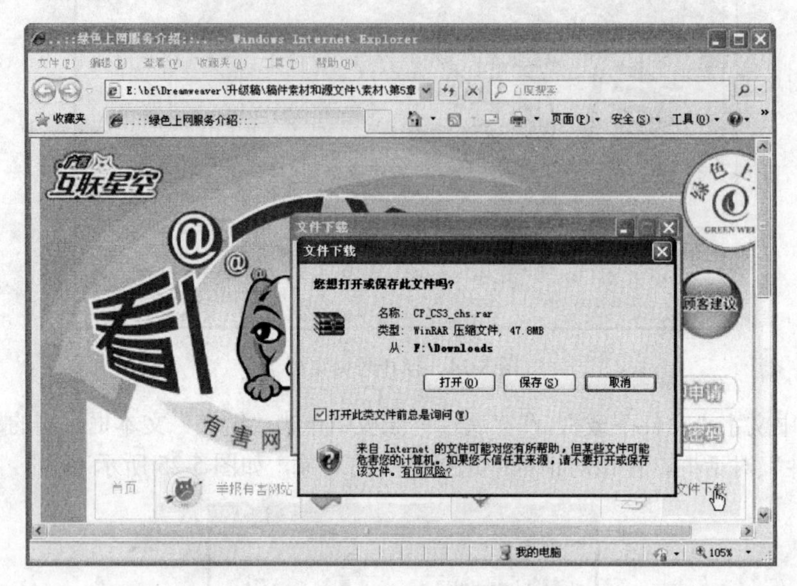

图 5-27 单击下载链接的效果

5.2.6 创建空链接

空链接的含义就像它的名字所指示的那样，它不会跳转到新的 URL 地址。这种链接对于访问某些 JavaScript 事件是非常有用的。一些 JavaScript 事件有链接但是并不针对任何文本或图像，而且也不需要用户离开当前网页。例如，在大多数浏览器中，图像不能识别 onMouseOver 事件，因此，必须使用空链接实现图像的变换。在 Dreamweaver 中，Swap Image 行为就是通过自动调用空链接实现的。

创建空链接的具体操作步骤如下：

（1）选中文档中的文本或图像。

（2）在“属性”面板的“链接”文本框中键入#或 JavaScript:。

（3）按【Enter】键进行确定。

5.2.7 创建脚本链接

脚本链接的执行非常有用，它能够在不离开当前页面的情况下为访问者提供有关某项的附加信息，脚本链接还可以执行计算、验证表单和其他处理任务。创建脚本链接的具体操作步骤如下：

（1）打开如图 5-28 所示的网页文档。

（2）在文档中输入文本“关闭窗口”。选中该文本，在“属性”面板的“链接”下拉列表框中输入 javascript:window.close()，该脚本链接用于将当前窗口关闭。

（3）单击“文件”|“保存”命令，按【F12】键在浏览器中预览。当用户不再需要窗口显示时，可单击“关闭窗口”超链接，弹出询问是否关闭窗口的提示信息框，单击“是”按钮即可关闭当前窗口，如图 5-29 所示。

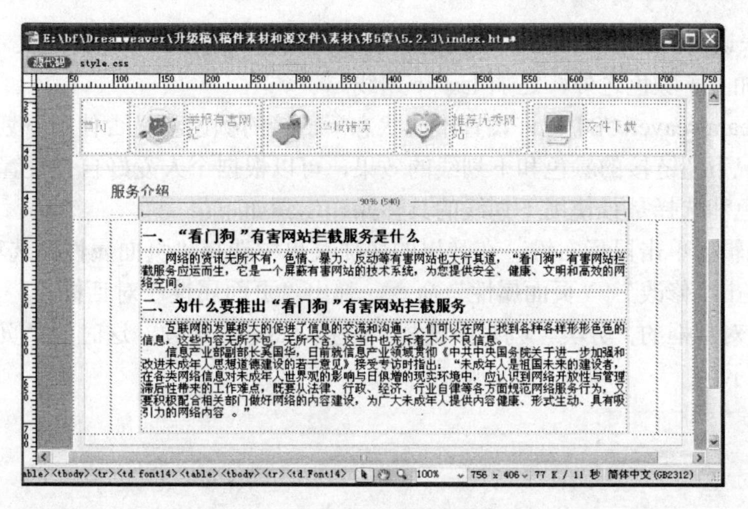

图 5-28　打开网页文档

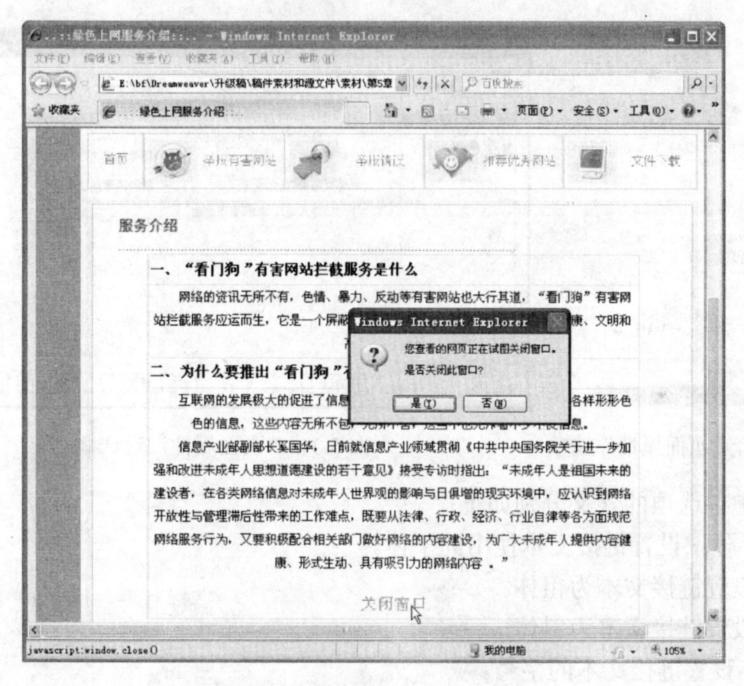

图 5-29　关闭窗口

5.3　管理超链接

创建完成的超链接，用户可以对其进行编辑，包括更改属性和检查链接状况等，以便核实在设置链接的过程中有没有出现链接错误。

5.3.1　设置链接风格

对于超链接来说，不同状态下链接的颜色各不相同。链接的默认颜色由浏览器决定，大多数情况下，未访问的链接为蓝色，访问过的链接为紫色。链接文本与普通文本的区别在于：链接文本除了加上了颜色之外，还加上了下划线。

中文版 Dreamweaver CS4 允许设置不同状态下链接的颜色和是否使用下划线，如果用户不喜欢默认情况下超链接的颜色和下划线的效果，可以根据个人爱好自行设置这两项参数。自定义链接颜色和选择是否使用下划线的具体操作步骤如下：

（1）在编辑区单击鼠标右键，在弹出的快捷菜单中选择“页面属性”选项（如图 5-30 所示），或者单击“修改”|“页面属性”命令，弹出“页面属性”对话框。

（2）在该对话框的“分类”列表中选择“链接（css）”选项，这时的“页面属性”对话框如图 5-31 所示。

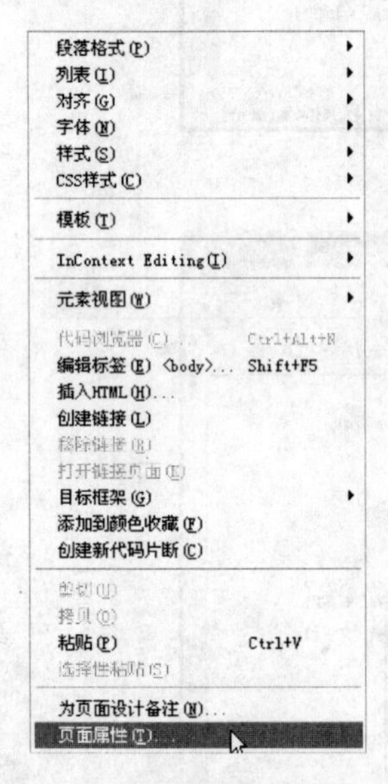

图 5-30 选择“页面属性”选项

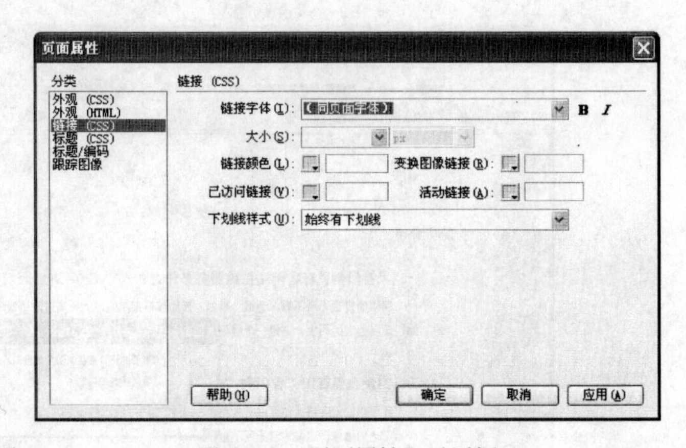

图 5-31 “页面属性”对话框

该对话框中各选项的含义分别如下：

- 链接字体：设置链接文本使用的字体。
- **B**：设置链接文本为粗体。
- *I*：设置链接文本为斜体。
- 大小：设置链接文本的字号。
- 链接颜色：设置未被访问时链接文本的颜色。
- 变换图像链接：设置鼠标指针悬停于其上时链接文本的颜色。
- 已访问链接：设置访问过的链接文本的颜色。
- 活动链接：设置活动的链接文本的颜色。
- 下划线样式：在该下拉列表框中可以设置链接文本是否使用下划线：选择“始终有下划线”选项，表示始终显示下划线；选择“始终无下划线”选项，表示始终不显示下划线；选择“仅在变换图像时显示下划线”选项，表示只有当鼠标指针悬停在链接文本上时才显示下划线；选择“变换图像时隐藏下划线”选项，表示当鼠标指针悬停在链接文本上时隐藏下划线。

（3）用户可根据需要进行相应的设置，设置完成后单击“确定”按钮即可。

5.3.2　编辑超链接

对于创建好的超链接，可以对其进行修改和移除等操作。在已设置链接的文本上单击鼠标右键，将弹出如图 5-32 所示的快捷菜单，该快捷菜单的第五栏是编辑超链接的选项，其中各选项的功能分别如下：

- 编辑标签：选择该选项，将弹出如图 5-33 所示的“标签编辑器 - a”对话框，在该对话框中可以修改链接内容，更改打开链接的目标窗口。

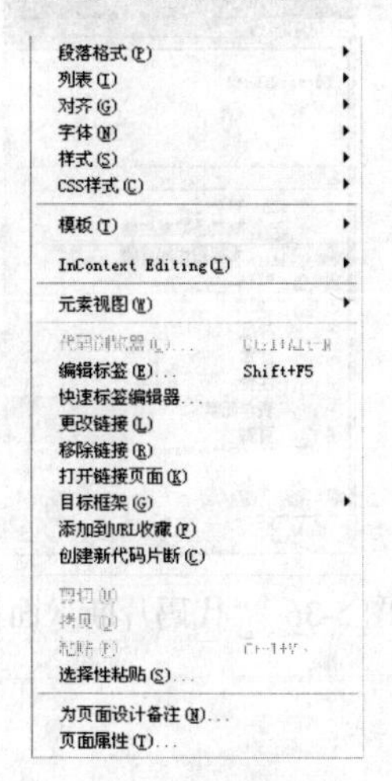

图 5-32　快捷菜单

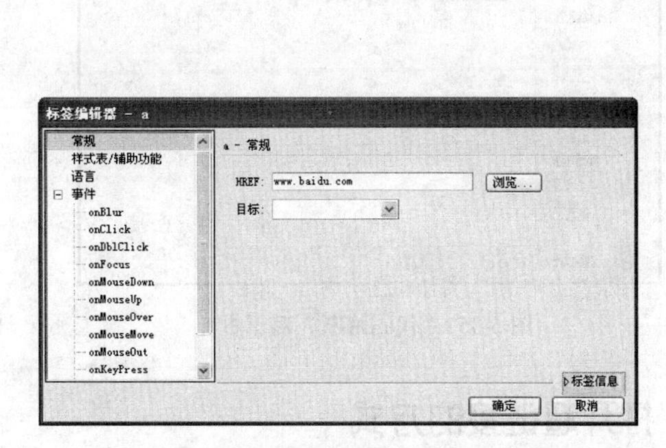

图 5-33　“标签编辑器 - a”对话框

- 快速标签编辑器：选择该选项，将弹出如图 5-34 所示的标签编辑器，这样可以快速插入需要的标签。

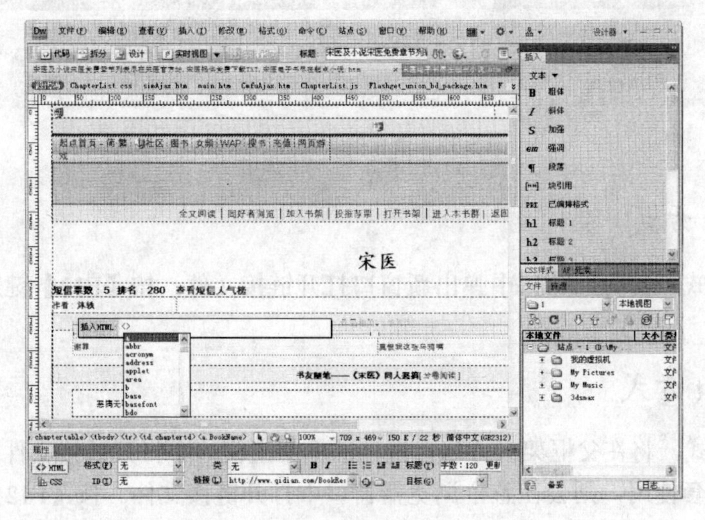

图 5-34　标签编辑器

- 更改链接：选择该选项，将弹出“选择文件”对话框，可以从中重新选择链接文件。
- 移除链接：选择该选项，将移除超链接，该功能与“删除标签”的功能相同。
- 打开链接页面：选择该选项，将在中文版 Dreamweaver CS4 中打开所指向的页面。

- 目标框架：选择打开链接文件的目标窗口。
- 添加到 URL 收藏：选择该选项，将把链接内容添加到“资源”面板的“收藏”列表中。
- 创建新代码片断：选择该选项，将弹出如图 5-35 所示的“代码片断”对话框。

该对话框用于创建新的代码片段，在“代码片断”对话框中完成设置后，单击“确定”按钮，代码片断便会自动添加到“代码片断”面板中，如图 5-36 所示。“代码片断”面板中存放的是代码信息，可以将不同类别的代码分开放置，以便将来需要时调用。

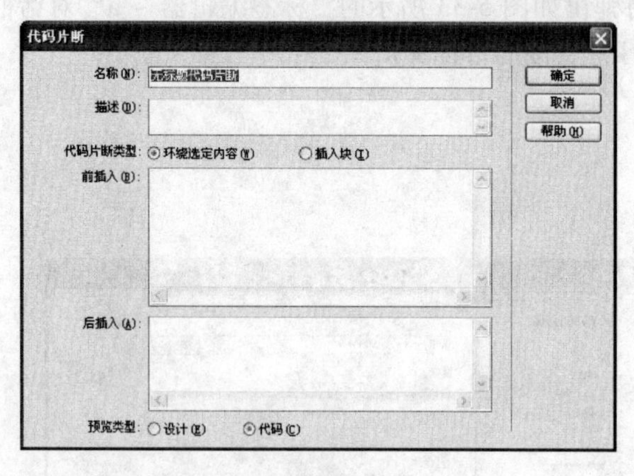

图 5-35 “代码片断”对话框

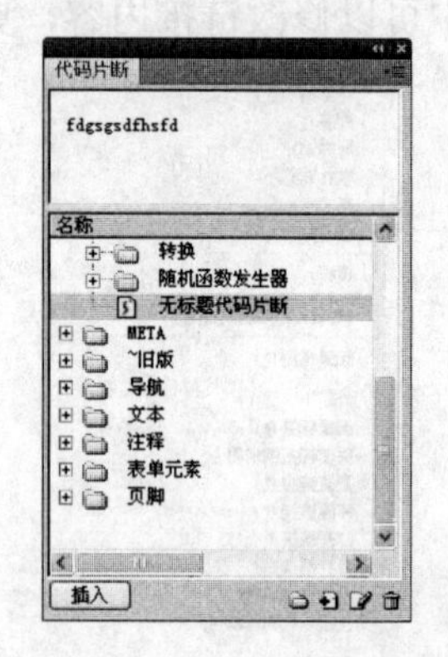

图 5-36 “代码片断”面板

5.3.3 打开超链接的方式

在链接的“属性”面板中，单击“目标”下拉按钮，在弹出的下拉列表中列出了四种常用的打开链接目标窗口的方式，如图 5-37 所示。

图 5-37 链接的“属性”面板

1. _blank 方式

选择该种方式，将在原窗口中弹出新窗口打开链接文件。按【F12】键进行预览，效果如图 5-38 所示。

2. _parent 方式

选择该种方式，将在父框架或者包含链接的框架组窗口中打开链接文件。如果包含链接的框架组没有嵌套使用，则会在整个浏览器窗口中打开链接文件。按【F12】键进行预览，效果如图 5-39 所示。

3. _self 方式

选择该种方式，将在原链接的同一框架组或窗口中打开链接文件。这种方式是默认的，通常不需要另外指定，在“链接目标”子菜单中选择“默认目标”选项，即选择了_self 方式，该方式会在原窗口中打开链接文件，如图 5-40 所示。

4. _top 方式

选择该种方式，将会在整个浏览器窗口中打开链接文件，同时移走所有的框架。按【F12】键进行预览，效果如图 5-41 所示。

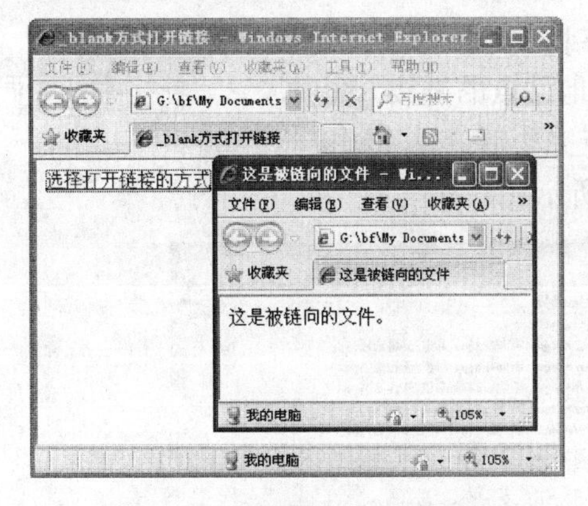

图 5-38　_blank 方式打开链接

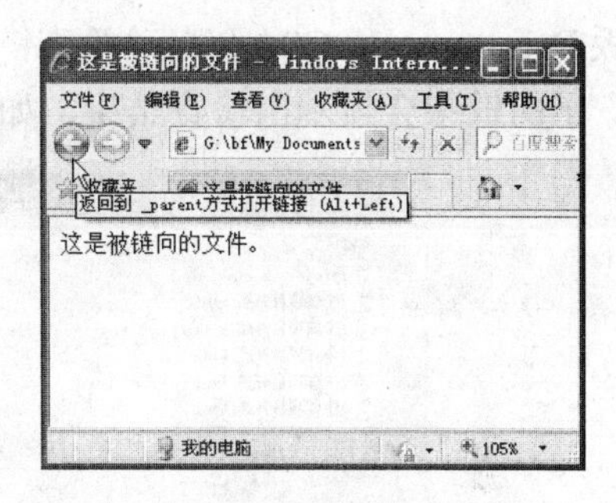

图 5-39　_parent 方式打开链接

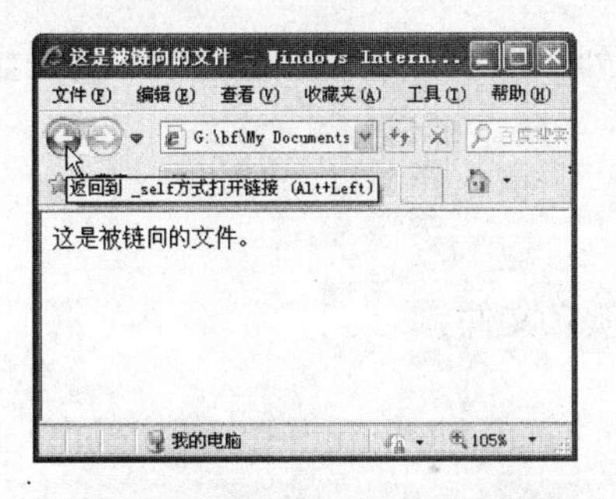

图 5-40　_self 方式打开链接

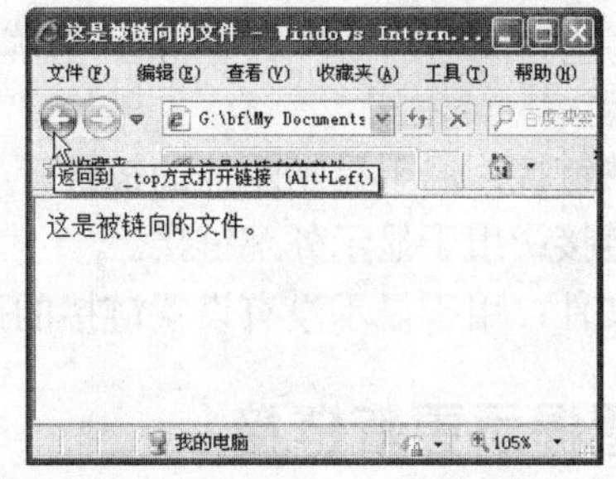

图 5-41　_top 方式打开链接

如果用户需要自定义打开链接的方式，则可在选中链接对象后，单击“修改”|“链接目标”|“设定”命令，此时将弹出如图 5-42 所示的“设置目标”对话框，在“目标”文本框中直接输入打开链接文件的方式后，单击“确定”按钮即可。

图 5-42 “设置目标”对话框

5.3.4　检查链接

中文版 Dreamweaver CS4 提供了强大的链接检查功能，可以检查断掉的链接、外部链接和孤立的没有设置链接的文件，这对包含有大量链接的网页文件进行批量检查特别方便。

在设置链接后，需要检查链接中是否存在错误。检查链接的具体操作步骤如下：

（1）新建一个文件或者打开一个已有文件。

（2）单击“文件”|“检查页”|“链接”命令，在中文版 Dreamweaver CS4 窗口底部打开结果面板，并切换到“链接检查器”子面板，如图 5-43 所示。

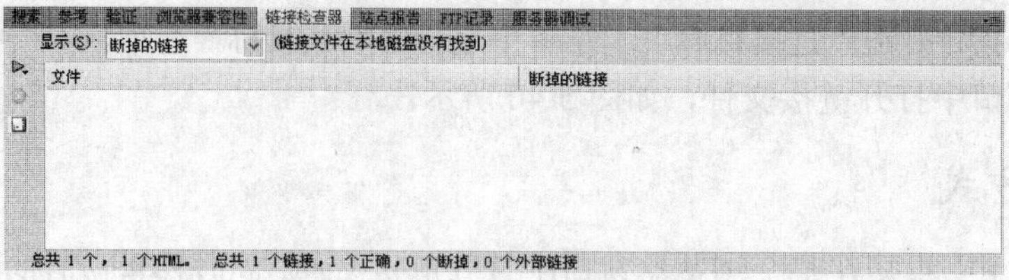

图 5-43 “链接检查器”子面板

（3）单击按钮，弹出如图 5-44 所示的下拉菜单，该下拉菜单用于设置检查范围。这里选择“检查整个当前本地站点的链接”选项，中文版 Dreamweaver CS4 会自动检查链接。检查完毕后，在“链接检查器”子面板中会显示出检查结果，如图 5-45 所示。

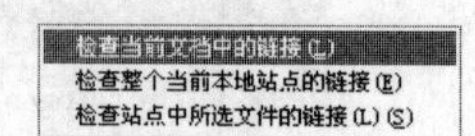

图 5-44 选择检查范围

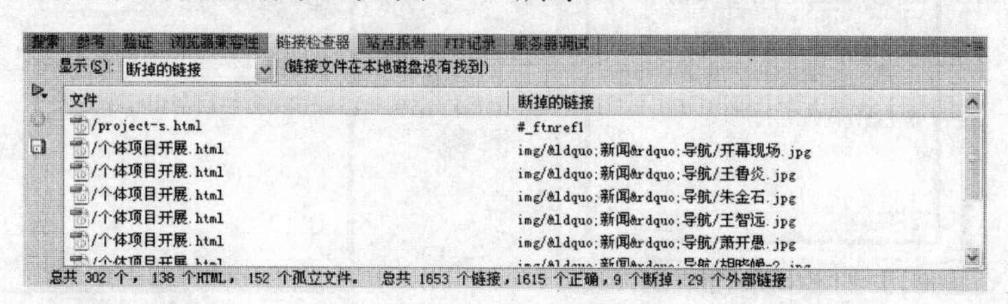

图 5-45 检查结果

在“链接检查器”子面板的“显示”下拉列表框中有以下三个选项，用来显示检查出来的文件：

- 断掉的链接：用于显示断掉的链接。
- 外部链接：用于显示外部链接。
- 孤立文件：用于显示没有设置链接的孤立文件。

5.3.5 设置提示更新链接

在制作网页的过程中，有时需要改变被链接文件的存放位置，如果链接不变，则会出现链接错误。面对纷繁复杂的链接关系，要想将每一处链接都改过来，确实繁琐。中文版 Dreamweaver CS4 提供了强大的自动侦测功能，在更改了被链接文件的存放位置后，系统会自动提示更新链接。

设置移动文件时显示提示更新链接信息的操作方法如下：

（1）单击“编辑”|“首选参数”命令，弹出如图 5-46 所示的对话框，在该对话框的“分类”列表中选择“常规”选项。

（2）在“文档选项”选项区的“移动文件时更新链接”下拉列表框中有以下三个选项：

- 总是：选择该选项，在链接或者链接文件变动时，中文版 Dreamweaver CS4 会自动更新链接。
- 从不：选择该选项，在链接或者链接文件变动时，中文版 Dreamweaver CS4 将不会更新链接。
- 提示：选择该选项，在链接或者链接文件变动时，中文版 Dreamweaver CS4 会提示用户是否更新链接。

如果用户需要显示提示信息，则选择“提示”选项，单击“确定”按钮，即可完成设置。

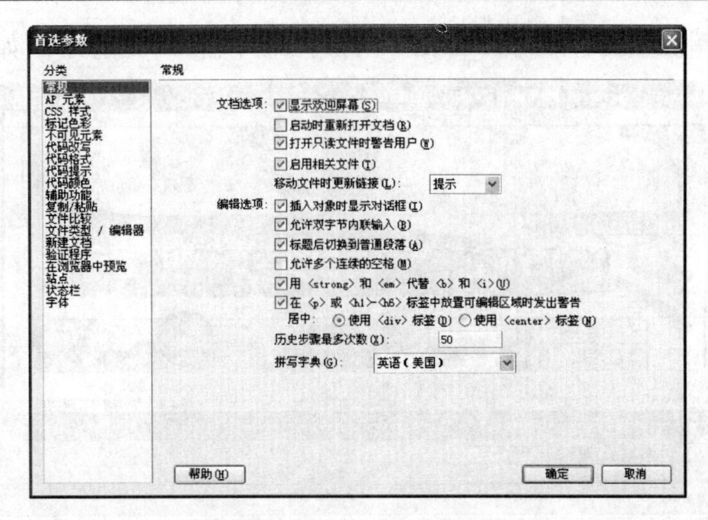

图 5-46 “首选参数”对话框

上机操作指导

网页上的所有元素都是通过超链接进行访问的，也只有通过超链接才能把 Internet 上众多的网站和网页联系起来。下面通过两个综合实例讲述超链接在网页中的具体应用。

1. 创建图像热点链接网页

创建图像热点链接的具体操作步骤如下：

（1）打开如图 5-47 所示的网页文档。

图 5-47　打开网页文档

（2）选中图像，在“属性”面板中单击“矩形热点工具”按钮□，将鼠标指针拖曳至图像“远航秀”上要创建热点的位置，绘制一个热点矩形。

（3）在“属性”面板中单击“链接”文本框右侧的按钮，弹出“选择文件”对话框，

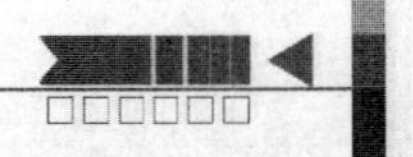

在该对话框中选择相应的文件，在“替换”下拉列表框中输入“远航秀”，如图 5-48 所示。

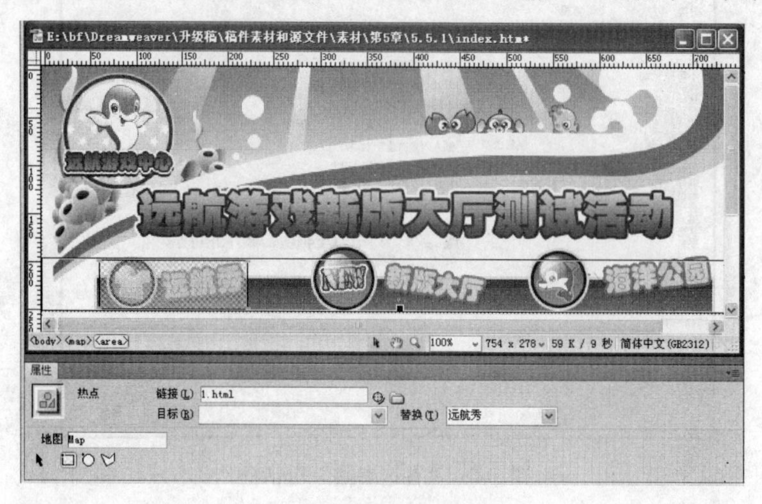

图 5-48　绘制热点矩形

（4）单击“矩形热点工具”按钮，将鼠标指针拖曳至图像“新版大厅”上要创建热点的位置，绘制一个热点矩形。在“属性”面板中单击“链接”文本框右侧的按钮，弹出“选择文件”对话框，在该对话框中选取相应的文件，在“替代”下拉列表框中输入“新版大厅”，如图 5-49 所示。

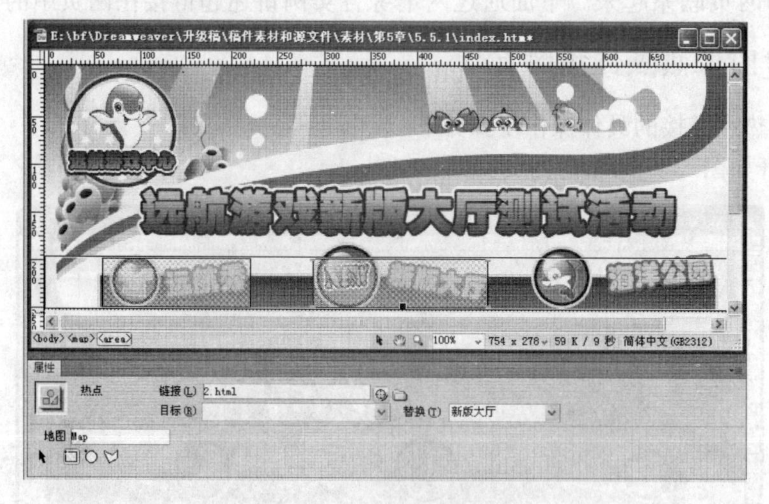

图 5-49　绘制热点矩形

（5）单击“矩形热点工具”按钮，将鼠标指针拖曳至图像“海洋公园”上要创建热点的位置，绘制一个热点矩形。在“属性”面板中单击“链接”文本框右边的按钮，弹出“选择文件”对话框，在该对话框中选取相应的文件，在“替代”下拉列表框中输入“海洋公园”，如图 5-50 所示。

（6）按【F12】键在浏览器中预览，效果如图 5-51 所示。

2. 制作锚点链接网页

锚点链接一般应用在较长的文本网页中，以便于访问者阅读。下面通过实例讲述创建锚点链接网页的方法，其具体操作步骤如下：

（1）打开如图 5-52 所示的网页文档。

图 5-50 绘制热点矩形

图 5-51 预览效果图

图 5-52 打开网页文档

（2）将光标放置在文本“1.学校简介”前，单击“插入”|“命名锚记”命令，弹出“命名锚记”对话框，如图5-53所示。

图5-53 “命名锚记”对话框

用户还可以单击“常用”插入栏中的“命名锚记”按钮，弹出“命名锚记”对话框，然后在对话框中设置相应的参数。

（3）在该对话框的“锚记名称”文本框中输入jianjie，然后单击“确定”按钮，插入命名锚记图标，如图5-54所示。

图5-54 插入命名锚记

（4）选中文字“1.学校简介”，在“属性”面板的“链接”下拉列表框中输入#jianjie，设置锚点链接，如图5-55所示。

（5）将光标放置在文本“2.教学环境”前，单击“插入”|“命名锚记”命令，弹出“命名锚记”对话框。在该对话框的“锚记名称”文本框中输入huanjing，单击“确定”按钮，插入命名锚记图标，如图5-56所示。

（6）选中文字“2.教学环境”，打开“属性”面板，在“属性”面板的“链接”下拉列表框中输入#huanjing，设置锚点链接，如图5-57所示。

（7）将光标放置在文本“3.绿化环境”前，单击“插入”|“命名锚记”命令，弹出“命名锚记”对话框，在该对话框的“锚记名称”文本框中输入lvhua，单击“确定”按钮，插入命名锚记图标，如图5-58所示。

（8）选中文字“3.绿化环境”，打开“属性”面板，在“属性”面板的“链接”下拉列表框中输入#lvhua，设置锚点链接，如图5-59所示。

（9）按【F12】键在浏览器中预览，效果如图 5-60 所示。

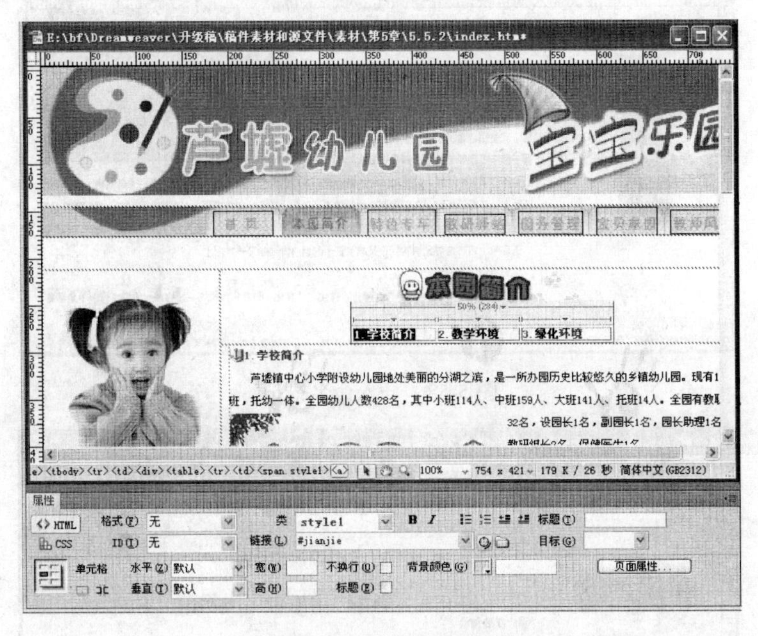

图 5-55　输入#jianjie

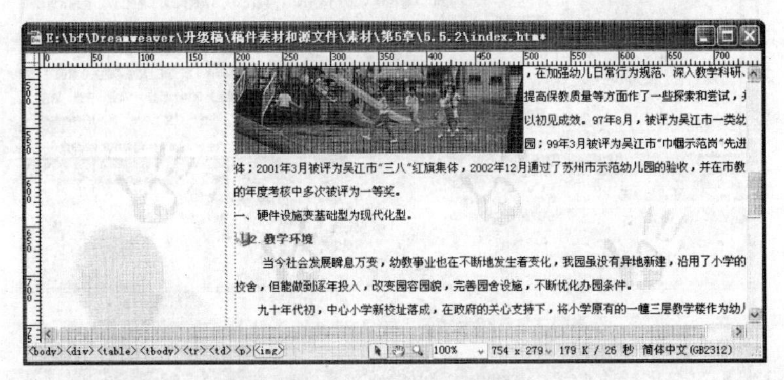

图 5-56　插入命名锚记

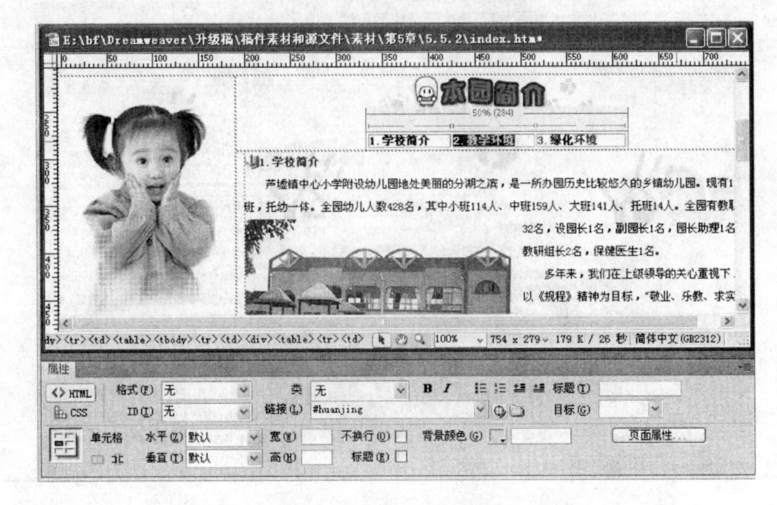

图 5-57　输入#huanjing

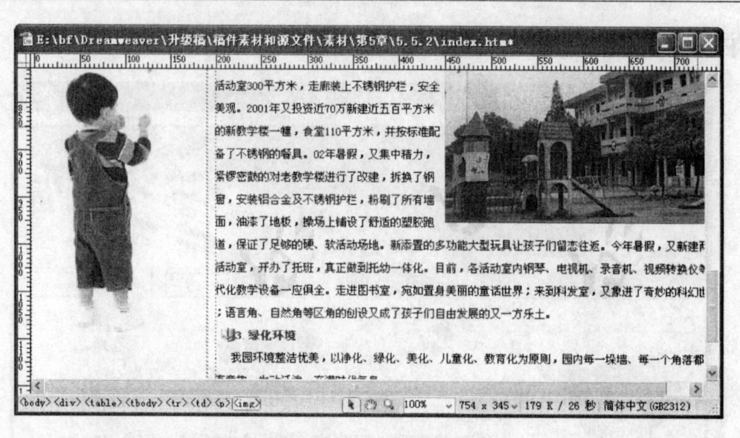

图 5-58　插入命名锚记

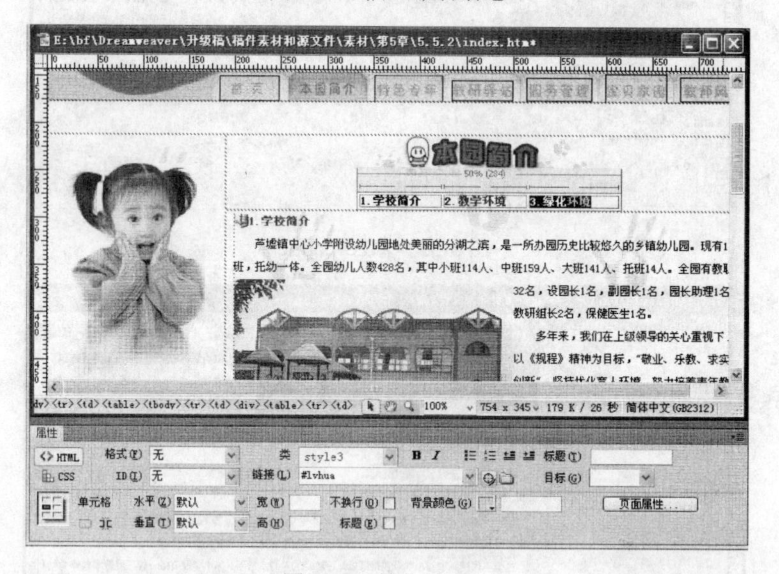

图 5-59　输入#lvhua

图 5-60　预览效果图

习题与上机操作

一、填空题

1．网页间链接是根据__________________划分的_______链接，最常见的网页间链接是____________________的链接，利用这种链接可以从一个文档跳转到另一个文档；网页内链接也称为__________，常用于包含______________、_____________等内容的网页中，在网页中使用_________来链接文章的每一个段落，可以方便文章的阅读。当访问者单击某一个超链接时，就可以转到网页中添加了_________的特定段落。

2．按链接的对象来分，超链接可以分为____________、____________和___________等。其中，____________是指允许用户创建一个执行______________代码的超链接，单击设置了_______________的对象，将会运行相应的_______________或者______________，从而实现相应的效果；邮件链接即_____________，单击该链接，不是___________________，也不是______________________，而是______________________________，书写电子邮件，并发往指定的地址。

3．在 Dreamweaver 中超链接有两种路径：________路径和________路径。其中，使用___________路径创建的超链接称为__________链接，该链接指向______________的文件夹，它不包括 URL 中的_______和服务器的_______或______________；使用_______路径创建的超链接称为________链接，该链接指向______________或______________之外的文件夹。

4．热点链接是在一幅图像中设置多处_________，可以分别为这些_________设置链接。与整个图像作为链接的不同之处在于：热点链接可以在一幅图像上划分多个__________，单击各个______________，可以指向不同的文件。在设置热点时，热点链接区域可以是__________，也可以是____________。用户可以选择__________、________和____________三种热点工具，然后在图像上拖曳鼠标，绘制大小和形状各不相同的热点区域。

5．在链接“属性”面板的_______下拉列表框中包括了______种常用的打开链接目标窗口的方式，其中，______________方式表示将在原窗口之外另弹出新窗口，打开链接文件；____________方式表示将在父框架或者包含链接的框架组窗口中打开链接文件，如果包含链接的框架组没有嵌套使用，则会在______________________中打开链接文件；____________表示将在原链接的同一框架组或窗口中打开链接文件，这种方式是________，通常不需要另外指定；_____________表示将在整个浏览器窗口中打开链接文件，同时移走所有的框架。

二、思考题

1．举例说明如何创建普通链接。

2．举例说明如何创建锚记链接。

3．举例说明如何创建邮件链接。

4．举例说明如何创建热点链接。

5．举例说明如何创建脚本链接。

6．打开链接的方式有哪几种？每种方式的含义及作用各是什么？

三、上机操作

在如图 5-61 所示的网页中为图像插入热点链接。

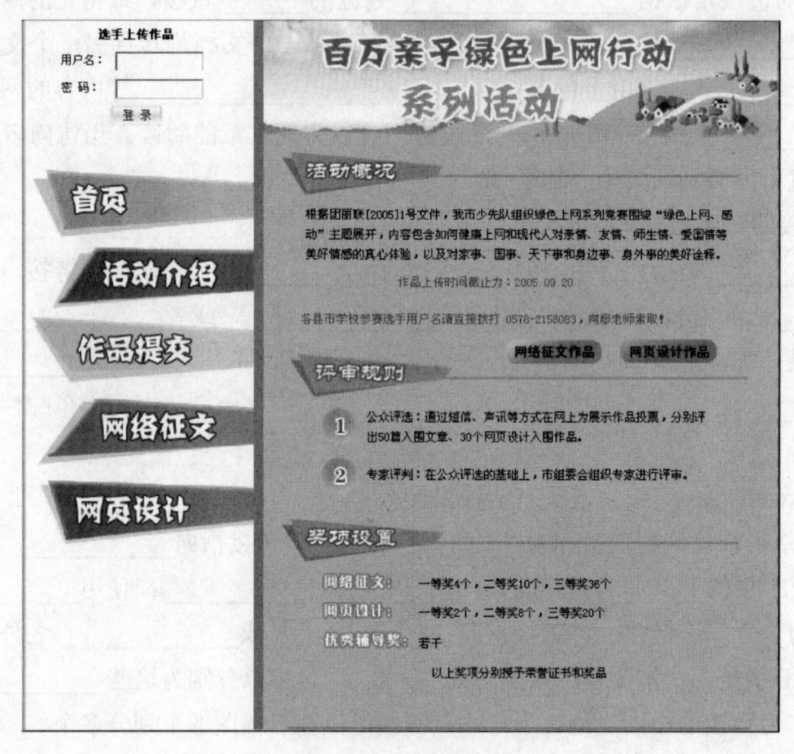

图 5-61 网页文档

第 6 章　设计页面布局

本章学习目标

通过本章的学习，读者应了解利用表格、层和框架设置网页布局的方法，掌握插入表格、设置表格属性、设置单元格属性、插入与绘制层、设置层的属性、创建框架与框架集、设置框架与框架集等操作。

学习重点和难点

- 插入表格
- 设置表格与单元格属性
- 插入与绘制层
- 设置层的属性
- 创建框架与框架集
- 设置框架与框架集

6.1　使用表格

表格是设计网页布局的常用工具，它在网页中的应用已经突破了传统的用来记载大量数据的功能，可以使页面中插入的图像和文本等对象限定在某一固定位置。相对于没有使用表格的页面而言，使用表格的页面更加整齐有序。

6.1.1　在网页中插入表格

表格是极为有用的网页布局工具，是设计者实现页面规划的得力助手，一般的文档都使用表格来定位元素对象。在文档中插入表格的具体操作步骤如下：

（1）将插入点定位到文档中要插入表格的位置，单击“插入”|“表格”命令，或单击“常用”或“布局”插入栏中的“表格”按钮（如图 6-1 所示），打开“表格”对话框，如图 6-2 所示。

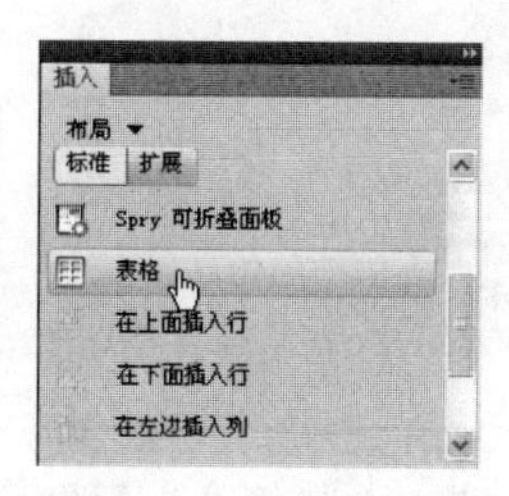

图 6-1　单击“表格”按钮

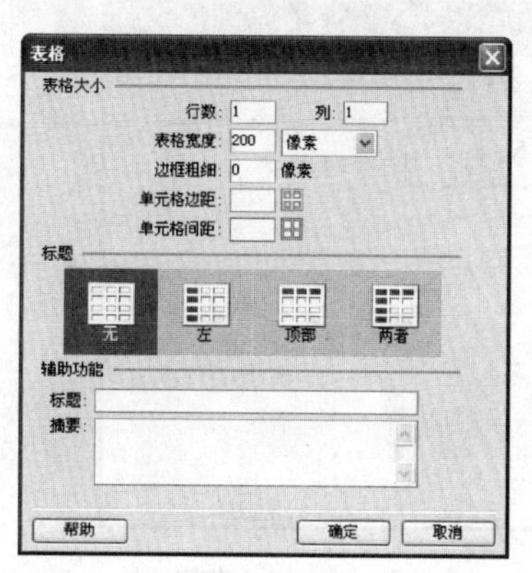

图 6-2　“表格”对话框

专家指点

> 如果没有预先设置插入点的位置，可以直接从“常用”插入栏中将按钮拖曳到文档中需要插入表格的位置。

（2）在“表格大小”选项区的“行数”文本框中输入数值，可以设置插入表格的行数；在“列”文本框中输入数值，可以设置插入表格的列数；在“表格宽度”文本框和其右侧的下拉列表框中进行设置，可以以绝对值（像素）或相对值（百分比）的形式来确定表格的宽度；在“边框粗细”数值框中，可以以“像素”为单位设置表格边框的粗细；在“单元格边距”文本框中，可以设置单元格边框和单元格内容的间距；在“单元格间距”文本框中，可以设置相邻单元格的间距。

专家指点

> 如果不明确指定边框的粗细值，大多数浏览器都按照边框粗细为 1 像素显示表格。如果不希望在浏览器中显示边框，可以在“边框粗细”数值框中输入数值 0。

（3）在“标题”选项区中可以选择不同的页眉形式，包括无标题、左列标题、首行标题及左侧和顶部标题四种形式。

（4）在“辅助功能”选项区中，可以为表格设置一个标题，标题将显示在表格之外；在“摘要”列表框中可以输入表格的说明文本，可以读取该摘要文本，但是该文本不会显示在浏览器中。

（5）设置好各参数后，单击“确定”按钮即可将表格插入到文档中，如图 6-3 所示。

专家指点

> 表格的“代码”视图如图 6-4 所示。在该视图中可以看出创建的表格产生了四组代码：用于定义表格开始和结束的<table></table>标识符，在该标识符中包含有 width（表格宽度）、border（表格边框的粗细）、cellspacing（单元格间距）和 cellpadding（单元格边距）属性；用于定义表格标题的<caption></caption>标识符，此处表格的标题为“插入表格”；用于定义表格行的<tr></tr>标识符；用于定义表格中单元格数据的<td></td>标识符，该标识符位于<tr></tr>标识之间。

图 6-3　插入到文档中的表格

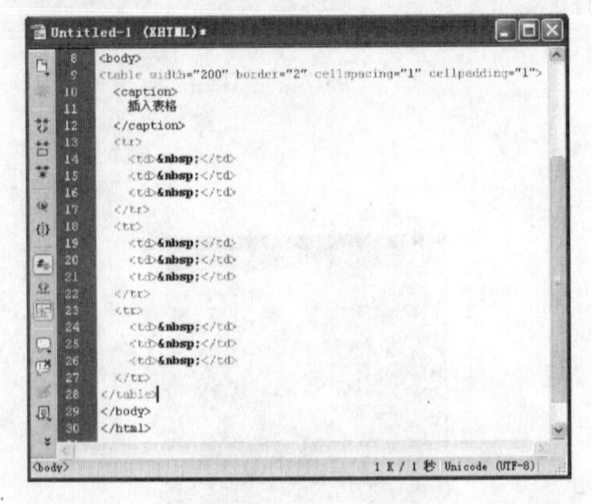

图 6-4　“代码”视图

6.1.2 设置表格属性

在插入表格后，用户可根据需要对表格的属性进行修改，以达到自己的设计要求。下面介绍表格属性的设置方法。

1. 选择表格

在设置表格属性之前，首先需要选择表格。选择表格的方法有很多种，用户可以按照下列方法之一进行操作：

- 将鼠标指针移动到表格上，当鼠标指针的下方显示有表格形状时，单击鼠标左键，即可选中整个表格，如图 6-5（左）所示。
- 将鼠标指针移动到表格的格线处，当鼠标指针变为上下方向的箭头形状时，单击鼠标左键，即可选中整个表格，如图 6-5（中）所示。
- 将光标置于表格中，单击窗口左下角的<table>标记，即可选中整个表格，如图 6-5（右）所示。

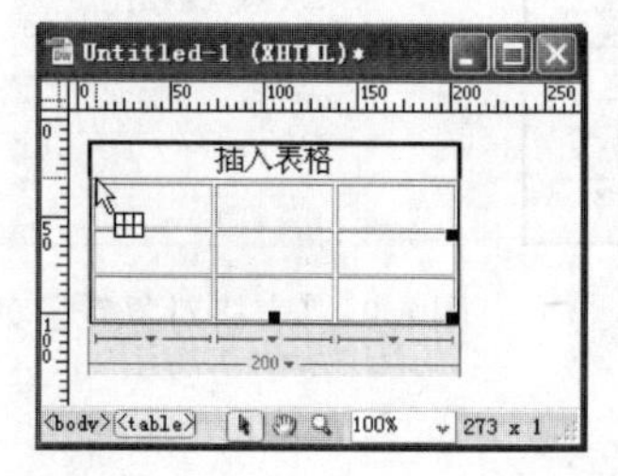

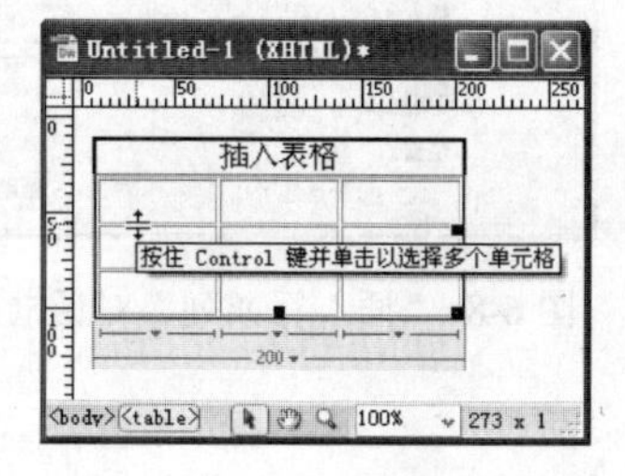

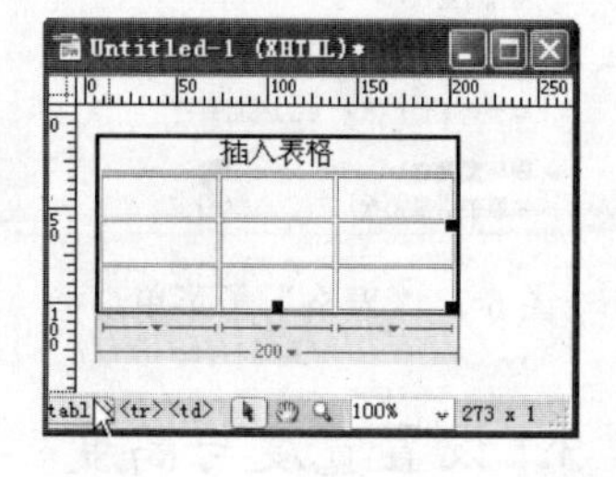

图 6-5　选择表格

- 将光标置于表格中，单击“修改”|“表格”|“选择表格”命令，即可选中整个表格。
- 将光标置于表格外，按住【Shift】键，然后在表格中的任意位置单击鼠标左键，即可选中整个表格。

选中表格后，表格的外边框变成粗黑色，并且表格的右方、下方和右下方都会显示一个黑色控制点，“属性”面板也会变为表格“属性”面板，在其中可以设置表格的属性。完全展开后的表格“属性”面板如图 6-6 所示。

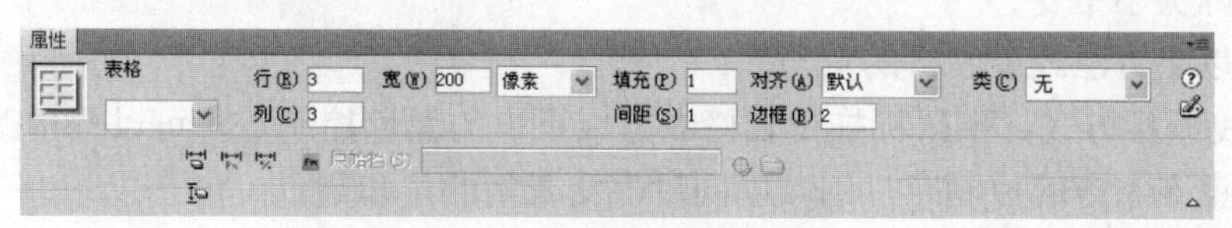

图 6-6　表格“属性”面板

2. 设置行数与列数

插入表格后，用户可以根据设计的需要随时增减表格的行数和列数，方法如下：

- 通过“属性”面板：选中要修改的表格，在“属性”面板的“行”和“列”文本框中直接输入所需的行数或列数即可。
- 通过快捷菜单：将光标置于表格中，单击鼠标右键，在弹出的快捷菜单中选择“表格”选项，弹出如图 6-7 所示的子菜单，在该子菜单中选择“插入行”选项，可以在当前行的上方插入一行；选择“插入列”选项，可以在当前列的左侧插入一列；选择“插入行或列”选项，将弹出如图 6-8 所示的对话框，在该对话框中可以设置插入行或列，插入的行数或列数以及插入的位置；如果想减少行数或列数，则在“表格”子菜单中选择“删除行”或“删除列”选项，即可删除当前行或当前列，用户也可以将需要删除的行或列选中，按【Delete】键进行删除。

● 通过菜单命令：单击“插入”|“表格对象”命令，弹出如图 6-9 所示的子菜单，在该子菜单中可以选择插入行或列以及插入的位置；单击“修改”|“表格”命令，在弹出的子菜单中可以选择插入或删除表格的行或列。

选择表格(S)
合并单元格(M) Ctrl+Alt+M
拆分单元格(P)... Ctrl+Alt+S
插入行(N) Ctrl+M
插入列(C) Ctrl+Shift+A
插入行或列(I)...
删除行(D) Ctrl+Shift+M
删除列(E) Ctrl+Shift+-
增加行宽(R)
增加列宽(A) Ctrl+Shift+]
减少行宽(W)
减少列宽(U) Ctrl+Shift+[
✔表格宽度(T)
扩展表格模式(X)

图 6-7 “表格”子菜单

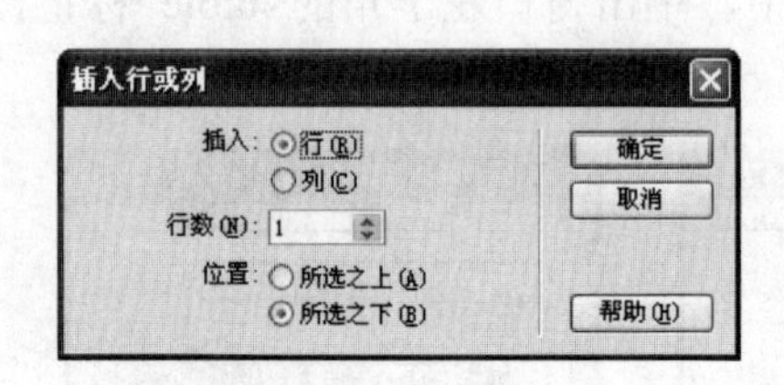

图 6-8 “插入行或列”对话框

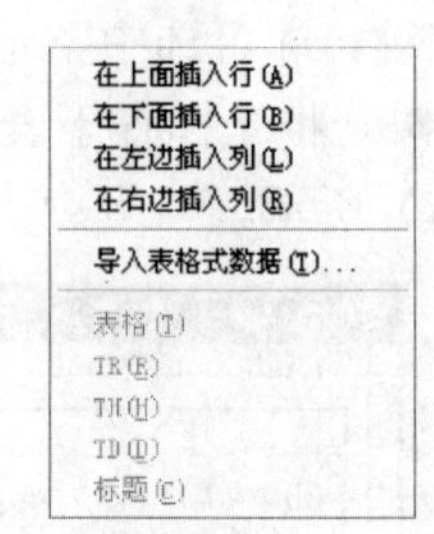

图 6-9 “表格对象”子菜单

3. 设置宽度与高度

设置表格的宽与高有两种方式：一种方式是通过占版面的百分比来控制表格的宽与高，该方式称为相对方式；另一种方式是通过实际像素值来控制表格的宽与高，该方式称为绝对方式。通过相对方式设置表格的宽与高后，在改变版面大小时，表格的大小也将随之自动改变，如果将表格的宽和高均设置为 100%，则无论版面窗口多大，表格都会占满整个窗口；如果通过绝对方式设置表格的宽与高，则在改变版面大小后，表格大小不会随之改变，在不同大小的版面中，表格大小固定不变，当将版面放大时，表格相对于版面来说似乎变小了，但表格的实际大小不变。

可采用以下方法改变表格的宽与高：

● 拖曳鼠标方式：用鼠标拖曳表格右方或下方的黑色控制点，可以分别改变表格的宽和高；而拖曳右下方的控制点，则可以同时改变表格的宽和高。

● “属性”面板方式：通过在表格“属性”面板的“宽”文本框中直接输入表格宽的数值，即可重新设置表格宽度；在这个文本框右侧的下拉列表框中，可以选择表格宽度的单位。

在表格的“属性”面板中还有 6 个与表格宽度和高度相关的按钮，其中单击按钮，可以将表格宽度转化为以像素表示的绝对方式；单击按钮，可以将表格宽度转化为以百分比表示的相对方式；单击按钮，可以将表格中行的多余部分清除，以最合适的行高来显示文本；单击按钮，可以将表格中列的多余部分清除，以最合适的列宽来显示文本。

4. 设置填充和间隔

表格“属性”面板中的“填充”文本框，用于设置单元格中插入对象与单元格边框之间的距离；“间距”文本框用于设置单元格与单元格之间的距离。将“填充”设置为 15、“间距”设置为 10 的效果如图 6-10 所示。

5. 设置对齐方式

表格对齐与单元格对齐不同，表格对齐是把表格作为一个对象在网页中对齐，而单元格对齐是指单元格内的元素对象相对于单元格的对齐方式。

表格同网页中的其他元素对象一样，有三种对齐方式，即左对齐、右对齐和居中对齐，默认是左对齐。如果用户需要改变表格的对齐方式，只需选中要设置对齐方式的表格后，在表格“属性”面板的“对齐”下拉列表框中选择一种对齐方式即可。对于表格来说，一般情况下选择居中对齐，因为如果选择左对齐或右对齐，在不同的显示器分辨率下看到的效果是不同的。为了避免显示器分辨率的不同所造成的影响，在设计网页时应选择居中对齐。

6. 设置表格边框

表格中的一些效果是通过设置表格边框的属性来实现的，下面介绍设置边框粗细的方法。

设置边框粗细：表格“属性”面板中的“边框”文本框用于设置表格边框的粗细，默认情况下该值为 1。如果用户需要改变边框粗细，则直接改变该文本框中的数值即可。图 6-11 所示分别为将边框值设置为 0、将边框值设置为 1，以及将边框值设置为 10 得到的表格效果。

图 6-10　单元格的填充和间距

图 6-11　设置表格边框的粗细

> 在使用表格布局时，通常将表格的边框值设置为 0，这样在编辑时可以看到表格，而在浏览器中浏览网页时却看不到表格。
>
> 单元格之间的间距与表格的边框不一样，改变单元格的间距将会改变整个表格中所有框线的粗细，而改变表格的边框只改变表格外边框的粗细。

6.1.3　设置单元格属性

单元格是表格最基本的元素，表格中元素对象属性的设置，也是通过设置单元格属性来实现的。下面将介绍单元格属性的设置方法。

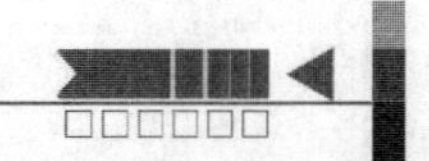

1. 选择单元格

选择单元格时，既可以选择单个单元格，也可以选择一整行或一整列，还可以选择不连续的多个单元格。选择单元格的方法有如下几种：

- 如果用户需要选择单个单元格，则直接单击要选择的单元格即可。
- 如果将鼠标指针置于所要选择行的左侧（或列的上方），待鼠标指针变为向右（或向下）的箭头形状时，单击鼠标左键，即可选中该行（或列），如图 6-12 所示。将鼠标指针置于所要选择行的左侧（或列的上方），待鼠标指针变成向下（或向右）的箭头形状时，拖曳鼠标可以选中连续的多行（或多列）。
- 如果将光标置于待选择的单元格中，按住鼠标左键并拖动鼠标，横向拖动可以选择一行；纵向拖动可以选择一列；如果向对角线方向拖动，则可以同时选择多行和多列，如图 6-13 所示。
- 如果按住【Ctrl】键单击需要选择的单元格，则可以选择多个不连续的单元格，如图 6-14 所示。如果想取消选择某个单元格，只需按住【Ctrl】键再次单击该单元格即可。

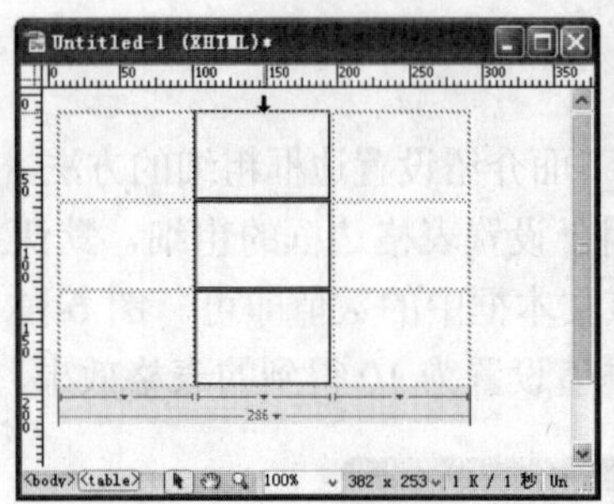

图 6-12 选择列

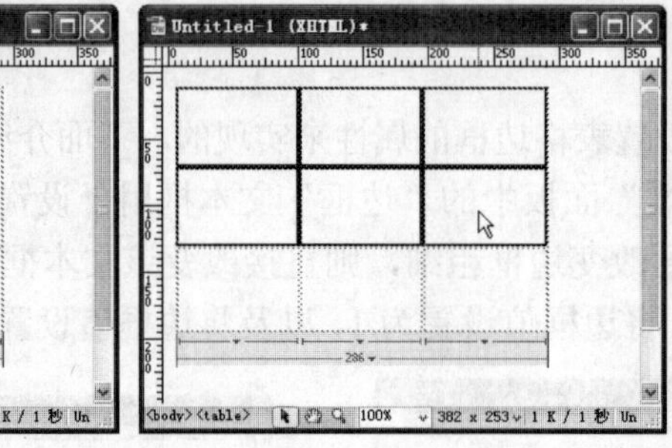

图 6-13 选择多行多列

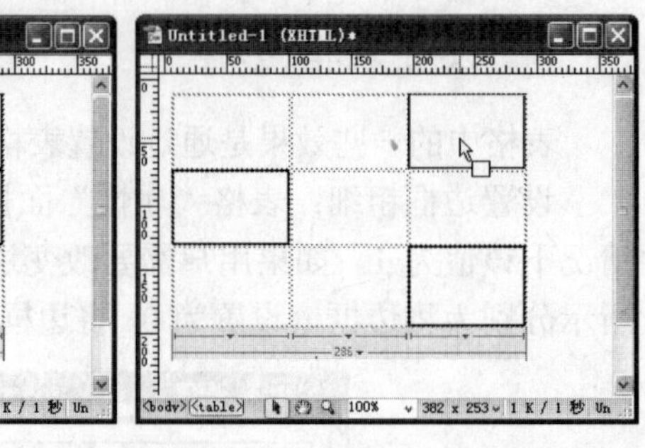

图 6-14 选择多个不连续单元格

将光标置于单元格中，将打开单元格“属性”面板，该面板上部是文本属性设置区，下部是单元格属性设置区，如图 6-15 所示。

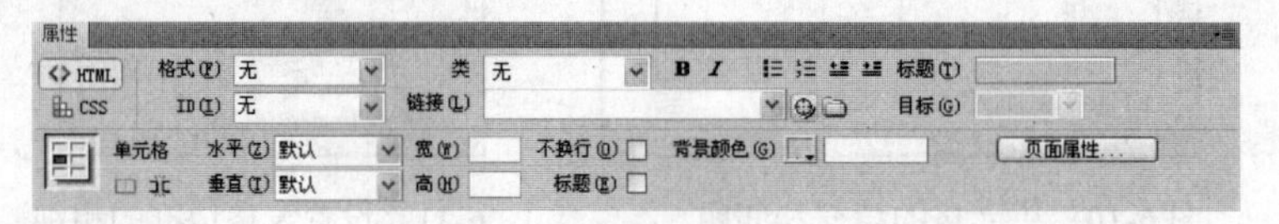

图 6-15 单元格“属性”面板

2. 拆分、合并单元格

使用单元格的拆分、合并功能，可以将一个单元格拆成多个单元格，也可以将多个单元格合并为一个单元格。

要拆分单元格，只需将光标置于需要拆分的单元格中，单击单元格“属性”面板中的按钮，打开“拆分单元格”对话框，从中设置将单元格拆成多行还是多列，以及拆分成的行数或列数，然后单击“确定”按钮即可。单元格拆分前后的效果如图 6-16 所示。

合并单元格与拆分单元格的操作方法类似，在选中需要合并的单元格后，只需单击“属性”面板中的按钮，即可将所选择的多个单元格合并为一个单元格，单元格合并前后的效果如图 6-17 所示。

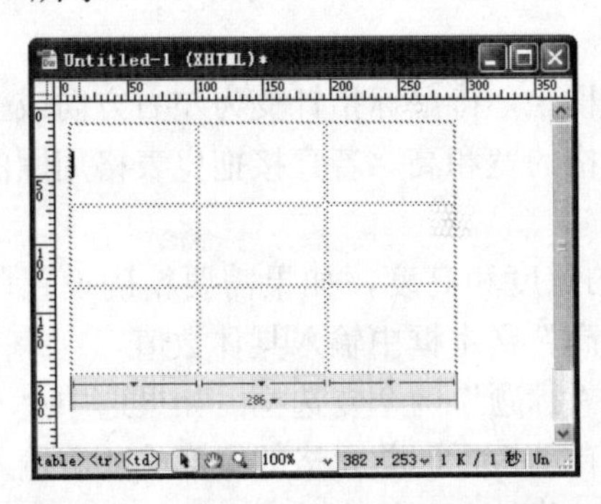

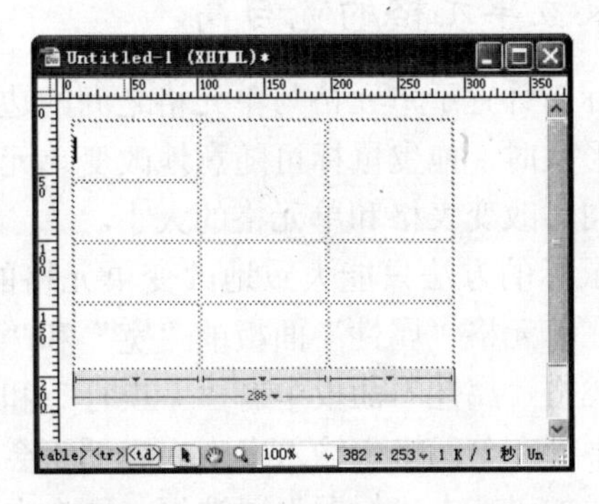

图 6-16　拆分单元格

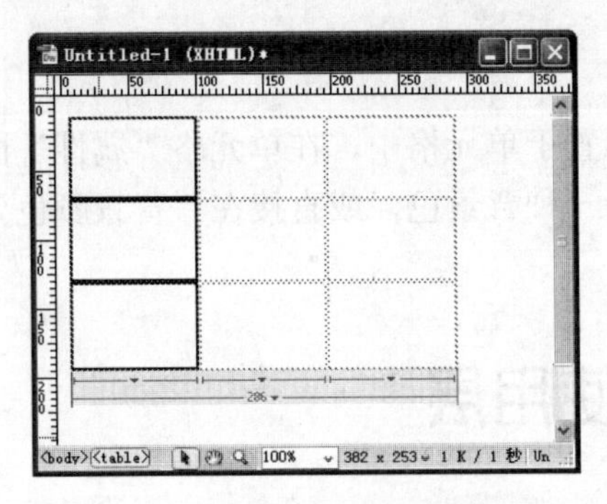

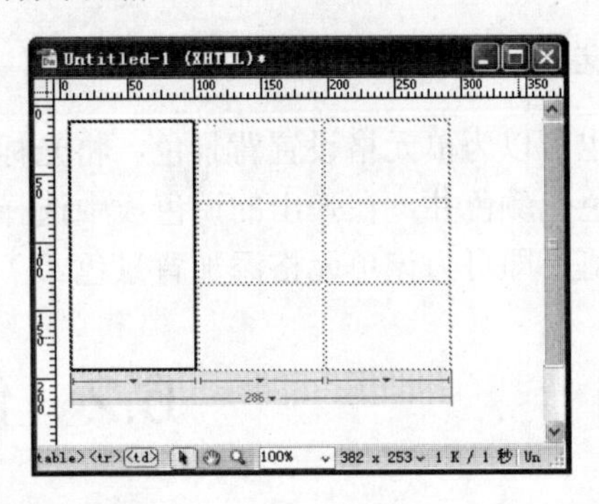

图 6-17　合并单元格

3. 设置单元格的对齐方式

单元格的对齐方式是指单元格内插入的元素对象在单元格中的对齐方式。共有两个对齐方向：水平方向对齐和垂直方向对齐。

水平对齐有左对齐、右对齐和居中对齐三种方式，默认是左对齐。将光标置于要设置对齐方式的单元格内，然后从单元格“属性”面板的“水平”下拉列表框中选择一种对齐方式，效果如图 6-18 所示。

垂直对齐有顶端对齐、居中对齐、底部对齐和基线对齐四种方式，默认是居中对齐方式。将光标置于要设置对齐方式的单元格内，然后从单元格“属性”面板的“垂直”下拉列表框中选择一种对齐方式，效果如图 6-19 所示。

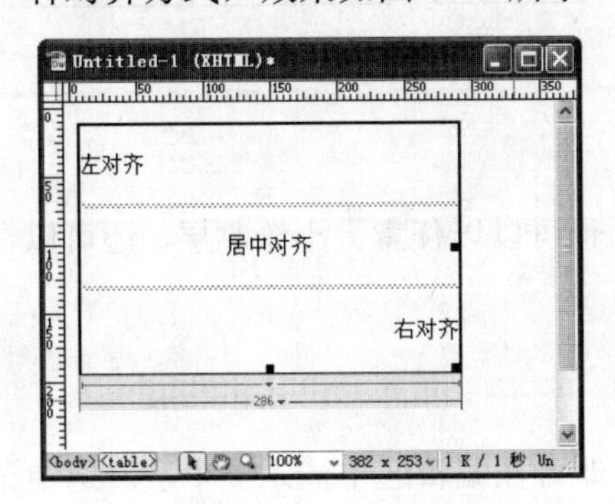

图 6-18　水平对齐

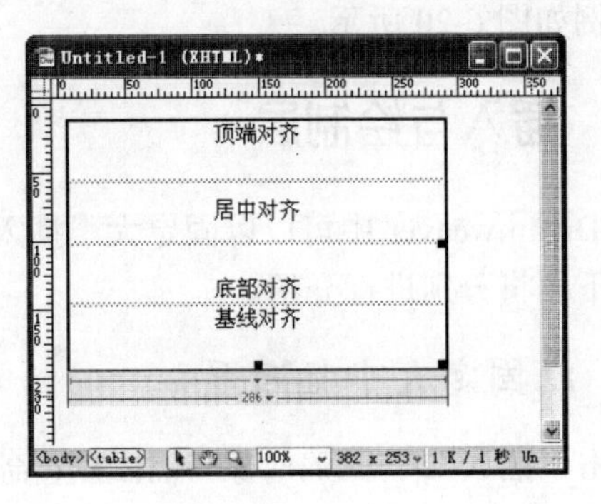

图 6-19　垂直对齐

4. 设置单元格的宽与高

将鼠标指针置于单元格与单元格之间的边框上，待鼠标指针变为左右方向或上下方向的双向箭头形状时，拖曳鼠标可随意地改变单元格的宽和高。若直接拖曳表格周围的黑色控制点，可以同时改变表格和单元格的大小。

拖曳鼠标的方法只能大致地改变单元格的宽度和高度，如果需要精确设置单元格的尺寸，则可在单元格“属性”面板的“宽”和“高”文本框中输入具体数值。

在单元格“属性”面板中有“不换行”和“标题”两个复选框。如果选中“不换行”复选框，则不管在单元格中输入多少内容都不会自动换行，单元格的宽度将随着输入内容的增多而变大；如果选中“标题”复选框，则会自动将该单元格中的内容加粗并居中对齐。

5. 设置单元格的背景

用户也可以为单元格设置背景色，将光标置于单元格中，在单元格“属性”面板中单击“背景颜色”颜色井，在弹出的调色板中选择一种背景色，或直接在“背景颜色”文本框中输入色码值，即可为该单元格添加背景色。

6.2 使用层

尽管使用表格可以布局网页，将网页中的元素对象控制在特定位置，但有些网页元素对象很难控制，尤其是在精确定位方面。这时，层作为一种新的网页元素定位技术应运而生，使用层可以以像素为单位精确定位页面元素。层内可以放置文本、图像、表单和插件，甚至还可以包含其他层，在HTML文档的正文部分可以放置的元素都可以放入层中，并且层可以放置在页面的任意位置，这样在层中放置的元素对象也就可以定位于页面中的任意位置，从而增强了网页制作的灵活性。使用层布局的网页示例如图6-20所示。

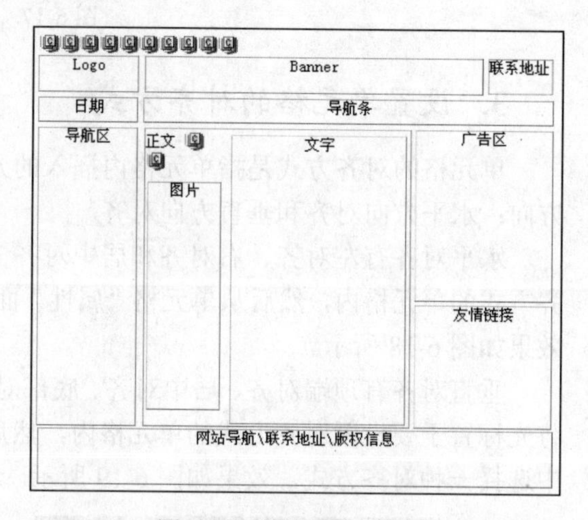

图6-20 使用层布局网页

6.2.1 插入与绘制层

在Dreamweaver中可以以固定大小插入层，也可以以任意大小绘制层，还可以在层中嵌套层，下面将分别进行介绍。

1. 以固定大小插入层

单击“插入”|“布局对象”|AP Div命令，即可在编辑区中插入一个层。选中该层后，其“属性”面板中显示该层默认大小为宽200px、高115px，如图6-21所示。

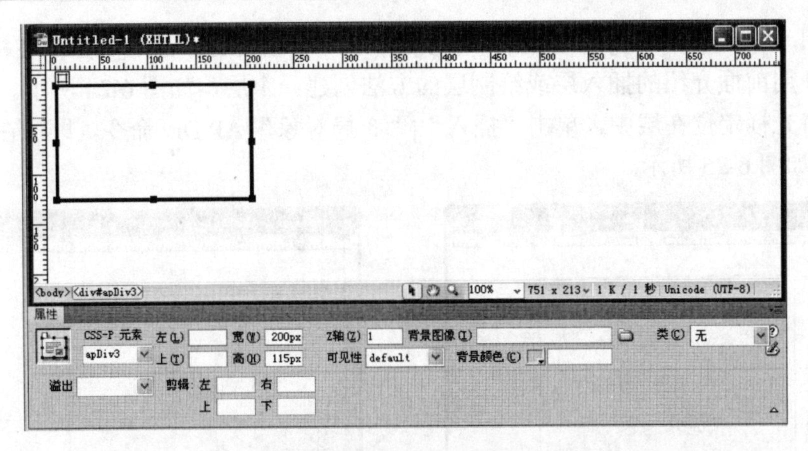

图 6-21　以固定大小插入层

如果用户需要更改默认层的大小，只需单击"编辑"|"首选参数"命令，打开"首选参数"对话框，在"分类"列表中选择"AP 元素"选项，然后在右侧分别更改"宽"和"高"文本框中的数值，即可设置默认层的大小，如图 6-22 所示。

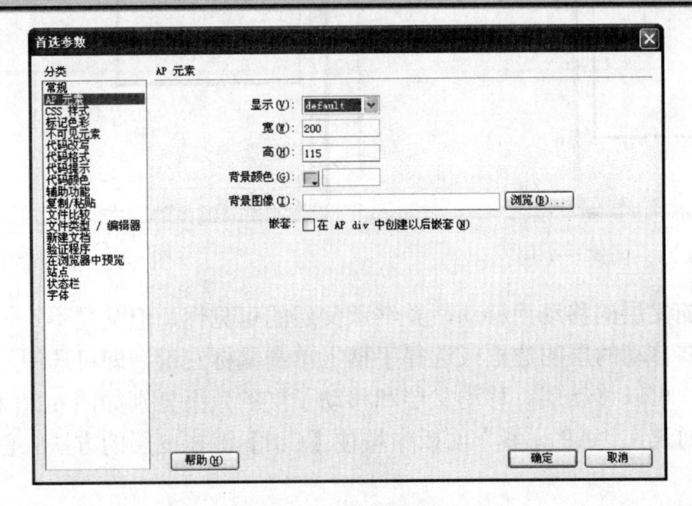

图 6-22　设置层属性

2. 以任意大小绘制层

在"常用"插入栏中单击"常用"下拉按钮，在弹出的下拉菜单中选择"布局"选项，在打开的"布局"插入栏中单击"绘制 AP Div"按钮。将鼠标指针移至编辑区中，当其变为十字形状时，按住鼠标左键并拖曳鼠标，绘制一个长方形区域，释放鼠标左键即可得到所绘制大小的层，如图 6-23 所示。

3. 嵌套层

嵌套层就是在已经创建好的层中嵌套新的层，通过嵌套层，可以把层组合成一个整体。嵌套层的具体操作步骤如下：

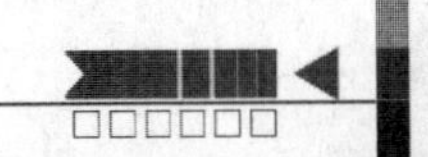

（1）启动中文版 Dreamweaver CS4，按【Ctrl+N】组合键新建一个空白文档。

（2）使用前面介绍的插入层或绘制层的方法创建一个层，如图 6-24 所示。

（3）将光标定位在层中，单击“插入”|“布局对象”|AP Div 命令，即可在当前层中嵌套一个层，如图 6-25 所示。

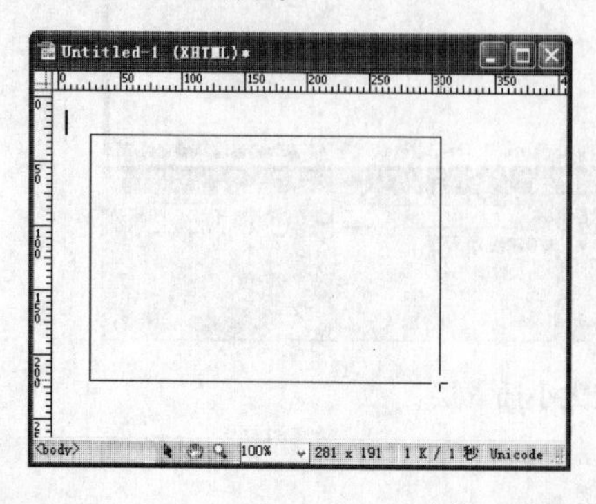

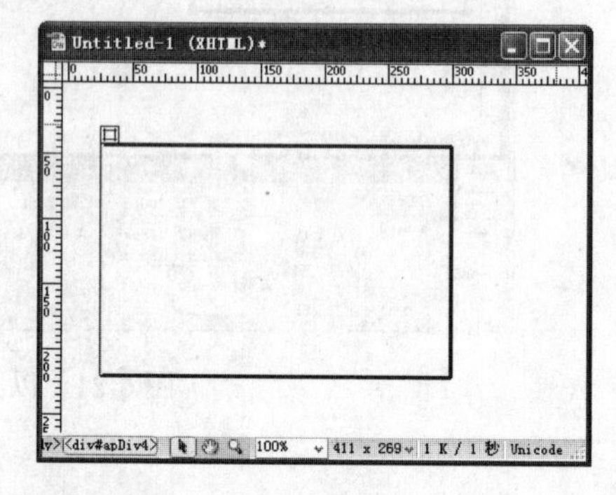

图 6-23　以任意大小绘制层

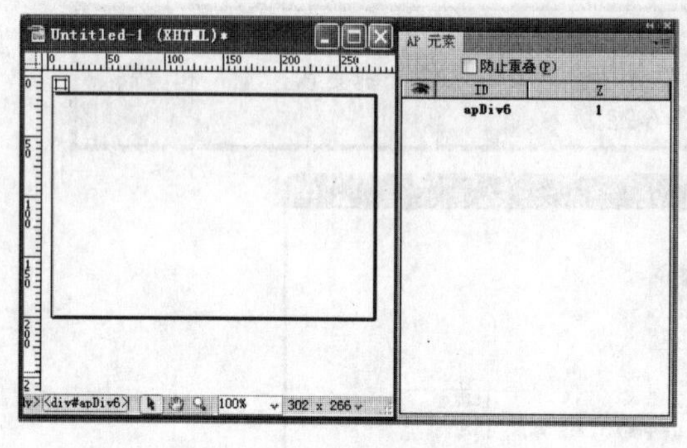

图 6-24　创建一个层

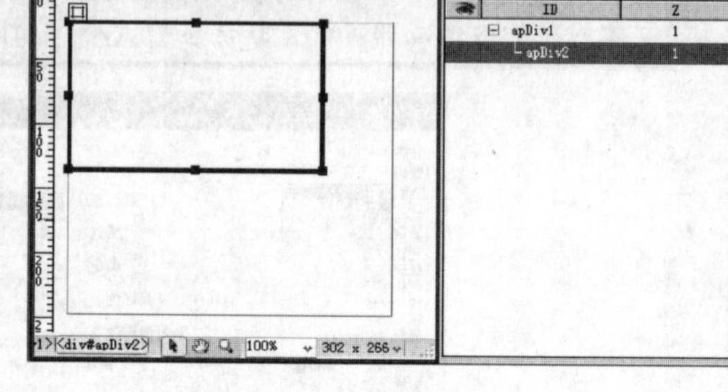

图 6-25　嵌套的层

被嵌套的层随父层的移动而移动，并继承父层的可见性，但父层不一定随被嵌套层的移动而移动。在需要移动的层的边框或选择手柄上单击鼠标左键，即可选中层；直接拖曳层的边框或选择手柄，可以移动层。移动父层和移动子层的效果分别如图 6-26 和图 6-27 所示。

用户也可以通过在“AP 元素”面板中按住【Ctrl】键拖曳层的方法来创建嵌套层，具体操作步骤如下：

（1）在中文版 Dreamweaver CS4 中按【Ctrl+N】组合键，新建一个空白文档。使用前面介绍的插入层和绘制层的方法创建三个层，其效果及“AP 元素”面板如图 6-28 所示。

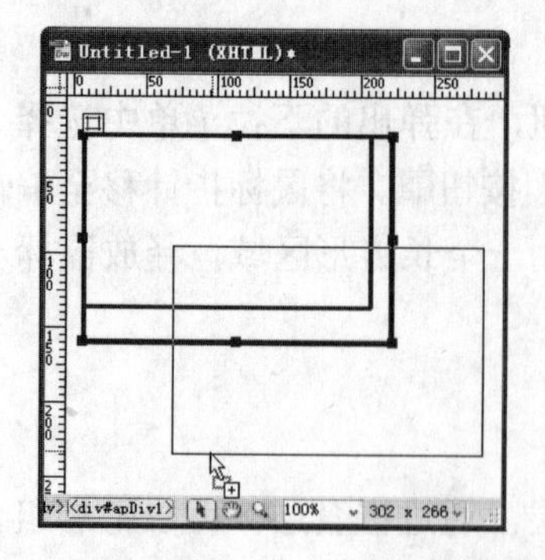

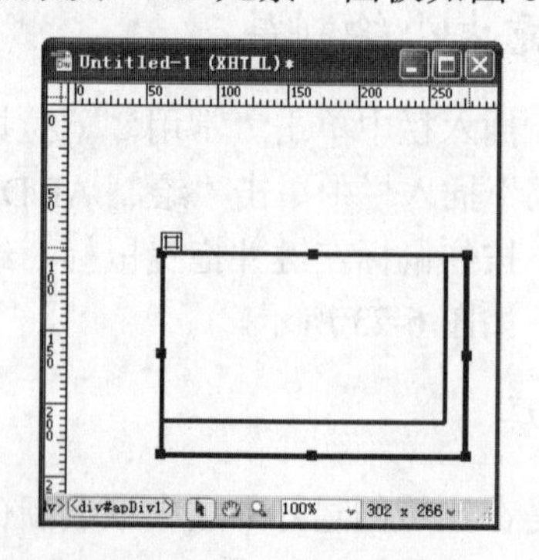

图 6-26　移动父层的效果

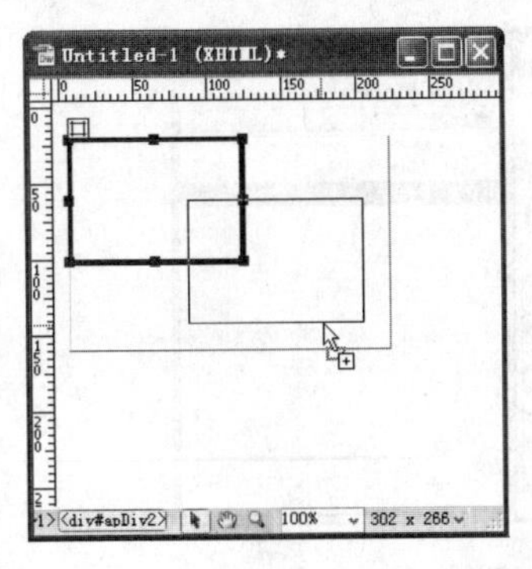
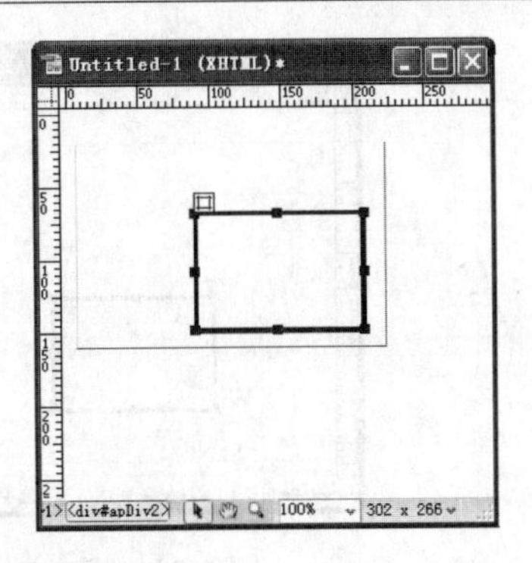

图 6-27　移动子层的效果

专家指点

默认情况下，创建的层是有边框的。如果层的边框没有显示出来，只需单击“查看”|“可视化助理”|“AP 元素轮廓线”命令即可显示。

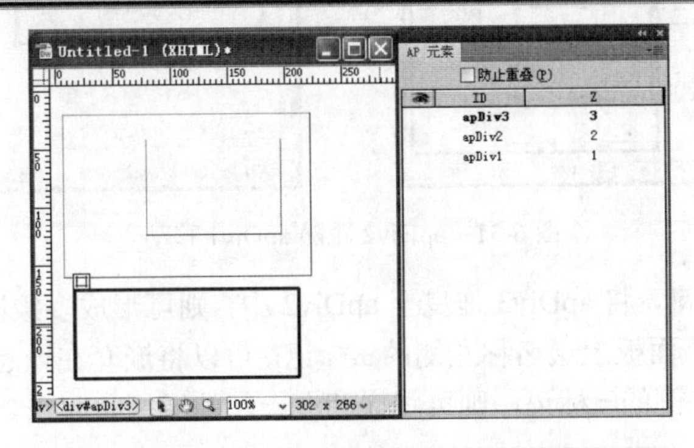

图 6-28　创建的层及“AP 元素”面板

（2）选中 apDiv1，将其拖曳至编辑区的右下方（如图 6-29 所示），可以看到其他层并没有随 apDiv1 的移动而移动。

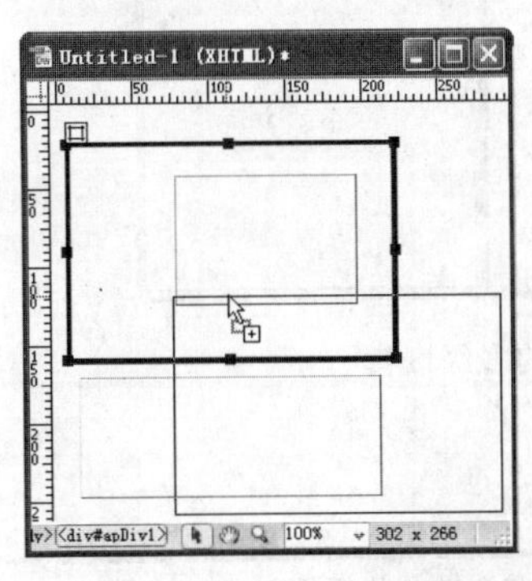
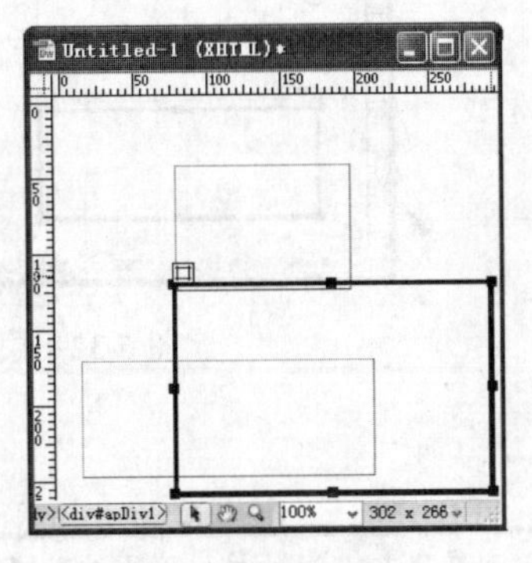

图 6-29　移动 apDiv1

（3）按住【Ctrl】键，在“AP 元素”面板中将 apDiv2 拖曳到 apDiv1 中，即可将 apDiv2 嵌套到 apDiv1 中。比较嵌套前后的变化，可以看出：嵌套之前 apDiv1 的 Z 轴坐标为 1，apDiv2 的 Z 轴坐标为 2；嵌套后 apDiv1 和 apDiv2 的 Z 轴坐标均为 1。说明 apDiv2 已经被嵌套到 apDiv1 中，如图 6-30 所示。此时拖曳 apDiv1，可以看到 apDiv2 也会随之一起移动，如图 6-31 所示。

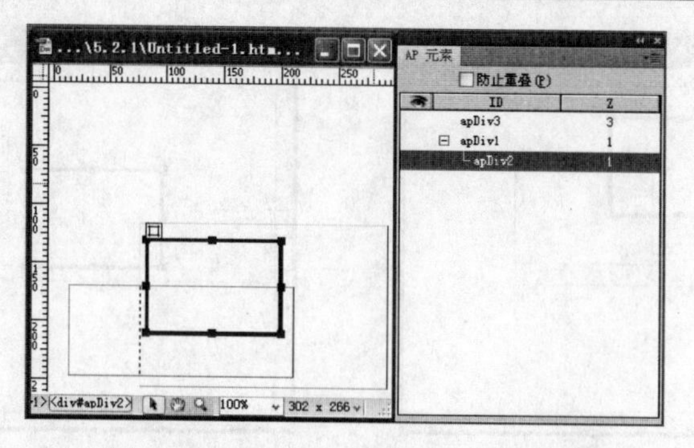

图 6-30　将 apDiv2 嵌套到 apDiv1 中

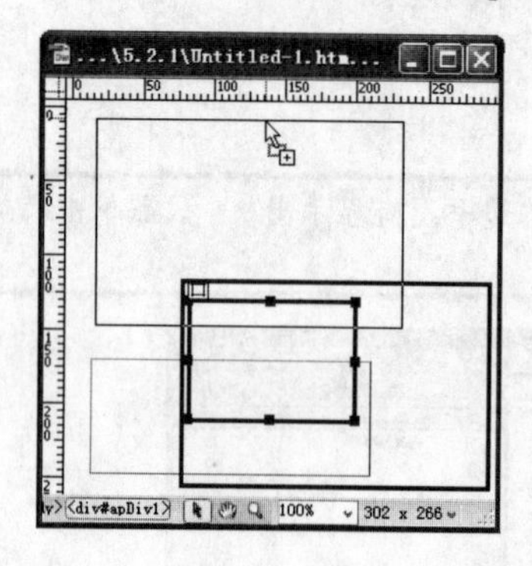

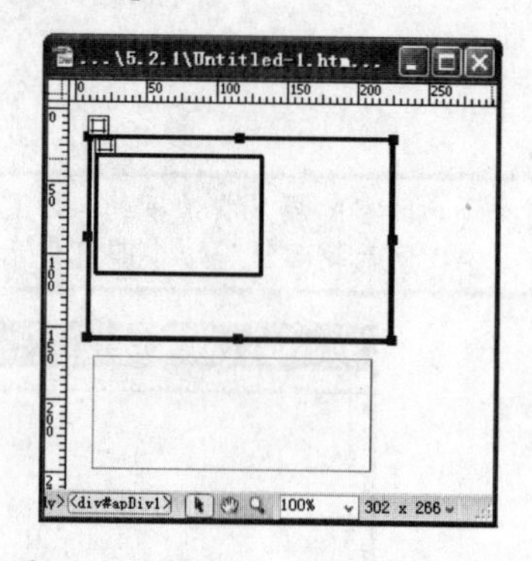

图 6-31　apDiv2 跟随 apDiv1 移动

（4）按住【Ctrl】键，将 apDiv3 拖曳至 apDiv2 中，则可形成多级嵌套，如图 6-32 所示。此时，单击“AP 元素”面板上层名称左侧的⊞标记，可以将嵌套在一起的层展开；单击“AP 元素”面板上层名称左侧的⊟标记，则可将嵌套在一起的层折叠起来。

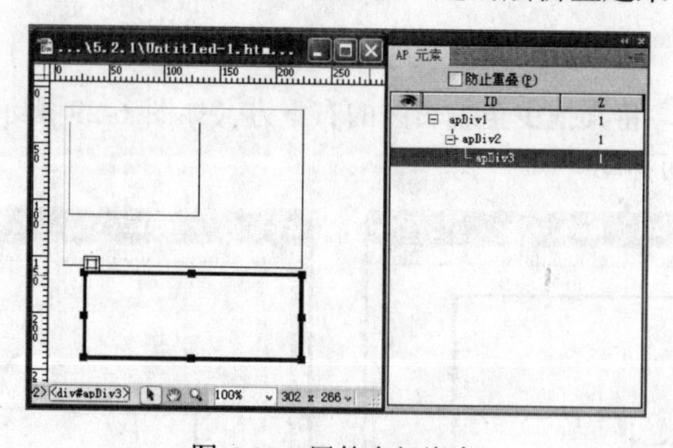

图 6-32　层的多级嵌套

如果想取消嵌套在一起的层，只需按住【Ctrl】键，将子层拖曳至父层以外的地方，即可解除嵌套。

6.2.2　设置层的属性

在页面中创建一个层，然后选中该层，单击“窗口”|“属性”命令，可打开层的“属性”

面板，如图 6-33 所示。

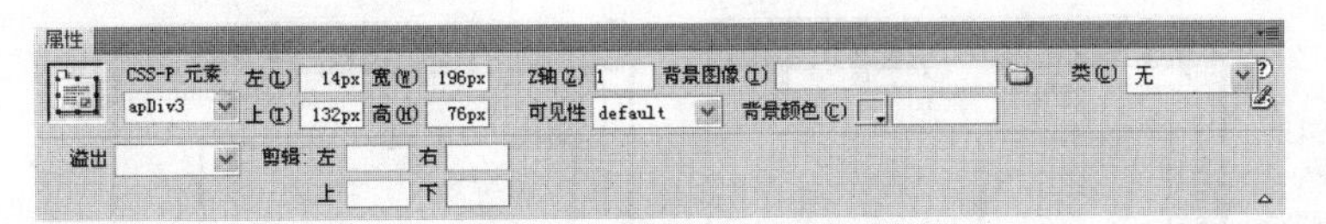

图 6-33　层的“属性”面板

1. 设置层的名称

在层“属性”面板的“CSS-P 元素”下拉列表框中可以设置层的名称，以便在“AP 元素”面板和 JavaScript 代码中标识该层。如果想修改层的名称，直接在该下拉列表框中输入新名称即可。

除此之外，通过“AP 元素”面板也可以设置层的名称，具体操作方法如下：单击“窗口”|“AP 元素”命令，打开“AP 元素”面板，在层的名称上两次单击鼠标左键，使层的名称处于可编辑状态，然后直接输入层的新名称即可，如图 6-34 所示。

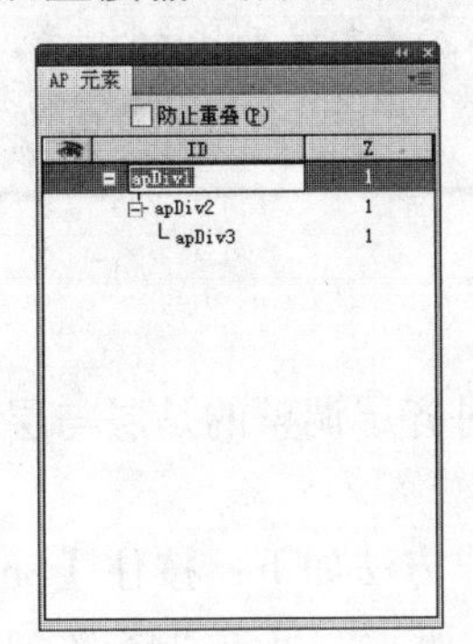

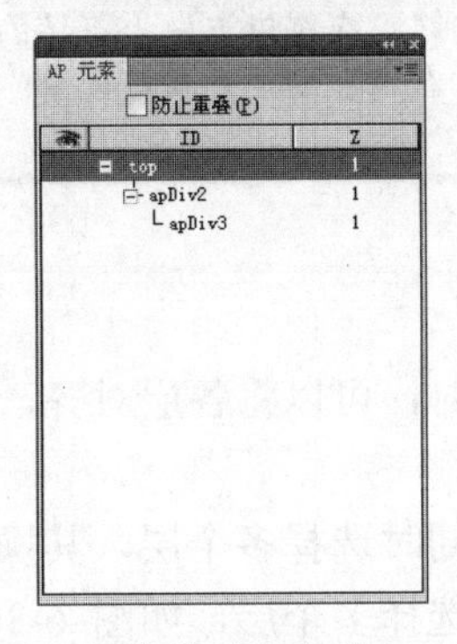

图 6-34　在“AP 元素”面板中修改层名称

2. 定位层

“属性”面板中的“左”、“上”两个文本框用于设置层的左边框和上边框的坐标位置，在其中直接输入数值（单位为像素）即可精确定位层。另外，在选中层后，按住【Shift】键的同时，按上、下、左或右方向键，每按一次就可以将层在相应方向上移动 10 个像素的位置。

3. 改变层的大小

设置层大小的操作与设置表格大小的操作一样，可以直接拖曳鼠标，也可以通过“属性”面板，还可以借助键盘来完成。

通过拖曳鼠标快速改变层的大小的方法如下：选中需要调整大小的层，在层的周围会出现 8 个黑色控制点，将鼠标指针置于这些控制点上，待鼠标指针变为上下方向、左右方向或者对角线方向的箭头形状时，按住鼠标左键并拖动鼠标，即可改变层的宽度、高度或者同时改变宽度与高度，如图 6-35 所示。

通过“属性”面板精确设置层大小的方法如下：选中需要调整大小的层，在层“属性”面板的“宽”和“高”两个文本框中，分别输入层的宽度和高度值（单位为像素）即可改变层的宽度和高度。

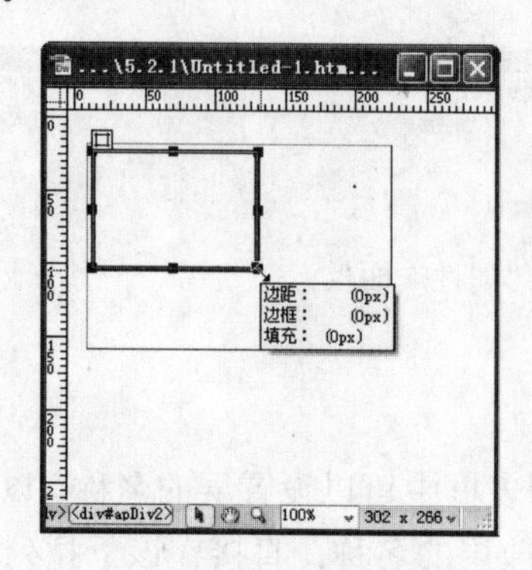

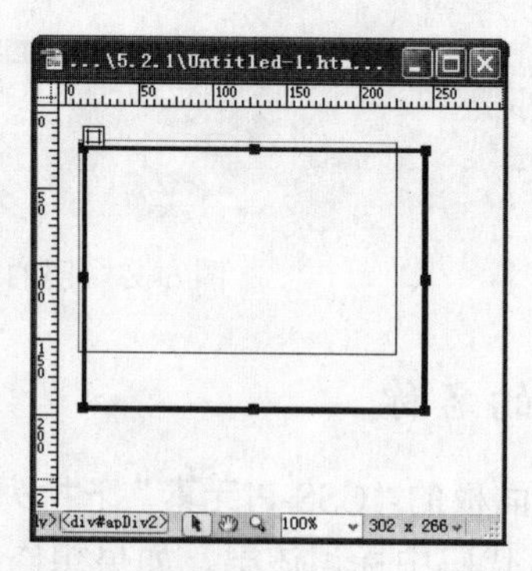

图 6-35 拖曳鼠标改变层的大小

专家指点

如果只是对层的大小作些细微调整，则可选中层，然后在按住【Ctrl】键的同时，按上、下、左或右四个方向键，在相应方向上将层的大小增加或减小一个像素。改变宽度时，层的大小以左边框为准，右边框的位置相应改变；改变高度时，层的大小以上边框为准，下边框的位置相应改变。

4. 对齐层

当页面中有多个层时，可以将各层对齐，对齐层调整的是层与层之间的相对位置，而不是层相对于页面的位置。

在对齐层之前需要同时选择多个层，其操作方法如下：按住【Shift】键在不同的层上单击鼠标左键，即可同时选择多个层，如图 6-36 所示。单击“修改”|“排列顺序”命令，将弹出如图 6-37 所示的子菜单，从中选择一种对齐方式即可。

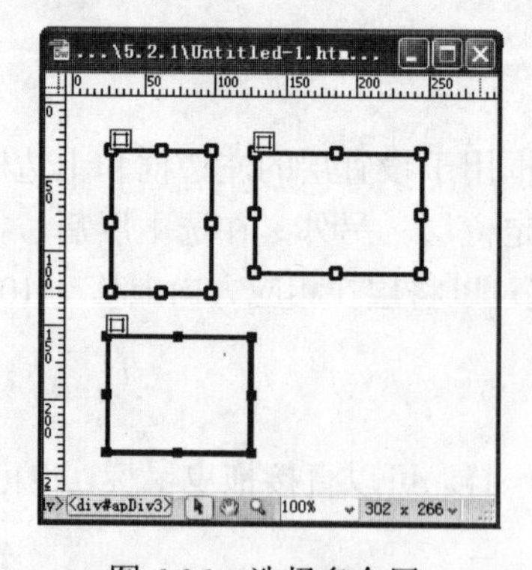

图 6-36 选择多个层

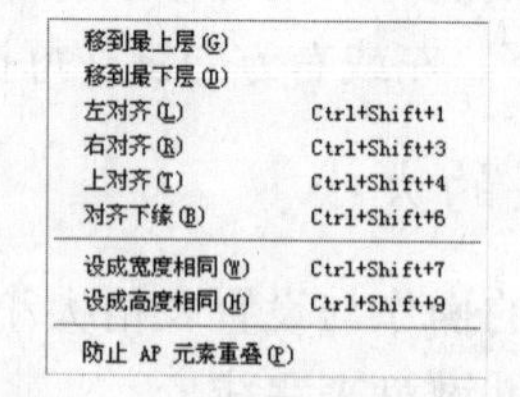

图 6-37 “排列顺序”子菜单

“排列顺序”子菜单中主要选项的含义如下：

- 左对齐：设置多个层的左边缘对齐。
- 右对齐：设置多个层的右边缘对齐。
- 上对齐：设置多个层的上边缘对齐。
- 对齐下缘：设置多个层的下边缘对齐。

● 设成宽度相同：设置多个层的宽度相同。

● 设成高度相同：设置多个层的高度相同。

5. 设置 Z 轴坐标

层是三维的概念，除了 X、Y 坐标外，还有竖直方向的 Z 坐标。通过设置层的 Z 坐标值，可以改变层的叠放层次。在浏览器中，Z 坐标值大的层出现在 Z 坐标值小的层的上面。

可以使用以下方法改变层的 Z 坐标值：

● 在层“属性”面板中，修改“Z 轴”文本框中的数值，可以设置层的叠放层次。

● 在“AP 元素”面板的 Z 列，单击要改变叠放层次的层的 Z 值，使其处于可编辑状态，重新输入数值，即可改变层的叠放层次。在“AP 元素”面板中，各层之间是按照 Z 坐标值的大小顺序排列的，Z 坐标值越大，在“AP 元素”面板中越处于上方。相应地，如果把下面的层拖曳到上面，则其 Z 坐标值也将相应变大。

● 通过“修改”菜单，也可以改变层的 Z 坐标值。选中某个层，单击“修改”|“排列顺序”|“移到最上层”命令，即可将该层移到所有层之上；单击“修改”|“排列顺序”|“移到最下层”命令，则可将该层移到所有层之下。如果当前最底层是 0 层，则被移到 0 层之下的层将是－1 层，如图 6-38 所示。

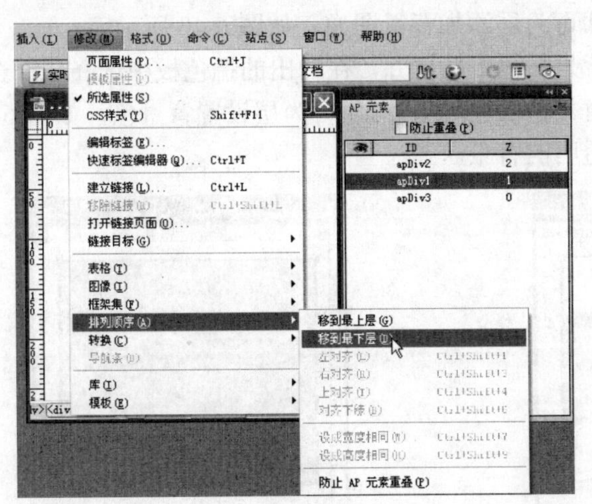

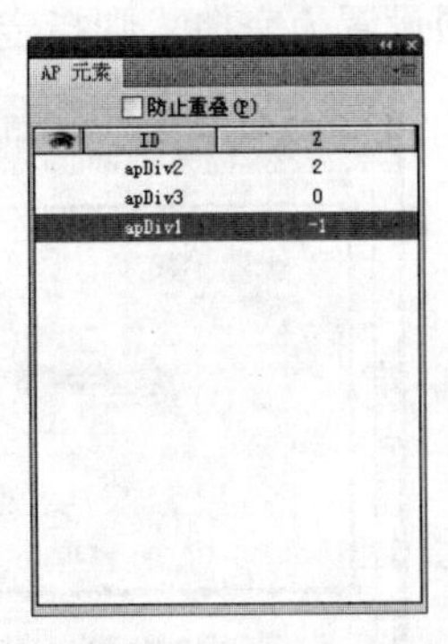

图 6-38　将选中的层移到最下层

6. 防止层重叠

在“排列顺序”子菜单中，如果选择“防止 AP 元素重叠”选项，则不管层的 Z 轴坐标是否相同，移动层时层都无法叠放，至多可以紧密地排列在一起。

7. 设置层的可见性

通过层的“可见性”选项，可以指定该层是否可见。在层“属性”面板的“可见性”下拉列表框中有四个选项，各选项的含义如下：

● default（默认）：不指定可见性属性。当未指定可见性时，大多数浏览器都会默认按 default（默认）方式处理。

- inherit（继承）：使用该层父层的可见性属性，该项用于层的嵌套。
- visible（可见）：显示该层的内容，而不管父层的值是什么。
- hidden（隐藏）：隐藏该层的内容，而不管父层的值是什么。

另外，通过“AP 元素”面板第一列中的图标，也可以设置层的可见性，它有两种状态：代表隐藏；代表可见。在要设置可见性的层的列所对应的位置单击鼠标左键，当其变为图标时，即可将该层隐藏；再次单击鼠标左键，当其变为图标时，又可将该层显示出来。只将顶层设置为可见的效果如图6-39所示。

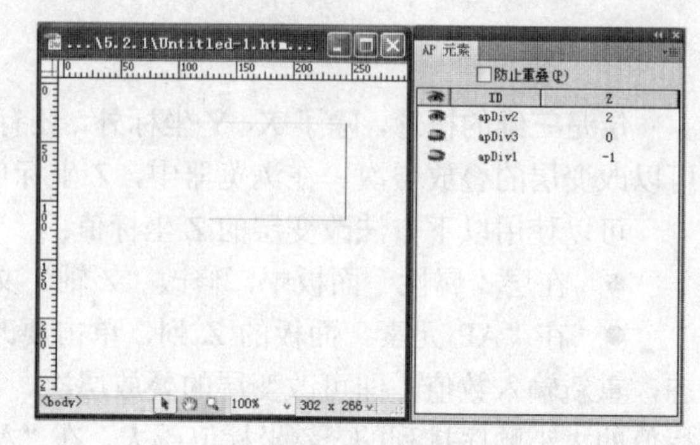

图6-39 只设置顶层可见的效果

8. 设置层的背景

层可以使用背景图像和背景颜色，在层“属性”面板的“背景图像”文本框中直接输入背景图像的存放路径，或者单击按钮，在打开的“选择图像源文件”对话框中选择一幅背景图像，单击“确定”按钮，即可为层添加背景图像，如图6-40所示。

在层“属性”面板中单击“背景颜色”颜色井，在弹出的调色板中选择一种合适的背景色（或者直接在其文本框中输入背景色的色码值），便可为层设置背景色，如图6-41所示。如果此选项设置为空白，则指定透明的背景。

图6-40 层的背景图像

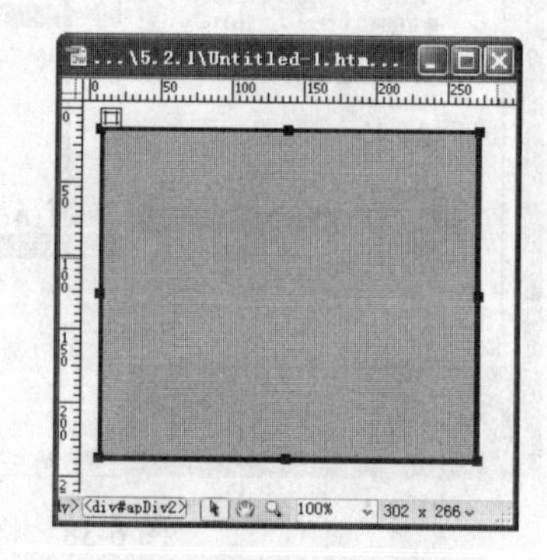

图6-41 层的背景色

与网页一样，添加背景图像或设置背景色后，并不妨碍在层中插入文本或图像等元素对象。

专家指点

如果同时为层设置背景图像和背景色，则背景色将被背景图像覆盖，只能显示背景图像。

9. 设置溢出属性

溢出属性用于控制当前层的内容超过层指定大小时，如何在浏览器中显示层。在层“属性”面板的“溢出”下拉列表框中可以设置溢出属性。溢出属性有四个选项，各选项的含义分别如下：

- visible（可见）：设置在层中显示超出部分的内容，即该层会通过扩展大小来显示超出的内容。
- hidden（隐藏）：设置不在浏览器中显示超出的内容。
- scroll（滚动）：使浏览器在层上添加滚动条，而不管是否需要滚动条。
- auto（自动）：使浏览器仅在层的内容超出其边界时，才显示层的滚动条。

以上四个选项在不同的浏览器中会获得不同程度的支持。

将层的“溢出”属性设置为 scroll 后，如果层中出现内容溢出的情况，则滚动条呈可用状态；如果层中内容太少，不会出现内容溢出的情况，则滚动条呈灰色不可用状态。在浏览器中预览设置的效果，如图 6-42 所示。

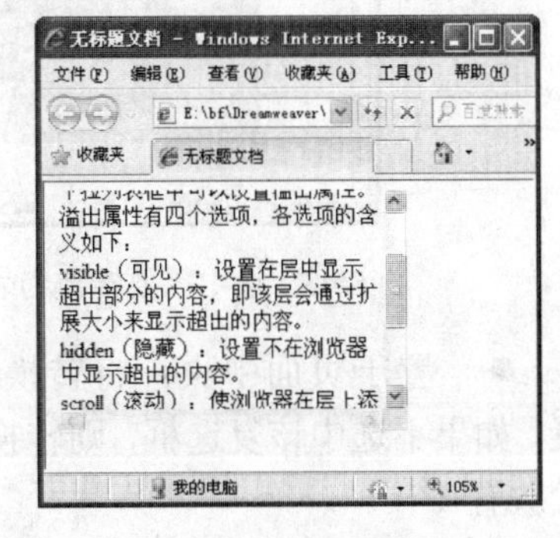

图 6-42　预览层的溢出属性设置效果

10. 定义可见区域

在层“属性”面板的“剪辑”选项区中可以定义层的可见区域，其中，“左”、“右”、“上”和“下”四个文本框用于定义一个矩形区域（以层的左上角为基点）。只有指定的矩形区域才是可见的，其他区域都不可见。例如，要使一个层在左上角 50 像素×50 像素的矩形区域内可见，则在“左”和“上”文本框中均输入 0，在“右”和“下”文本框中均输入 50。设置完成后，在编辑区可以看到只有层左上角的该正方形区域是可见的，其他区域都不可见。

6.2.3　层与表格的相互转换

层与表格作为网页的布局工具，在布局定位的功能上不是独立的，两者之间可以相互转换。

1. 层转换为表格

由于层是一种新的网页元素定位技术，很多旧版本的浏览器不支持层的应用，所以多数网页设计者总是先用层对网页进行布局定位，然后再将其转换为表格。

将层转换为表格的方法如下：

（1）选中需要转换为表格的所有层，如图 6-43 所示。

（2）单击“修改”|“转换”|“将 AP Div 转换为表格”命令，弹出如图 6-44 所示的“将 AP Div 转换为表格”对话框。

该对话框中各选项的含义分别如下：

- 最精确：为每个层创建一个单元格，并为保留层与层之间的空白间隔附加一些必要的单元格。
- 最小：把指定像素内的空白单元格合并，使合并后的表格包含较少的空行和空列。
- 使用透明 GIFs：使用透明的 GIFs 填充转换后表格的最后一行。

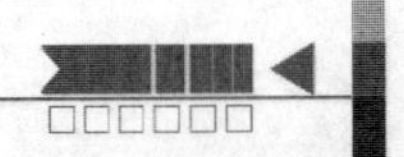

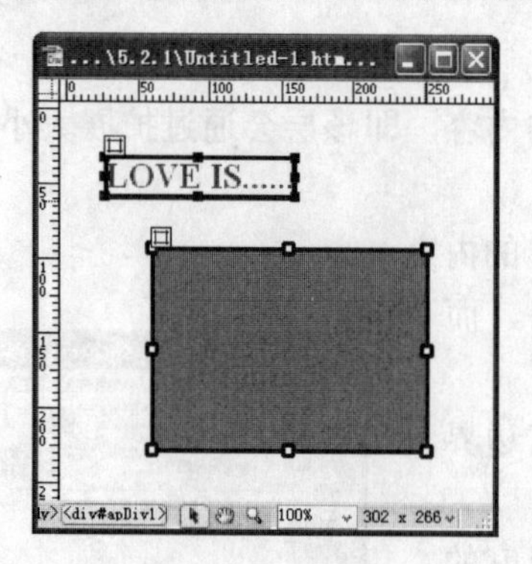

图 6-43 选中需要转换为表格的层

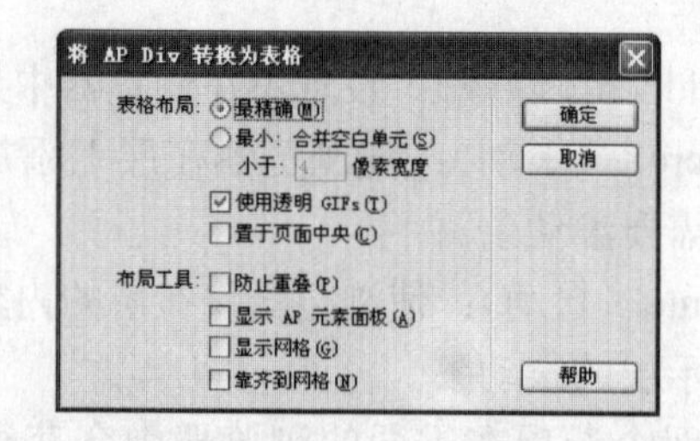

图 6-44 "将 AP Div 转换为表格"对话框

- 置于页面中央：将转换后的表格置于页面的中央。如果不选中该复选框，则转换后的表格将以左对齐方式放置。
- 防止重叠：选中该复选框，可防止层与层之间重叠。
- 显示 AP 元素面板：选中该复选框，转换完成后将显示"AP 元素"面板。
- 显示网格：选中该复选框，转换完成后将显示网格。
- 靠齐到网格：选中该复选框，将会启用吸附到网格功能。

图 6-45 层转换为表格后的效果

（3）设置完成后，单击"确定"按钮进行转换，效果如图 6-45 所示。

2. 表格转换为层

如果对使用表格布局设计的页面不满意，而对表格进行调整又十分麻烦，则可以先将表格转换为层，然后再进行调整。表格向层的转换是层向表格转换的逆操作，下面以上例中转换后的表格为例，介绍将表格转换为层的方法：

（1）单击"修改"|"转换"|"将表格转换为 AP Div"命令，弹出如图 6-46 所示的"将表格转换为 AP Div"对话框。

该对话框中各选项的含义如下：

- 防止重叠：选中此复选框，可以在层的操作中防止层互相重叠。
- 显示 AP 元素面板：选中此复选框，在转换完成时会显示"AP 元素"面板。
- 显示网格：选中此复选框，在转换完成时会显示网格。
- 靠齐到网格：选中此复选框，在转换完成时会启用网格的吸附功能。

（2）设置完成后，单击"确定"按钮进行转换。本例使用默认设置，由表格转换为层后的效果如图 6-47 所示。

3. 层与表格的嵌套

所谓嵌套，其实就是将被嵌套对象的代码嵌入到目标对象的代码中。例如，层嵌套表格，就是将表格的代码嵌入到层的代码中；表格嵌套层，就是将层的代码嵌入到表格的代码中。

在层中插入表格，就如同在层中插入一幅图像，插入到层中的表格可以随层一起移动，如图 6-48 所示。

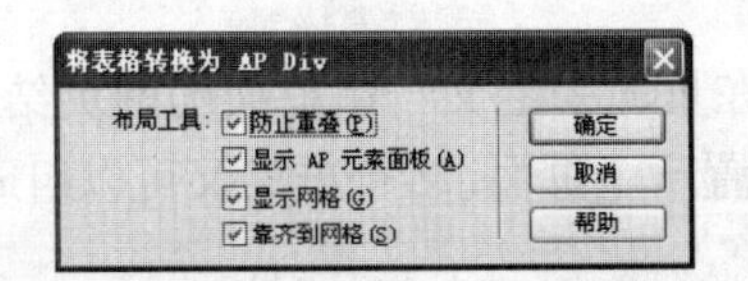

图 6-46 “将表格转换为 AP Dvi”对话框

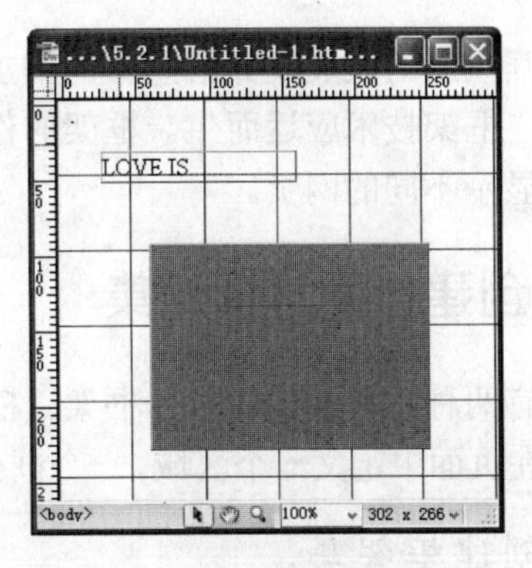

图 6-47　表格转换为层后的效果

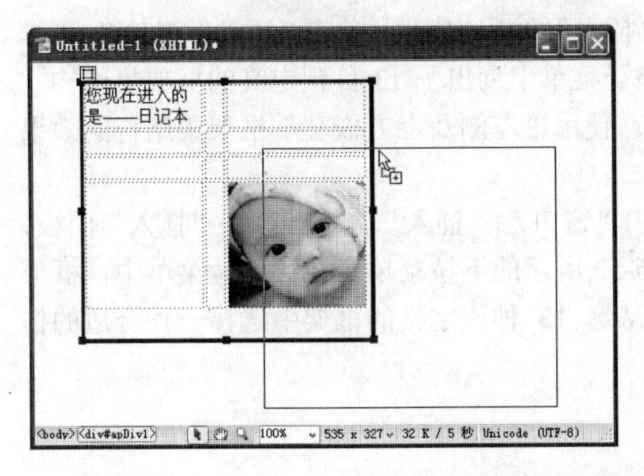

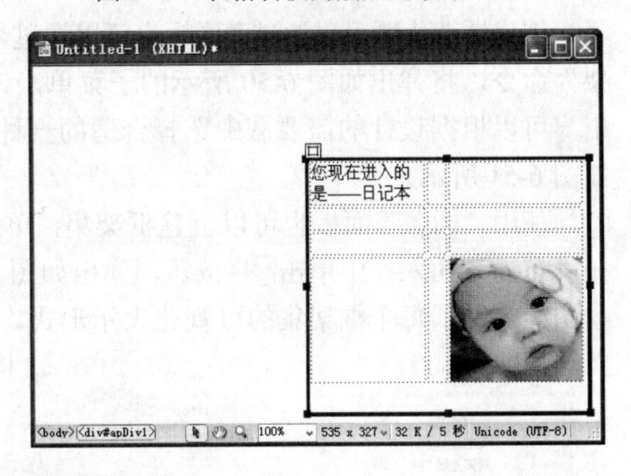

图 6-48　层中插入表格的移动效果

在表格中插入层的方法与在层中插入表格的方法类似。其具体操作方法如下：在网页中插入一个表格，然后将光标置于表格中，单击“插入”|“布局对象”|AP Div 命令，即可在表格中插入层。表格中插入层与层中插入表格不同，层中插入表格，表格要随层一起移动；而表格中插入层，层却不受表格的约束，可以在表格之外随意移动，如图 6-49 所示。但是，即使层已经完全脱离了表格，层的 HTML 标识却始终在<td></td>标识符之间，表明层仍然嵌套在表格中。

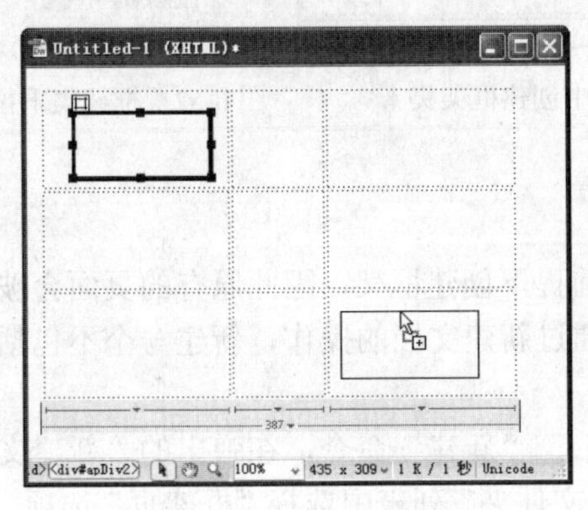

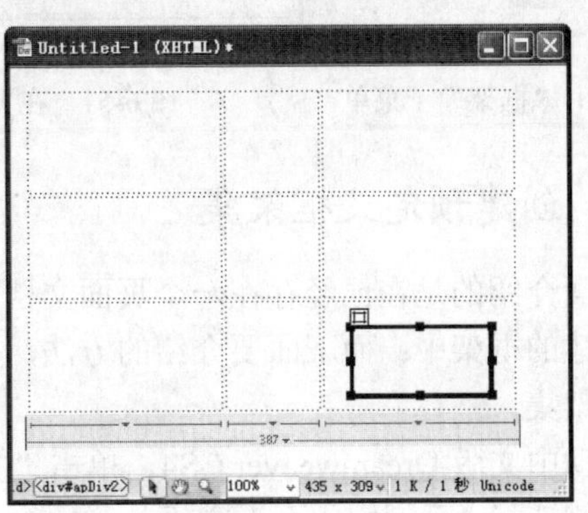

图 6-49　表格中插入层的移动效果

6.3 使用框架

由于互联网的发展及其信息量的增加，单一的页面形式已经很难满足人们的需求。基于这种状况，框架技术应运而生。框架的作用就是把浏览器窗口划分为若干个区域，每个区域可以分别显示不同的网页。

6.3.1 创建框架与框架集

框架有两种：框架集和单个框架。框架集是指在页面中定义一组框架的网页结构；单个框架是指在页面中定义一个区域。一个框架内可以放置一个页面，多个框架又可以组成框架集。

1. 创建框架集

创建框架集既可以通过菜单，也可以通过“插入”面板来实现。单击“插入”| HTML |“框架”命令，将弹出如图 6-50 所示的子菜单，该子菜单中列出了 13 种预定义的框架集结构，用户可以根据设计的需要从中选择合适的一种。使用“左侧及上方嵌套”框架集结构的效果如图 6-51 所示。

使用“插入”面板也可以创建框架集，单击“窗口”|“插入”命令，打开“插入”面板，在“布局”插入栏中单击按钮，弹出如图 6-52 所示的下拉菜单，在该下拉菜单中，框架集图标提供了每个框架集的可视化表示形式，从这 13 种预定义的框架中选择一种合适的框架结构即可。

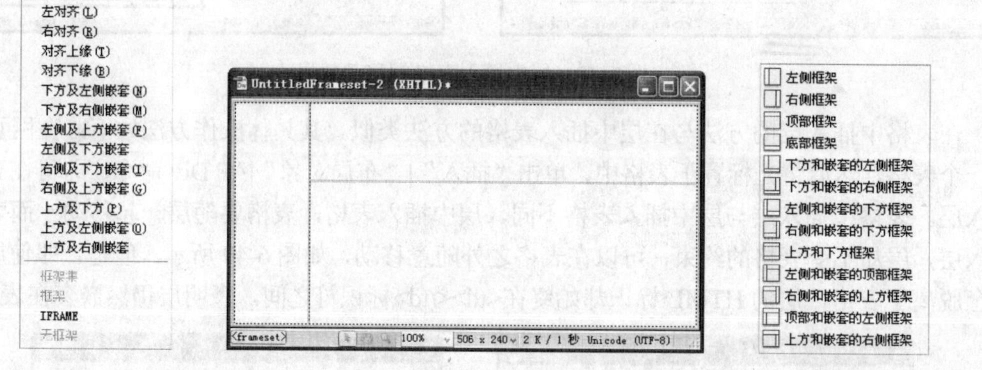

图 6-50 “框架”子菜单　　图 6-51 在页面中创建框架集　　图 6-52 框架集下拉菜单

2. 创建预定义框架集

前面介绍的是在已经存在一个页面文档的前提下创建框架，因此原有的页面会被自动嵌套到新建的框架中；而下面要介绍的方法，是通过新建文档的操作，新建一个不包括页面文档的框架集。

启动中文版 Dreamweaver CS4，单击“文件”|“新建”命令，在弹出的“新建文档”对话框左侧选择“示例中的页”选项卡，在“示例文件夹”列表中选择“框架页”选项，在“示例页”列表中选择合适的框架集，在预览区中将显示框架集预览的效果，如图 6-53 所示。单

击“创建”按钮，即可完成框架集的创建。

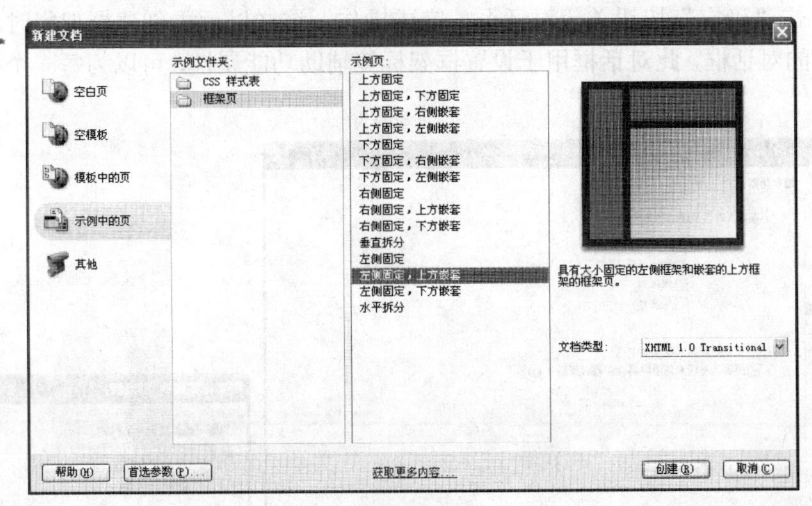

图 6-53　“新建文档”对话框

3. 创建嵌套框架集

嵌套框架集是指将一个框架集包含在另一个框架集中。创建嵌套框架集的操作方法如下：

（1）在页面中创建一个框架集，并将光标定位在需要嵌套框架集的框架中，如图 6-54 所示。

（2）在“布局”插入栏中单击“框架”下拉按钮，在弹出的下拉菜单中选择“左侧框架”选项，即可将中间的框架划分为左右两个框架，如图 6-55 所示。

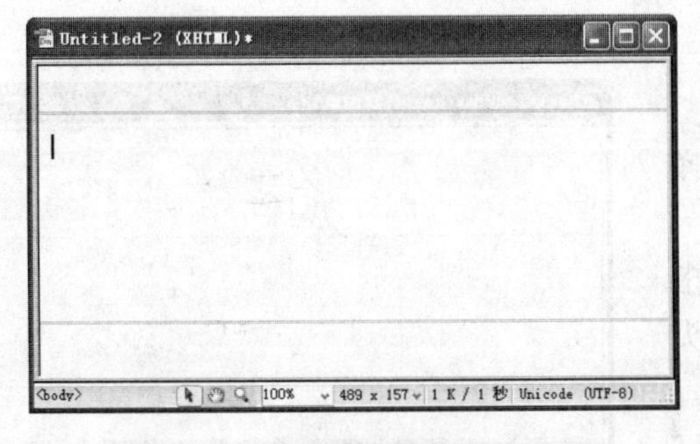

图 6-54　创建框架集并定位光标

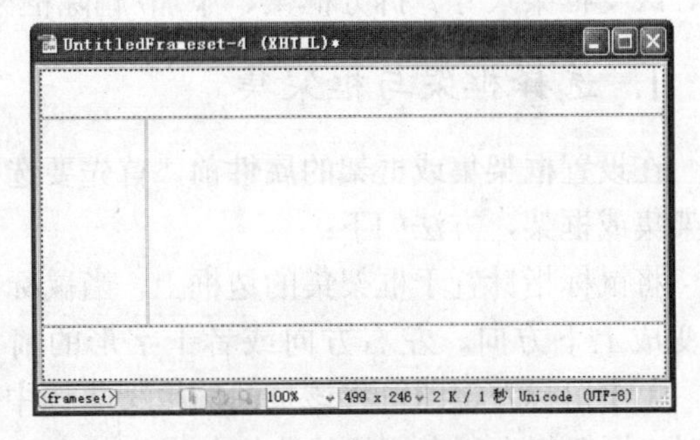

图 6-55　嵌套框架集

4. 使用框架标签辅助功能

在创建页面时，为了便于识别新创建的框架，常常需要为框架定义标签文字和说明信息等与页面对象相关的辅助功能信息。中文版 Dreamweaver CS4 提供了框架标签辅助功能，如果激活该功能，在插入框架集时，系统将提示用户输入辅助功能信息。激活框架标签辅助功能的操作方法如下：

（1）单击“编辑”|“首选参数”命令，弹出“首选参数”对话框。

（2）在该对话框的“分类”列表中选择“辅助功能”选项，并选中“在插入时显示辅助功能属性”选项区的“框架”复选框，如图6-56所示。

（3）单击“确定”按钮关闭对话框，完成操作。这样以后再创建框架集时就会弹出如图6-57所示的对话框，此对话框用于设置框架标签辅助功能属性，可以为每一个框架指定一个标题。

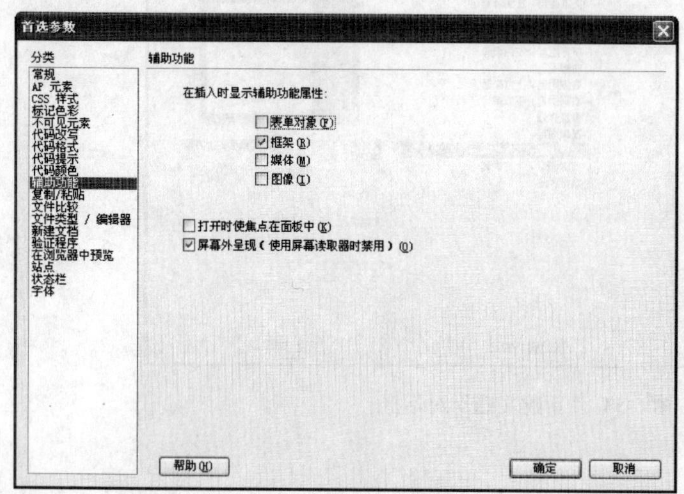

图6-56 “首选参数”对话框

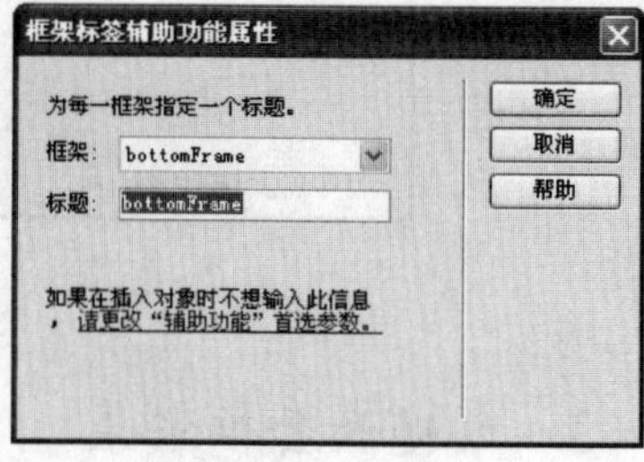

图6-57 “框架标签辅助功能属性”对话框

6.3.2 设置框架与框架集

用户可以根据需要对创建好的框架进行适当的调整与设置，如设置框架与框架集的属性、改变框架尺寸、拆分框架、添加/删除框架等。

1. 选择框架与框架集

在设置框架集或框架的属性前，首先要选择框架集或框架，方法如下：

将鼠标指针置于框架集的边框上，当鼠标指针变成上下方向、左右方向或者十字形的箭头时，单击鼠标左键即可将该页面的框架集选中。此时，框架集内所有框架的边框都以点状虚线显示，如图6-58所示。

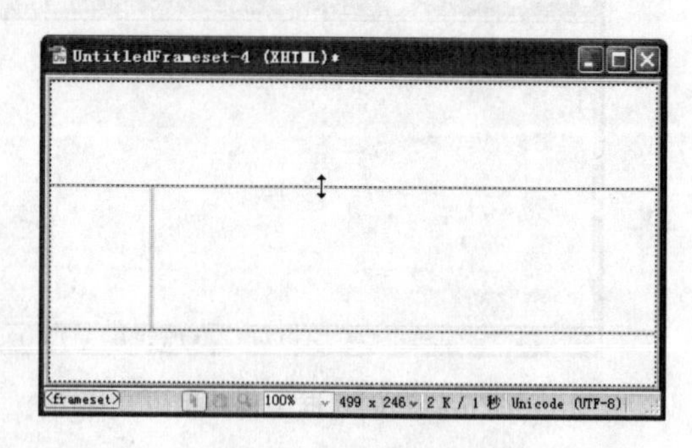

图6-58 选择框架集

用户也可以单击“窗口”|“框架”命令，打开“框架”面板，单击该面板显示框架集的外框，将框架集选中，如图6-59所示。

选择框架的方法与选择框架集的方法类似，既可以在编辑区选择，也可以在“框架”面板中选择。在“框架”面板中直接单击所要选择的框架，即可将该框架选中。在编辑区可以看到，被选中后的框架周围出现点状虚线，如图6-60所示。

2. 设置框架集的属性

选择框架集后的“属性”面板如图6-61所示。通过框架集“属性”面板可以设置边框的属性，但是在框架集中设置的属性会被在框架中设置的相应属性覆盖。

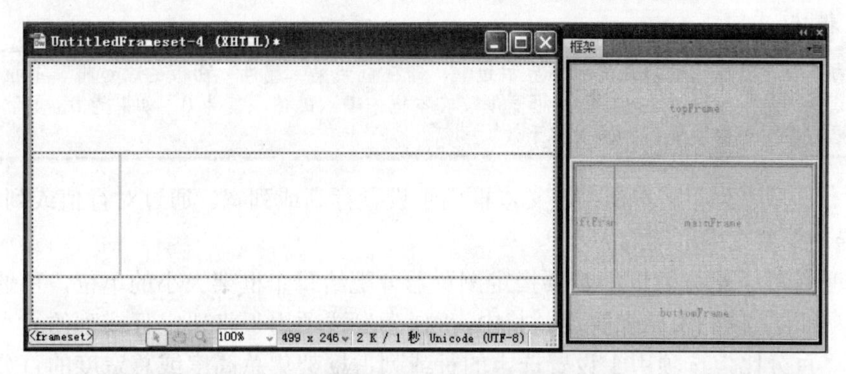

图 6-59　通过“框架”面板选择框架集

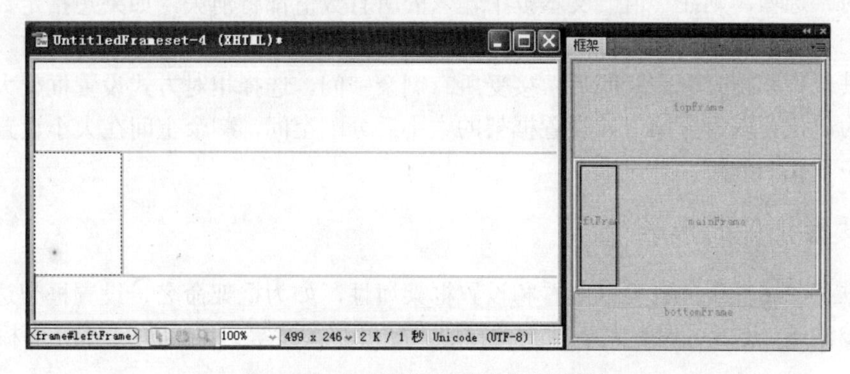

图 6-60　在“框架”面板中选择框架

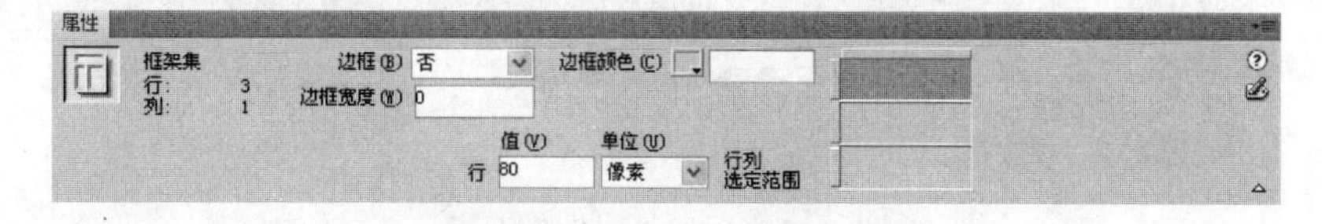

图 6-61　框架集的“属性”面板

框架集“属性”面板中各选项的含义分别如下：

● “边框”下拉列表框：该下拉列表框用于设置在浏览器中浏览页面时是否显示框架边框。如果选择“是”选项，则显示框架边框；如果选择“否”选项，则不显示框架边框；如果选择“默认”选项，将由客户端的浏览器决定是否显示框架边框。

● “边框宽度”文本框：该文本框用于设置框架边框宽度。在“边框宽度”文本框中直接输入边框宽度的数值，数值越大，框架边框就越宽，宽度为 0 则无边框。

如果在“边框”下拉列表框中选择“否”选项，则不管“边框宽度”设置为多少，都不会显示框架边框；在“边框”下拉列表框中选择“是”选项，“边框宽度”即使设置为 0，也会显示框架边框。

● “边框颜色”选项：该选项用于设置框架边框的颜色。可单击右侧的颜色井，在弹出的调色板中选择一种颜色，也可直接在右侧的文本框中输入色码值。

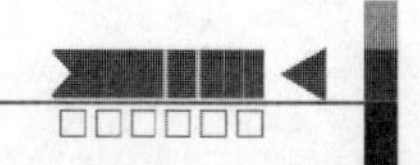

专家指点

> 为边框设置颜色的前提是允许显示边框，即在框架集“属性”面板的“边框”下拉列表框中选择“是”选项，同时在“边框宽度”文本框中输入的值不能为0（如果为0，虽然能显示边框，但对边框设置颜色的操作无效）。

- “行”或“列”文本框：该文本框用于设置行高或列宽。通过对行值或列值的设定，可以设置选定框架集中框架的大小。
- “单位”下拉列表框：若要指定浏览器分配给每个框架大小的单位，可通过行值或列值的“单位”下拉列表框来实现。其中，“像素”选项用于将选定行或列的大小设置为一个绝对值；“百分比”选项用于设置选定的行或列占框架集总高度或总宽度的百分比；如果选择“相对”选项，则在“值”文本框中输入的所有数值都将消失，如果想指定数值，必须重新输入，不过，如果只有一行或一列设置为相对方式，则不需要输入任何数值，因为该行或列将在其他行和列分配完空间后，接受所有剩余空间。选择相对方式设置框架大小，将会在以像素为单位和以百分比方式设置框架的大小后分配空间，剩余空间在大小设置为相对方式的框架中按比例分配。

3. 设置框架的属性

使用框架“属性”面板可以查看和设置框架属性，如为框架命名、设置框架边框属性、是否显示滚动条、是否可调整大小以及设置边界宽度和高度等。框架的“属性”面板如图6-62所示。

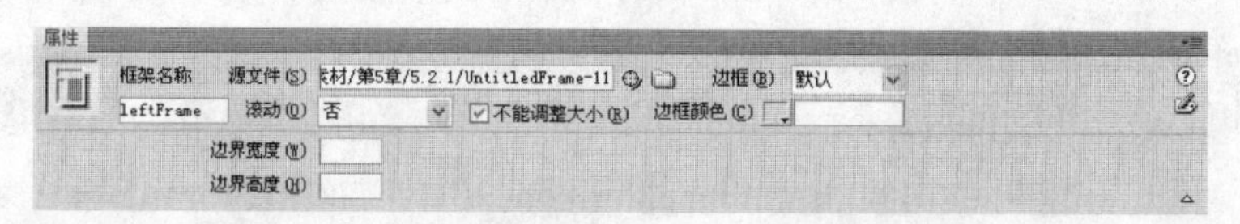

图6-62 框架“属性”面板

其中各选项的含义分别如下：

- 框架名称：设置链接的目标或脚本在引用该框架时所使用的名称。

专家指点

> 框架名称不能以数字开头，必须以字母开头；框架名称中允许使用下划线“_”，但不允许使用连字符“-”、句点“.”和空格；框架名称区分大小写；不能使用JavaScript的保留字作为框架名称。

- 源文件：设置在当前框架中显示的页面，可以直接输入源文件的路径，也可以通过单击其右侧的按钮，在弹出的“选择HTML文件”对话框中选择合适的源文件。
- 边框：设置显示或隐藏当前框架的边框：选择“是”选项，将显示边框；选择“否”选项，将隐藏边框；选择“默认”选项，将由客户端的浏览器决定是否显示边框。
- 不能调整大小：选中此复选框，将禁止用户通过拖动框架边框来调整框架的大小。如果相邻的框架都没有选中该复选框，则该相邻框架之间的边框可以调整。
- 边框颜色：设置当前框架边框的颜色。

● 边界宽度：设置框架中的内容与框架边框的左边距和右边距，单位为“像素”。
● 边界高度：设置框架中的内容与框架边框的上边距和下边距，单位为“像素”。

4. 拆分框架

拆分框架可以创建预定义框架集以外的框架集，让设计者个性化地组织框架集结构，从而更好地满足设计的需要。拆分框架可以通过“修改”菜单进行：将光标置于需要拆分的框架中，然后单击“修改”|“框架集”命令，弹出框架集子菜单，如图 6-63 所示。该子菜单中显示了四种拆分方式：“拆分左框架”、“拆分右框架”、“拆分上框架”和“拆分下框架”，从中选择一种合适的拆分方式即可。图 6-64 所示是将左右结构的框架集拆分为左、中、右三栏，这种结构在预定义框架集中是没有的。

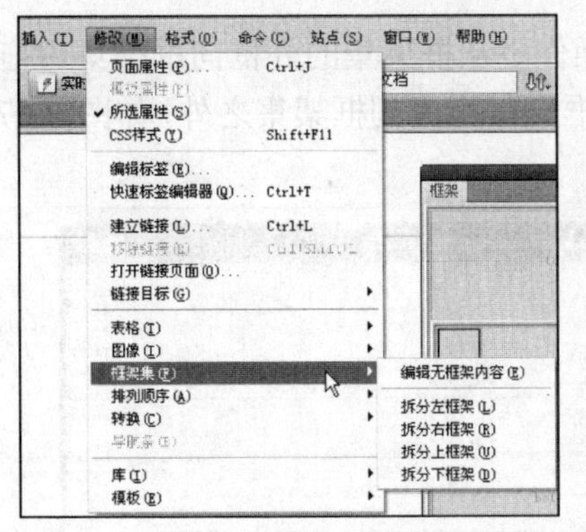

图 6-63　单击“修改”|“框架集”命令

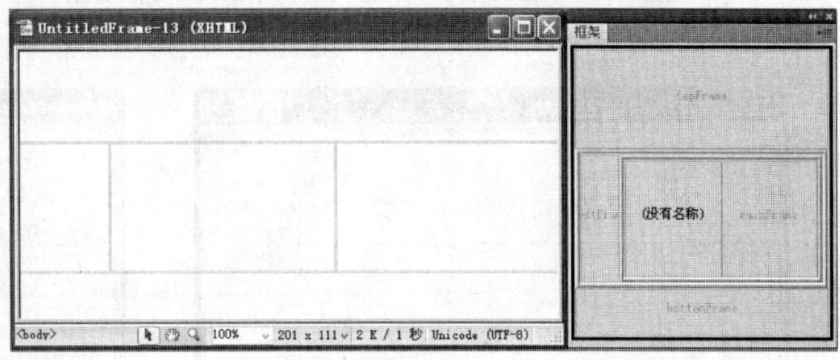

图 6-64　拆分框架集

专家指点

将鼠标指针置于框架与框架之间的边框上，当鼠标指针变成上下或左右方向的双向箭头形状时，拖曳鼠标即可改变框架的尺寸，如图 6-65 所示。

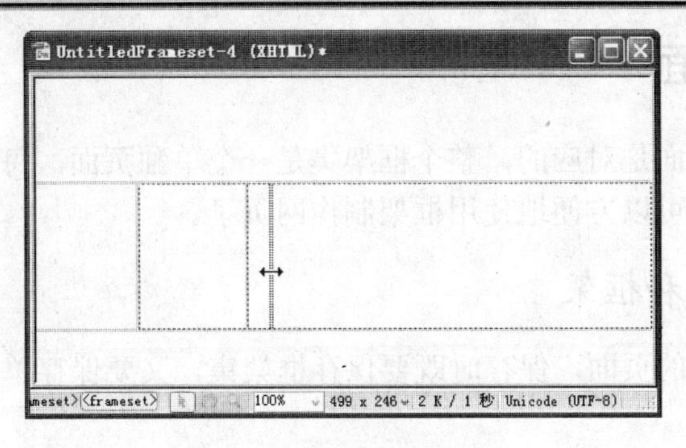

图 6-65　改变框架尺寸

5. 添加框架

在 Dreamweaver 的文档页面中单击“查看”|“可视化助理”|“框架边框”命令，显示出框架，将鼠标指针置于框架集的外边框处，当鼠标指针变为上下或左右方向的双向箭头形状时，向框架集内拖曳鼠标，即可在相应位置添加框架，如图 6-66 所示。

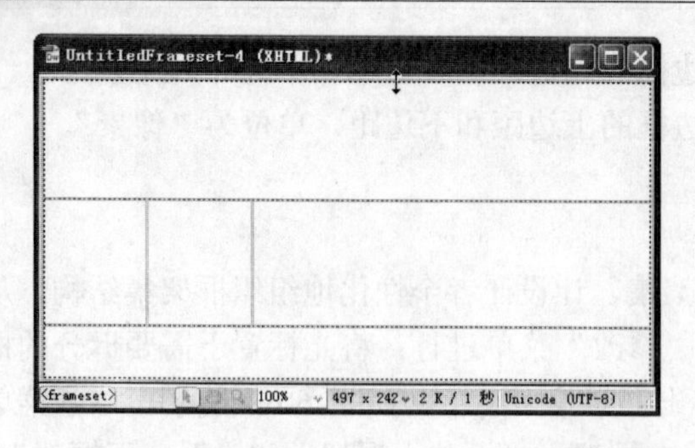
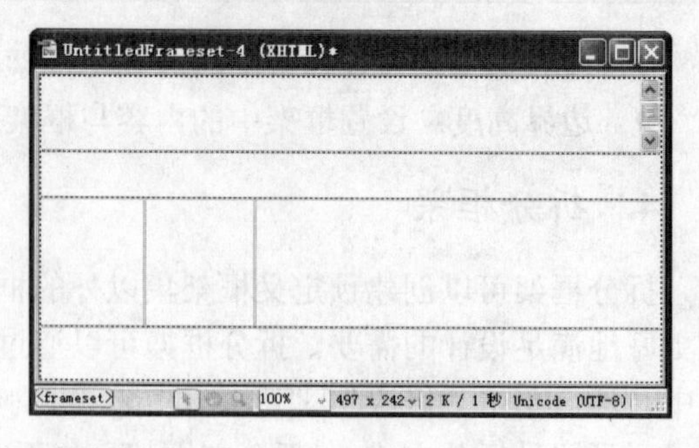

图 6-66　添加框架

6. 删除框架

删除框架与添加框架的操作正好相反，添加框架的操作是从框架集的外框向框架集内拖曳鼠标，而删除框架的操作，则是将需要删除的框架的边框直接拖曳到框架集之外，如图 6-67 所示。

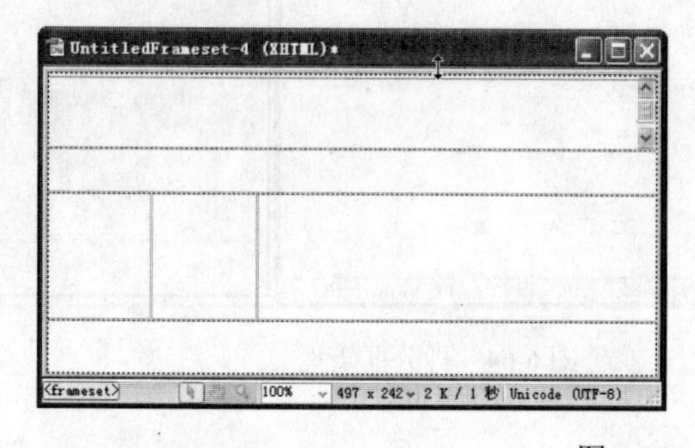
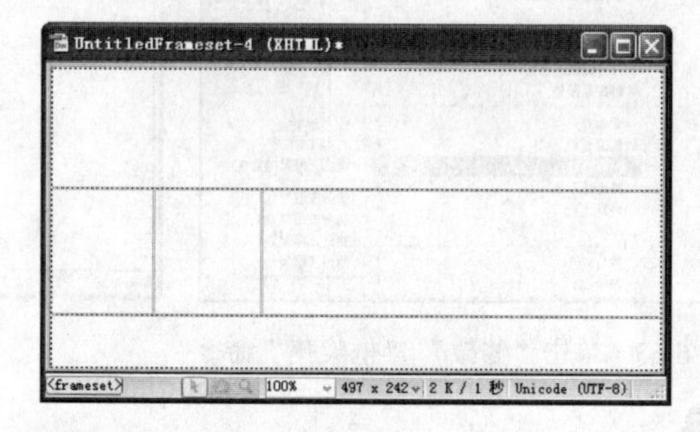

图 6-67　删除框架

当整个页面中只剩下框架集的外框时，单击“查看”|“可视化助理”|“框架边框”命令，可将框架集的外框隐藏。

6.3.3 框架与页面

框架、框架集与页面是对应的，整个框架集是一个单独页面，每个框架也是一个页面。搞清楚这个关系后，就可以方便地使用框架制作网页了。

1. 保存框架集和框架

对于使用了框架集的页面，保存时既要保存框架集，又要保存单个框架，所以比保存单个页面要复杂一些。

● 保存全部：如果用户要将框架集和框架同时保存，可以单击“文件”|“保存全部”命令。对于新创建的框架页面来说，最先保存的是框架集，在弹出的“另存为”对话框中，框架集的默认名称为 UntitledFrameset-4，从默认名称也可以看出保存的是框架集，如图 6-68 所示。为框架集重新命名，单击“保存”按钮，即可完成保存框架集的操作。

保存框架集后，中文版 Dreamweaver CS4 会继续提示保存单个的框架，如图 6-69 所示。为框架重新命名，单击“保存”按钮，Dreamweaver 会继续提示保存其他框架，直至保存完所有的框架为止。

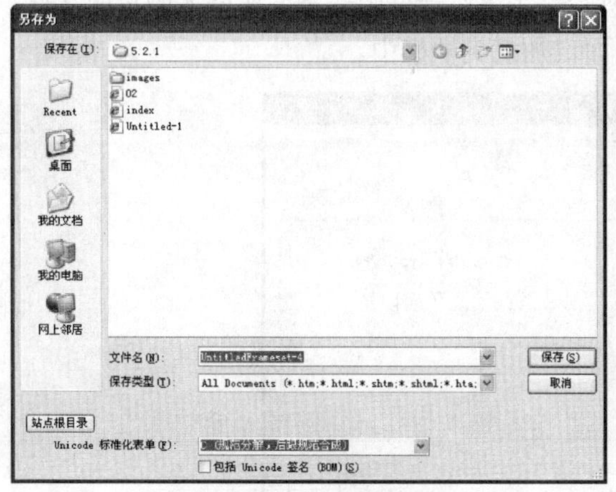

图 6-68　保存框架集

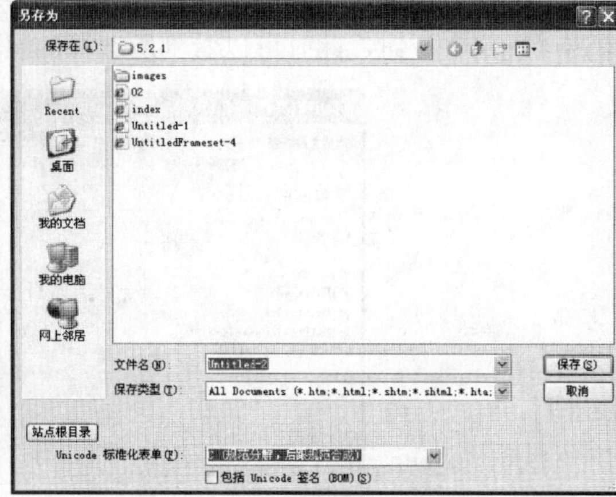

图 6-69　保存单个框架

● 保存框架集：如果用户只想保存框架集，可以在设计好整个页面后再保存。单击“文件”|“框架集另存为”命令，在弹出的对话框中进行相应操作，即可只保存框架集，而不保存框架。

● 保存框架：每个框架中都嵌套了一个页面文件，保存单个框架其实就是保存这些单个的页面文件。如果用户只想保存单个框架，则将光标定位在相应的框架中，然后单击“文件”|“保存框架页”命令，在弹出的对话框中进行相应的操作，即可只保存该框架，而不保存其他框架。

2. 在框架中插入页面

如果用户需要在已经创建好的框架中插入页面，或在框架中嵌入页面，可通过以下两种方法实现：

● 使用框架“属性”面板：在“框架”面板中选中要插入页面的框架，然后在框架“属性”面板的“源文件”文本框中直接输入页面文件的存放路径，或者单击按钮，在弹出的“选择 HTML 文件”对话框中选择要嵌套的页面文件。设置完成后，该页面文件便会被加载到框架中，如图 6-70 所示。

图 6-70　在框架中加载页面文件

- 使用菜单：将光标置于要嵌入页面的框架中，单击“文件”|“在框架中打开”命令，弹出“选择HTML文件”对话框，如图6-71所示。在该对话框中选择所要嵌入的页面文件，单击“确定”按钮，此时可以看到所选择的页面已加载到框架中。

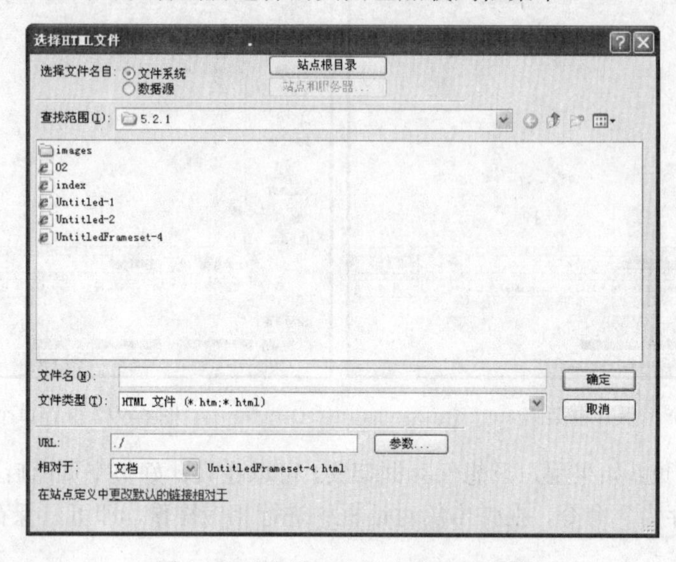

图6-71 “选择HTML文件”对话框

上机操作指导

以上讲述了创建框架网页和保存框架的方法，下面将讲解制作完整的框架网页的过程，其具体操作步骤如下：

（1）单击“文件”|“新建”命令，在弹出的“新建文档”对话框中切换到“示例中的页”选项卡，在“示例文件夹”列表中选择“框架页”选项，在“示例页”列表中选择“上方固定，左侧嵌套”选项，如图6-72所示。

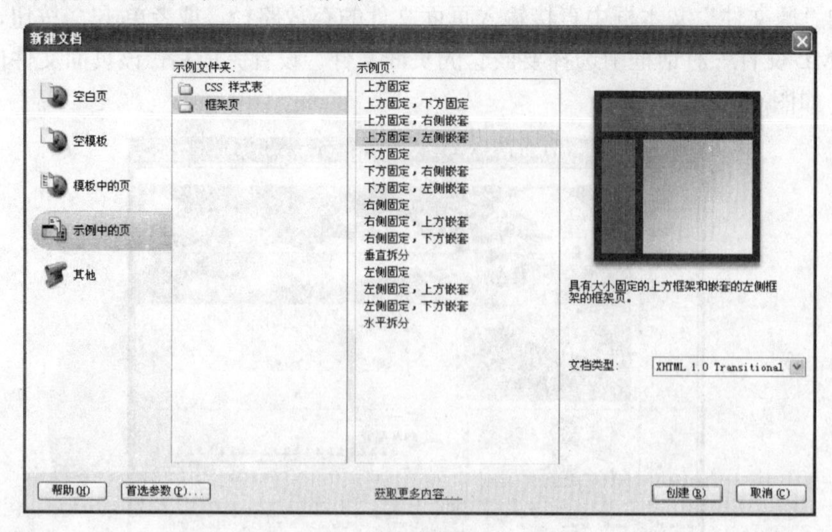

图6-72 “新建文档”对话框

（2）单击“创建”按钮，创建一个空白框架集，单击“文件”|“保存全部”命令，弹出“另存为”对话框，选择保存位置，单击“确定”按钮将框架集保存为 index.html，如图 6-73 所示。

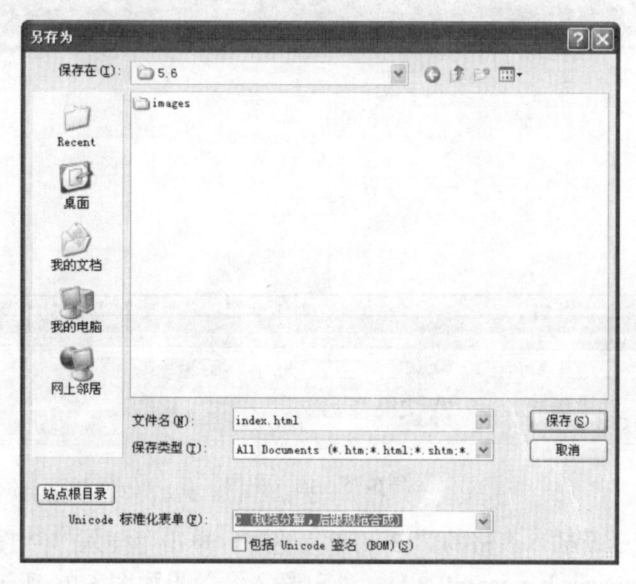

图 6-73　保存整个框架集

（3）在“框架”面板中选中右侧框架，将其保存为 right.html；在“框架”面板中选中左侧框架，将其保存为 left.html；在“框架”面板中选中顶部框架，将其保存为 top.html。

（4）将光标置于顶部框架中，单击“修改”|“页面属性”命令，打开“页面属性”对话框，将“左边距”设置为 0 像素、“上边距”设置为 0 像素，单击“背景图像”文本框右侧的 浏览(W)... 按钮，从本实例的素材文件夹中选择 images/dise.gif 文件，作为背景图像，如图 6-74 所示。

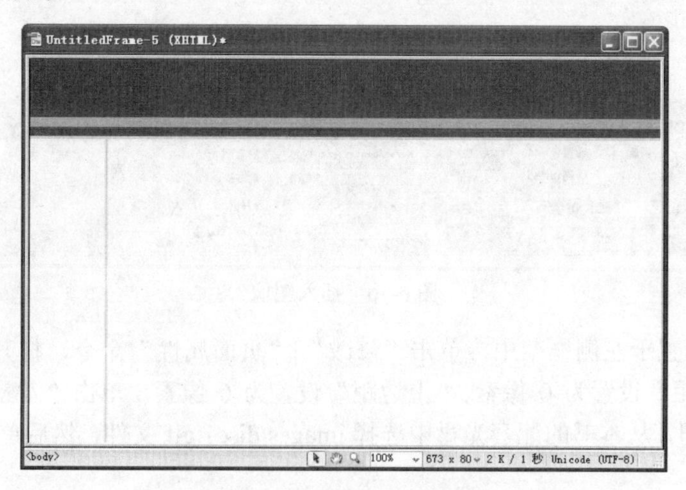

图 6-74　插入背景图像

（5）单击“插入”|“表格”命令，插入一个 1 行 2 列的表格，将光标置于新插入表格的第 1 列单元格中，单击“插入”|“图像”命令，从本书的配套光盘中选择 images/biaozhi.gif

文件，将其插入，效果如图 6-75 所示。

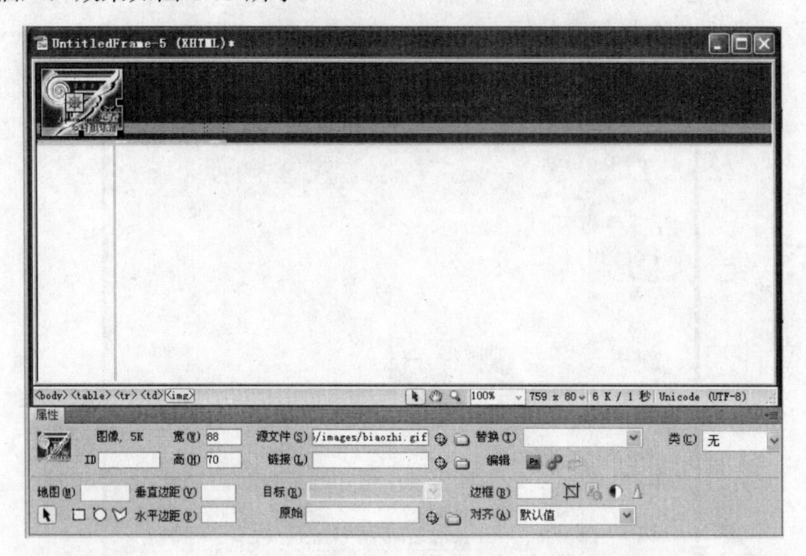

图 6-75 插入图像

（6）将光标置于新插入表格的第 2 列单元格中，单击“插入”|“图像”命令，从本书的配套光盘中选择 images/banner.gif 文件，将其插入，效果如图 6-76 所示。

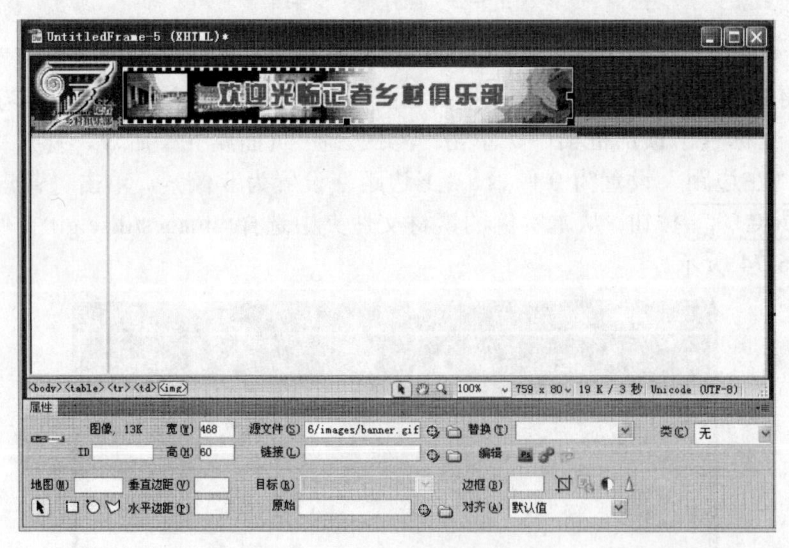

图 6-76 插入图像

（7）将光标置于左侧框架中，单击“修改”|“页面属性”命令，打开“页面属性”对话框，将“左边距”设置为 0 像素、“上边距”设置为 0 像素，单击“背景图像”文本框右侧的“浏览”按钮，从本书的配套光盘中选择 images/dise1.gif 文件，然后单击“确定”按钮，如图 6-77 所示。

（8）在左侧框架中插入相应的图像文件，效果如图 6-78 所示。

（9）将光标置于右侧框架中，单击“修改”|“页面属性”命令，打开“页面属性”对话框，将“左边距”设置为 0 像素、“上边距”设置为 0 像素。在右侧框架中插入一个 2 行 2

列的表格，如图 6-79 所示。

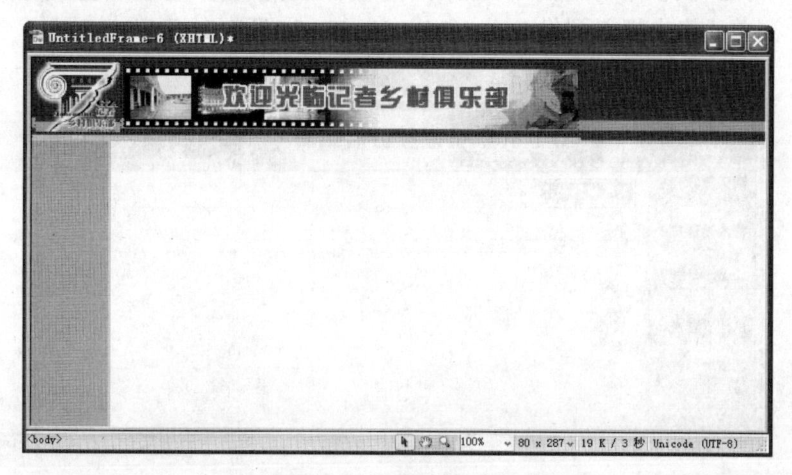

图 6-77　设置页面属性

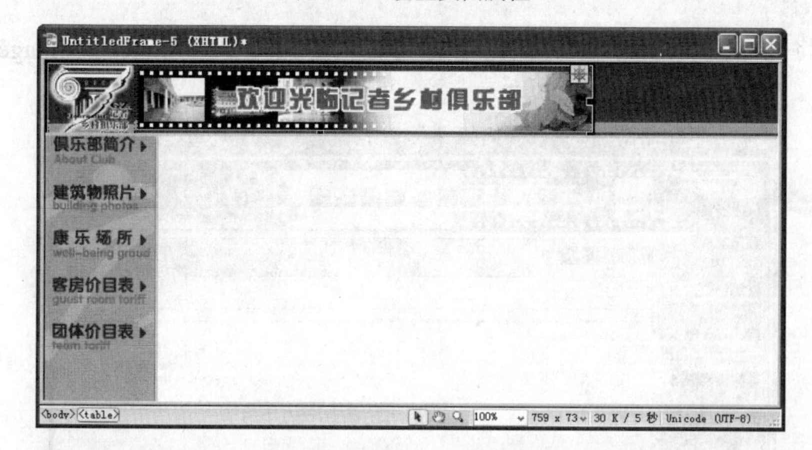

图 6-78　插入图像效果

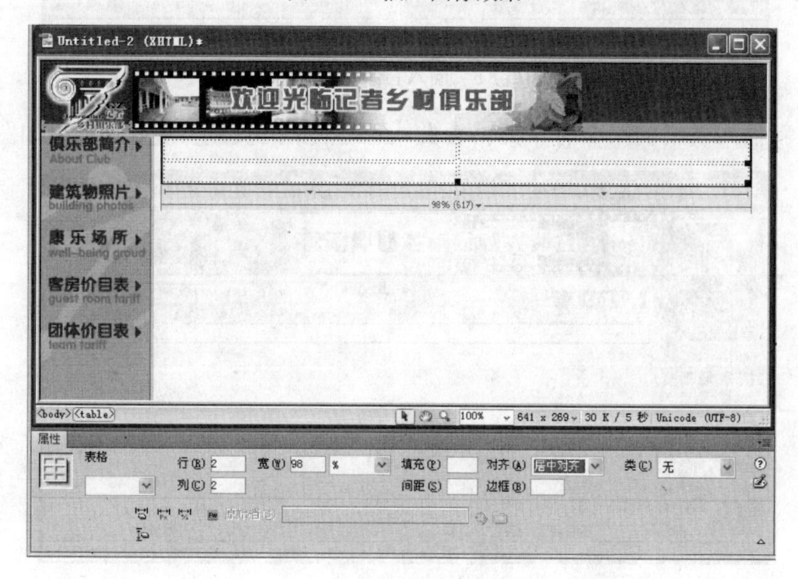

图 6-79　插入表格

（10）在“属性”面板中将新插入表格的第 1 行单元格中的“背景颜色”设置为#D8F2A0，在第 1 行第 1 列单元格中插入图像 images/biaoti2.gif，如图 6-80 所示。

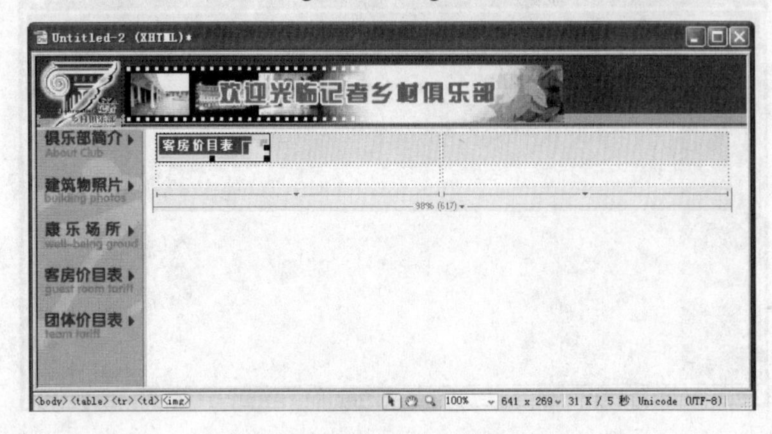

图 6-80　插入图像

（11）将光标置于新插入表格的第 1 行第 2 列单元格中，插入图像 images/7.gif，如图 6-81 所示。

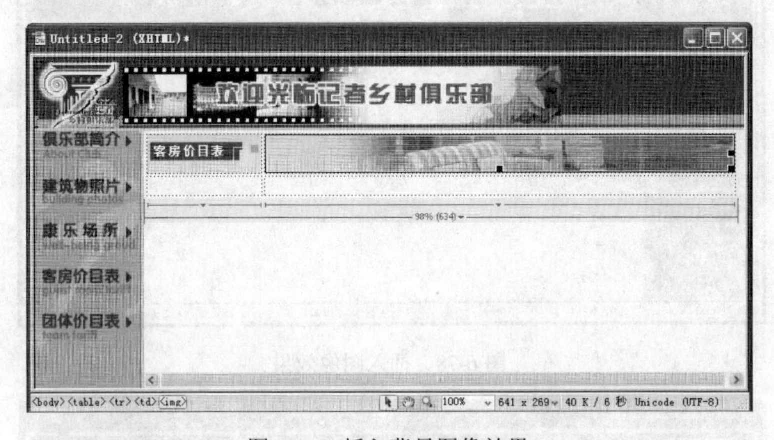

图 6-81　插入背景图像效果

（12）将新插入表格的第 2 行单元格合并，至此框架网页制作完毕，效果如图 6-82 所示。

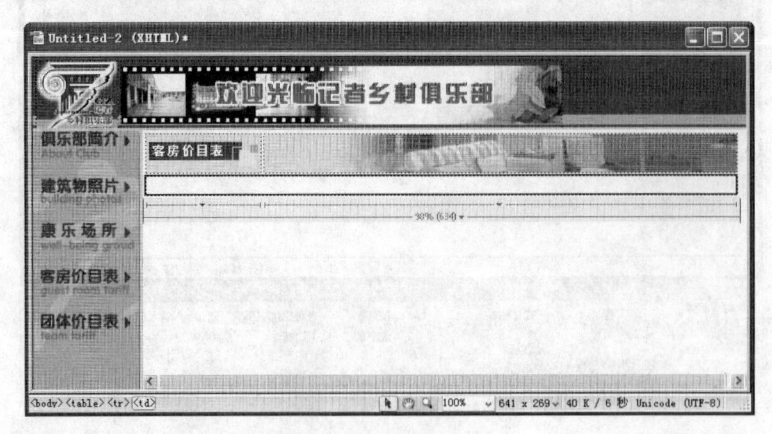

图 6-82　合并单元格

习题与上机操作

一、填空题

1．使用层可以以________为单位精确定位页面元素，通过设置层的 Z 轴属性，可以控制层中各元素的____________；通过设置层的显示与隐藏，可控制层中元素的____________；通过____________，还可以设置层中元素的位置和大小等属性。

2．嵌套层就是在已经创建好的层中嵌套新的层，通过它可以把层组合成一个整体。如果想解除嵌套，只要按住________键，将子层拖曳至父层以外的地方即可。

3．框架有两种，即________和__________。其中，________是指在页面内定义一组框架的网页结构，________是指在页面内定义的一个区域。一个框架内可以放置一个页面，多个框架又可以组成____________。

4．如果要在编辑区选择框架，只需按住________键在所要选择的框架内单击鼠标左键，即可将该框架选中。

二、思考题

1．创建层的方法有哪几种？简述其操作。

2．如何实现层与表格的相互转换？

3．创建框架的方法有哪几种？简述其操作。

4．如何保存框架？

三、上机操作

制作如图 6-83 所示的框架网页。

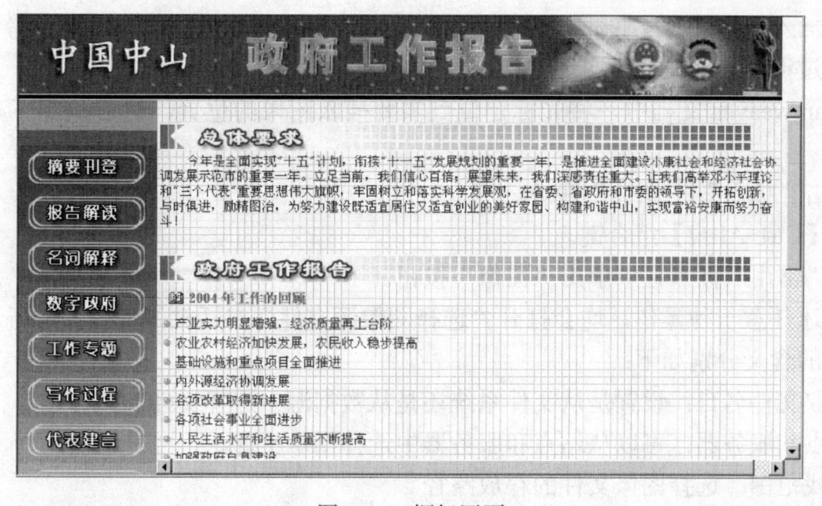

图 6-83　框架网页

第 7 章 网页中的图像

本章学习目标

通过本章的学习，读者应掌握插入图像、设置图像属性、编辑图像、制作图像特效等操作。

学习重点和难点

- 插入图像
- 设置图像大小和位置
- 使用自身的编辑器编辑图像
- 使用外部编辑器编辑图像
- 制作鼠标经过图像效果
- 制作导航图像

7.1 插入图像

图像在网页中既可以作为前景使用，也可以作为背景使用，两种不同类型的使用方式会产生不同的效果。不论作为前景还是背景，只要图像运用得恰到好处，就能形象地展示出网站的风格和主题。

7.1.1 插入前景图像

插入前景图像，就是指将图像作为网页中可以直接操作的对象插入，插入的图像与文本并列显示。插入图像其实就像插入文本一样简单，只不过文本是直接输入或者拷贝的，而插入图像是通过调用外部文件来实现的。

在 Dreamweaver 文档中，将光标定位到需要插入图像的位置，然后执行下列任意一种操作：

- 单击“插入”|“图像”命令。
- 按【Ctrl+Alt+I】组合键。
- 在“常用”插入栏中单击“图像”按钮。

执行上述任意一种操作，均会打开“选择图像源文件”对话框，如图 7-1 所示。该对话框中各选项的含义分别如下：

- 选取文件名自：设置是从文件系统还是从数据源中选择文件。
- 站点和服务器：可以从站点和服务器中选择图像文件。
- 查找范围：选择图像文件的存放路径。
- 文件名：在该文本框中显示被选中文件的文件名，也可以直接在此处输入要选择的文件的名称。
- 文件类型：用于显示被选中文件的文件类型。

● URL：设置被选中文件的存放路径。

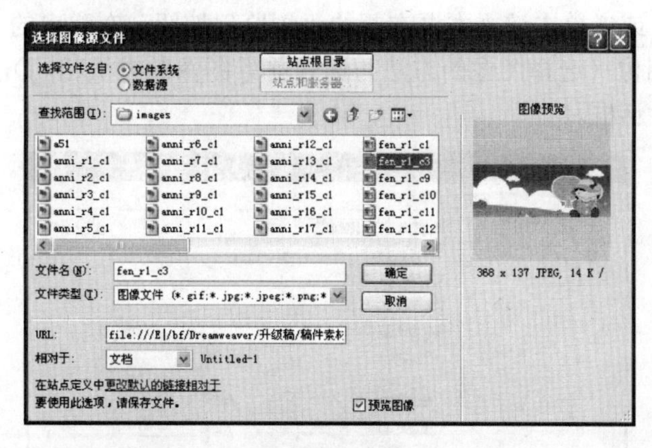

图 7-1 “选择图像源文件”对话框

● 相对于：设置图像路径是与文档相关还是与站点根目录相关：如果选择与文档相关，则 URL 显示该图像相对于文档的存放位置；如果选择与站点根目录相关，则 URL 显示该图像相对于站点的存放位置。

● 预览图像：选中该复选框，将在该对话框的右侧显示出图像的预览图，并显示图像的尺寸、大小和格式等信息。

在“选择图像源文件”对话框的“查找范围”下拉列表框中选择图像的存放路径，其下的列表会显示该路径下的图像文件。选择要插入的图像，单击“确定”按钮，即可插入图像，如图 7-2 所示。

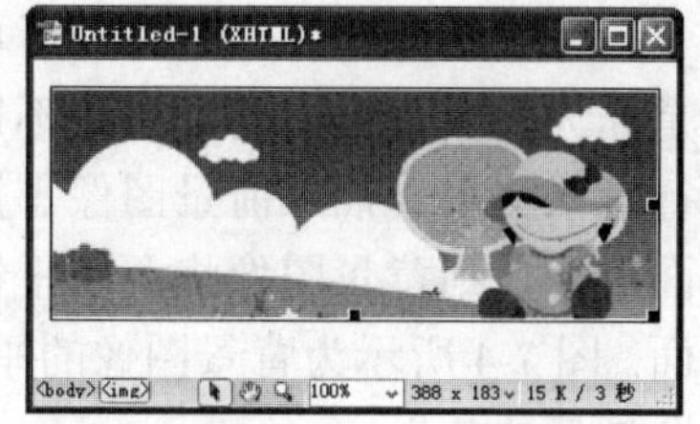

图 7-2 在网页中插入图像

在网页中插入的图像都是独立存在的，而不是与网页嵌在一起（这与 Word 等软件不同），因此，网页总是与其相关的文件放在一起。完成网页制作时，要将整个网站同时发布，缺少了某一部件，就会使网页显示不完整。如果觉得插入的图像不合适或者想更换为其他图像，则选中该图像，直接按【Delete】键将其删除，然后重新插入图像即可；也可以在图像上双击鼠标左键，在弹出的“选择图像源文件”对话框中重新选择图像；还可以在“属性”面板的“源文件”文本框中直接输入要新插入的图像源文件的路径。

专家指点

在选择图像时需要注意，应尽量选择文件较小的图像，因为这样可以缩短图像的下载时间，对于比较大的图像，可以通过图像处理软件处理后再插入。

7.1.2 插入背景图像

所谓插入背景图像，就是将图像作为网页的背景来使用，而不是与文本等网页对象并列放置。在作为背景使用的图像上仍然可以放置其他网页对象，背景图像与背景颜色的用途相似。

插入背景图像与插入前景图像的方法不同，需要在“页面属性”对话框中进行设置。在需要插入背景图像的文档中单击“修改”|“页面属性”命令，或在文档编辑区的空白处单击鼠标右键，在弹出的快捷菜单中选择“页面属性”选项，打开“页面属性”对话框，如图 7-3

所示。在“分类”列表中选择“外观（CSS）”选项，在右侧的“背景图像”文本框中输入背景图像的保存路径，或者单击该文本框右侧的“浏览”按钮，在弹出的“选择图像源文件”对话框中选择背景图像（选择图像的方法与选择前景图像的方法相同），单击“确定”按钮返回“页面属性”对话框。

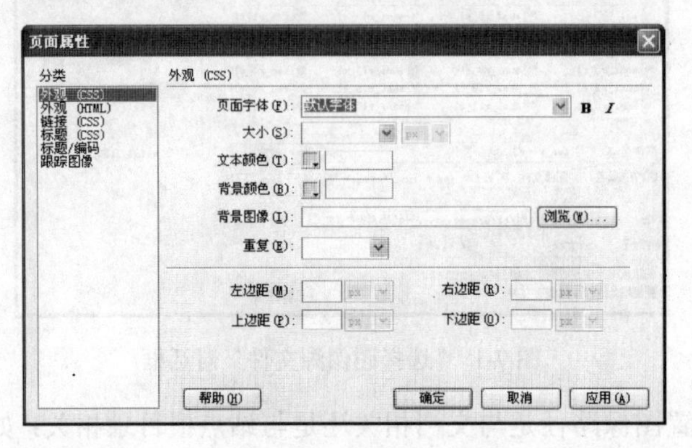

图 7-3 “页面属性”对话框

设置好背景图像的路径后单击“确定”按钮，即可插入背景图像。插入的背景图像只是作为页面背景使用，完全不影响网页中其他元素对象的使用，在背景图像上仍然可以进行输入文本、插入前景图像等操作。另外，插入背景图像时，如果背景图像的尺寸小于页面尺寸，则背景图像将会以平铺方式显示，即背景图像会不断重复出现，直至填满整个页面。图 7-4 所示为背景图像的平铺效果，图 7-5 所示则为在插入背景图像的页面上插入前景图像后的效果。

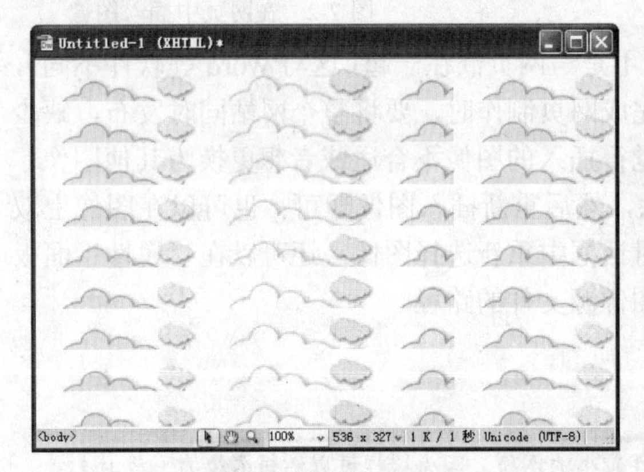

图 7-4 背景图像的平铺效果

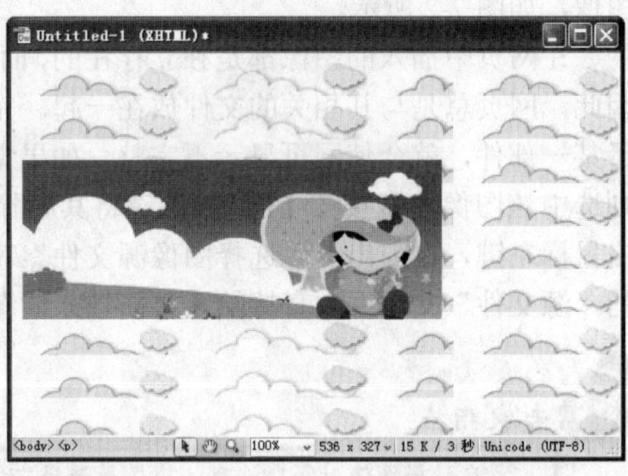

图 7-5 在背景图像上插入前景图像后的效果

7.1.3 插入图像占位符

插入图像占位符也就是插入一个占据页面位置的空图像块，但并不显示真实图像。图像占位符的图像源属性设置为空。

单击“插入”|“图像对象”|“图像占位符”命令，或者在“常用”插入栏中单击“图像”下拉按钮，在弹出的下拉菜单中选择“图像占位符”选项，如图 7-6 所示。此时，将弹出如图 7-7 所示的“图像占位符”对话框。

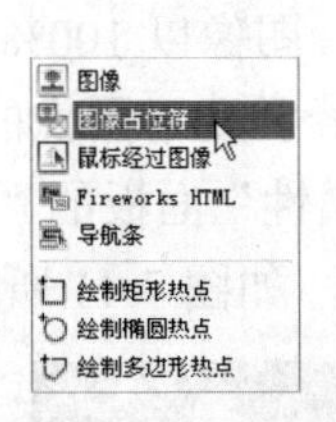

图 7-6　图像下拉菜单

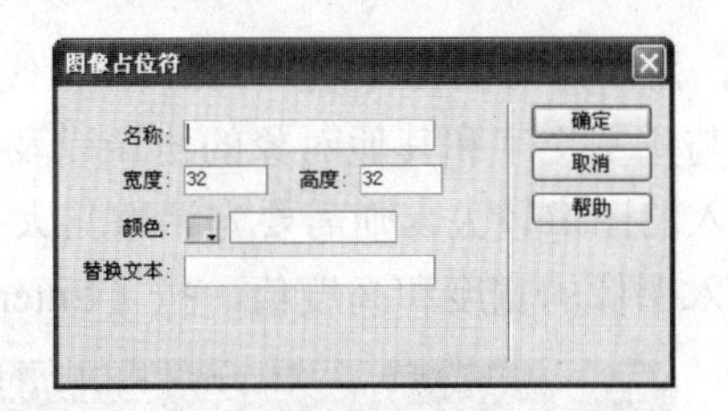

图 7-7　“图像占位符”对话框

该对话框中各选项的含义分别如下：

- 名称：设置占位符的名称，在此输入 Tu01。需要注意的是，占位符的名称中只能包含 ASCII 字母或数字，并且不能以数字开头。
- 宽度：设置图像占位符在网页中占据的宽度，在此输入 200。
- 高度：设置图像占位符在网页中占据的高度，在此输入 100。
- 颜色：设置图像占位符的颜色，在此输入色码值#66FFCC。
- 替换文本：设置替换文本，在此输入“图像占位符”。

单击“确定”按钮即可完成设置，效果如图 7-8 所示。按【F12】键预览页面，效果如图 7-9 所示。

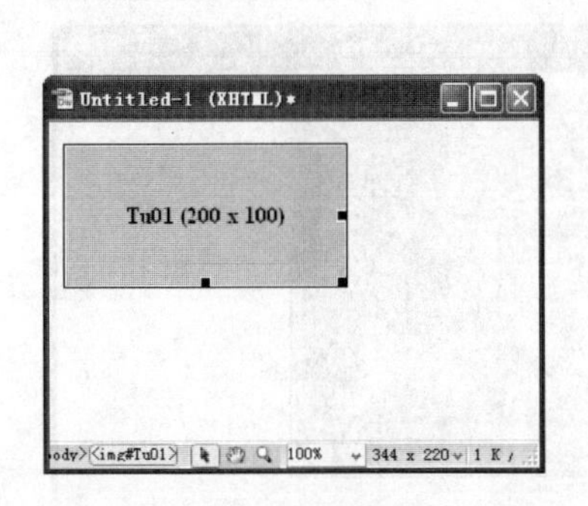

图 7-8　插入图像占位符

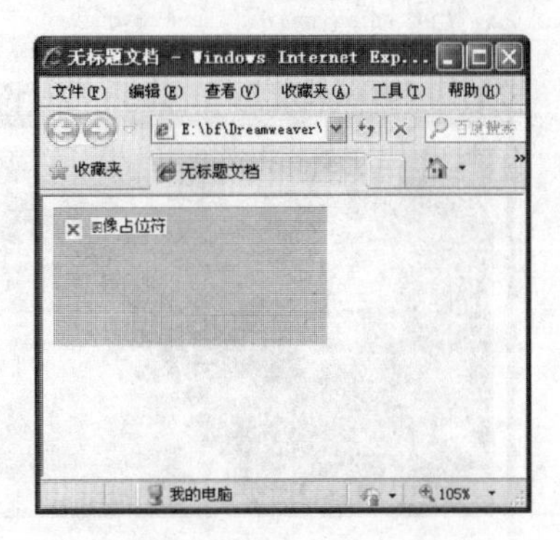

图 7-9　预览图像占位符

7.2　设置图像属性

插入图像后，可以根据需要对图像的属性进行设置。图像刚插入时处于选中状态，同时“属性”面板也变为图像的“属性”面板，并显示了图像的预览图，如图 7-10 所示。

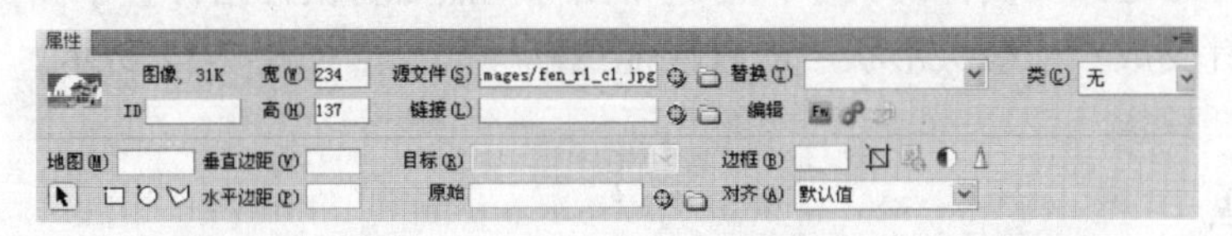

图 7-10　图像“属性”面板

7.2.1　设置图像大小

插入图像后，中文版 Dreamweaver CS4 会读取图像的属性，宽度和高度的值默认以“像

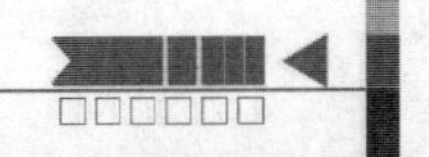

素”为单位，并作为图像属性插入到HTML代码中。默认情况下，图像以100%的比例显示，但根据图像与周围文字和其他对象的协调以及页面布局的需要，经常要对图像的尺寸进行调整。如果插入的图像较大，则需要先调整其大小：直接在图像“属性”面板的“宽”和“高”文本框中输入图像的宽度和高度值，按【Enter】键即可完成设置，如图7-11所示。

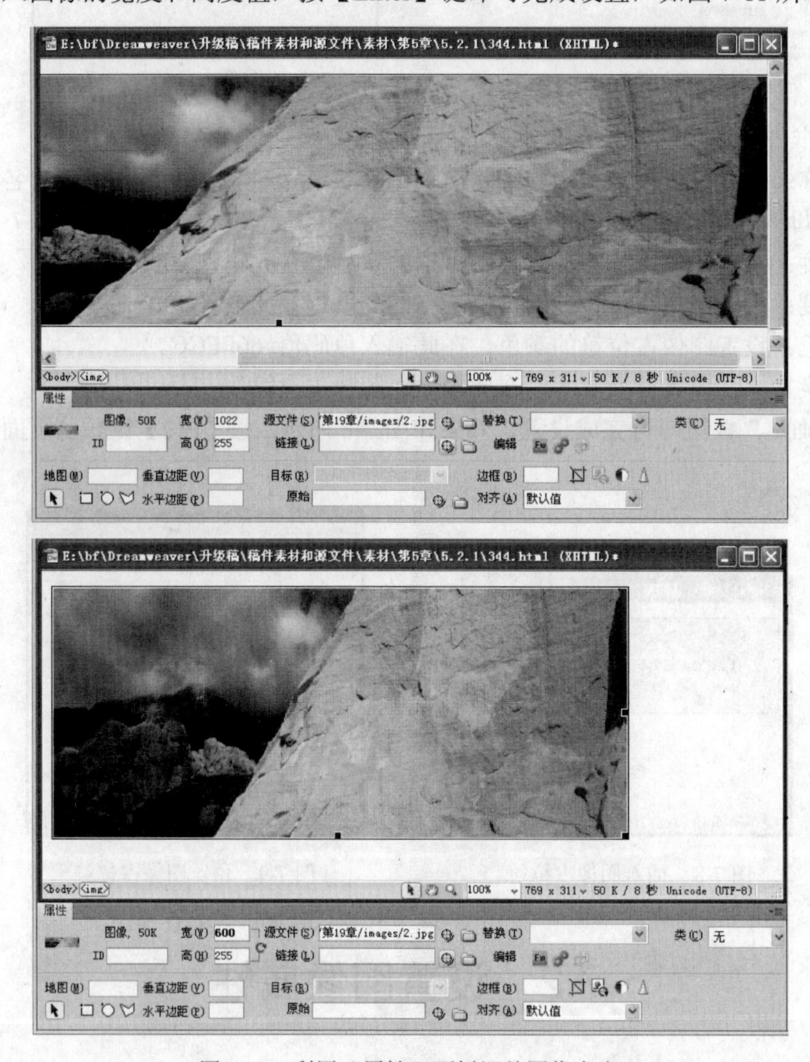

图7-11 利用“属性”面板调整图像大小

如果只想粗略地改变图像的大小，可选中图像，然后将鼠标指针置于图像四周的控制点上，当鼠标指针变成双向箭头形状后，直接拖曳鼠标即可，如图7-12所示。

如果用户在拖曳鼠标的同时按住【Shift】键，则可以按比例同时改变图像的宽和高；如果想恢复图像至刚插入时的大小，则单击“宽”和“高”文本框旁边的按钮即可。

改变图像的尺寸大小，只是改变其在屏幕上的显示尺寸，并不能改变图像源文件的大小。要想改变图像源文件的大小，最好的方法是在插入图像前先用专门的图像处理软件（如Fireworks或Photoshop）对图像进行处理，这样才能保证图像在大小改变后不失真。

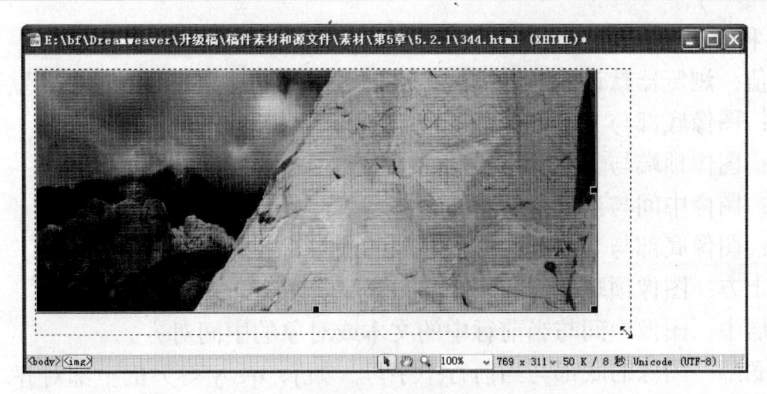

图 7-12　拖曳鼠标改变图像大小

7.2.2　设置图像位置

图像可以像文本一样，进行左对齐、右对齐和居中对齐。实际上，与文本相比，图像在对齐方面更具灵活性，除了水平的对齐方式外，还可以以多种不同的方式进行垂直对齐，甚至可以使文本环绕在图像周围。

1. 水平对齐

在中文版 Dreamweaver CS4 中，水平对齐图像的方法与对齐文本的方法一样，首先选中待操作的图像，然后通过单击“格式”|“对齐”命令，在弹出的“对齐”子菜单（如图 7-13 所示）中单击相应的命令来实现。图像水平对齐的效果如图 7-14 所示。

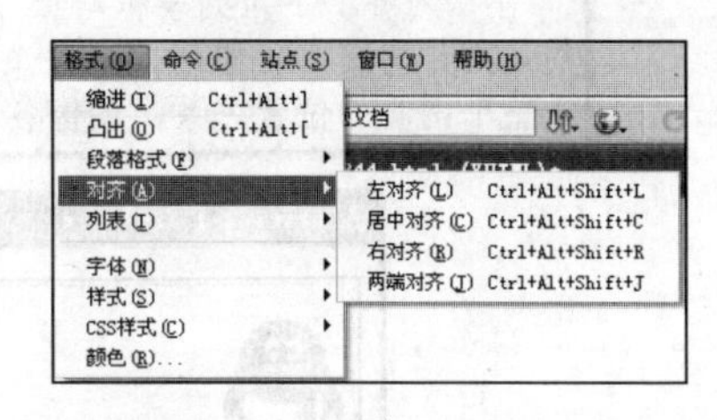

图 7-13　“对齐”子菜单

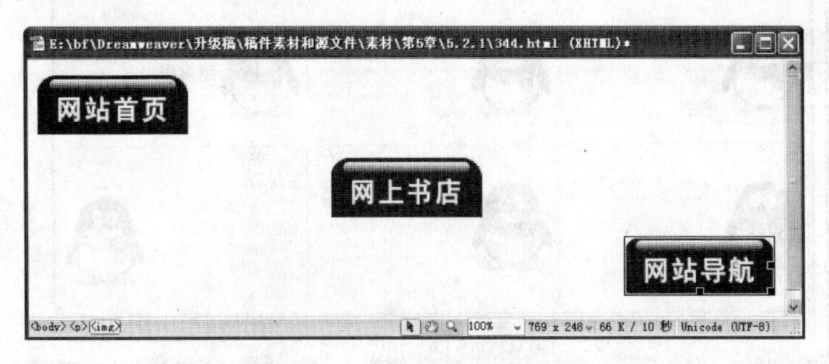

图 7-14　图像水平对齐效果

2. 垂直对齐

图像的垂直对齐，是文本与图像之间的一种对齐方式。因为在一个页面中，很多情况下都是图文混排，即将文本放置在图像旁边，有时候图像与文本在大小上差别很大，因此有必要设置图像的垂直对齐方式。

对图像进行垂直对齐操作，也可以通过使用图像“属性”面板来完成。在图像“属性”面板的“对齐”下拉列表框中有多种对齐方式，如图 7-15 所示。

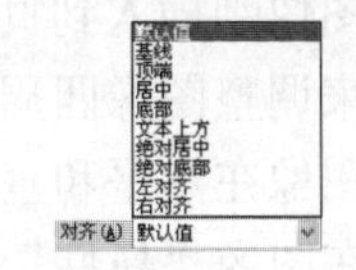

图 7-15　“对齐”下拉列表框

其中的各种对齐方式的含义分别如下：

- 默认值：浏览器默认的对齐方式，大多数浏览器使用基线对齐作为默认对齐方式。
- 基线：图像底部与文本或者同一段落中其他对象的基线对齐。
- 顶端：图像顶端与当前行中最高对象的顶端对齐。
- 居中：图像中间与当前行的基线对齐。
- 底部：图像底部与当前行中最低对象的底部对齐。
- 文本上方：图像顶端与当前行中的最高字母对齐。
- 绝对居中：图像中间与当前行中的文本或对象的中间对齐。
- 绝对底部：图像的底部与当前行中字母（如 j、q、y 等）的下部对齐。
- 左对齐：图像与浏览器或表格中单元格的左边对齐，当前行中的所有文本移动到图像的右边。
- 右对齐：图像与浏览器或表格中单元格的右边对齐，当前行中的所有文本移动到图像的左边。

专家指点

"对齐"下拉列表框与 ≡ ≡ ≡ 按钮都用于设置对齐方式，两者的区别在于：前者设置的是图片与文本位置的对应关系，而后者设置整个页面，包括图片、文本以及其他元素相对于整个网页的位置关系。图像各种垂直对齐的效果如图 7-16 所示。

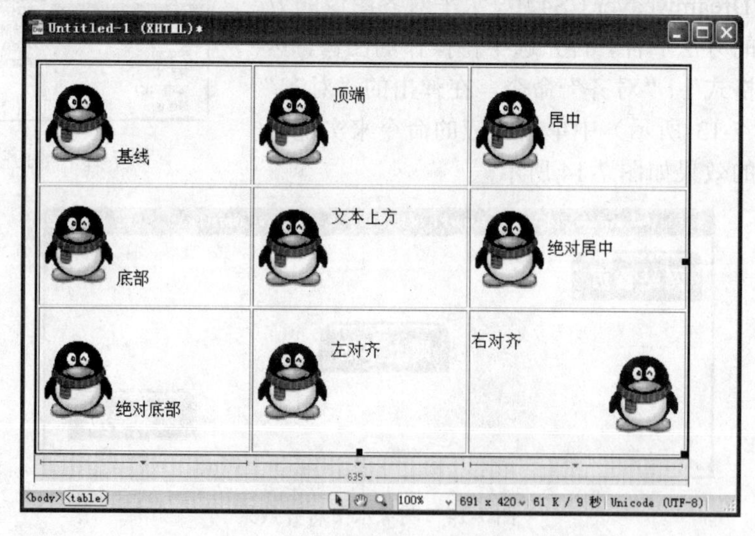

图 7-16　图像垂直对齐效果

7.2.3　设置图像间距

图像刚插入到页面中时，网页中的文本将环绕在图像的周围，用户可以通过设置页边距属性来调整图像四周空白区域的大小。可使用中文版 Dreamweaver CS4 中的页边距选项，来调整图像在水平和垂直两个方向上与其他对象（如文本或其他图像）的间距。

在图像"属性"面板的"垂直边距"和"水平边距"两个文本框中输入间距数值，就可以使图像与其他对象之间产生一定的间隔。“垂直边距”设置图像上部和下部的空白区域；“水平边距”设置图像左侧和右侧的空白区域。将“垂直边距”和“水平边距”均设置为0，以及将“垂直边距”和“水平边距”均设置为20的效果如图7-17所示。

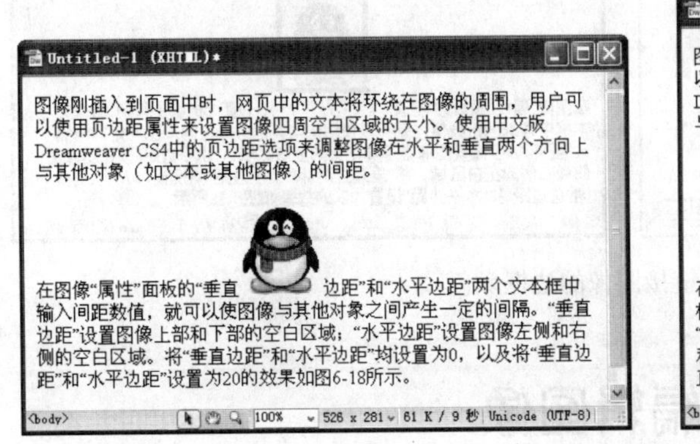

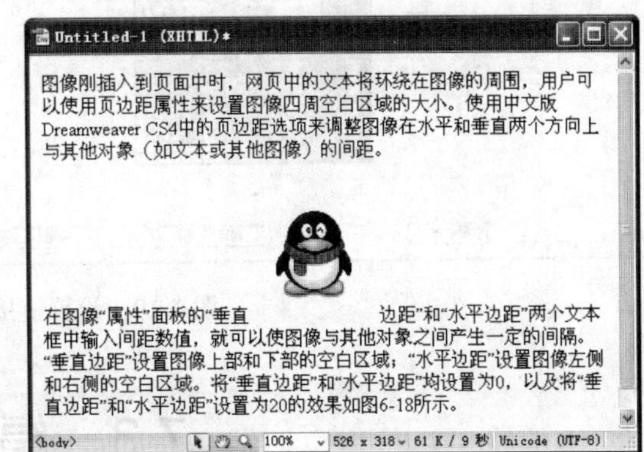

图7-17　为图像设置不同间距的效果

7.2.4　设置图像边框

图像的边框属性允许用户在图像上添加一个单色的矩形边框，边框的宽度以像素为单位，默认颜色是黑色。在图像“属性”面板的“边框”文本框中输入数值，可以为图像添加边框；如果在该文本框中输入0或者不输入数值，则不产生边框。图7-18所示为将图像“边框”的值分别设置为0和5时的效果。

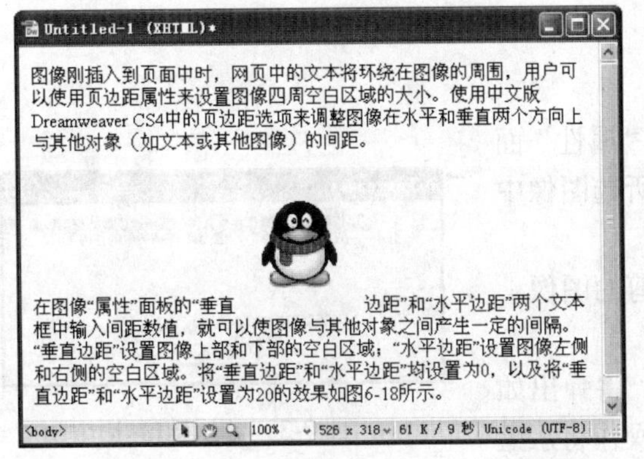

设置边框为0

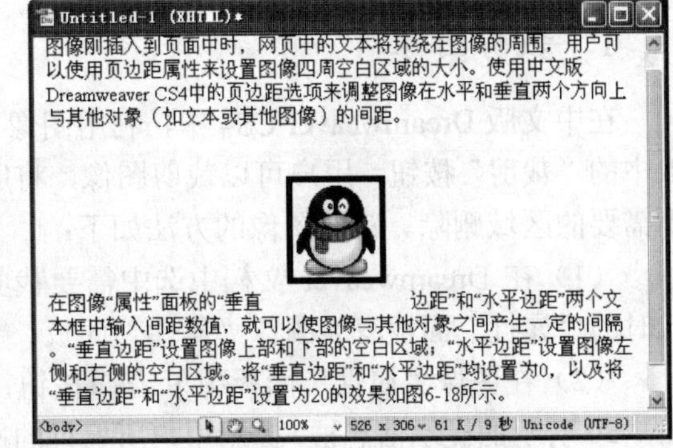

设置边框为5

图7-18　设置图像边框

如果为Dreamweaver页面中的图像设置了链接，则图像的边框将变为默认的蓝色边框。如果用户需要更改该边框的颜色，可单击“修改”|“页面属性”命令，打开“页面属性”对话框。在该对话框的“分类”列表中选择“链接”选项，单击其右侧的“链接颜色”颜色井，在弹出的调色板中选择需要的颜色，即可更改图像边框的颜色，整个过程如图7-19所示。

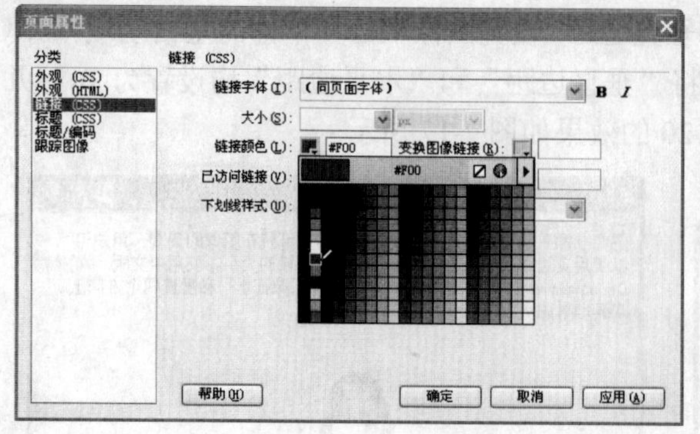

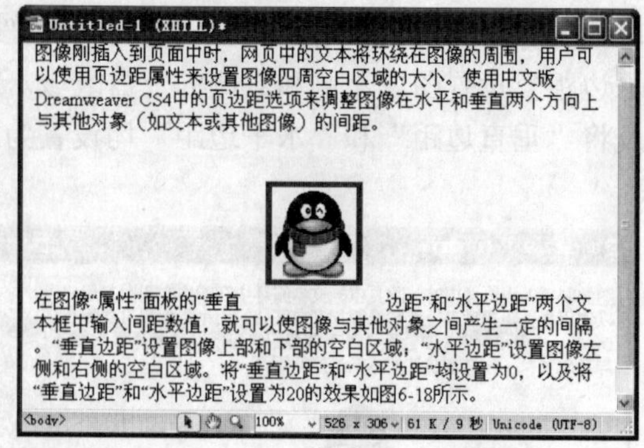

图 7-19 设置链接图像的边框颜色

7.3 编辑图像

如果插入的图像不能满足设计页面的要求，则可以在中文版 Dreamweaver CS4 中直接对其进行编辑。如果遇到无法处理的工作，中文版 Dreamweaver CS4 还允许用户调用外部编辑器对图像进行编辑。

7.3.1 使用自身的编辑器

相对以前的版本而言，中文版 Dreamweaver CS4 自带了一些图像编辑工具，可以对图像进行简单的处理。

1. 裁剪图像

在中文版 Dreamweaver CS4 中，利用图像“属性”面板中的“裁剪”按钮，用户可以裁剪图像，将所选图像中不需要的区域删除。裁剪图像的方法如下：

（1）在 Dreamweaver 文档中选中需要裁剪的图像，此时的“属性”面板变为图像“属性”面板。

（2）在图像“属性”面板中单击按钮，将弹出如图 7-20 所示的提示信息框，提示用户所执行的操作将永久性改变被选中的图像，但可以通过单击“编辑”|“撤销”命令撤销操作。

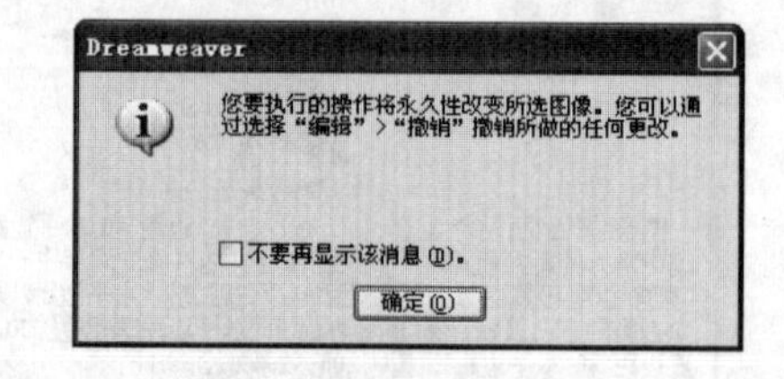

图 7-20 提示信息框

（3）单击“确定”按钮，可以看到图像处于裁剪状态，被框起来的部分就是要保留的部分，如图 7-21 所示。

（4）拖曳图像四周的黑色控制点调整要保留的区域，调整完成后，按【Enter】键即可裁剪图像，如图 7-22 所示。

2. 调整图像质量

中文版 Dreamweaver CS4 图像“属性”面板上的“重新取样”按钮，可用来调整改变了大小和形状后的图像质量，以便能与原始图像的外观尽可能匹配。对图像进行重新取样，将会减小图像文件的大小，提高下载速度。调整图像质量的操作方法如下：

（1）选中已经改变大小和形状的图像。

（2）在“属性”面板中单击按钮，便可以看到图像的质量已得到调整。

图 7-21　图像处于裁剪状态

图 7-22　裁剪图像

3. 调整图像亮度和对比度

通过图像“属性”面板中的“亮度和对比度”按钮，可以调整图像的亮度和对比度。调整图像亮度和对比度的方法如下：

（1）在已插入图像的文档中选中待操作的图像。

（2）在图像“属性”面板中单击按钮，弹出如图 7-23 所示的“亮度/对比度”对话框。

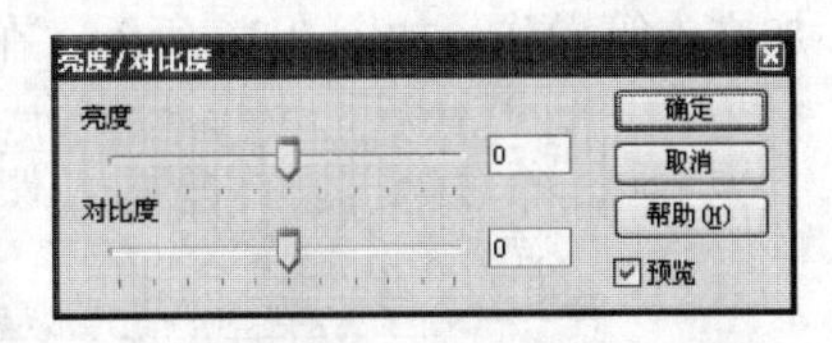

图 7-23 “亮度/对比度”对话框

（3）通过拖曳“亮度”和“对比度”滑杆上的滑块，或者在相应的文本框中直接输入数值来改变图像的亮度和对比度。选中“预览”复选框，则在改变图像亮度和对比度的同时，可以在编辑区预览改变亮度和对比度后的图像效果。

（4）调整完成后，单击“确定”按钮即可完成操作。

4. 调整图像锐化程度

通过图像“属性”面板中的“锐化”按钮，可以调整图像的锐化程度。方法如下：

（1）在已插入图像的文档中选中待操作的图像。

（2）在图像“属性”面板中单击按钮，弹出如图 7-24 所示的“锐化”对话框。

图 7-24 “锐化”对话框

（3）通过拖曳“锐化”滑杆上的滑块，或者在相应的文本框中直接输入数值来改变图像的锐化程度。

（4）调整完成后，单击“确定”按钮即可完成操作。

7.3.2　调用外部编辑器

尽管中文版 Dreamweaver CS4 是一款优秀的 Web 页编辑工具，但在图像编辑方面仍有欠缺。如果将中文版 Dreamweaver CS4 与中文版 Fireworks CS4 结合使用，则可以弥补其在编辑图像方面的缺陷。

1. 使用 Fireworks 编辑图像

在页面中插入图像后，如果需要对图像进行修改，用户可以通过单击图像“属性”面板中的“编辑”按钮，调用外部图像编辑程序对图像进行编辑。

调用外部程序编辑图像的方法如下：

（1）在已插入图像的文档中选中待操作的图像。

（2）在图像“属性”面板中单击 Fw 按钮，调出中文版 Dreamweaver CS4 默认的外部图像编辑程序 Fireworks（中文版 Fireworks CS4）。此时，会弹出对话框询问是直接编辑该图像还是使用 PNG 格式作为图像的源文件，如图 7-25 所示。

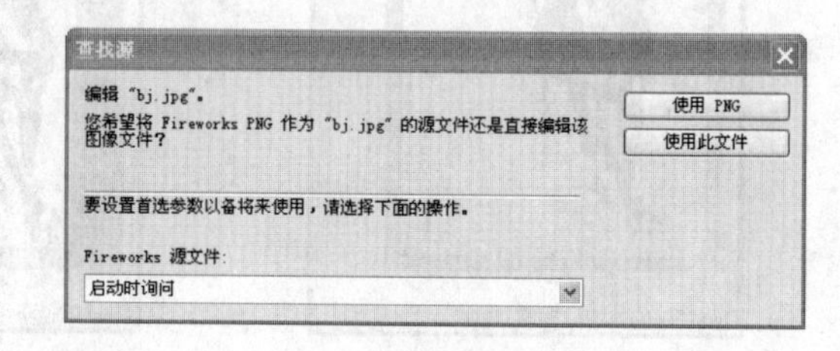

图 7-25　选择编辑方式

（3）单击“使用此文件”按钮，以普通方式编辑图像。

（4）在 Fireworks 程序中，可以进行改变图像的大小、设置图像的透明度、在图像上添加文本等操作，如图 7-26 所示。在文档窗口中可以看到“编辑自 Dreamweaver”字样。

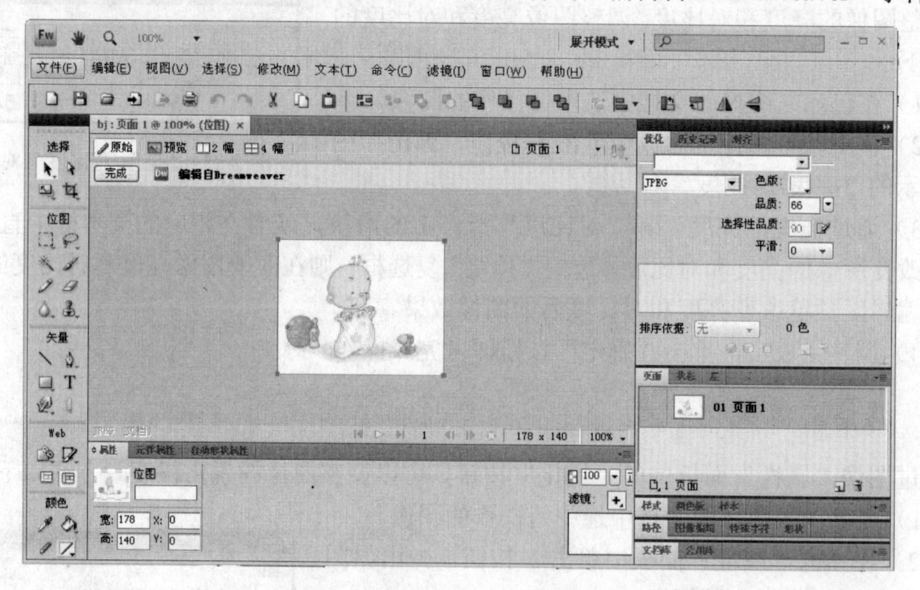

图 7-26　使用 Fireworks 编辑图像

（5）编辑完成后，单击“完成”按钮返回中文版 Dreamweaver CS4 窗口，可以看到编辑过的图像出现在编辑区。由于插入到网页中的图像对象是独立的，因此经过 Fireworks 编辑的图像，不仅在中文版 Dreamweaver CS4 中显示为编辑后的效果，源图像也会随之更改。

2. 使用 Fireworks 优化图像

作为专业的图像制作工具和网页图像处理工具，Fireworks 无疑具有强大的图像制作和处理能力，同时 Fireworks 还具有强大的图像优化功能，可以改进图像的显示效果，使优化后的图像更适合网上传输。

中文版 Dreamweaver CS4 作为专业的网页制作工具，也考虑到了图像的优化问题，它在图像“属性”面板中提供了“编辑图像设置”工具，可借助外部程序 Fireworks，来帮助用户优化图像，其操作方法如下：在已插入图像的文档中选中待操作的图像，在图像“属性”面板中单击按钮，调出 Fireworks 的优化工具，如图 7-27 所示。

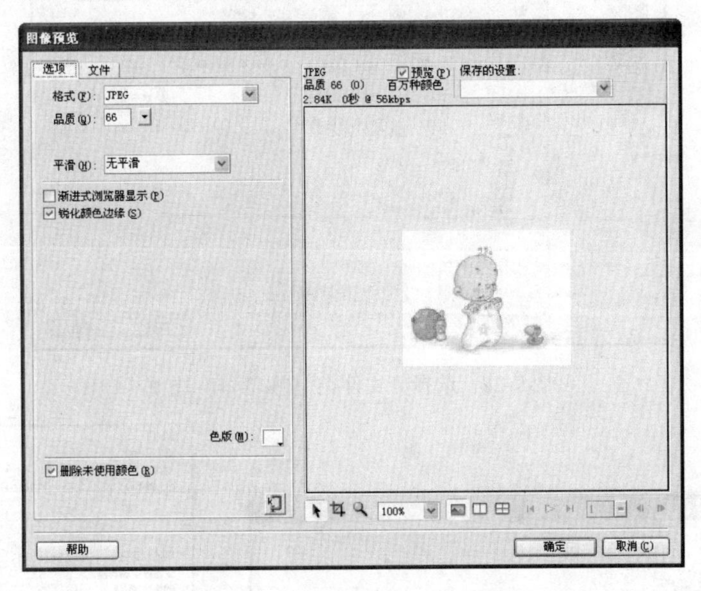

图 7-27　使用 Fireworks 优化图像

根据需要设置各项参数，然后单击“确定”按钮，完成图像优化，同时返回中文版 Dreamweaver CS4 窗口。

3. 选择外部编辑器

如果用户不想使用 Fireworks 编辑图像，中文版 Dreamweaver CS4 还允许用户指定其他的外部图像编辑器，以及需要编辑的图像文件格式。

选择外部编辑器的方法如下：

（1）单击“编辑”|“首选参数”命令，弹出“首选参数”对话框。在“分类”列表中选择“文件类型 / 编辑器”选项，如图 7-28 所示。

（2）单击“编辑器”列表上方的按钮，弹出“选择外部编辑器”对话框。在该对话框中选择外部图像编辑程序，如 Photoshop，如图 7-29 所示。

（3）单击“打开”按钮，在“编辑器”列表中可以看到刚添加的外部图像编辑程序。如果单击“编辑器”列表上方的按钮，则可以删除已经添加的外部图像编辑程序。

如果只添加了一个外部图像编辑程序，则中文版 Dreamweaver CS4 会自动将其设置为默认外部图像编辑程序；如果添加了多个外部图像编辑程序，则可以选中其中的一个，然后单击“设为主要”按钮，将其设置为中文版 Dreamweaver CS4 的默认外部图像编辑程序。除了可以使用事先添加好的外部图像编辑程序外，还可以在编辑图像时直接调用其他外部图像编辑程序。首先选中图像，然后单击鼠标右键，在弹出的快捷菜单中选择“编辑以”选项，在弹出的子菜单中选择“浏览”选项，如图 7-30 所示。此时，弹出“选择外部编辑器”对话框，在该对话框中选择外部图像编辑程序后，打开该程序即可对图像进行编辑。编辑完成后，在外部图像编辑程序中保存图像，并将原来的图像替换掉，插入网页中的图像也会相应地更新。

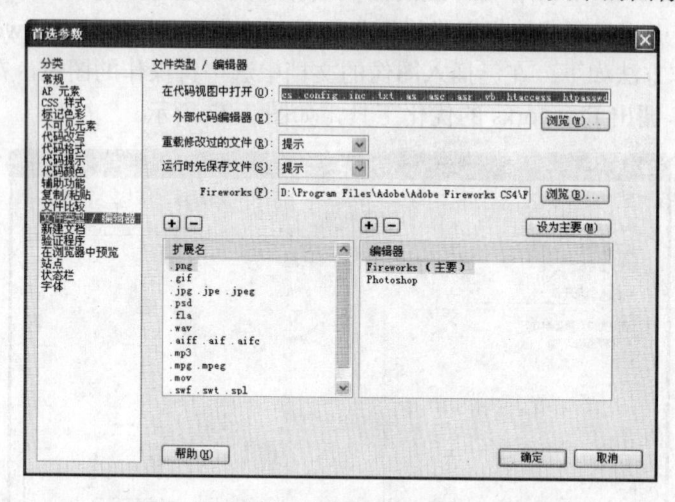

图 7-28　选择“文件类型/编辑器”选项

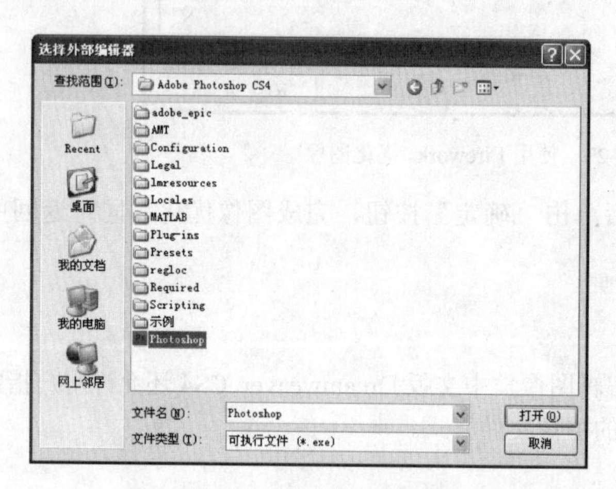

图 7-29　选择外部图像编辑程序

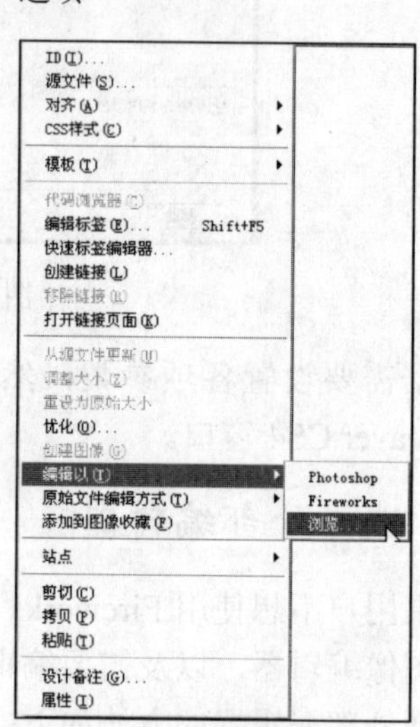

图 7-30　选择外部图像编辑程序

7.4　制作图像特效

前面介绍的都是图像在网页中的基础应用，本节将介绍中文版 Dreamweaver CS4 中图像的高级应用——如何制作图像的特效。

7.4.1　制作鼠标经过图像效果

在浏览页面时，大家经常会碰到这样的情况：当鼠标指针移动到一幅图像上时，图像会变成另外一幅图像；当鼠标指针移开时，图像又自动恢复为原来的图像，这就是鼠标指针经过效果。使用中文版 Dreamweaver CS4 可以轻易实现这种效果，并且为了减少鼠标指针经过时两幅图像交替显示的时间间隔，中文版 Dreamweaver CS4 还允许在下载网页的同时，将两幅图像一起下载。

制作鼠标经过图像效果的具体操作方法如下：

（1）打开需要制作鼠标经过图像效果的文档，在“常用”插入栏中单击下拉按钮，弹出如图 7-31 所示的下拉菜单。

（2）在下拉菜单中选择“鼠标经过图像”选项，弹出如图 7-32 所示的“插入鼠标经过图像”对话框。

图 7-31 “图像”下拉菜单

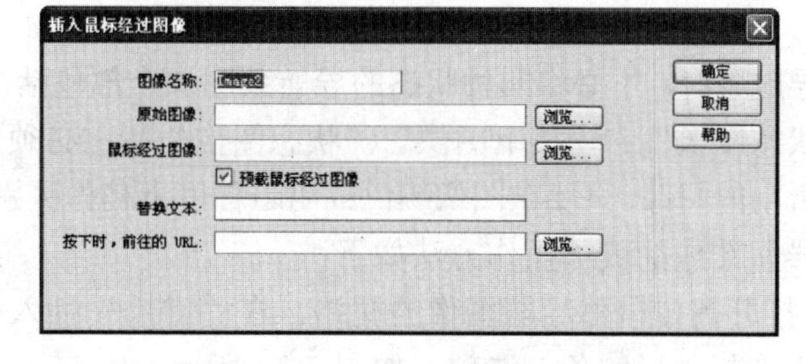

图 7-32 “插入鼠标经过图像”对话框

该对话框中各选项的含义分别如下：

- 图像名称：输入鼠标经过图像的名称。
- 原始图像：输入原图像的路径或者单击“浏览”按钮进行选择。
- 鼠标经过图像：输入鼠标经过图像的路径或者单击“浏览”按钮进行选择。
- 预载鼠标经过图像：选中该复选框后，可在下载网页时下载鼠标经过图像，加快图像显示速度。
- 替换文本：输入鼠标经过图像的说明文字。
- 按下时，前往的 URL：输入单击时所跳转到的链接地址，也可以单击“浏览”按钮选择链接地址。

（3）设置完成后，单击“确定”按钮，返回当前文档。按【F12】键预览该页面的效果，如图 7-33 所示。

图 7-33 鼠标经过图像的效果

专家指点

> 选择图像时，应该选择一个与原图像尺寸相同的图像，否则，中文版 Dreamweaver CS4 会对交换后的图像进行压缩或展开以适应原图像的尺寸，这样会导致交换后的图像产生扭曲或变形，从而影响网页的整体视觉效果。

7.4.2 制作导航图像

导航图像的功能是使网页访问者能够迅速地在各个页面之间进行跳转，可以以简单的方式实现交互式的动态显示效果，减轻与其他网站在链接方面的负担，为站点导航提供方便。

在一个页面中只能插入一个导航条，但在一个导航条中可以有多个导航条元件。导航条元件由一组图像组成，这些图像随用户鼠标操作的变化而变化。在创建导航条之前，需要先为各个导航条元件创建一组图像。

导航条元件有四种状态，每种状态对应着一幅图像，各种状态的含义分别如下：

- 状态图像：鼠标指针尚未与图像接触时所显示的图像。
- 鼠标经过图像：鼠标指针滑过状态图像时所显示的图像。
- 按下图像：在图像上按下鼠标左键时所显示的图像。
- 按下时鼠标经过图像：在图像上按下鼠标左键后，鼠标指针再次滑过该图像时所显示的图像。

创建导航条时，不必将四种状态的导航条图像全部包括，可以只选用其中的部分状态，如只选用“状态图像”和“按下图像”（“状态图像”状态必须选用）。一般来说，对于导航条四种状态下所用的图像，只要在图像颜色或明暗程度上稍作区别，给用户一个可视性的提示即可。

制作导航图像的具体操作方法如下：

（1）打开需要制作导航图像的文档，在“常用”插入栏中单击下拉按钮，在弹出的下拉菜单中选择“导航条”选项，如图 7-34 所示。

专家指点

创建导航条时，用户也可以直接单击“插入”|“图像对象”|“导航条”命令，如图 7-35 所示。

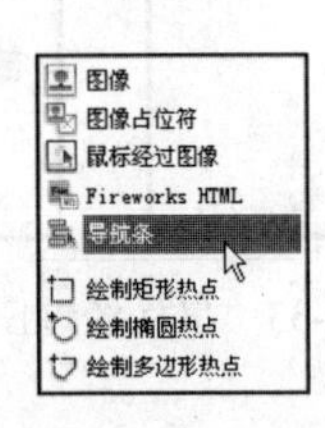

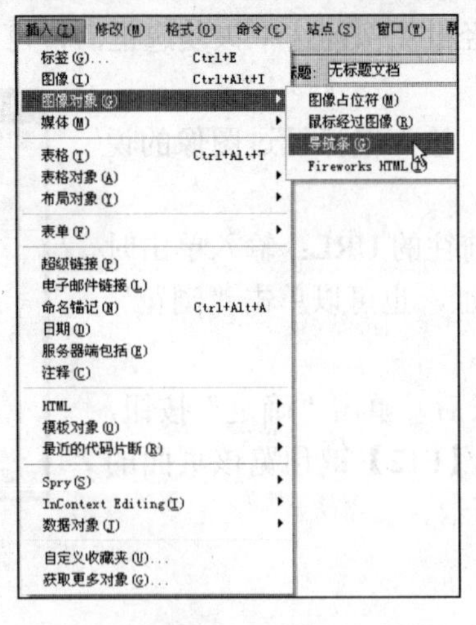

图 7-34 选择“导航条”选项　　图 7-35 单击“导航条”命令

此时，将弹出“插入导航条”对话框，如图 7-36 所示。

该对话框中各选项的含义分别如下：

- 项目名称：设置导航条元件的名称，输入的内容将会在“导航条元件”列表中显示出来。项目名称只能包含数字和字母，且不能以数字开头。
- 状态图像：设置鼠标指针尚未与图像接触时所显示的图像的存放路径，也可以单击“浏览”按钮进行选择。
- 鼠标经过图像：设置鼠标指针经过时所显示的图像的存放路径，也可以单击“浏览”

按钮进行选择。

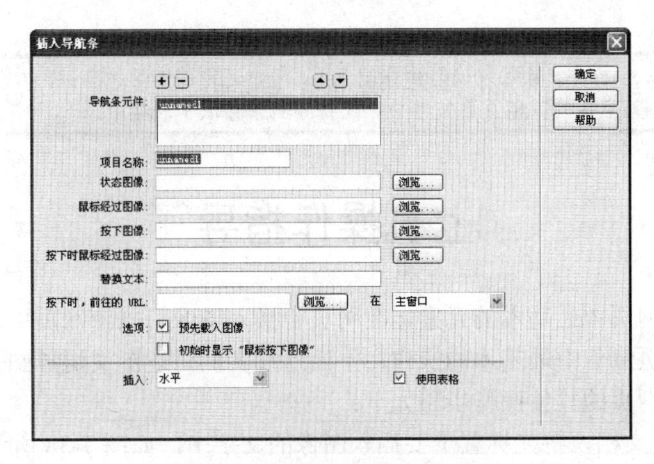

图 7-36 “插入导航条”对话框

- 按下图像：设置按下鼠标左键时显示的图像的存放路径，也可以单击“浏览”按钮进行选择。
- 按下时鼠标经过图像：在图像上按下鼠标左键后鼠标再次滑过该图像时所显示的图像的存放路径，也可以单击“浏览”按钮进行选择。
- 替换文本：设置图像的说明文字。
- 按下时，前往的 URL：设置当图像被单击时所链接的地址，也可以单击“浏览”按钮进行选择。
- 预先载入图像：设置是否在下载页面时，同时下载图像。
- 初始时就显示“鼠标按下图像”：设置是否在页面载入时，直接显示鼠标按下时显示的图像。
- 插入：选择“水平”选项，可将导航条元件与原来的元素对象置于同一水平线上；选择“垂直”选项，可将导航条元件与原来的元素对象置于同一竖直线上。
- 使用表格：选中该复选框，可将导航条元件放入到表格中。

（2）在“插入导航条”对话框中设置各项参数，设置完成后单击“确定”按钮。按【F12】键即可预览产生的效果。图 7-37 所示为插入了“状态图像”和“鼠标经过图像”的导航条效果。

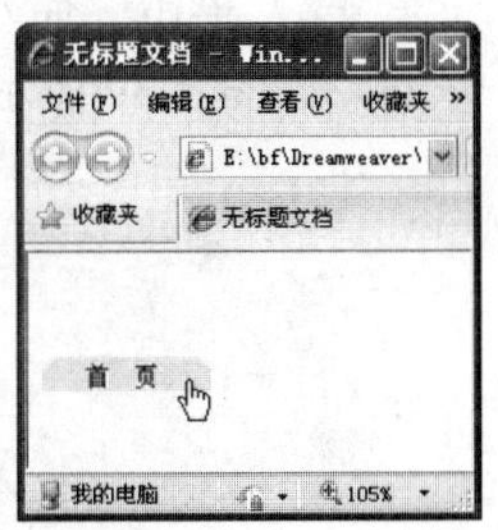

图 7-37 “状态图像”和“鼠标经过图像”效果

如果想在一个导航条中添加多个导航条元件，则可在“插入导航条”对话框中单击⊞按钮，继续添加导航条元件，并参照上述操作设置导航条元件的各项参数，直至满足设计的需要。这样，所有的导航条元件就组成了一个导航条。

如果想删除不再需要的导航条元件，只需在“插入导航条”对话框中选中不需要的导航条元件，单击⊟按钮将其删除。如果想调整导航条元件的顺序，只需在选中需要调整顺序的导航条元件后单击▲按钮，则将导航条元件向上移动；单击▼按钮，则将导航条元件向下移动。

专家指点

在 Dreamweaver 中，除了可以创建导航条外，用户还可以对导航条进行其他操作，例如，将导航条拷贝到站点内的其他页面文件中，或将导航条存放于表格中。

上机操作指导

文字和图像是网页中最基本的元素，在网页中插入图像可以使网页更加生动形象。文字和图像的排版是网页制作中最基本的操作，下面通过实例讲述图文混排网页的创建。

创建图文混排网页的具体操作步骤如下：

（1）打开网页文档，将光标置于要插入图像的文字中，如图 7-38 所示。

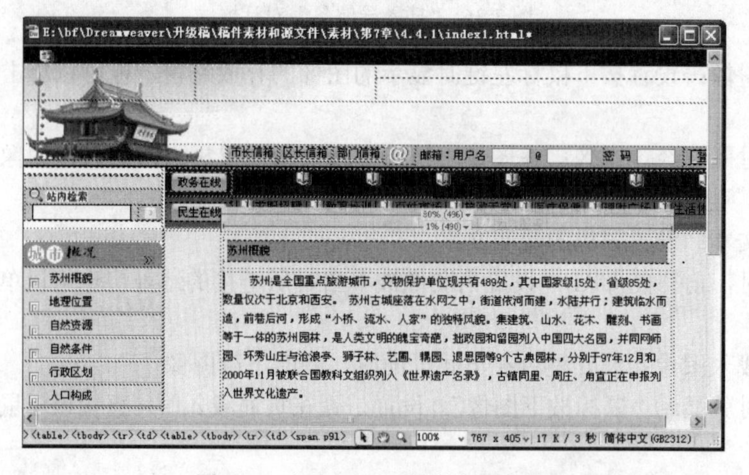

图 7-38　打开网页文档并定位光标

（2）单击“插入”|“图像”命令，弹出“选择图像源文件”对话框，从中选择图像文件 t3，如图 7-39 所示。

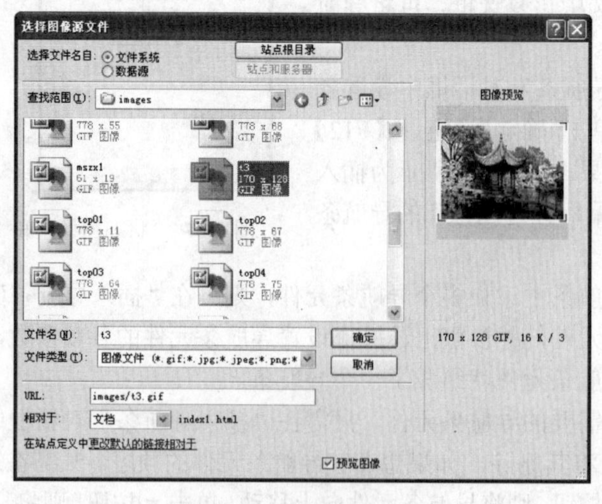

图 7-39　选择图像文件

（3）单击“确定”按钮插入图像，效果如图 7-40 所示。

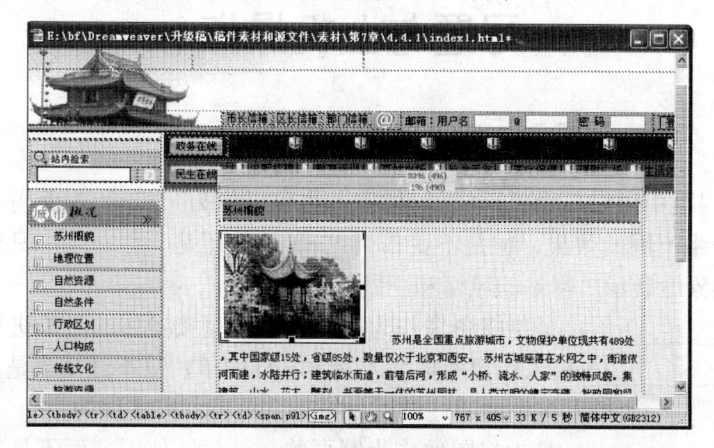

图 7-40　插入图像

（4）选中插入的图像，在图像“属性”面板中将“垂直边距”和“水平边距”的值均设置为 6，在“对齐”下拉列表框中选择“右对齐”选项，设置后的效果如图 7-41 所示。

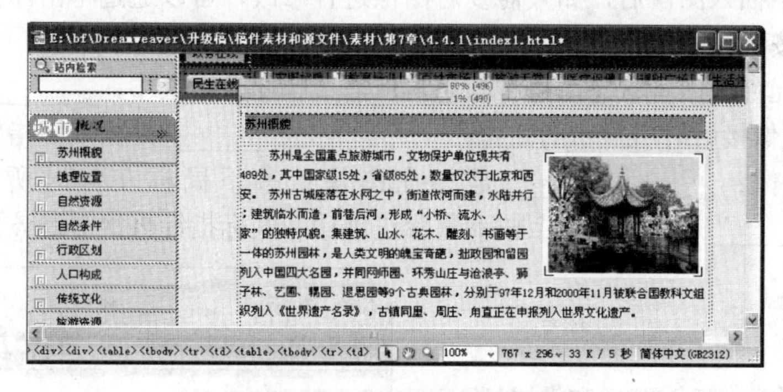

图 7-41　设置图像的属性

（5）按【F12】键在浏览器中预览，效果如图 7-42 所示。

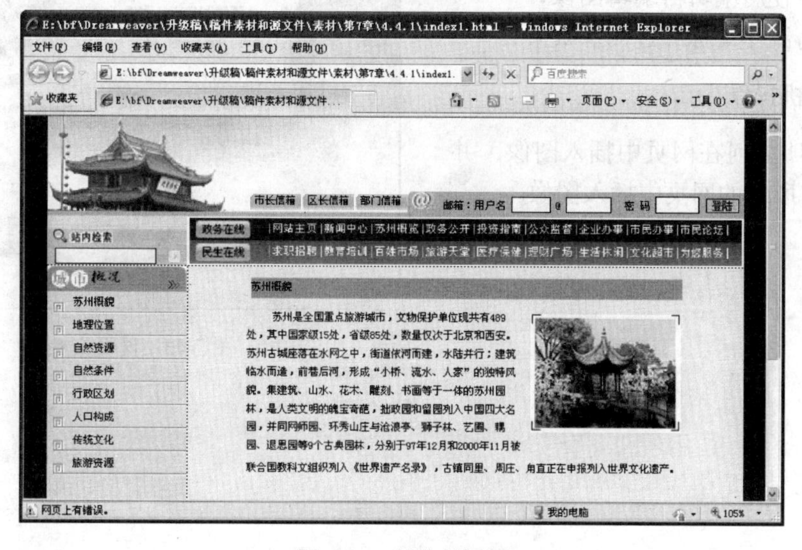

图 7-42　预览效果图

习题与上机操作

一、填空题

1．图像在网页中可以作为________使用，也可以作为________使用，两种不同类型的使用方式会产生不同的效果，但是不论作为________还是________，只要将图像用得恰到好处，就能形象地展示出网站的风格和主题。

2．插入__________，是指将图像作为网页中可以直接操作的对象进行插入，插入的图像与文本__________。插入图像就像插入文本一样简单，只不过文本是__________或者__________，而插入图像是通过调用____________来实现的。

3．插入__________，是指将图像作为网页的________使用，而不是与文本等网页对象____________。在作为________使用的图像上仍然可以放置其他的网页对象，____________其实与背景颜色的用途相似。

4．在页面中插入图像后，如果需要对图像进行修改，可以通过单击图像“属性”面板上的________按钮调用______________，对图像进行编辑。

5．导航条元件有四种状态，每种状态对应着一幅图像。其中，__________是指鼠标指针尚未与图像接触时所显示的图像；______________是指鼠标指针滑过状态图像时所显示的图像；__________是指在图像上按下鼠标左键时所显示的图像；______________是指在图像上按下鼠标左键后，鼠标指针再次滑过该图像时所显示的图像。

二、思考题

1．如何在页面中插入图像和设置插入图像的属性？

2．如何使用编辑器编辑图像？

3．如何制作鼠标经过图像效果？

三、上机操作

举例说明如何在网页中插入图像，并在如图7-43所示的网页中插入图像。

图7-43　网页文档

第 8 章　插入多媒体对象

本章学习目标

通过本章的学习，读者应掌握插入 Flash 对象、插入音频对象、插入 Shockwave 影片、插入 Applet 对象等操作。

学习重点和难点

- 插入 SWF 动画
- 插入 FLV 视频文件
- 插入音频对象
- 插入 Shockwave 影片
- 插入 Applet 对象
- 插入 ActiveX 控件

8.1　插入 Flash 对象

Flash 动画是一种矢量格式的动画，可以在安装了 Flash 插件的浏览器中浏览在页面中插入的 Flash 动画。使用 Flash 不仅能够制作出精美的界面，而且还可以在用户与页面之间产生交互的效果。目前，Flash 动画在网页中被广泛采用，常常用来制作网页新闻、广告以及作为整个网页布局设计的一部分。在 Dreamweaver 中，用户可以很方便地插入 SWF 动画、FLA 文件和 FLV 文件三种类型的动画文件。

8.1.1　插入 SWF 动画

下面将通过实例来介绍在 Dreamweaver 中插入 SWF 动画的方法，具体操作步骤如下：

（1）打开如图 8-1 所示的网页文档。

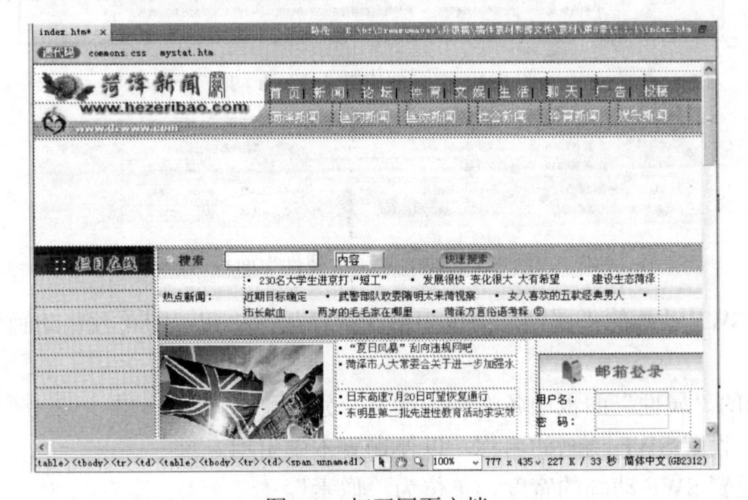

图 8-1　打开网页文档

（2）将光标置于要插入 Flash 动画的位置，在“常用”插入栏中单击 下拉按钮，在弹出的下拉菜单中选择 SWF 选项（如图 8-2 所示），或者单击“插入”|“媒体”| SWF 命令，打开“选择文件”对话框，如图 8-3 所示。

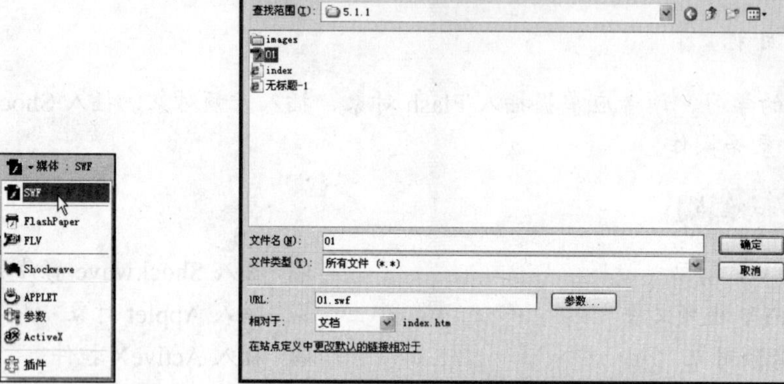

图 8-2　选择 SWF 选项　　　　图 8-3 “选择文件”对话框

（3）在“选择文件”对话框中选择需要的 SWF 动画文件，并单击“确定”按钮，插入 SWF 动画后，灰色的 Flash 占位符随即出现在编辑区，如图 8-4 所示。

（4）在文档的编辑区中选中插入的 SWF 动画后，“属性”面板将显示出 SWF 动画的属性参数，如图 8-5 所示。

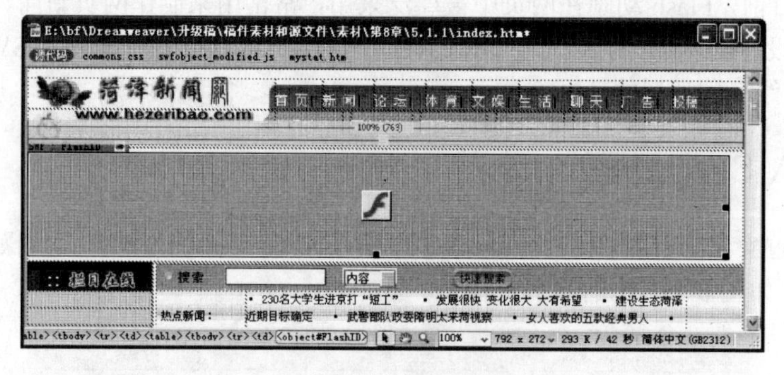

图 8-4　在页面中插入 Flash 动画

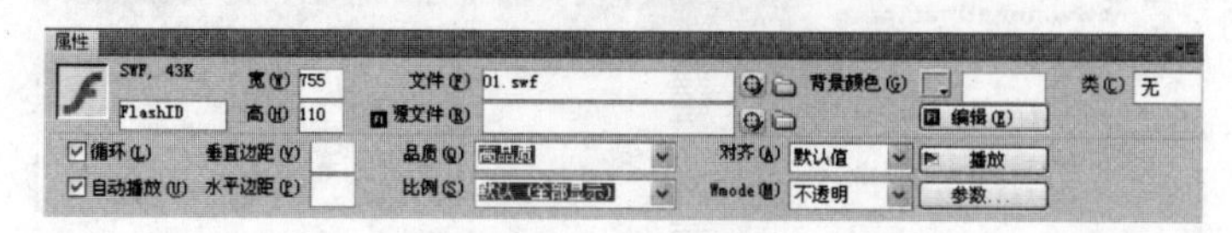

图 8-5　SWF 动画“属性”面板

此处，在 SWF 动画的“属性”面板中单击“播放”按钮，即可预览动画效果，如图 8-6 所示。

SWF 动画的“属性”面板中各选项的含义分别如下：

- 名称：设置 SWF 动画的名称，以便在脚本中引用。
- 宽：设置 SWF 动画的宽度，单位为“像素”。

图 8-6　预览动画效果

- 高：设置 SWF 动画的高度，单位为“像素”。
- 文件：设置 SWF 动画对应的存放路径，既可以直接输入文件的存放路径，也可以单击按钮，在弹出的对话框中选择文件。
- 编辑：单击该按钮，将打开 Flash 软件，可对插入的 SWF 动画进行编辑。
- 循环：选中该复选框，SWF 动画将连续播放。
- 自动播放：选中该复选框，SWF 动画将在加载页面时自动播放。
- 垂直边距：设置 SWF 动画的垂直边距。
- 水平边距：设置 SWF 动画的水平边距。
- 品质：该项设置越高，影片的播放效果就越好，对系统配置的要求也就越高。如果选择“低品质”选项，则注重播放速度而非画面质量；如果选择“自动低品质”选项，则注重播放速度并尽可能地改善画面质量；如果选择“自动高品质”选项，则注重画面质量，但可能会因为画面质量而影响播放速度；如果选择“高品质”选项，则注重画面质量而非播放速度。
- 比例：设置对象的缩放方式。
- 对齐：设置 SWF 动画在页面上的对齐方式。
- 背景颜色：设置 SWF 动画播放区域的背景颜色，在加载和播放时将显示背景颜色。
- 播放：单击“播放”按钮，SWF 动画将在文档编辑区中播放，同时“播放”按钮会变为“停止”按钮。
- 参数：单击“参数”按钮，将弹出“参数”对话框，从中可以设置附加给 SWF 动画的参数。

8.1.2　插入 FLV 视频文件

FLV 文件是一种视频文件，它包含经过编码的音频和视频数据，可以通过 Flash Player 进行播放。在网页中插入 FLV 视频文件的具体操作步骤如下：

（1）将光标置于要插入 FLV 视频文件的位置，在“常用”插入栏中单击下拉按钮，在弹出的下拉菜单中选择 FLV 选项，或者单击“插入”|“媒体”|FLV 命令，打开“插入 FLV”对话框，如图 8-7 所示。

（2）在“插入 FLV”对话框中单击 URL 右侧的“浏览”按钮，在弹出的“选择 FLV”对话框中选择需要的 FLV 视频文件（如图 8-8 所示），并单击“确定”按钮返回“插入 FLV”

对话框。在“外观”下拉列表框中选择合适的外观，然后单击“检测大小”按钮检测视频文件的大小，并选中“自动播放”复选框，使视频载入后自动播放。

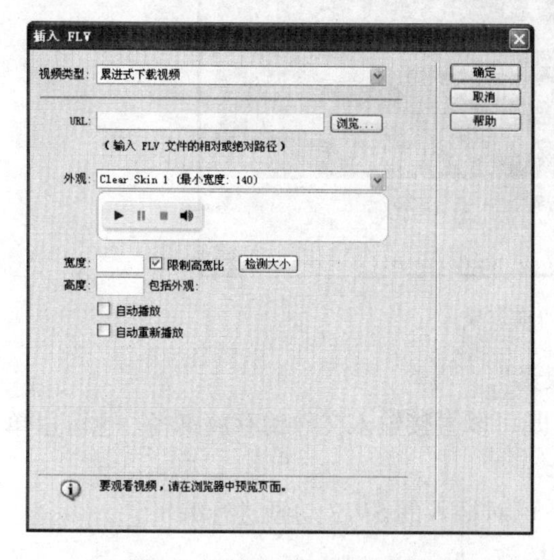

图8-7 “插入FLV”对话框

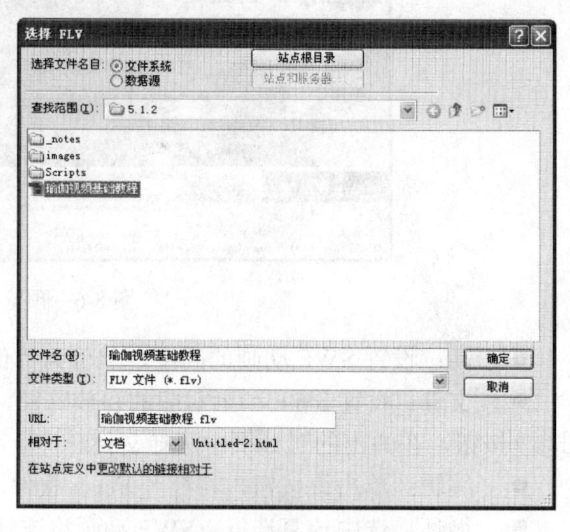

图8-8 选择视频文件

（3）单击“确定”按钮，在文档的编辑区中插入FLV视频文件，选中插入的FLV视频文件后，“属性”面板中将显示出FLV视频的属性参数，如图8-9所示。

（4）单击“文件”|“保存”命令，保存对网页所作的修改，然后按【F12】键预览网页效果，网页载入FLV视频文件并开始自动播放，其效果如图8-10所示。

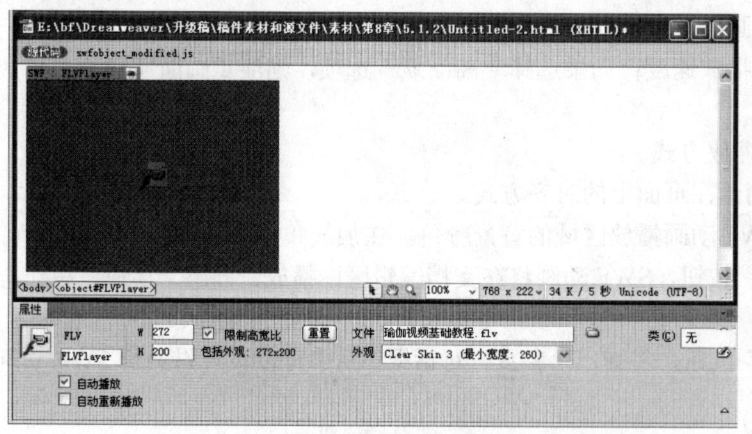

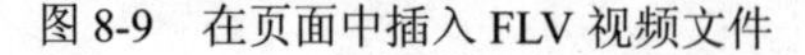

图8-9 在页面中插入FLV视频文件　　图8-10 预览动画效果

8.2 插入音频对象

在网页中适当添加音乐效果，会使网页更具有吸引力。现在网络上流行的音频格式有MIDI、WAV、MP3及REAL AUDIO。

- MIDI格式的音乐文件，占用空间小，一般有十几KB、几十KB不等，适于网上传播，但其音色单调。要发挥MIDI的最大功能，就需要浏览者安装带硬波表的声卡或软波表程序。

- WAV 为常见的无压缩声音文件，占用空间大，现在通常配合 Flash 动画使用。
- MP3 是目前非常流行的压缩音乐文件，占用空间比 WAV 的占用空间小得多，但也能保持相当好的音质。其缺点是一定要先下载才能收听。
- REAL AUDIO 是网上最流行的音乐文件格式，虽然它比起 WAV 和 MP3 的音质稍差，但占用的空间却很小，而且它还有另一个优点，就是浏览者可以一边下载一边播放。

在网页中添加背景音乐后，打开页面时会自动播放音乐，而且完全不会影响浏览者的操作。添加背景音乐的方法有使用行为和通过标签两种。下面以通过插入标签的方法添加背景音乐为例进行讲解。

（1）将光标定位于文档中合适的位置，然后单击“插入”|“标签”命令，弹出“标签选择器”对话框，依次展开左侧的“HTML 标签”|“浏览器特定”结构树，然后在右侧的列表中选择 bgsound 选项，如图 8-11 所示。

（2）单击“插入”按钮，弹出“标签编辑器 - bgsound”对话框，在“源”文本框中输入背景音乐的路径和名称，然后在“循环”下拉列表框中选择“无限（-1）”选项，如图 8-12 所示。

图 8-11　“标签选择器”对话框

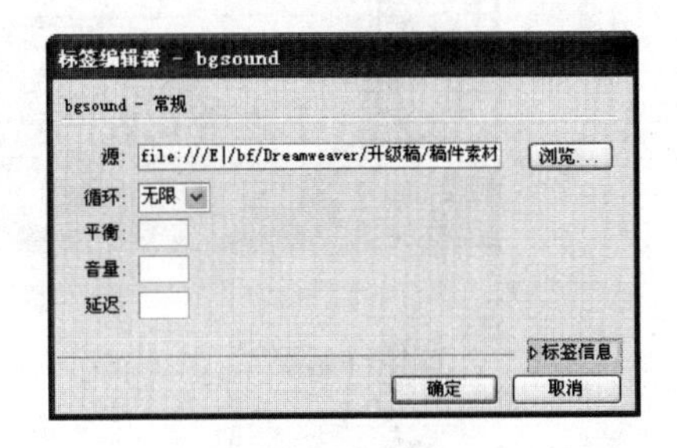

图 8-12　“标签编辑器 - bgsound”对话框

（3）依次单击“确定”和“关闭”按钮，即可在网页文档中插入背景音乐（如图 8-13 所示），保存网页并预览，可播放插入的背景音乐。

图 8-13　插入背景音乐

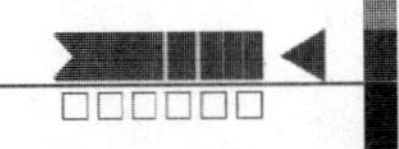

8.3 插入其他媒体对象

在中文版 Dreamweaver CS4 中，除了可以插入 Flash 对象和音频对象外，还可以插入 Shockwave 影片、Applet 对象和 ActiveX 控件等媒体对象。

8.4.1 插入 Shockwave 影片

Shockwave 影片是 Macromedia 公司（现已被 Adobe 公司收购）制定的、经过压缩的、可在 Web 上交互的多媒体文件，它具有文件小、下载快、交互性强等优点。Shockwave 影片通过 Macromedia Director 程序开发制作，它同 Flash 对象一样都可在浏览器中播放，但必须安装相应的插件或控件。对于 Netscape Navigator 来说，只有安装插件才能播放 Shockwave 对象；对于 Internet Explorer 来说，通过 ActiveX 控件就可以播放 Shockwave 对象。

在文档编辑区中插入 Shockwave 对象的具体操作步骤如下：

（1）打开网页，将光标置于页面中合适的位置，如图 8-14 所示。

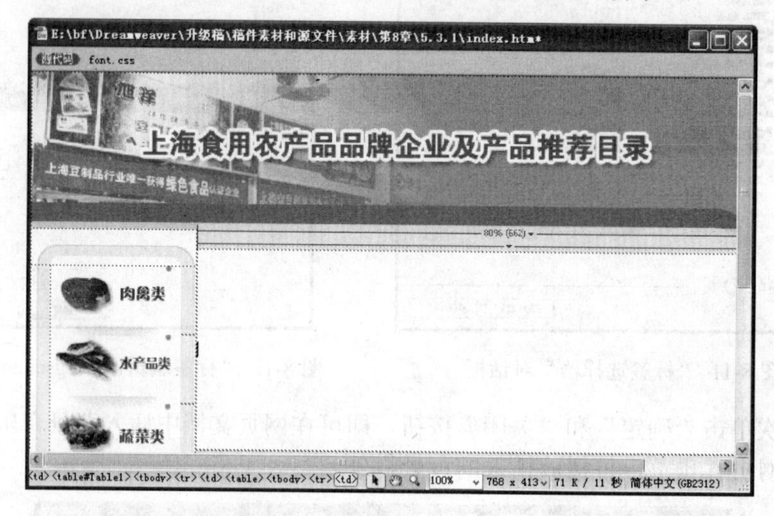

图 8-14 打开网页并定位光标

（2）单击“插入”|“媒体”| Shockwave 命令，弹出“选择文件”对话框，如图 8-15 所示。

（3）在“选择文件”对话框中选取相应的影片文件，单击“确定”按钮插入影片，效果如图 8-16 所示。

（4）按【F12】键在浏览器中预览，效果如图 8-17 所示。

在“属性”面板中可以设置插入的 Shockwave 对象的属性，“属性”面板左上方将会显示出 Shockwave 图标，如图 8-18 所示。

该面板中各选项的含义分别如下：

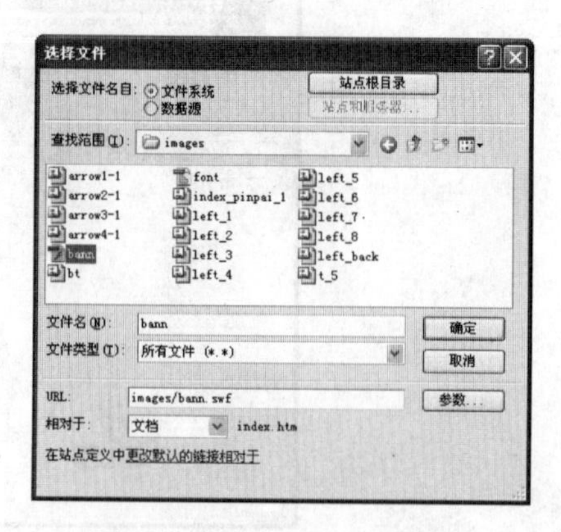

图 8-15 “选择文件”对话框

- 名称：设置 Shockwave 对象的名称，以便在脚

本中引用。

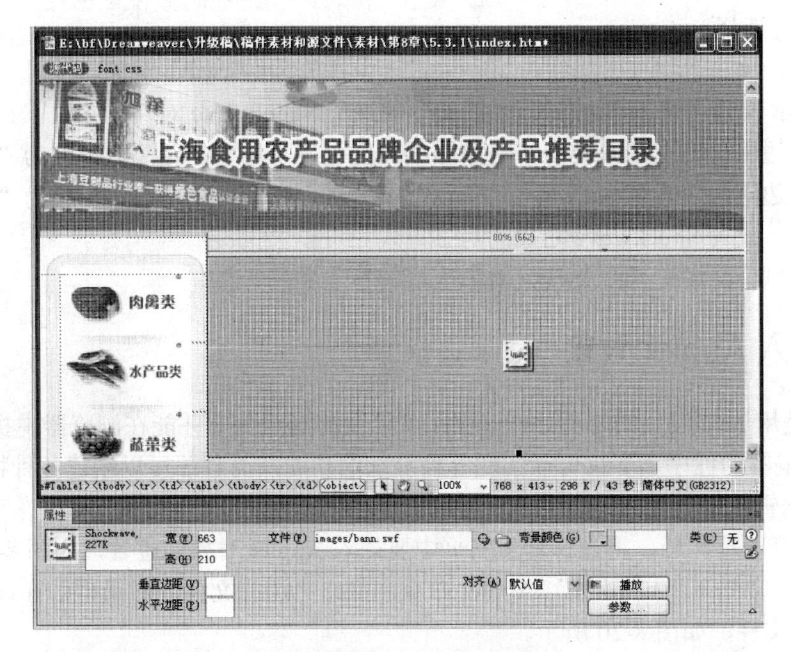

图 8-16　插入 Shockwave 影片

图 8-17　Shockwave 影片效果

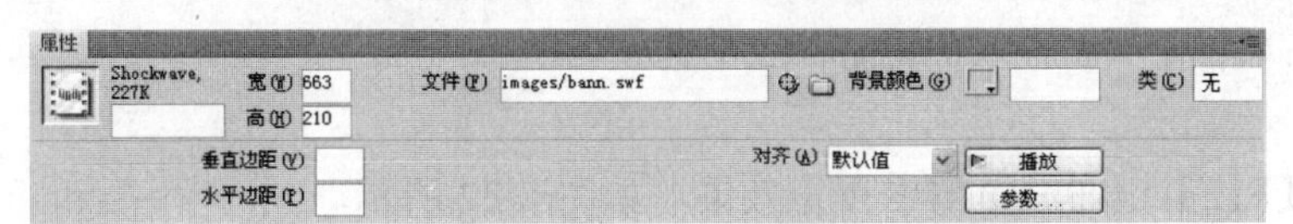

图 8-18　Shockwave 对象的“属性”面板

- 宽：设置 Shockwave 对象的宽度，单位为“像素”。
- 高：设置 Shockwave 对象的高度，单位为“像素”。

- 文件：设置 Shockwave 对象的存放路径，可以直接在文本框中输入，也可以通过单击按钮进行选择。
- 播放：单击“播放”按钮，将在编辑区中播放 Shockwave 对象。
- 参数：单击“参数”按钮，可以设置传递给 Shockwave 对象的参数。
- 垂直边距：设置 Shockwave 对象距编辑区上、下边框的距离，单位为“像素”。
- 水平边距：设置 Shockwave 对象距编辑区左、右边框的距离，单位为“像素”。
- 对齐：设置 Shockwave 对象的对齐方式。
- 背景颜色：设置 Shockwave 对象区域的背景颜色。

8.4.2 插入 Applet 对象

Applet 是用 Java 编写的小程序，该程序可以嵌套到网页中并能在浏览器中执行。在页面中插入 Java 编写的程序，不仅可以实现各种复杂的功能，而且还可以创建各种特殊效果。

在文档编辑区中插入 Applet 对象的具体操作步骤如下：

（1）打开网页文档，将光标置于网页中要插入 Applet 对象的位置，如图 8-19 所示。

（2）单击“插入”|“媒体”|Applet 命令，弹出“选择文件”对话框，在该对话框中选择 Lake.class 文件，如图 8-20 所示。

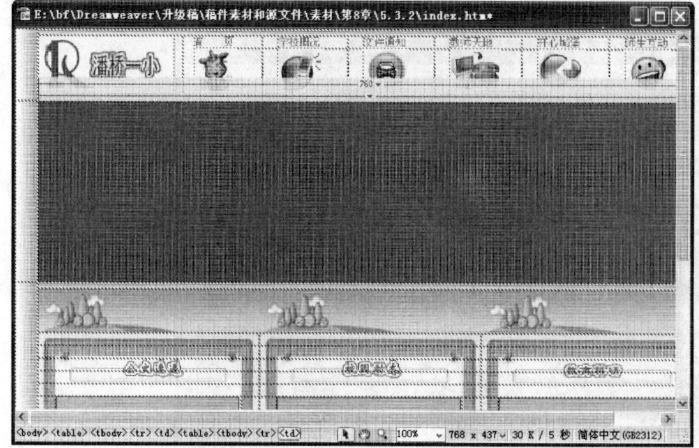
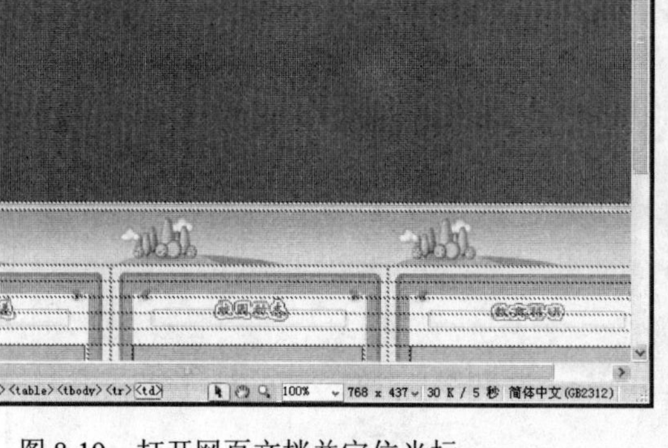

图 8-19 打开网页文档并定位光标

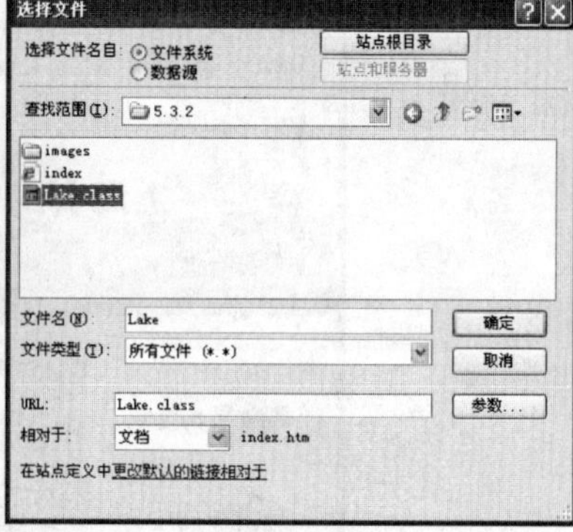

图 8-20 “选择文件”对话框

（3）单击“确定”按钮插入 Applet 程序，在“属性”面板中将“宽”设置为 760、“高”设置为 200，按回车键确认,效果如图 8-21 所示。切换到代码视图状态，设置代码如下：

```
<applet   id=Lake height=200 width=760 align=right code=Lake.class>
<img src="m_naj.jpg" width="760" height="200" align="right">
</applet>
```

（4）按【F12】键在浏览器中预览效果，如图 8-22 所示。

在 Applet“属性”面板中可以设置插入的 Applet 对象的属性，“属性”面板左上方会显示出 Applet 图标，如图 8-23 所示。

该面板中各选项的含义分别如下：

- 名称：设置 Applet 对象的名称，以便在脚本中引用。

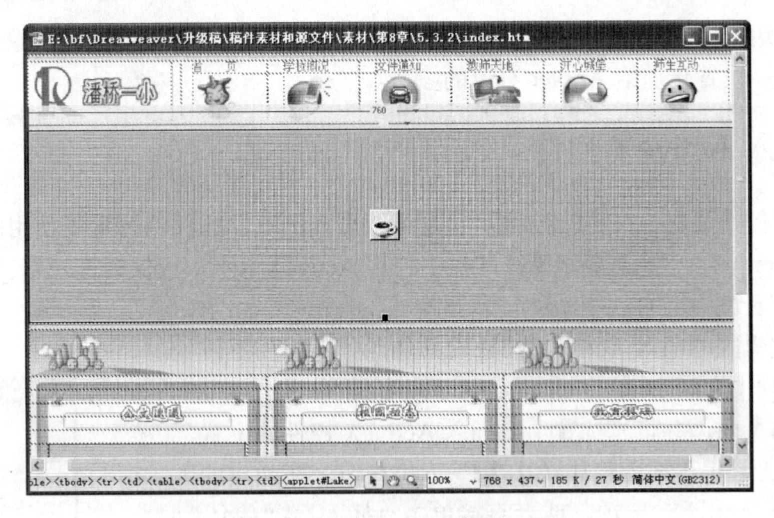

图 8-21　设置 Applet 属性参数

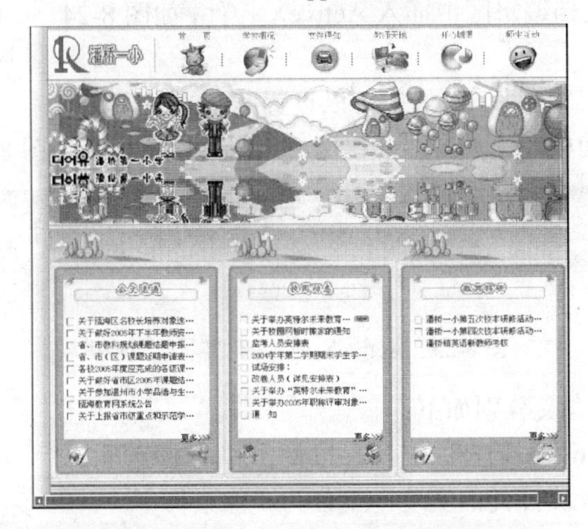

图 8-22　插入 Applet 对象的效果

图 8-23　Applet 对象的“属性”面板

● 宽：设置 Applet 对象的宽度，单位为“像素”。

● 高：设置 Applet 对象的高度，单位为“像素”。

● 代码：设置 Applet 对象的存放路径，可以直接在文本框中输入 Applet 的存放路径，也可以单击按钮,在弹出的对话框中进行选择。

● 基址：显示 Applet 对象所在的文件夹。

● 对齐：设置 Applet 对象的对齐方式。

● 替换：如果客户端浏览器不支持 Applet 或已禁用 Java，则用此文本框中的文件替代，显示的替代内容通常为一幅图像，也可以设置为文本。

● 垂直边距：设置 Applet 对象距编辑区上、下边框的距离，单位为“像素”。

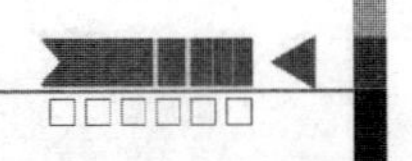

● 水平边距：设置 Applet 对象距编辑区左、右边框的距离，单位为“像素”。

● 参数：设置传递给 Applet 对象的参数。

8.4.3 插入 ActiveX 控件

ActiveX 控件又称为 OLE 控件，它是可以充当浏览器插件的可重复使用的组件，并在 Internet Explorer 浏览器中运行。要在网页中使用 ActiveX 控件，应保证客户端已安装该控件，否则在访问该页面时会自动下载并安装该控件。

在文档编辑区中插入 ActiveX 控件的具体操作步骤如下：

（1）启动中文版 Dreamweaver CS4，按【Ctrl+N】组合键，新建一个空白页面，并将光标置于要插入 ActiveX 控件的位置。

（2）在“常用”插入栏中单击 下拉按钮，在弹出的下拉菜单中选择 ActiveX 选项，或者直接单击“插入”|“媒体”| ActiveX 命令，即可在文档编辑区中插入 ActiveX 控件，如图 8-24 所示。

图 8-24 插入 ActiveX 控件

在 ActiveX 控件的“属性”面板中可以设置插入的 ActiveX 控件的属性，“属性”面板左上方会显示出 ActiveX 控件图标，如图 8-25 所示。

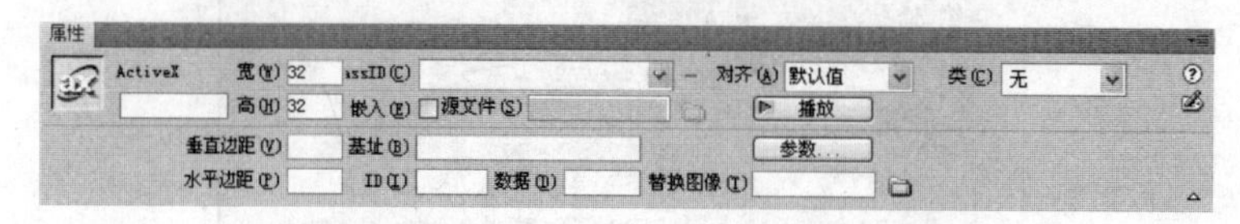

图 8-25 ActiveX 控件的“属性”面板

该面板中各选项的含义分别如下：

● 名称：设置 ActiveX 控件的名称，以便在脚本中引用。

● 宽：设置 ActiveX 控件的宽度，单位为“像素”。

● 高：设置 ActiveX 控件的高度，单位为“像素”。

● ClassID：可以在该下拉列表框中输入或选择一个值，为浏览器标识 ActiveX 控件。浏览器通过该类 ID 来识别 ActiveX 控件的位置。

● 嵌入：通过该选项可以在 object 标签内为该 ActiveX 控件添加 Embed 标签。如果有与 ActiveX 控件等效的 Netscape Navigator 插件，则 Embed 标签将激活该插件，并且中文版 Dreamweaver CS4 会将 ActiveX 的属性值指派给等效的 Netscape Navigator 插件。

● 源文件：如果选中了“嵌入”复选框，在“源文件”文本框中可以设置用于 Netscape Navigator 插件的数据文件。

● 对齐：设置 ActiveX 控件的对齐方式。

● 播放：单击“播放”按钮，可以播放 ActiveX 控件。

● 垂直边距：设置 ActiveX 控件距编辑区上、下边框的距离，单位为“像素”。

● 水平边距：设置 ActiveX 控件距编辑区左、右边框的距离，单位为“像素”。

● 基址：设置包含 ActiveX 控件的 URL。如果客户端的系统中尚未安装该 ActiveX 控件，则 Internet Explorer 浏览器将从该 URL 下载 ActiveX 控件。如果既没有安装相应的 ActiveX 控件，也没有在“基址”中指定下载 ActiveX 控件的 URL，浏览器将无法显示 ActiveX 控件。

- 数据：为要加载的 ActiveX 控件指定数据文件。
- 替代图像：设置在浏览器不支持 object 标签的情况下将显示的图像。选中“嵌入”复选框时，该选项不可用。
- 参数：设置传递给 ActiveX 控件的参数。

上机操作指导

在 Dreamweaver CS4 中可以将提前准备好的 Flash 对象与背景音乐添加到网页中，其具体操作步骤如下：

（1）打开一个网页文档，如图 8-26 所示。

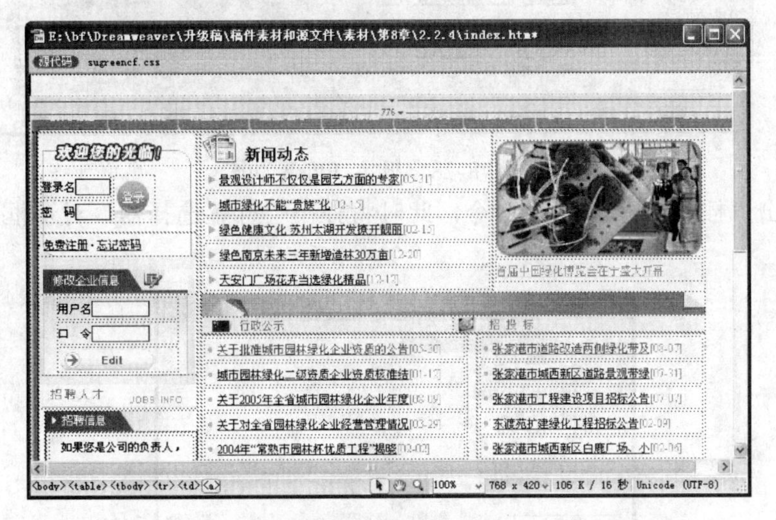

图 8-26　打开网页文档

（2）将光标置于需要插入 Flash 对象的位置，单击“插入”|“媒体”|SWF 命令，在弹出的“选择文件”对话框中选择需要插入的 SWF 文件，如图 8-27 所示。

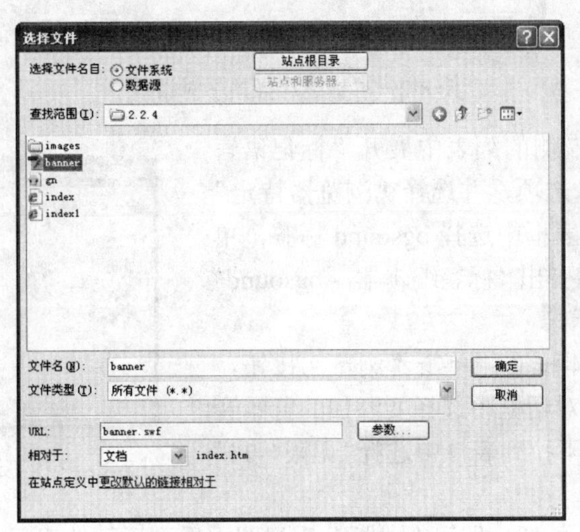

图 8-27　选择 SWF 文件

（3）单击“确定”按钮，即可插入 Flash 动画，如图 8-28 所示。

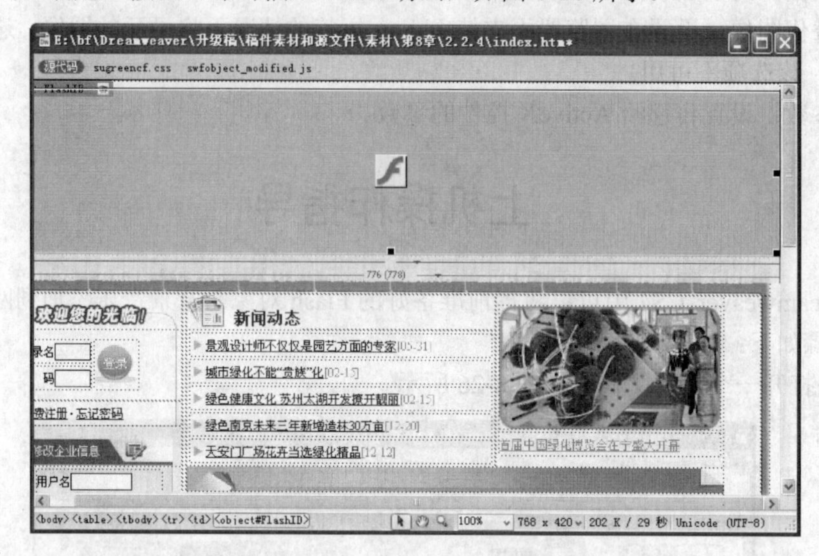

图 8-28　插入 Flash 动画

（4）单击“插入”|“标签”命令，此时将弹出“标签选择器”对话框，如图 8-29 所示。

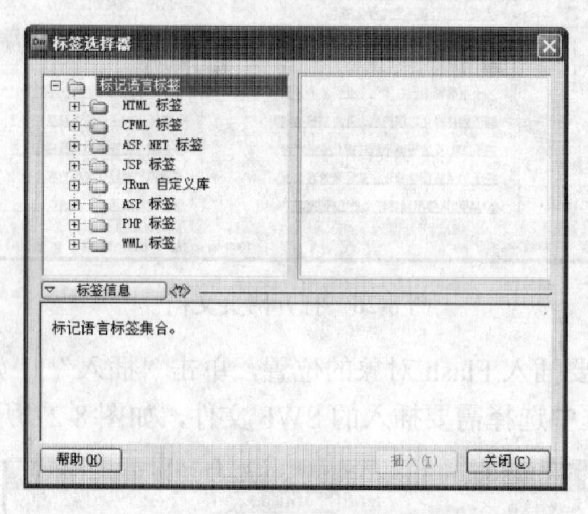

图 8-29　“标签选择器”对话框

（5）在该对话框左侧的列表中展开“标记语言标签”|“HTML 标签”选项，并选择“浏览器特定”选项，然后在右侧的列表框中选择 bgsound 标签，单击“插入”按钮，此时将弹出“标签编辑器 - bgsound”对话框，如图 8-30 所示。

（6）在“源”文本框右侧单击“浏览”按钮，在弹出的“选择文件”对话框中选择要添加的背景音乐文件，然后在“循环”下拉列表框中选择“无限（-1）”选项。

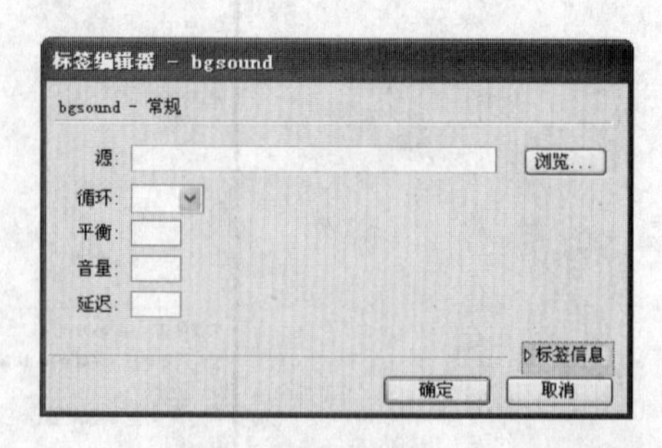

图 8-30　“标签选择器 - bgsound”对话框

（7）单击“确定”按钮，即可在“拆分”视图中看到添加的音乐文件，如图 8-31 所示。

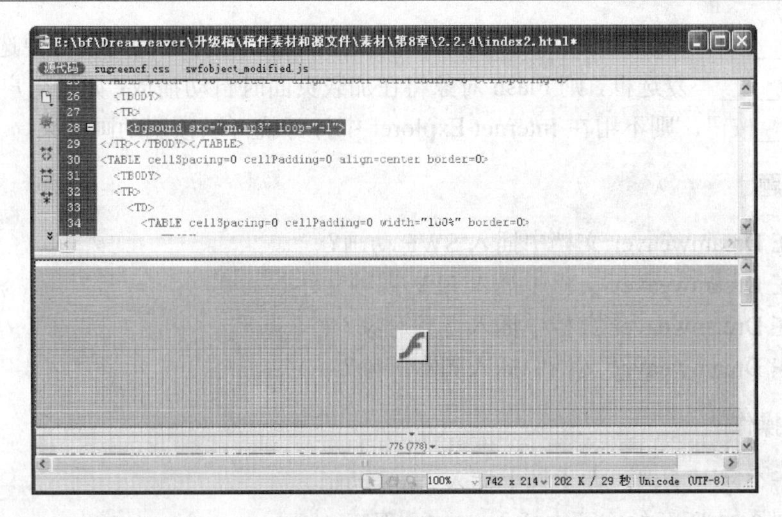

图 8-31　添加背景音乐

（8）保存文档后按【F12】键在浏览器中预览网页，即可听到音乐，如图 8-32 所示。

图 8-32　网页最终效果

习题与上机操作

一、填空题

1. Flash 动画是一种__________格式的动画，可以在安装了______________的浏览器中浏览 Flash 动画文件。

2. SWF 动画“属性”面板中的“名称”文本框用于______________________________，以便在__________中引用；“文件”文本框用于______________________________，

可以______________________________，也可以单击按钮，在弹出的对话框中选择文件；如果用户选中__________复选框，则Flash对象将在加载页面时自动播放；如果用户单击“属性”面板中的______按钮，则不用在Internet Explorer中打开就可以预览动画效果。

二、思考题

1. 如何在Dreamweaver文档中插入SWF动画？
2. 如何在Dreamweaver文档中插入FLV视频文件？
3. 如何在Dreamweaver文档中插入音频对象？
4. 如何在Dreamweaver文档中插入脚本对象？

三、上机操作

1. 打开一个网页文档，在文档中插入SWF动画。
2. 在如图8-33所示的网页中插入Applet程序。

图8-33 网页文档

第 9 章　使用模板和库

本章学习目标

充分发挥模板和库的作用，可以让大家创建网页更加方便快捷，本章详细介绍了模板和库的使用方法，读者应熟练掌握。

学习重点和难点

- 创建模板
- 编辑模板
- 应用模板
- 创建库项目
- 编辑库项目
- 管理库项目

9.1　创建与编辑模板

模板是一种具有固定格式的文档，在任何一款文档编辑软件中，新建的文档就是一个系统默认的无格式的文档模板，用户也可以自己创建有格式的文档模板，这样就可以用模板自动生成具有相同布局的页面，在编辑网页时，只需在每个文档中输入不同的内容即可。

9.1.1　创建模板

模板实际上是一个扩展名为 dwt 的示例文档，它存放在根目录的 Templates 文件夹中。模板文件夹并不是从来就有的，而是在创建模板的时候自动生成的。在 Dreamweaver 中，用户可以将现有的 HTML 文档另存为模板，然后根据需要加以修改，也可以创建一个空白模板，在其中输入需要显示的文档内容。

创建空白模板的具体操作步骤如下：

（1）单击“文件”|“新建”命令，或按【Ctrl+N】组合键，打开如图 9-1 所示的“新建文档”对话框。

（2）在该对话框左侧单击“空白页”选项卡，在“页面类型”列表中选择需要使用的页面类型，单击“创建”按钮，新建一个空白文档。

（3）在创建的文档窗口中单

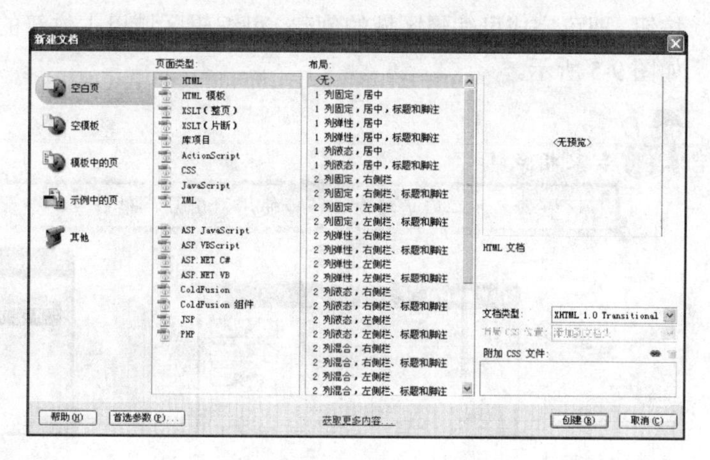

图 9-1　“新建文档”对话框

击“文件”|“另存为模板”命令，弹出“另存模板”对话框，如图 9-2 所示。

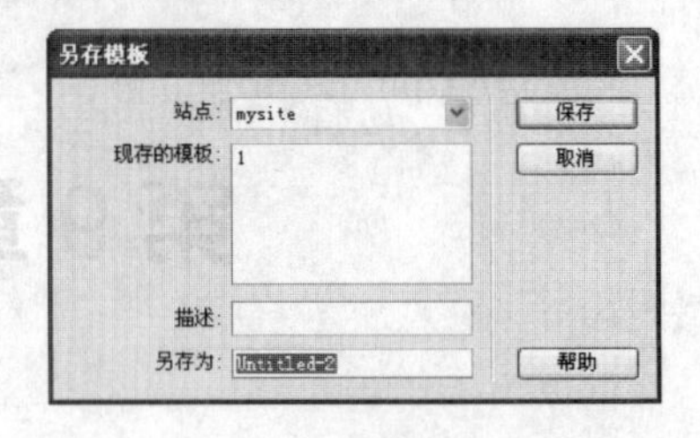

图 9-2 “另存模板”对话框

（4）在“站点”下拉列表框中选择一个用来保存模板的站点，在“另存为”文本框中设置模板的名称，单击“保存”按钮，即可完成空白模板的创建。创建好的模板保存在站点的 Templates 文件夹中，文件扩展名为 dwt，如图 9-3 所示。

用户也可以将现有文档保存为模板，具体操作方法如下：在打开的文档中，单击“文件”|“另存为模板”命令，打开“另存模板”对话框。在“站点”下拉列表框中选择站点名称，在“另存为”文本框中输入模板名称。如果要覆盖现有模板，可从“现存的模板”列表中选择需要覆盖的模板，单击“保存”按钮，保存模板。系统将自动在根目录下创建 Templates 文件夹，并将创建的模板文件保存在该文件夹中。

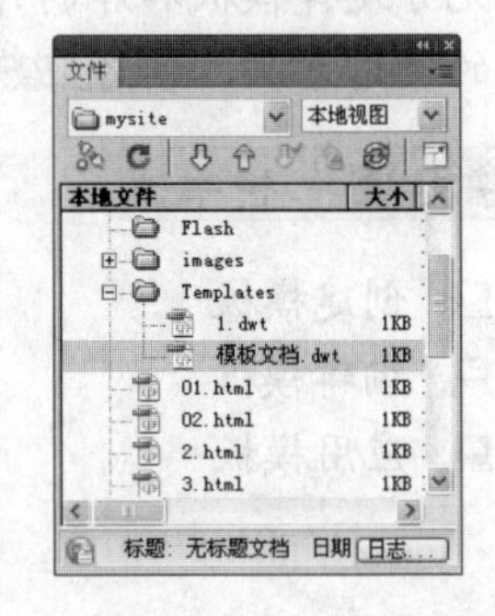

图 9-3 保存在站点中的模板文件

9.1.2 定义模板的可编辑区域

模板中包括两种类型的区域，一种是可编辑区域，一种是锁定区域(也称非可编辑区域)。可编辑区域中的内容可以改变，锁定区域中的内容始终保持不变。默认情况下，新创建模板的所有区域都处于锁定状态。因此要使用模板，必须将模板中的某些区域设置为可编辑区域。

创建模板可编辑区域有两种方法：一种是直接在空白模板中创建可编辑区域；另一种是将现有模板内容标记为可编辑区域。

在创建的空白模板中创建可编辑区域的具体操作步骤如下：

（1）在空白模板中将光标定位到要设置为可编辑区域的位置。

（2）单击“插入”|“模板对象”|“可编辑区域”命令，或按【Ctrl+Alt+V】组合键，打开“新建可编辑区域”对话框，如图 9-4 所示。

（3）在“名称”文本框中输入可编辑区域的名称，本例使用默认名称，单击“确定”按钮，即可完成可编辑区域的创建。可编辑区域以占位符的形式表示当前可编辑区域的位置，如图 9-5 所示。

专家指点

在命名可编辑区域时，不能使用双引号、单引号、小于号和大于号等特殊字符。

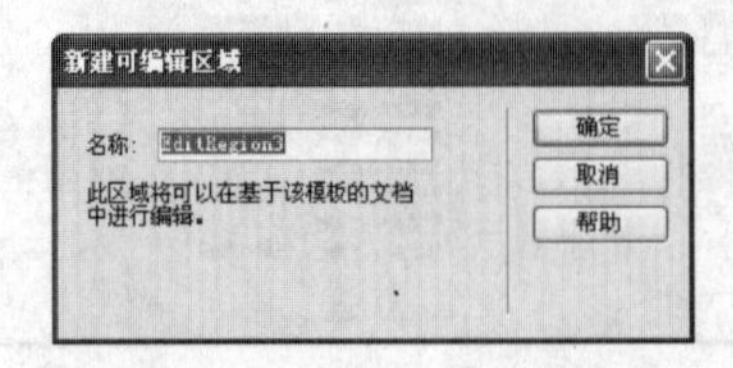

图 9-4 “新建可编辑区域”对话框

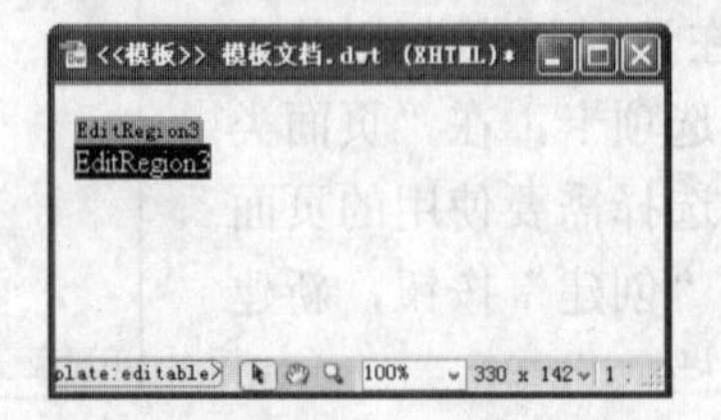

图 9-5 新建的可编辑区域

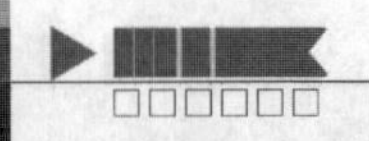

（4）参照上述方法，可创建其他可编辑区域。

9.1.3　编辑模板

对于已经创建的模板，如果用户需要将现有的对象标记为可编辑区域，则先打开有内容的模板文档，并选取要标记为可编辑区域的对象，然后单击“插入”|“模板对象”|“可编辑区域”命令，参照创建空白模板可编辑区域的方法进行操作，即可将指定的内容或对象标记为可编辑区域，如图 9-6 所示。

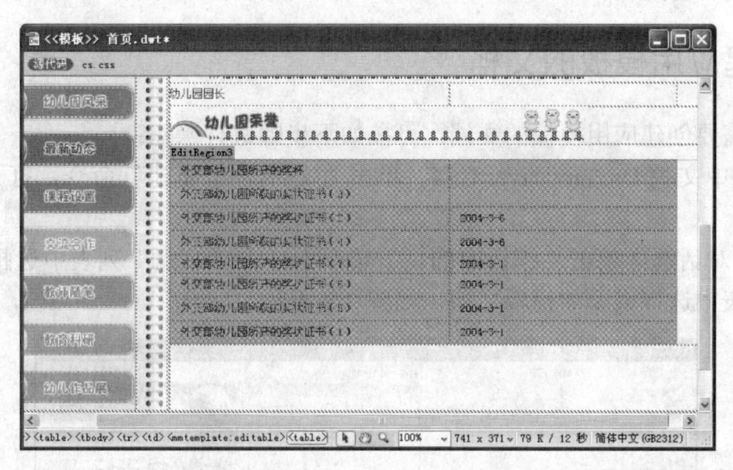

图 9-6　将指定对象标记为可编辑区域

如果要在模板文档窗口中取消对某个可编辑区域的标记，则在选取需要取消的可编辑区域的标记后，单击“修改”|“模板”|“删除模板标记”命令即可完成操作，如图 9-7 所示。

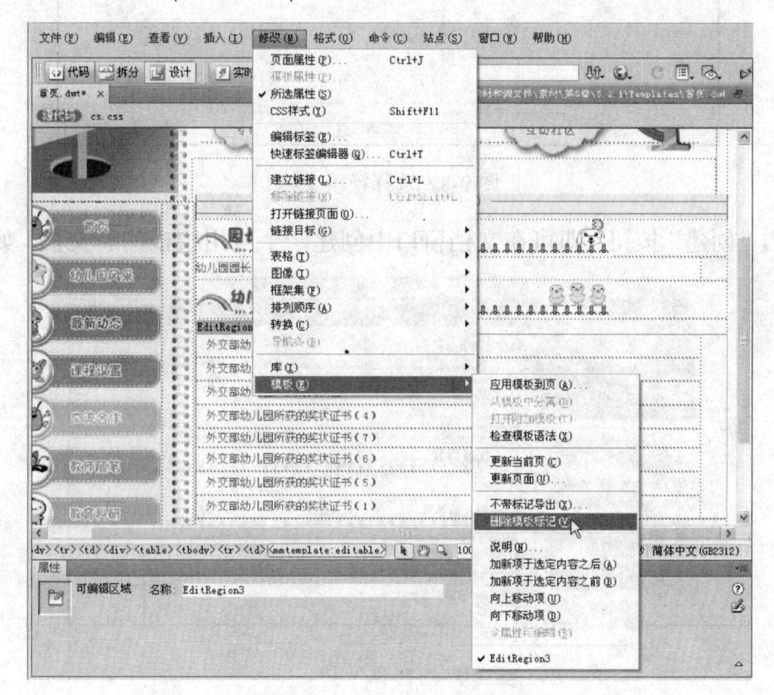

图 9-7　删除可编辑区域的标记

9.2 应用模板

在 Dreamweaver 中，可以以模板为基础创建新的文档，或将一个模板应用于现有的文档中。通过模板可以对站点中所有应用同一模板的文档进行批量更新，若要修改网页的风格，可以只修改相应的模板文件，然后利用 Dreamweaver 的站点管理特性，一次性更新原来利用该模板所创建的所有文档。

9.2.1 创建应用模板的文档

如果用户需要创建应用模板的文档，可按如下步骤进行操作：

（1）启动中文版 Dreamweaver CS4，单击“文件”|“新建”命令，打开“新建文档”对话框。

（2）在该对话框中单击“模板中的页”选项卡，在“站点”列表中选择相应的站点，在站点模板列表中选择需要的模板文档，如图 9-8 所示。

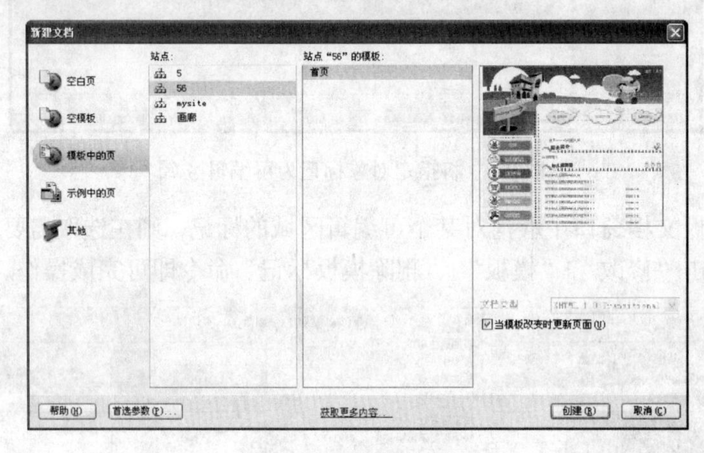

图 9-8　选择模板文档

（3）单击“创建”按钮，即可在文档窗口中创建一个应用模板的新文档，如图 9-9 所示。

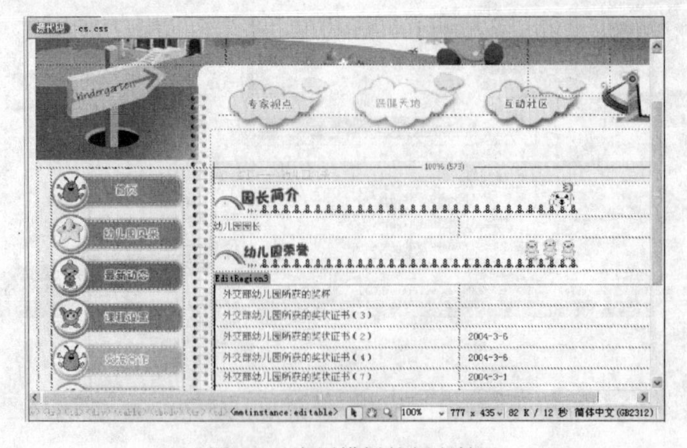

图 9-9　应用模板的新文档

9.2.2　在现有文档上应用模板

要在现有的文档上应用模板，可以按如下步骤进行操作：

（1）启动中文版 Dreamweaver CS4，单击“文件”|“打开”命令，在打开的对话框中选择需要打开的文档，单击“打开”按钮，打开一个需要应用模板的文档。

（2）单击“窗口”|“资源”命令，打开“资源”面板，在该面板右侧单击“模板”按钮，显示该站点中的所有模板，如图 9-10 所示。

（3）选择需要应用的模板后单击“应用”按钮。如果现有文档中有不能自动指定到模板区域中的内容，将打开“不一致的区域名称”对话框，其中列出要应用的模板中的所有可编辑区域，利用它可为不一致的内容指定目标区域。

（4）在该对话框中选择未解析的内容后，在“将内容移到新区域”下拉列表框中选择相应的选项，如图 9-11 所示。如果选择“不在任何地方”选项，则将删除所选内容。若要将所有未解析的内容移到选定的区域，可单击“用于所有内容”按钮。

图 9-10　显示模板

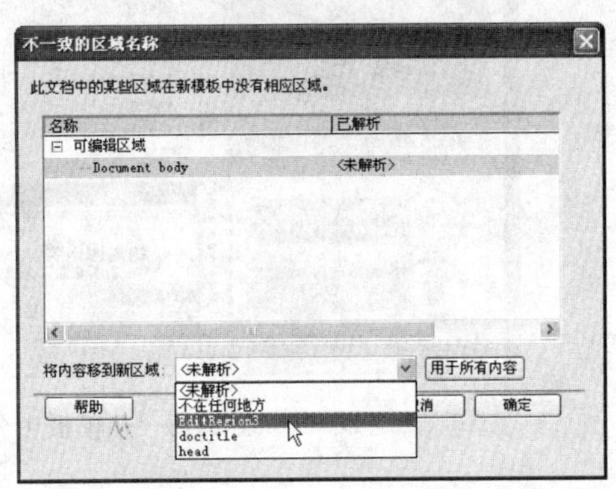

图 9-11　“不一致的区域名称”对话框

（5）此处将 EditRegion3 选项应用于所有未解析内容，单击“确定”按钮，完成操作。将模板应用于现有文档的效果如图 9-12 所示。

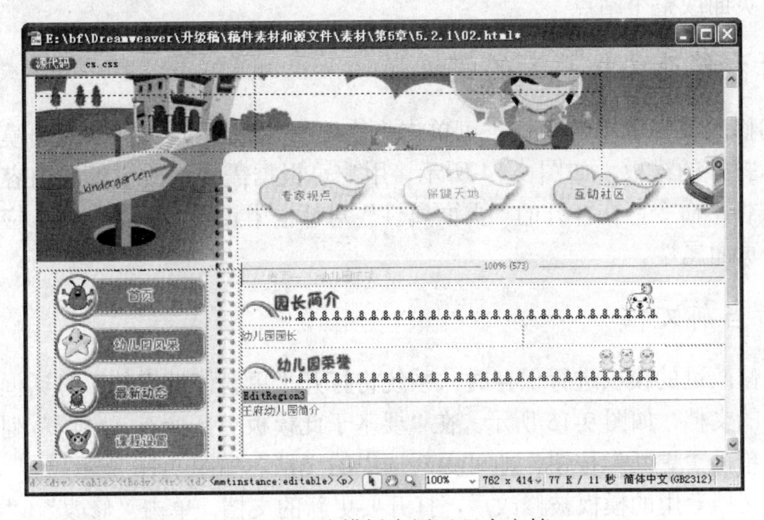

图 9-12　将模板应用于现有文档

在“修改”|“模板”子菜单的底部列出了所有的可编辑区域，使用它们可以快速地选择和编辑区域。

专家指点

> 要改变基于模板的页面中的锁定区域的内容，必须将页面从模板中分离出来。当页面被分离后，它将成为一个普通的文档。要分离文档，只需单击“修改”|“模板”|“从模板中分离”命令即可完成操作，如图 9-13 所示。

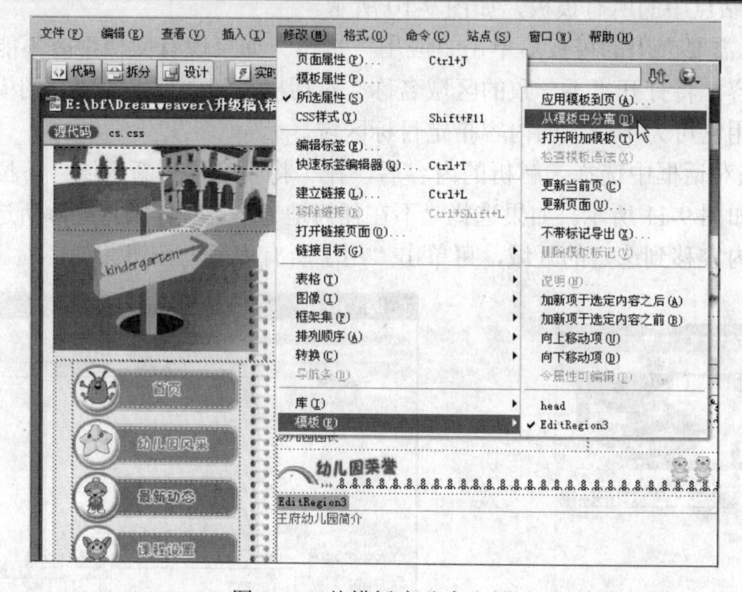

图 9-13 从模板中分离文档

9.2.3 更新基于模板的页面

当改变文档模板时，系统会提示用户更新基于该模板的文档，用户可以使用“更新”命令来更新当前页面或整个站点。

1. 打开和修改文档基于的模板

要打开和修改文档应用的模板，可单击“修改”|“模板”|“打开附加模板”命令，在新窗口中显示打开的模板，如图 9-14 所示。用户可根据需要修改模板的内容，或单击“修改”|“页面属性”命令，在打开的“页面属性”对话框中设置页面的属性，应用该模板的文档将继承这些页面属性。

2. 更新当前文档

当用户对修改过的模板进行保存时，系统将打开“更新模板文件”对话框，提示用户更新应用该模板的文档，如图 9-15 所示。在“要基于此模板更新所有文件吗”列表中选择需要更新的文档，单击“更新”按钮，即可更新选中的文档，如图 9-16 所示。

此外，当文档套用的模板被修改后，打开要更新的文档，单击“修改”|“模板”|“更新

当前页”命令，则当前文档也会更新，并反映模板的最新面貌。

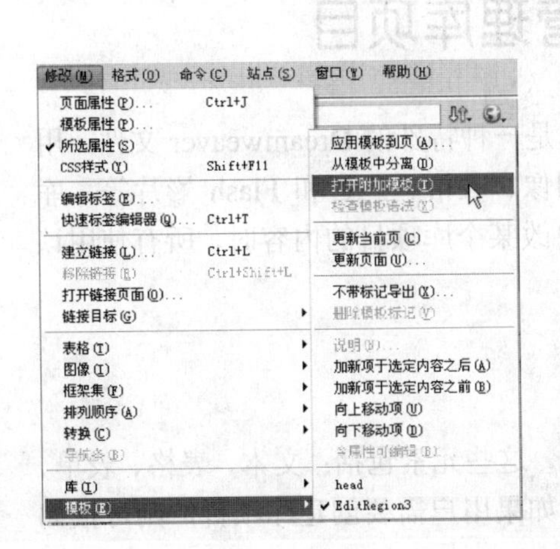

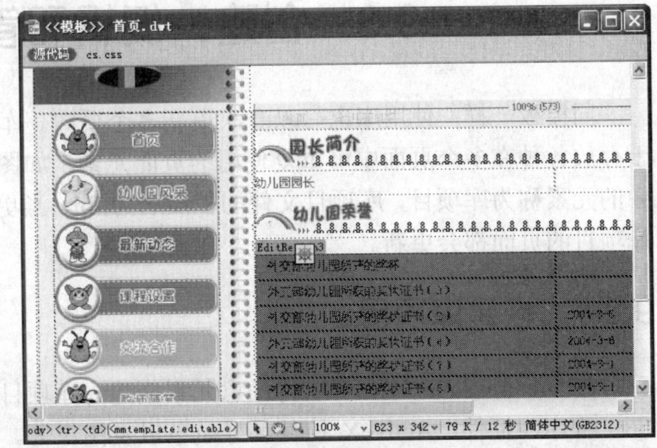

图 9-14 打开附加模板

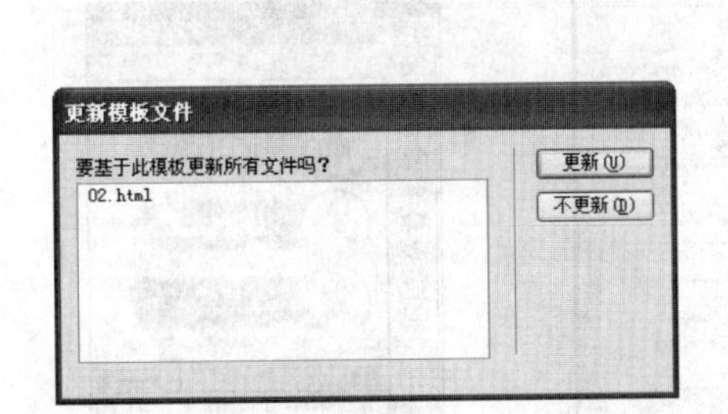

图 9-15 “更新模板文件”对话框

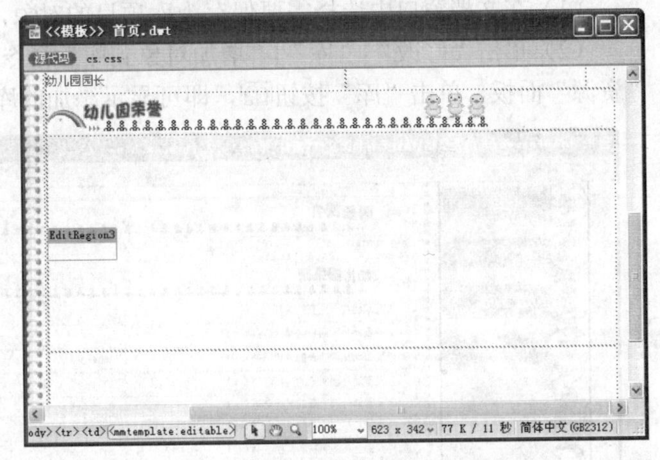

图 9-16 更新的文档

3. 更新整个站点或所有使用指定模板的文档

要更新整个站点或所有使用指定模板的文档，可单击“修改”|“模板”|“更新页面”命令，打开“更新页面”窗口，如图 9-17 所示。

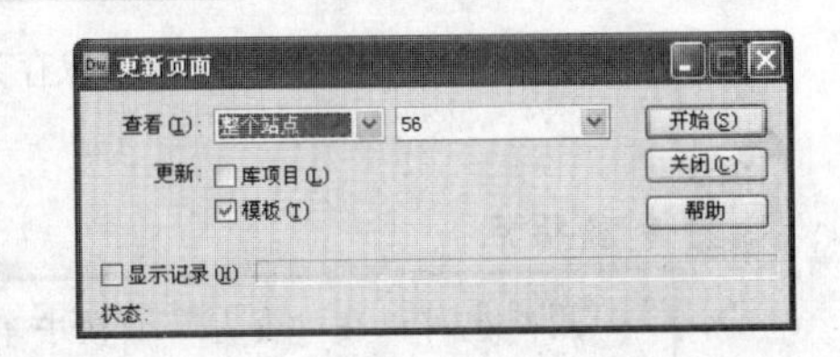

图 9-17 “更新页面”窗口

在“查看”下拉列表框中选择更新范围，若选择“整个站点”选项，则可在其右侧的下拉列表框中选择站点名称，单击“开始”按钮，即可更新站点中所有应用该模板的文档；如果选择“文件使用”选项，则可在其右侧的下拉列表框中选择模板名称，单击“开始”按钮，即可更新站点中所有使用该模板的文档。在“更新”选项区中选中“库项目”复选框，则对文档中的库项目进行更新；选中“模板”复选框，则对文档中的模板进行更新；选中“显示记录”复选框，则在更新后，该对话框中可显示更新日志。更新完毕后，单击“关闭”按钮即可。

9.3 创建、编辑和管理库项目

同模板一样，使用库也可以一次更新多个页面。库是一种特殊的 Dreamweaver 文件，用于存放各种在多个页面中可重复使用的页面元素，如图像、表格、声音和 Flash 影片等。库中的元素称为库项目，库项目文件的扩展名为 lbi，当更改某个库项目的内容时，所有使用该库项目的页面都会更新。

9.3.1 创建库项目

在 Dreamweaver 中，可以将任意元素创建为库项目，这些元素包括：文本、表格、表单、Java 程序、插件、ActiveX 控件、导航条以及图像等。如果用户需要创建库项目，则可按如下步骤进行操作：

（1）在文档窗口中选择需要保存为库项目的对象，如图 9-18 所示。

（2）单击“修改”|“库”|“增加对象到库”命令，即可将所选对象添加到库中。打开“资源”面板，单击“库”按钮，即可显示添加的库项目，如图 9-19 所示。

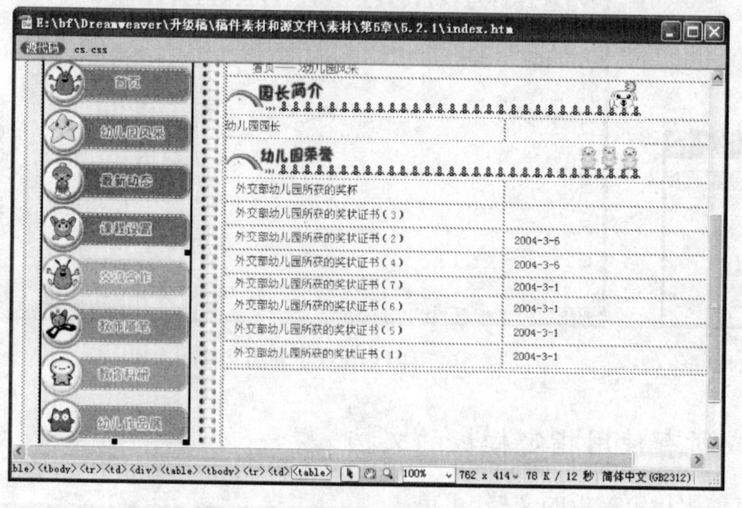

图 9-18　选择要保存为库项目的对象

图 9-19　添加的库项目

用户也可以在“资源”面板中单击左侧的“库”按钮，然后将页面中要保存为库项目的元素拖曳到“资源”面板中，以此来创建库项目。库项目文件的扩展名为 lbi，所有的库项目都被保存在同一个文件夹中。

9.3.2 编辑库项目

要编辑某个库项目，可在“资源”面板中双击该库项目，此时系统将打开一个显示库项目的新文档窗口，可在该文档窗口中对库项目进行编辑，如图 9-20 所示。

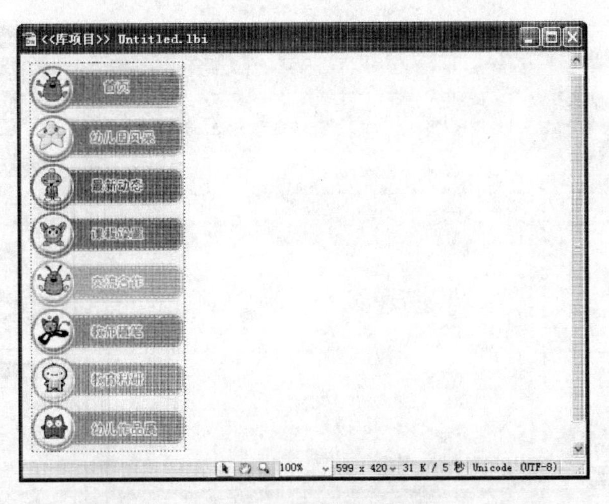

图 9-20　编辑库项目

编辑完成后，按【Ctrl+S】组合键，或单击“文件”|“保存”命令，即可保存修改的库项目。

如果用户是在使用库项目的文档中选择了库项目，则可在库项目的“属性”面板中对其进行编辑。图 9-21 所示为库项目的“属性”面板。如果单击该面板中的“打开”按钮，则可打开库项目的源文件进行编辑；如果单击“从源文件中分离”按钮，则可断开所选库项目与其源文件之间的链接，使库项目成为普通对象；如果单击“重新创建”按钮，则用当前选定的内容改写原始库项目，单击该按钮可以在丢失或意外删除原始库项目时重新创建库项目。

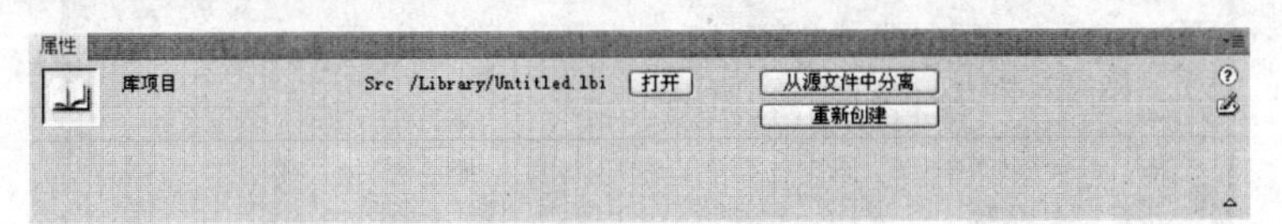

图 9-21　库项目的“属性”面板

9.3.3　管理库项目

在“资源”面板中打开库项目后，单击“资源”面板右上角的按钮，将弹出如图 9-22 所示的“资源”面板控制菜单，在该菜单中选择“更新当前页”选项，即可用修改后的库项目更新当前页面。另外，利用“资源”面板控制菜单，还可以完成新建、插入、删除和重命名库项目等操作。

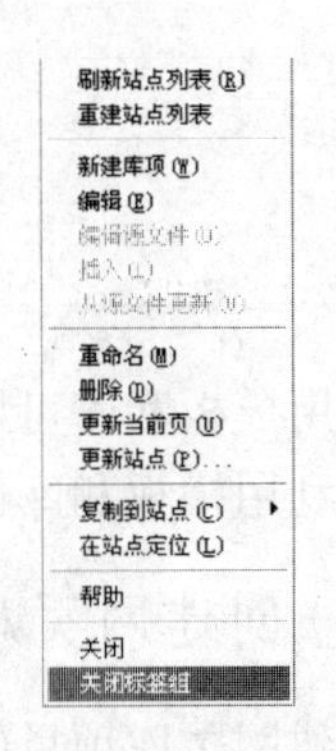

图 9-22　“资源”面板控制菜单

如果需要将库项目插入到正在编辑的文档中，则只需将光标定位在需插入库项目的位置，然后在“资源”面板中选择库项目，单击左下角的“插入”按钮即可。用户也可以使用鼠标拖曳的方法来插入库项目：将光标定位在需要插入库项目的位置，在“资源”面板中选中需要插入的库项目，将其拖曳至文档中（如图 9-23 所示）即可，图 9-24 所示即为插入库项目后的文档。

图 9-23　将库项目拖入文档

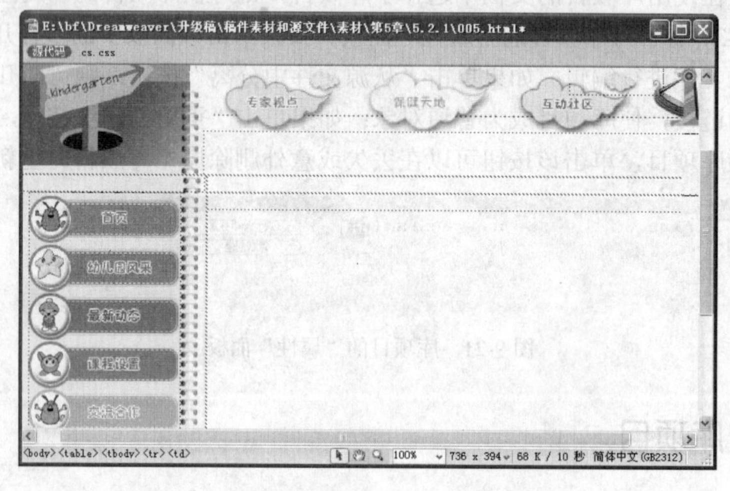

图 9-24　插入库项目后的文档

上机操作指导

使用模板和库可以大大地提高网页的制作效率，因此它们在网页制作中被广泛应用，下面讲述利用模板和库创建网页的具体实例。

1. 创建网页库项目

创建网页库项目的具体操作步骤如下：

（1）单击“文件”|“新建”命令，弹出“新建文档”对话框，在该对话框左侧单击“空白页”选项卡，在“页面类型”列表中选择“库项目”选项，如图 9-25 所示。

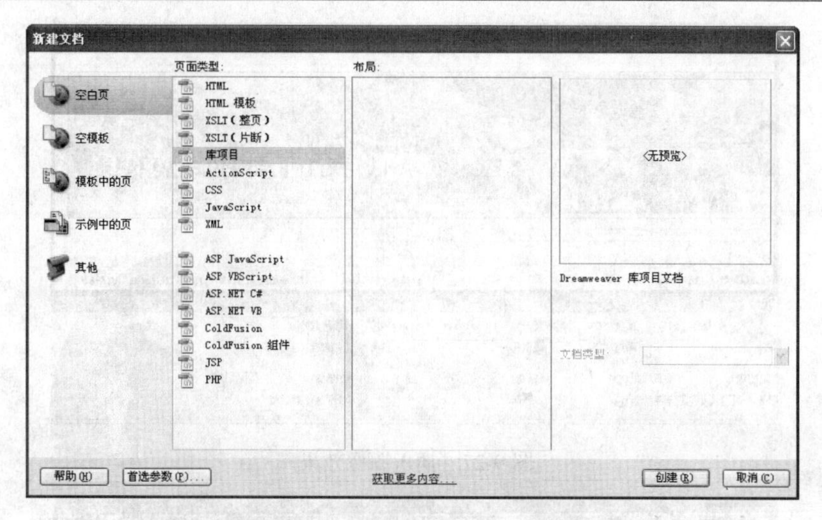

图 9-25　选择"库项目"选项

（2）单击"创建"按钮，创建一个库项目文档。单击"文件"|"另存为"命令，弹出"另存为"对话框，在该对话框中将"文件名"设置为 top.lbi，在"保存类型"下拉列表框中选择 Library Files（*.lbi）选项，如图 9-26 所示。

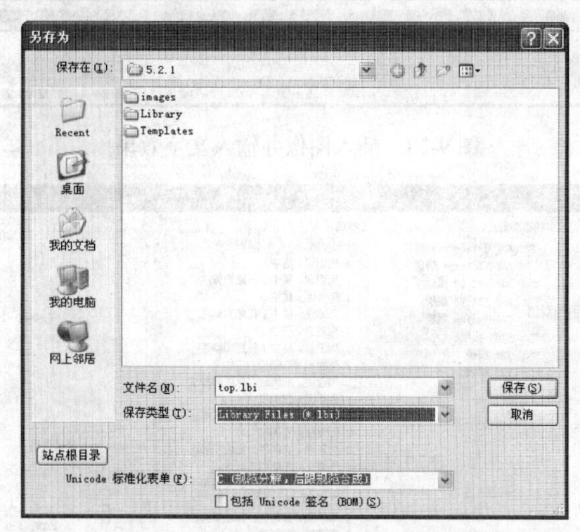

图 9-26　设置文件名和保存类型

（3）单击"保存"按钮保存该项目，然后在文档中插入一个 1 行 1 列的表格，在单元格中插入图像文件，效果如图 9-27 所示。

（4）将光标放到表格的下方再插入一个 1 行 3 列的表格，在单元格中分别插入相应的图像并输入相应的文字，效果如图 9-28 所示。

2. 创建模板网页

使用模板可以快速地创建大量风格一致的网页，具体操作步骤如下：

（1）单击"文件"|"新建"命令，弹出"新建文档"对话框，在该对话框左侧单击"空模板"选项卡，在"模板类型"列表中选择"HTML 模板"选项，如图 9-29 所示。

图 9-27 插入图像效果

图 9-28 插入图像并输入文字效果

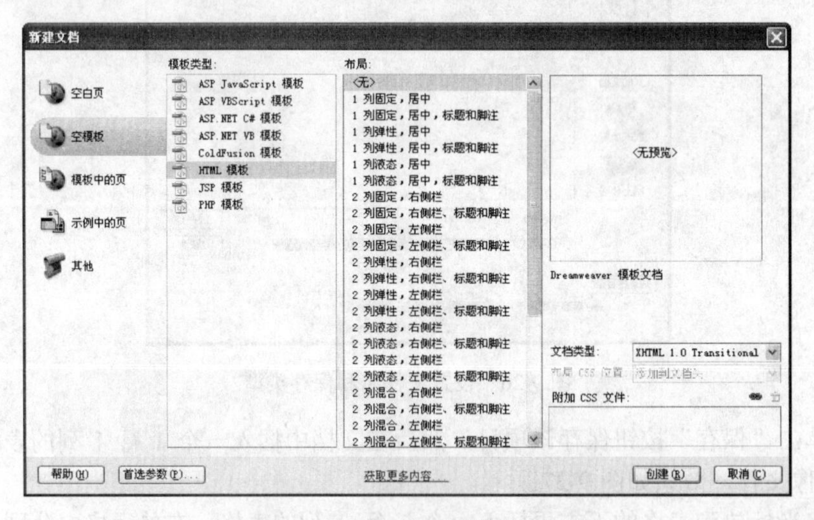

图 9-29 选择“HTML 模板”选项

（2）单击“创建”按钮，创建一个模板文档。单击“文件”|“另存为”命令，弹出“另存为”对话框，在该对话框中将“文件名”设置为 moban.dwt，在“保存类型”下拉列表框中选择 Template Files（*.dwt）选项，如图 9-30 所示。

（3）单击“保存”按钮，将该模板保存到相应的目录下。

（4）单击“窗口”|“资源”命令，打开“资源”面板，效果如图 9-31 所示。

（5）在“资源”面板中选中库项目，然后单击“插入”按钮，即可插入库项目，效果如图 9-32 所示。

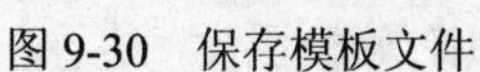

图 9-30　保存模板文件

图 9-31　"资源"面板

图 9-32　插入库项目

（6）在库项目的下面插入一个 1 行 2 列的表格，将此表格记为表格 1，效果如图 9-33 所示。

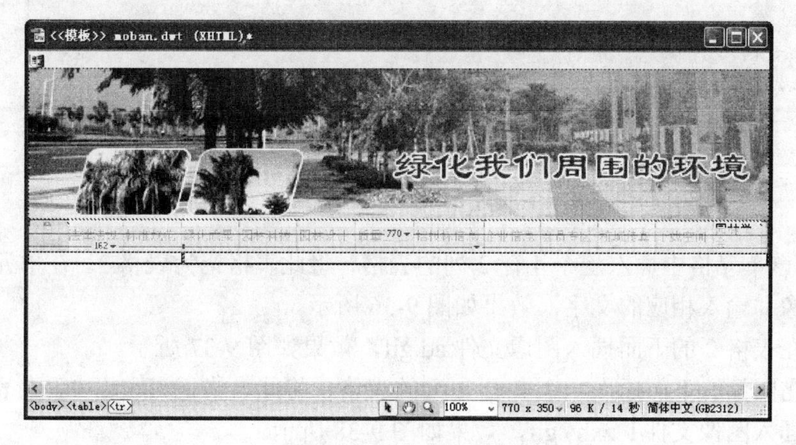

图 9-33　插入表格效果

（7）在表格1的第1列单元格中插入一个2行1列的表格，将此表格记为表格2。在表格2的第1行中插入图像文件l_hytd.gif，效果如图9-34所示。

图9-34　插入图像效果

（8）在表格2的第2行中设置背景颜色为暗黄色（#CCCC99），并调整单元格的高度，效果如图9-35所示。

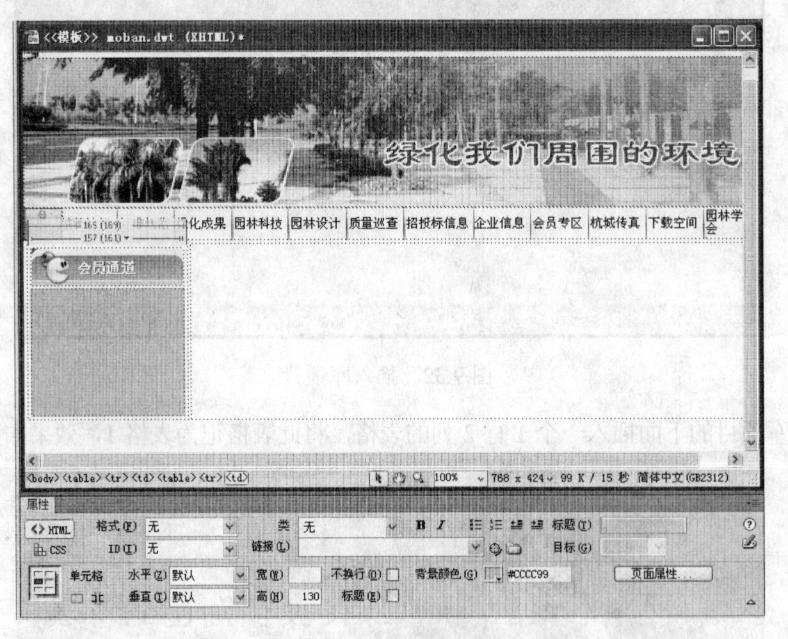

图9-35　设置背景颜色

（9）在该单元格中插入一个4行2列的表格，将此表格记为表格3。在单元格中分别插入相应的图像并输入相应的文字，效果如图9-36所示。

（10）在表格2的下面插入图像文件ad.gif，效果如图9-37所示。

（11）在图像的下面插入一个8行1列的表格，将此表格记为表格4。在表格4的第1行单元格中插入图像文件l_zxhy.gif，效果如图9-38所示。

图 9-36　插入图像和输入文字效果

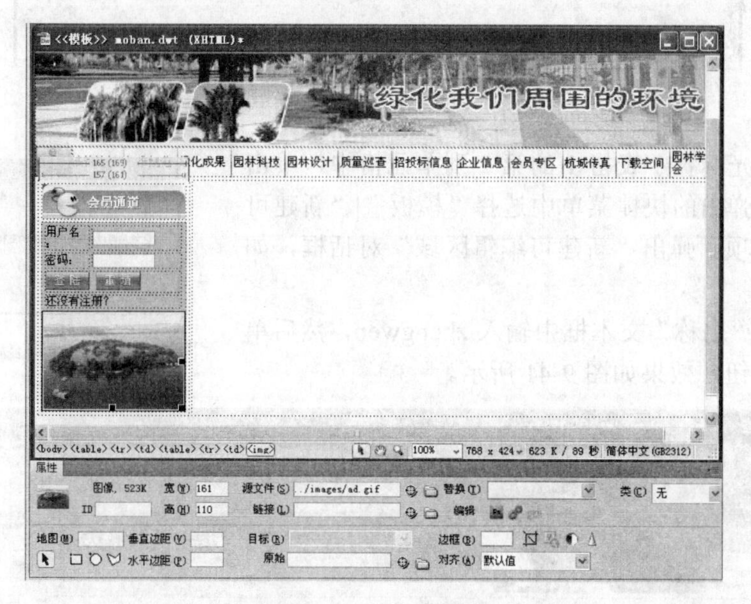

图 9-37　插入图像效果

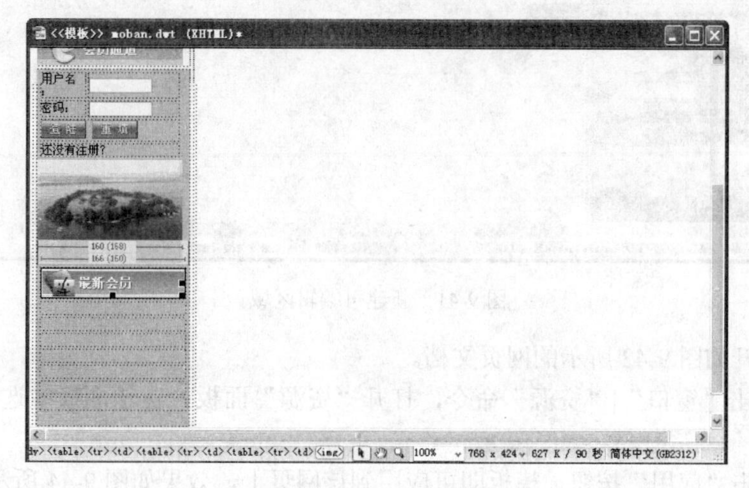

图 9-38　插入图像效果

（12）在表格 4 的其余单元格的“属性”面板的“背景颜色”文本框中输入#d9e7e8，并输入相应的文字，插入图像文件 more.gif，效果如图 9-39 所示。

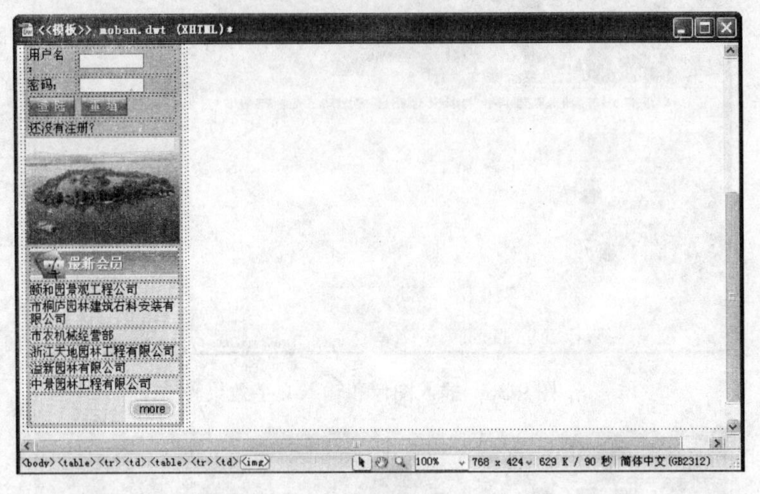

图 9-39　插入图像和输入文字效果

（13）将光标置于表格 1 的第 2 列单元格中，单击鼠标右键，在弹出的快捷菜单中选择“模板”|“新建可编辑区域”选项，弹出“新建可编辑区域”对话框，如图 9-40 所示。

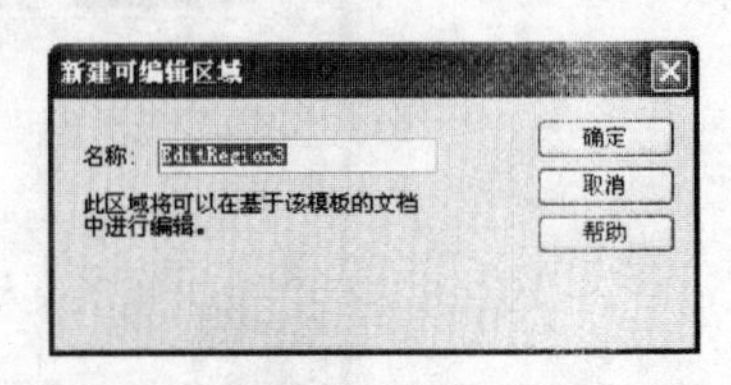

图 9-40　“新建可编辑区域”对话框

（14）在“名称”文本框中输入 zhengwen，然后单击“确定”按钮，效果如图 9-41 所示。

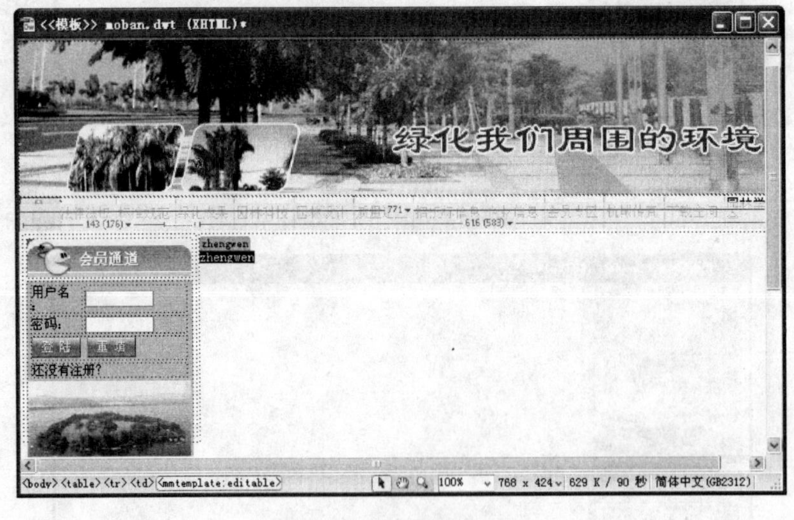

图 9-41　新建可编辑区域

（15）打开如图 9-42 所示的网页文档。

（16）单击“窗口”|“资源”命令，打开“资源”面板，在该面板中选择模板，如图 9-43 所示。

（17）单击“应用”按钮，模板即可应用到该网页上，效果如图 9-44 所示。

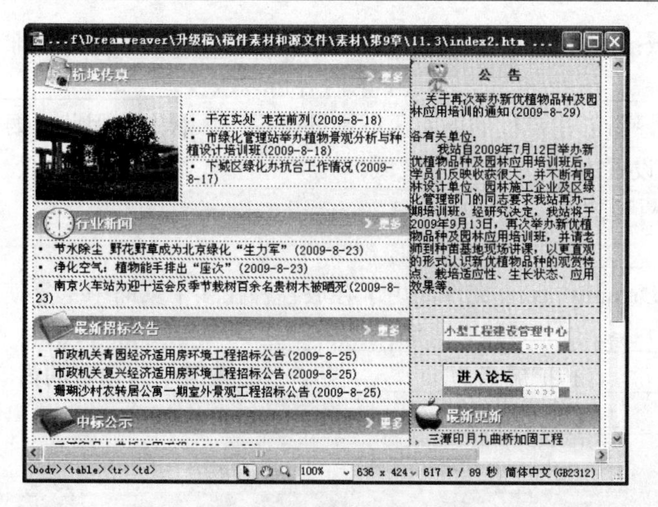

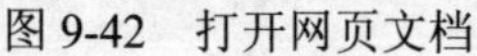
图 9-42　打开网页文档　　　图 9-43　“资源”面板

图 9-44　应用模板

习题与上机操作

一、填空题

1. 模板是一种____________的文档，在任何一款文档编辑软件中，____________就是一个系统默认的无格式的文档模板，用户也可以自己创建________的文档模板，这样就可以在运用模板时自动生成____________的页面，在编辑网页时，只需________________即可。

2. 模板实际上是一个扩展名为________的示例文档，它存放在根目录的__________文件夹中。模板文件夹并不是从来就有的，它是在____________的时候自动生成的。在 Dreamweaver 中，用户可以将现有的____________另存为模板，然后根据需要加以修改，也可以______________，在其中输入需要显示的文档内容。

3．模板包括两种类型的区域：一种是__________，一种是__________（也称非可编辑区域）。对于应用模板的页面，__________中的内容可以改变，__________中的内容始终保持不变。默认情况下，新创建模板的所有区域都处于______状态。因此，要使用模板，必须将模板中的某些区域设置为__________区域。

4．创建模板可编辑区域有两种方法：一种是__________________________，另一种是__________________________。

5．________是一种特殊的Dreamweaver文件，用于存放各种在多个页面中重复使用的页面元素，如________、________、________和________等。

6. 库中的元素称为__________，其扩展名为__________，当更改某个库项目的内容时，所有使用该库项目的页面都会__________。

二、思考题

1．如何创建与编辑模板？

2．如何应用模板？

3．如何创建、编辑和管理库项目？

三、上机操作

创建如图9-45所示的模板网页。

图9-45 模板网页

第 10 章　创建表单

本章学习目标

本章主要介绍如何在网页中创建表单，并在表单中插入文本域、隐藏域、单选按钮、复选框、列表 / 菜单、按钮及文件域等。通过学习上述内容，大家应能轻松地在网页中创建各种常用的表单。

学习重点和难点

- 插入文本域
- 插入单选按钮和单选按钮组
- 插入复选框
- 插入列表/菜单
- 插入跳转菜单
- 插入按钮
- 插入图像域
- 插入文件域

10.1　网页表单概述

表单（Form）是一种结构化的文件，用于收集和发布信息，它是网站管理员与访问者进行交流的一种媒介。通过表单，网站管理员可以收集到来自世界各地的资料和意见，可以帮助 Internet 服务器从用户端收集信息，如收集用户资料、获取用户订单及作为搜索接口等。因此，表单是 Internet 用户同服务器进行信息交流的最重要的工具，是实现网页与用户交流的基本界面。

表单由两部分组成：一部分是前台显示程序，另一部分是后台处理程序。前台显示程序主要用来显示表单的内容，如申请 E-mail 时提示输入的注册信息，在留言板上可以输入的建议与意见等，其主要形式有文本框、单选按钮、复选框、列表、菜单和按钮等。后台处理程序是用来处理用户提交内容的程序，一般使用应用程序来处理表单的内容，或者指定发送到特定的 E-mail 邮箱中。当访问者在前台显示程序中填好了表单内容，单击“提交”按钮后，信息将被送往后台处理程序进行处理。

表单的工作原理其实就是典型的客户 / 服务器关系模式，当客户端用户在 Web 浏览器中输入表单数据，单击“提交”按钮后，这些数据将被发送到服务器，服务器端的脚本或者应用程序再对传递过来的数据进行处理。

10.2　创建网页表单

表单的创建可分为两部分：第一部分是对表单的内容进行构造，如表单中的文本框、按钮等组件，这一部分通常称为前台，它是直接面向访问者的；第二部分是用 Perl、Java 等语言创建一个处理表单中所含信息的脚本，这一部分称为后台处理程序。在 Dreamweaver 中，

可以单击“插入”|“表单”命令，在弹出的子菜单中选择相应的选项来创建表单对象，也可以通过“表单”插入栏来创建表单对象。

10.2.1 表单插入栏

在中文版Dreamweaver CS4的“插入”面板中单击“常用”下拉按钮，在弹出的下拉菜单中选择“表单”选项，切换到“表单”插入栏，如图10-1所示。

图10-1 “表单”插入栏

“表单”插入栏中各按钮的含义分别如下：

- “表单”按钮：使用该按钮可以在文档中插入表单域。在表单域中可以添加文本域、按钮、列表框和单选按钮等对象。用户可通过单击表单轮廓或在标签选择器中选择<form>标签来选择表单。
- “文本字段”按钮：使用该按钮可以在表单域中插入文本域。文本域可以接受任何类型的字母、数字和文本项。输入的文本可以以单行方式、多行方式或密码方式显示，如图10-2所示。

图10-2 插入的文本域

- “隐藏域”按钮：用于在文档中插入隐藏区域来存储用户输入的信息，如姓名、电子邮件地址等，并在该用户下次访问此站点时调用这些数据。
- “文本区域”按钮：使用该按钮可以在表单域中插入文本区域，即以多行方式显示的文本域。这与使用按钮添加文本域后，再在“属性”面板中选中“多行”单选按钮的效果相同。
- “复选框”按钮：用于在表单域中插入复选框，可以允许用户在一组选项中选择任意多个需要的选项，如图10-3所示。
- “单选按钮”按钮：用于在表单域中插入单选按钮。单选按钮代表互相排斥的选择，在某单选按钮组中选中一个单选按钮，就会取消选择该组中的其他单选按钮，如图10-4所示。“单选按钮组”按钮与该按钮的功能相似，只不过是可以一次创建多个单选按钮，如图10-5所示。
- “列表/菜单”按钮：在表单域中插入列表或菜单。“列表”选项将选项值显示在列表中，允许用户选择多个选项；“菜单”选项将选项值显示在弹出式菜单中，只允许用户选择一个选项，如图10-6所示。
- “跳转菜单”按钮：在文档中插入一个导航条或者弹出式菜单。跳转菜单中的每个选项都链接到文档或文件中。
- “图像域”按钮：使用该按钮可以在表单域中插入一幅图像，也可以使用图像域来生成图形按钮。
- “文件域”按钮：使用该按钮可以在文档中插入一个文件域，包括一个空白文本域和一个“浏览”按钮，如图10-7所示。文件域用于用户浏览计算机上的文件，并将这些文件作为表单数据上传。

● “按钮”按钮：在表单域中单击插入的按钮，即可执行相应的操作。通常这些操作包括提交或重置表单，可以为按钮添加自定义名称或标签，或者使用预定义的“提交”或“重置”标签，如图 10-8 所示。

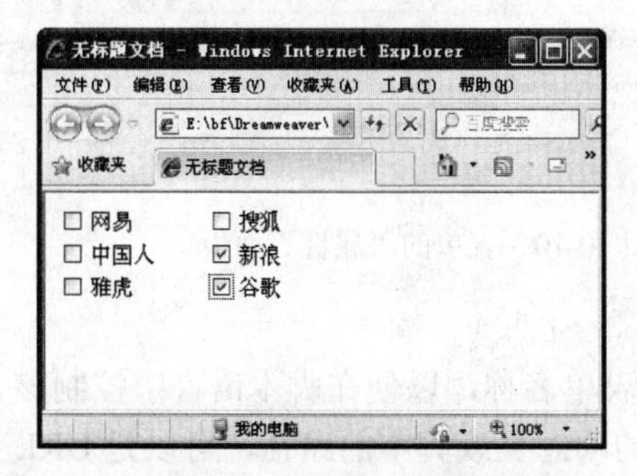

图 10-3　插入复选框

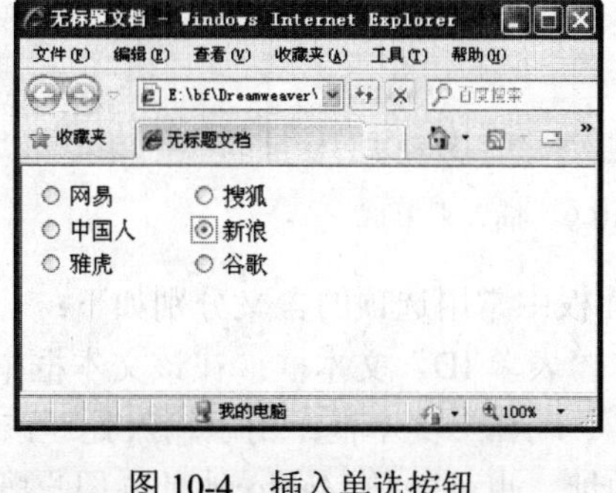

图 10-4　插入单选按钮

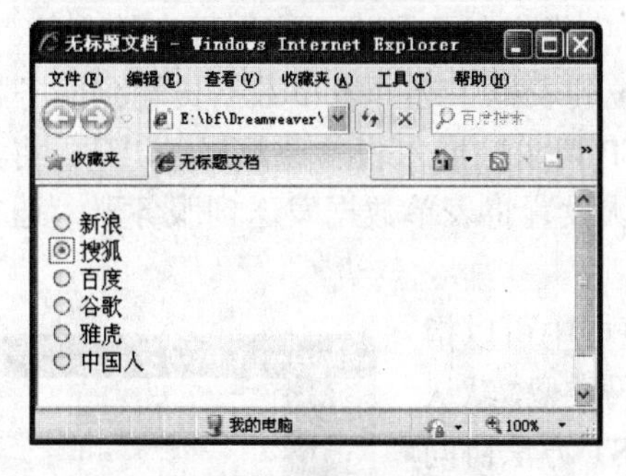

图 10-5　插入单选按钮组

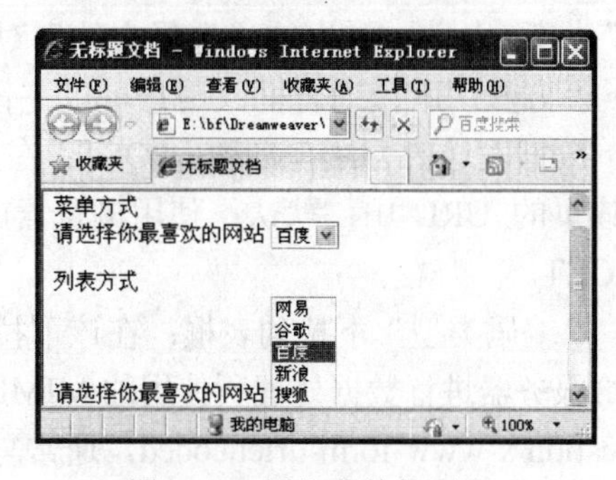

图 10-6　插入菜单与列表

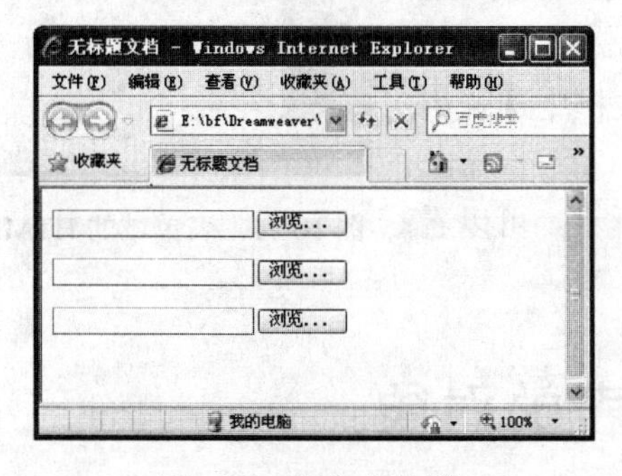

图 10-7　插入文件域

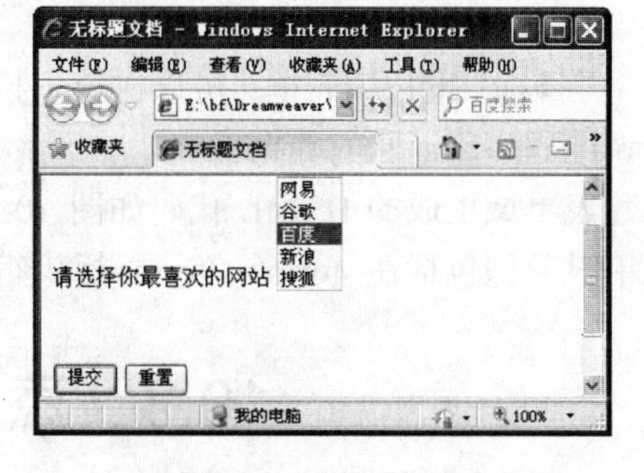

图 10-8　插入按钮

10.2.2　创建表单域

在 Dreamweaver 中要添加表单对象，首先应该创建表单域。因为表单域属于不可见元素，所以在创建表单域之前，应单击“查看”|“可视化助理”|“不可见元素”命令来显示表单域。

在 Dreamweaver 中插入表单域的方法很简单，首先在文档中将光标定位到需要插入表单域的位置，单击“插入”|“表单”|“表单”命令，或单击“表单”插入栏中的“表单”按钮，此时系统自动在光标处插入一个红色虚线区域，即表单域，如图 10-9 所示。

将光标定位到表单域中，可以看到表单的“属性”面板，如图 10-10 所示。

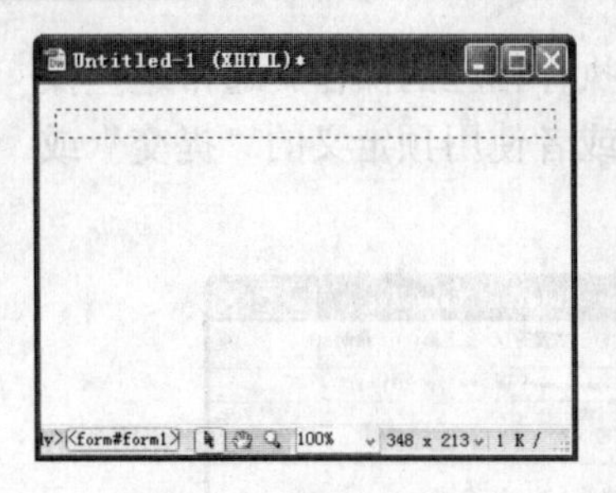

图 10-9　插入表单域

图 10-10　表单的“属性”面板

该面板中常用选项的含义分别如下：

- “表单 ID”文本框：在该文本框中输入表单名称，以便在脚本语言中控制该表单。
- “动作”文本框：用于输入处理该表单的动态页或脚本的路径，可以是 URL 地址、HTTP 地址，也可以是 Mailto:地址。用户既可以在文本框中直接输入，也可单击右侧的“浏览文件”按钮，在弹出的“选择文件”对话框中指定包含脚本或应用程序的文件。
- “方法”下拉列表框：用户可以在该下拉列表框中选择表单数据传输到服务器的方法。表单数据发送的方法有三种：POST：在 HTTP 请求中嵌入表单项数据；GET：将其追加到请求该页的 URL 中；默认：使用浏览器的默认设置将表单数据发送到服务器，通常默认选项为 GET。
- “编码类型”下拉列表框：在该下拉列表框中可以指定提交给服务器进行数据处理所使用的 MIME 编码类型，默认为 application/x-www-form-urlencoded，通常与 POST 方法协同使用，如果要创建文件上传菜单，则应选择 multipart/form-data 类型。
- “目标”下拉列表框：可以在该下拉列表框中选择用于显示调用程序所返回的数据窗口。

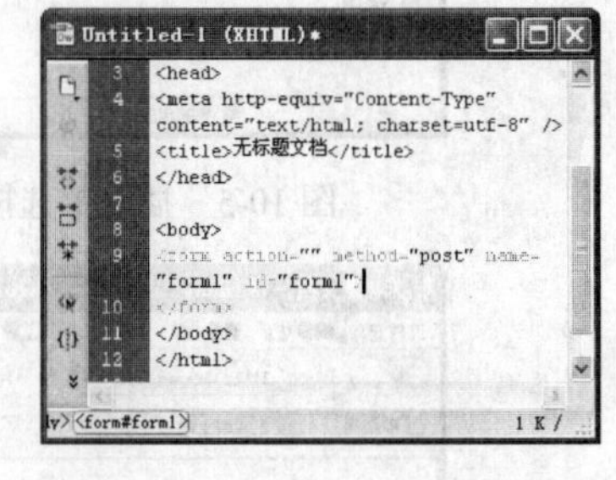

图 10-11　表单域的 HTML 代码

创建表单域生成的 HTML 代码如图 10-11 所示。可以看到，表单对象都包括在<form></form>标识符中。

10.3　添加表单对象

在创建完表单域后，就可以添加表单对象了。单击“常用”插入栏中的“常用”下拉按钮，在弹出的下拉菜单中选择“表单”选项，即可切换到“表单”插入栏，其中显示了所有可以在表单域中插入的表单对象。

10.3.1　文本域与隐藏域

文本域是用于输入响应的表单对象，包括单行文本域、多行文本域和密码域三种类型。

1. 插入文本域

要在表单域中插入文本域，可按下面的方法进行操作：

（1）将光标定位在表单域中需要插入文本域的位置，在“表单”插入栏中单击“文本字段”按钮，或直接单击“插入”|“表单”|“文本域”命令。

（2）此时系统弹出如图 10-12 所示的对话框，用户可根据需要在“标签”文本框中输入内容，此处输入文本“输入用户名”。

（3）单击“确定”按钮，即可在表单域中插入文本域，如图 10-13 所示。

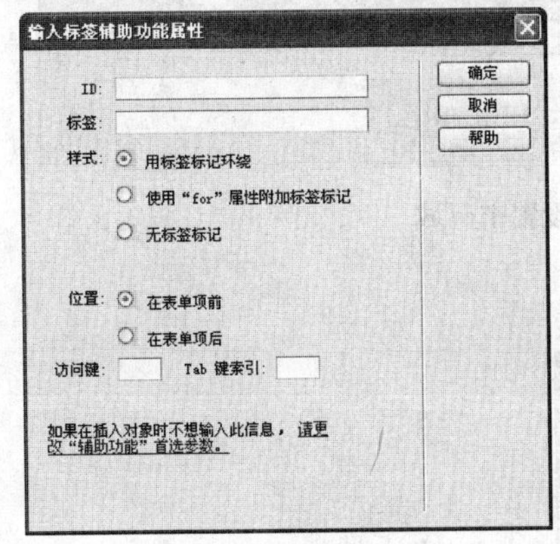

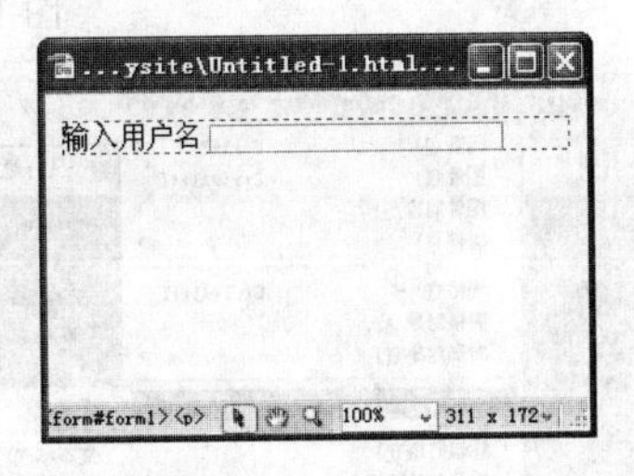

图 10-12 “输入标签辅助功能属性”对话框　　图 10-13　插入文本域

选中插入的文本域，此时的“属性”面板如图 10-14 所示。

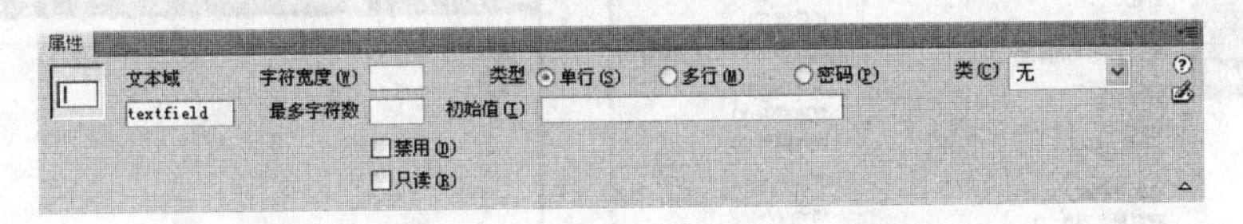

图 10-14　文本域的“属性”面板

文本域“属性”面板中各选项的含义分别如下：

- 文本域：在此文本框中，可输入文本域的名称。
- 字符宽度：此文本框用于设置文本域每行显示的字符数。默认情况下，最多能显示 20 个字符。
- 最多字符数：此文本框用于设置文本域所能容纳的最大字符数。如果超出了该字符数，系统会发出警告声。如果此项保持空白，则用户可输入任意数量的文本。
- 类型：此选项区用于设置文本域的类型，即单行文本域、多行文本域或密码域。
- 初始值：在此文本框中，可输入文本域中默认状态下显示的文本。当打开带有该文本域的网页时，文本将显示在文本域中。

在文本域“属性”面板的“类型”选项区中选中“密码”单选按钮，即可将创建好的文本字段或者文本区域改成密码域，在“初始值”文本框中输入单行文本字符，因为是密码域，所以在页面中看不到真正的文本字符，如图 10-15 所示。

2. 插入隐藏域

在文档中插入隐藏域的方法如下：将光标定位在表单域中需要插入隐藏域的位置，在“表单”插入栏中单击“隐藏域”按钮，或直接单击“插入”|“表单”|“隐藏域”命令，即可插入隐藏域，如图 10-16 所示。

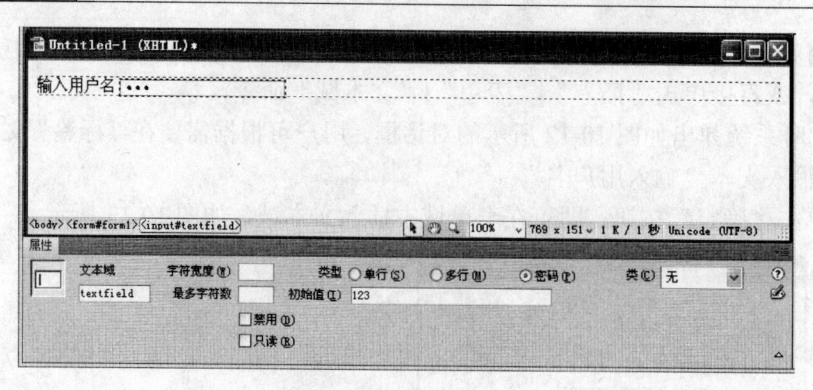

图 10-15　设置密码域

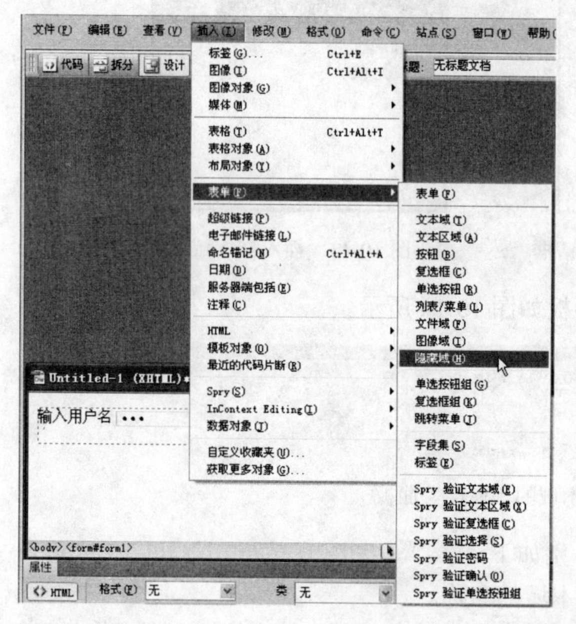

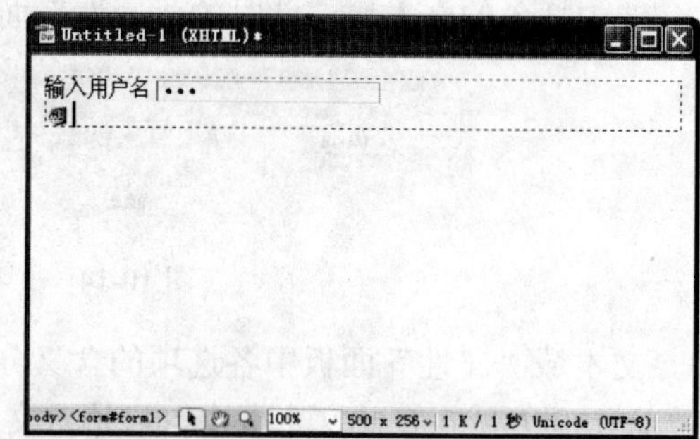

图 10-16　插入隐藏域

在图 10-16 中可以看到插入的隐藏域标记，选中该标记，此时的“属性”面板会变为隐藏域的“属性”面板，如图 10-17 所示。在该面板中可以设置隐藏域的属性。

图 10-17　隐藏域的“属性”面板

该面板中各选项的含义分别如下：

- 隐藏区域：设置唯一标识该隐藏域的名称。
- 值：设置要为该域指定的值。

10.3.2　单选按钮和复选框

如果只是从众多选项中选择一个，则需要使用单选按钮；如果要同时选择多个选项，则需要使用复选框。

1. 插入单选按钮

在文档中插入单选按钮的操作方法如下：

（1）将光标定位在表单域中需要插入单选按钮的位置。

（2）在“表单”插入栏中单击“单选按钮”按钮，或者单击“插入”|“表单”|“单选按钮”命令，弹出“输入标签辅助功能属性”对话框。在“标签”文本框中输入需要的标签文字，如图 10-18 所示。

（3）单击“确定”按钮即可插入单选按钮，效果如图 10-19 所示。

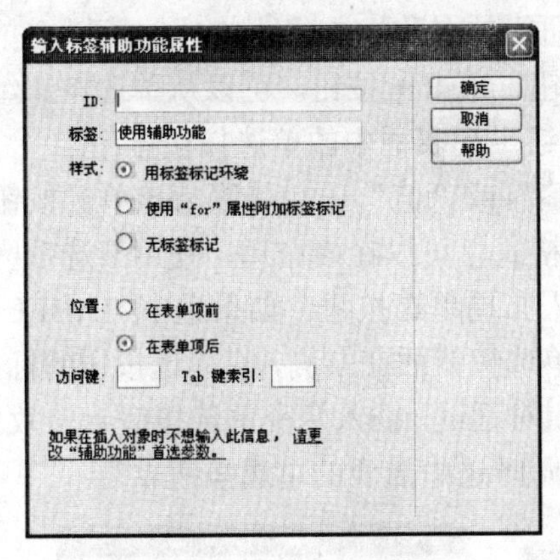

图 10-18 输入标签文字

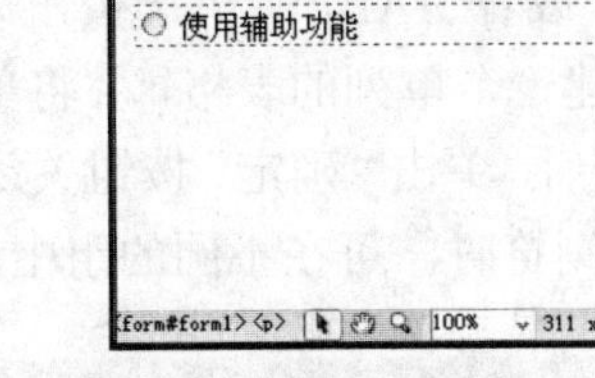

图 10-19 插入单选按钮后的效果

在文档窗口中选中单选按钮，“属性”面板会变为单选按钮的“属性”面板，如图 10-20 所示。

图 10-20 单选按钮的“属性”面板

该面板中各选项的含义分别如下：

- 单选按钮：设置单选按钮的名称。
- 选定值：设置该单选按钮被选中时发送给服务器的值。
- 初始状态：设置在浏览器中初次载入表单时，该单选按钮是否被选中。其中包括“已勾选”和“未选中”两个单选按钮。

2. 插入单选按钮组

要想让单选按钮选项为互斥选项，必须使用同一名称。单选按钮名称中不能出现空格或特殊字符。在文档中插入单选按钮组的具体操作步骤如下：

（1）将光标置于表单域中需要插入单选按钮组的位置。

（2）在“表单”插入栏中单击“单选按钮组”按钮，或者单击“插入”|“表单”|“单选按钮组”命令，弹出如图 10-21 所示的“单选按钮组”对话框。

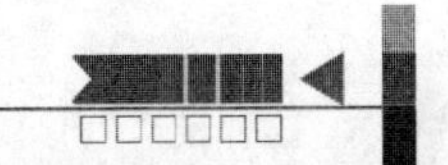

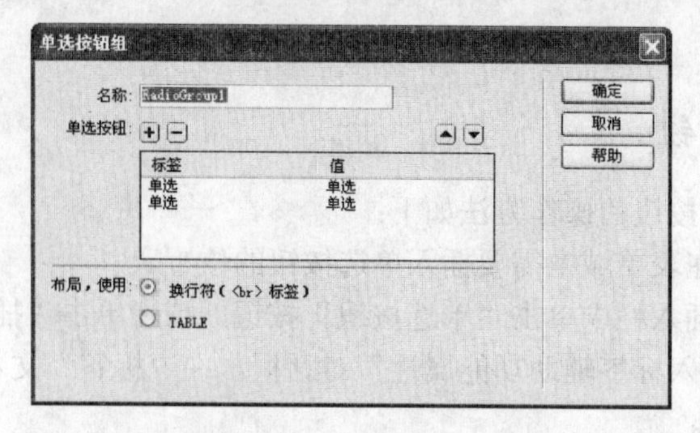

图 10-21 “单选按钮组”对话框

（3）在“名称”文本框中输入单选按钮组的名称。单击按钮，可以在单选按钮组中添加一个单选按钮；在列表框中选择单选按钮，单击按钮，可以从单选按钮组中删除该单选按钮；单击或按钮，可以为“单选按钮”列表框中的单选按钮排序。

（4）在列表框中单击单选按钮的“标签”或“值”项，可以为该单选按钮输入标签或选定值。如果想在布局单选按钮时使用特定格式，可以在“布局，使用”选项区中选中“换行符（
标签）”或者 TABLE 单选按钮来布局单选按钮。如果选中 TABLE 单选按钮，Dreamweaver 将创建一个单列的表格，并将单选按钮放在左侧，将单选按钮的标签放在右侧。

（5）设置完成后，单击“确定”按钮关闭对话框。插入两个单选按钮组的效果如图 10-22 所示。在浏览器中浏览时，可在不同的组中同时选中需要的单选按钮。

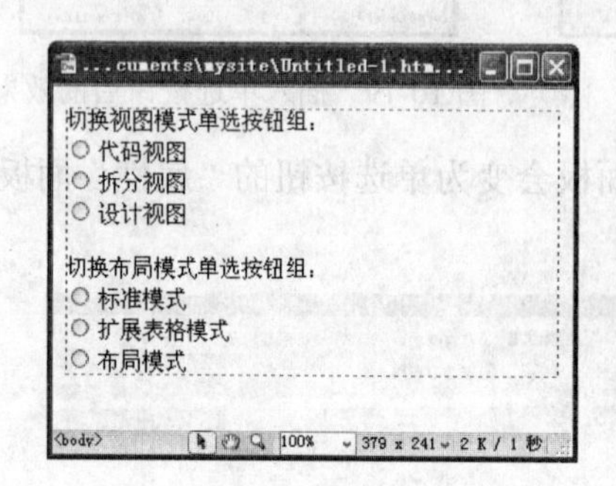

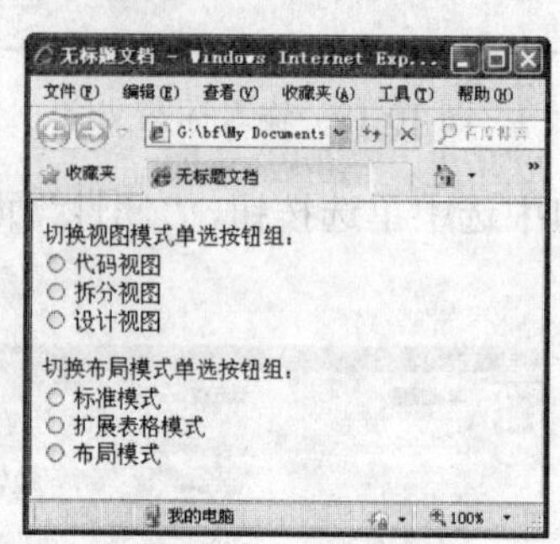

图 10-22 两个单选按钮组的效果

3. 插入复选框

单选按钮用于单项选择，而复选框则用于不定项选择。使用复选框，可以同时选中一组中的一个或多个选项。在文档中插入复选框的具体操作步骤如下：

（1）将光标定位在表单域中需要插入复选框的位置。

（2）在“表单”插入栏中单击“复选框”按钮，或者单击“插入”|“表单”|“复选框”命令，弹出“输入标签辅助功能属性”对话框，如图 10-23 所示。

（3）在该对话框中设置好各项参数，单击“确定”按钮，即可在文档中插入带有标签的复选框，如图 10-24 所示。

在文档窗口中选中复选框，可以看到“属性”面板变为复选框的“属性”面板，如图 10-25 所示。

该面板中各选项的含义分别如下：

- 复选框名称：设置复选框的名称。每个复选框都必须有一个唯一的名称，此名称必须在该表单内唯一标识这个复选框，并且不能包含空格或特殊字符。
- 选定值：设置该复选框被选中时发送给服务器的值。
- 初始状态：设置在浏览器中初始载入表单时，该复选框是否被选中。

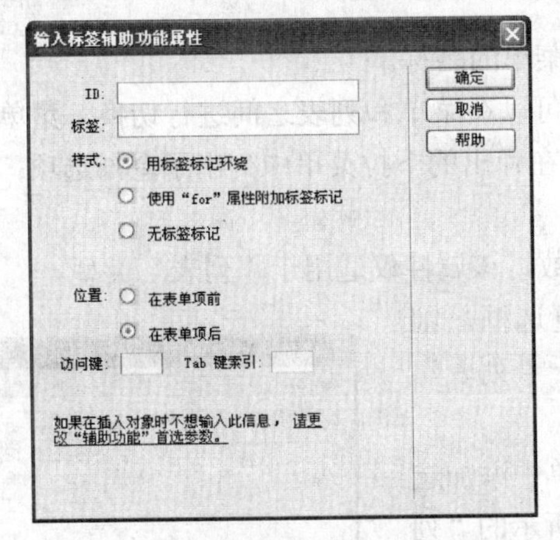

图 10-23 “输入标签辅助功能属性”对话框

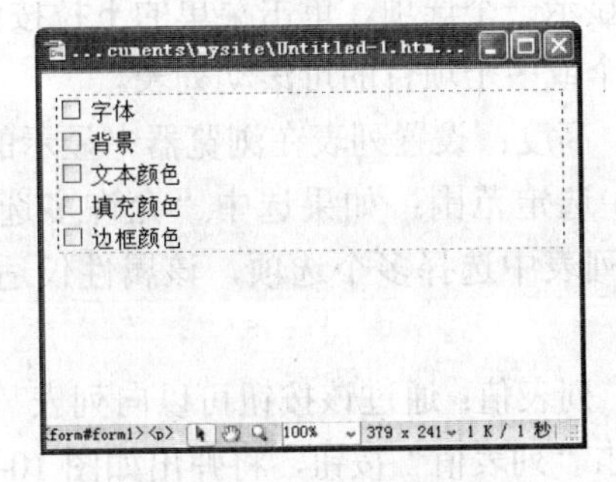

图 10-24 插入复选框

图 10-25 复选框的“属性”面板

10.3.3 列表和菜单

列表和菜单的创建可以通过按钮或者菜单来完成，如果想在列表和菜单之间进行切换，则需要在“属性”面板中进行设置。

1. 插入列表 / 菜单

在文档中插入列表/菜单的具体操作步骤如下：

（1）将光标置于表单域中需要插入列表 / 菜单的位置。

（2）在“表单”插入栏中单击“列表 / 菜单”按钮，或者单击“插入”|“表单”|“列表 / 菜单”命令，弹出“输入标签辅助功能属性”对话框。

（3）在该对话框中设置好各项参数，单击“确定”按钮，即可在文档中插入列表 / 菜单，如图 10-26 所示。

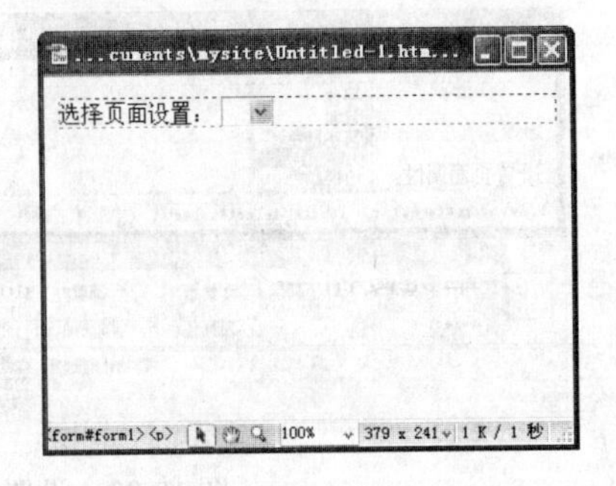

图 10-26 插入列表 / 菜单

2. 设置列表 / 菜单属性

在文档窗口中选中列表 / 菜单，可以看到“属性”面板变为列表 / 菜单的“属性”面板，如图 10-27 所示。

该面板中各选项的含义分别如下：

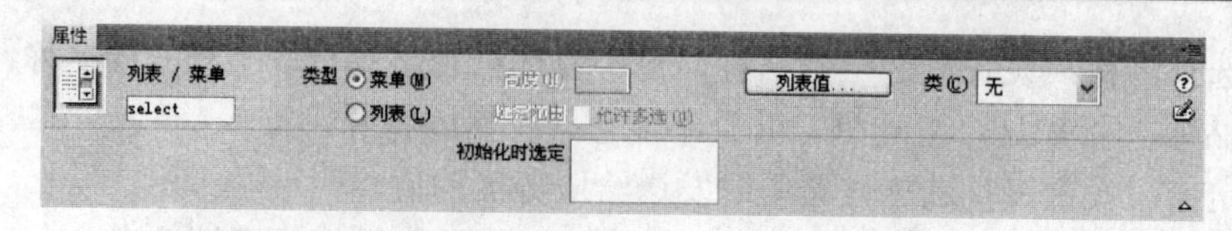

图 10-27　列表 / 菜单的“属性”面板

● 列表 / 菜单：设置唯一标识该列表 / 菜单的名称。

● 类型：选中该选项区中的单选按钮，可以在菜单和列表之间进行切换，菜单在浏览器中只显示一个选项，单击菜单的下拉按钮，在弹出的下拉菜单中列出了全部选项；列表是包含一个或多个项目的可滚动列表。

● 高度：设置列表在浏览器中显示的项数，该属性仅适用于“列表”类型。

● 选定范围：如果选中“允许多选”复选框，则可以从列表中选择多个选项，该属性仅适用于“列表”类型。

● 列表值：通过该按钮可以向列表 / 菜单中添加选项，单击“列表值”按钮，将弹出如图 10-28 所示的“列表值”对话框。

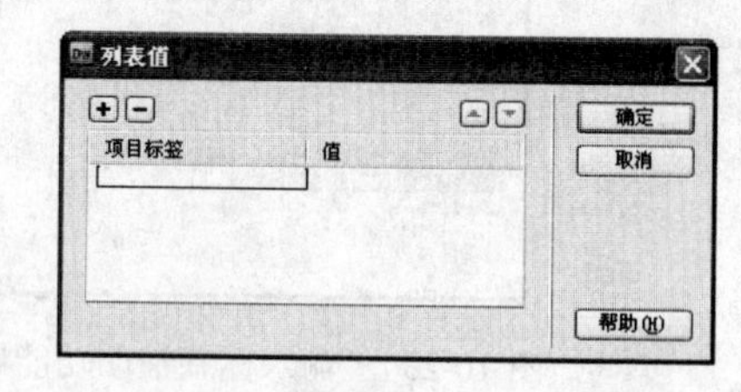

图 10-28　“列表值”对话框

在该对话框中，单击⊞按钮，可以添加列表值；在下方的列表中选择一个选项并单击⊟按钮，可以删除该列表值；单击▲和▼按钮，可以调整列表值的顺序。在“项目标签”列中定义列表值的标签，该标签是在列表中显示的文本；在“值”列中定义列表值的值，在列表中选定该项目时，将会把该项目的值发送给应用程序处理。如果没有指定值，则将该项目的标签发送给应用程序处理。

● 初始化时选定：设置列表 / 菜单中默认选择的选项。菜单只能在初始化时选定一个选项；在列表中如果选中了“允许多选”复选框，则可以在初始化时选定多个选项。

图 10-29 所示为在列表 / 菜单的“属性”面板中进行的设置及其页面效果，设置完成后按【F12】键进行预览，效果如图 10-30 所示。

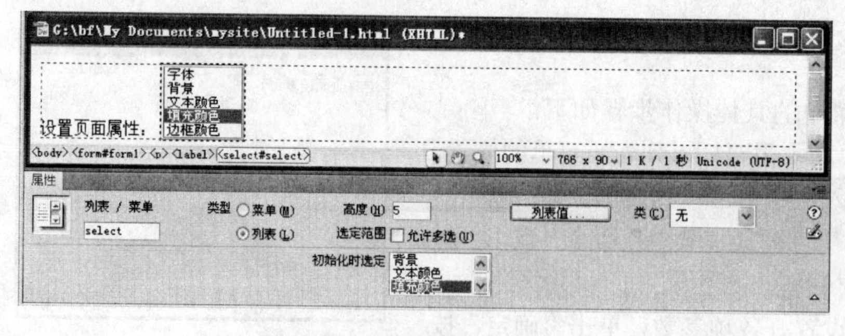

图 10-29　设置列表属性值

图 10-30　可同时选择多个选项

3. 插入跳转菜单

跳转菜单是带有导航功能的列表或弹出式菜单，使用跳转菜单可以使菜单中的每个选项都链接到其他文档。在文档中插入跳转菜单的具体操作步骤如下：

（1）将光标定位在表单域中需要插入跳转菜单的位置。

（2）在“表单”插入栏中单击“跳转菜单”按钮，或者单击“插入”|“表单”|“跳转菜单”命令，弹出如图 10-31 所示的“插入跳转菜单”对话框。

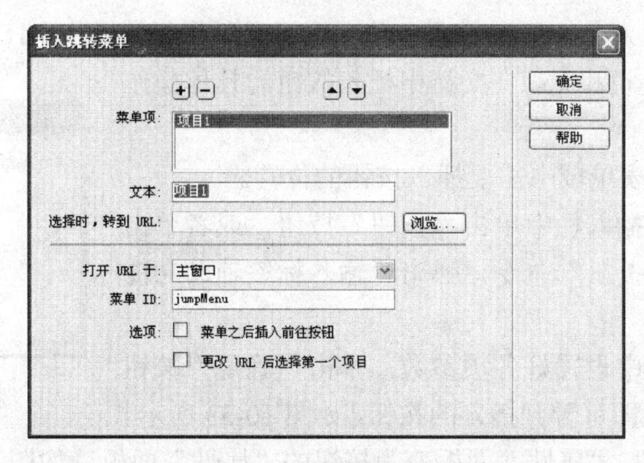

图 10-31　“插入跳转菜单”对话框

该对话框中各选项的含义分别如下：

- 菜单项：单击“菜单项”列表上方的+按钮，可以增加一个菜单项；在“菜单项”列表中选择一个选项，单击-按钮，可以删除该菜单项；单击▲或▼按钮，可以调整菜单项的顺序。
- 文本：设置菜单项显示在页面中的提示文本。
- 选择时，转到 URL：设置选择该菜单项时，前往的链接地址。
- 打开 URL 于：选择打开链接的窗口。
- 菜单 ID：设置唯一标识该菜单项的名称。
- 选项：如果选中“菜单之后插入前往按钮”复选框，将在跳转菜单后插入一个“前往”按钮；如果选中“更改 URL 后选择第一个项目”复选框，则使用菜单选择提示（如“选择其中一项”）。

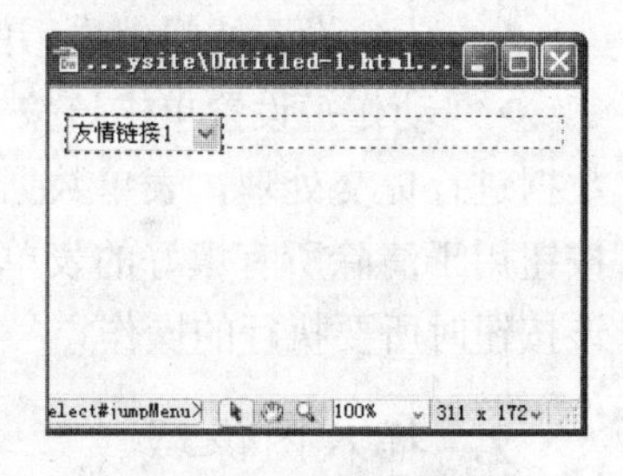

图 10-32　插入跳转菜单

（3）设置好该对话框的各项参数后，单击“确定”按钮，即可在编辑区中看到创建的跳转菜单，如图 10-32 所示。

通过编辑跳转菜单，可以添加、删除或者重命名菜单项，也可以更改菜单项的顺序或者菜单项所链接的地址。编辑跳转菜单的一般属性，既可以通过“属性”面板，也可以通过“行为”面板来编辑；但是如果要更改链接的打开位置或者添加、更改菜单选择提示，则必须通过“行为”面板进行。单击“行为”面板中的+.按钮，从弹出的下拉菜单中选择“跳转菜单”选项，将弹出“跳转菜单”对话框。在该对话框中重新设置各项参数即可。具体操作步骤可参考第 11 章“行为与插件”中的相关内容。

10.3.4　按钮和文件域

按钮是整个表单中不可或缺的对象，缺少按钮的表单无法在客户端和服务器之间产生交互动作。使用文件域，则允许将客户端存储的计算机文件附加在表单中，并与表单信息一起送往服务器。

1. 插入按钮

通过“按钮”表单对象，可以设置在单击按钮时所执行的操作。HTML 提供了三种基本类型的按钮：提交、重设和无。在文档中插入按钮的具体操作步骤如下：

（1）将光标置于表单域中需要插入按钮的位置。

（2）在“表单”插入栏中单击“按钮”按钮，或者单击“插入”|“表单”|“按钮”命令，弹出“输入标签辅助功能属性”对话框。

（3）在该对话框中设置好各项参数，单击“确定”按钮关闭对话框。在文档中即可看到插入的按钮，如图 10-33 所示。

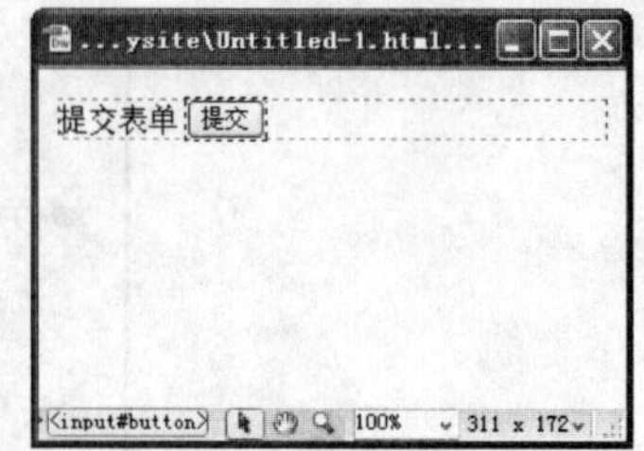

图 10-33　插入按钮

在文档中选中按钮，“属性”面板变为按钮的“属性”面板，如图 10-34 所示。

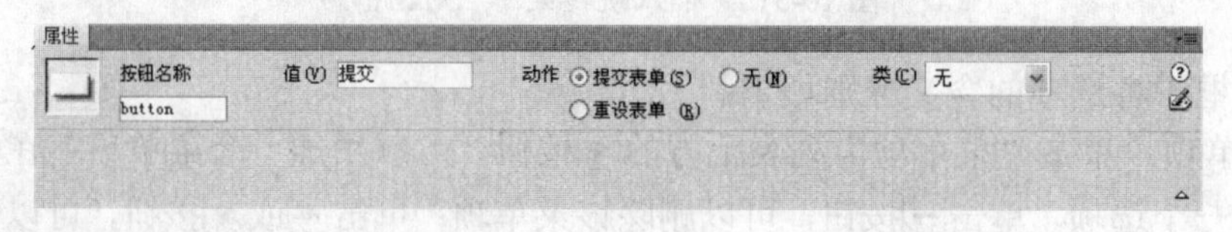

图 10-34　按钮的“属性”面板

该面板中各选项的含义分别如下：

- 按钮名称：设置该按钮的名称。
- 值：设置按钮上显示的文字内容。
- 动作：设置单击该按钮时将执行的操作。其中“提交表单”单选按钮，用于对表单数据进行提交处理，表单数据将被提交到表单属性中指定的页面或脚本；“重设表单”单选按钮用于清除所有填好的表单数据，并将其重置为原始值；“无”单选按钮用于取消在单击该按钮时所要执行的操作。

2. 插入图像域

用户不仅可以修改按钮上的文字，还可以使用图像域更改按钮图标。在文档中插入图像域的具体操作步骤如下：

（1）将光标置于表单域中需要插入图像域的位置。

（2）在“表单”插入栏中单击“图像域”按钮，或者单击“插入”|“表单”|“图像域”命令，弹出“选择图像源文件”对话框。

（3）在该对话框中选择合适的图像，单击“确定”按钮，弹出“输入标签辅助功能属性”对话框。在该对话框中设置好各项参数，单击“确定”按钮关闭对话框，即可在文档中看到插入的图像域，如图 10-35 所示。

图 10-35　插入的图像域

在文档窗口中选中插入的图像域，可以看到“属性”面板变为图像域的“属性”面板，如图 10-36 所示。

图 10-36　图像域的“属性”面板

该面板中各选项的含义分别如下：

- 图像区域：设置图像域的名称。
- 源文件：设置图像域所要使用的图像。
- 替换：设置替代文本，如果无法在客户端浏览器中加载图像，将会显示这些文本。
- 对齐：设置图像的对齐属性。
- 编辑图像：单击该按钮将会启动默认的图像编辑器编辑图像。

3. 插入文件域

使用文件域，可以让客户端用户选择本地文件上传到服务器上。文件域在电子邮件中比较常见，通常用于粘贴附件，也用于提供上传功能的 Web 站点。使用文件域，需采用 POST 方式将文件从客户端浏览器上传到服务器，该文件将被送到表单中所设置的应用程序中进行处理。

在文档中插入文件域的具体操作步骤如下：

（1）将光标置于表单域中需要插入文件域的位置。

（2）在“表单”插入栏中单击“文件域”按钮，弹出“输入标签辅助功能属性”对话框。

（3）在该对话框中设置好各项参数后，单击“确定”按钮，即可在文档中看到插入的文件域，如图 10-37 所示。

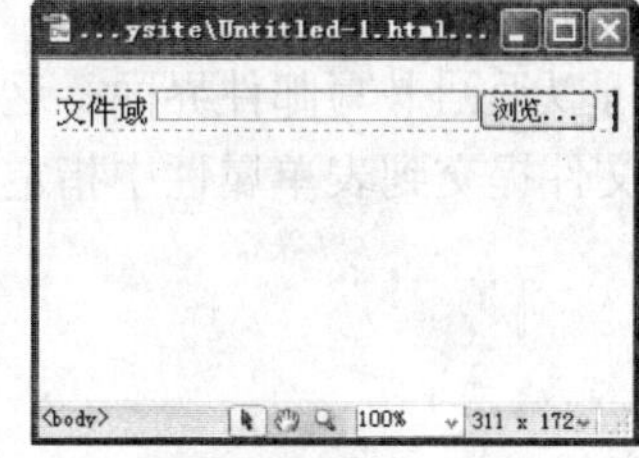

图 10-37　插入文件域

在文档窗口中选中插入的文件域，可以看到“属性”面板变为文件域的“属性”面板，如图 10-38 所示。

图 10-38　文件域的“属性”面板

该面板中各选项的含义分别如下：

- 文件域名称：设置文件域的名称。
- 字符宽度：设置文件域中每行可显示的字符数。
- 最多字符数：设置文件域中最多可容纳的字符数。

如果用户通过单击“浏览”按钮来定位文件，则文件名或路径可以超过指定的最多可容纳的字符数；如果用户直接在文本框中输入文件名或路径，则输入的字符数不能超过指定的最多字符数。

设置好文件域的属性后，按【F12】键预览页面中的文件域，效果如图 10-39 所示。在该页面中，单击“浏览”按钮，

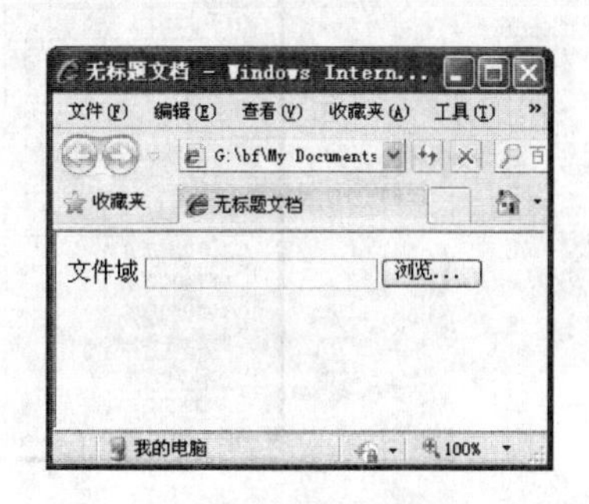

图 10-39　预览文件域

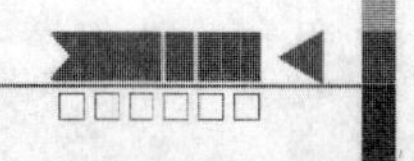

将弹出如图 10-40 所示的“选择要加载的文件”对话框。在该对话框中选择需要上传的文件，单击“打开”按钮，可以在页面的“文件域”文本框中自动生成文件的存放路径。当然，也可以直接在“文件域”文本框中输入文件的存放路径。

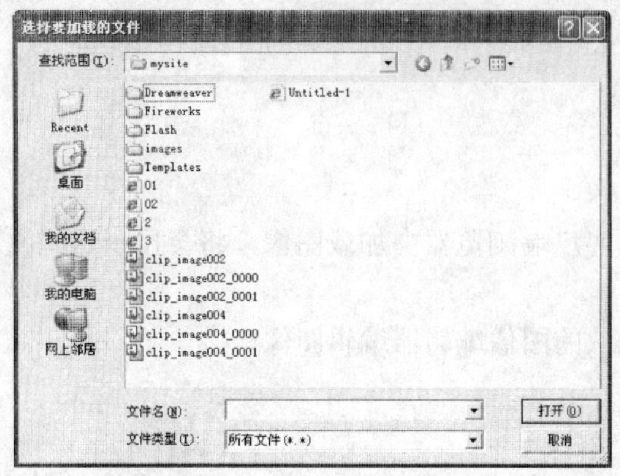

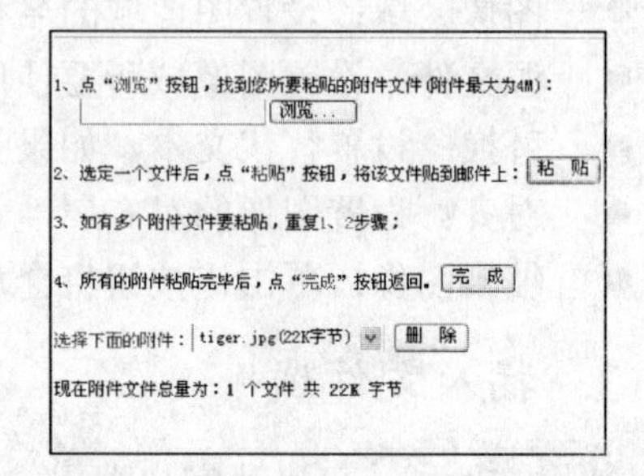

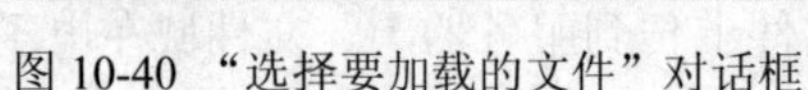

图 10-40 “选择要加载的文件”对话框　　图 10-41 网易电子邮箱的粘贴附件功能

图 10-41 所示的页面是一个经典的文件域用法范本。单击“浏览”按钮，可以在本地磁盘中选择需要上传的文件；单击“粘贴”按钮，即可向服务器上传文件；单击“完成”按钮，可以返回书写邮件界面。这里的“粘贴”按钮就是一个提交按钮，单击该按钮，将会把附加文件提交到表单属性中指定的应用程序或脚本。

上机操作指导

反馈表单是用户可以在线填写反馈信息的网页。用户填写完表单并提交后，该用户的反馈信息内容将以邮件的形式发送到指定的信箱中，供网站管理者在线收集用户具有针对性的反馈信息。制作电子邮件反馈表单的具体操作步骤如下：

（1）打开如图 10-42 所示的网页文档。

图 10-42 打开网页文档

（2）将光标置于页面中，单击“插入”|“表单”|“表单”命令，插入表单。在“属性”面板中的“表单 ID”文本框中输入 form1，在“动作”文本框中输入文本 mailto:sdhefang@163.com，在“方法”下拉列表框中选择 POST 选项，在“目标”下拉列表框中选择_blank 选项，如图 10-43 所示。

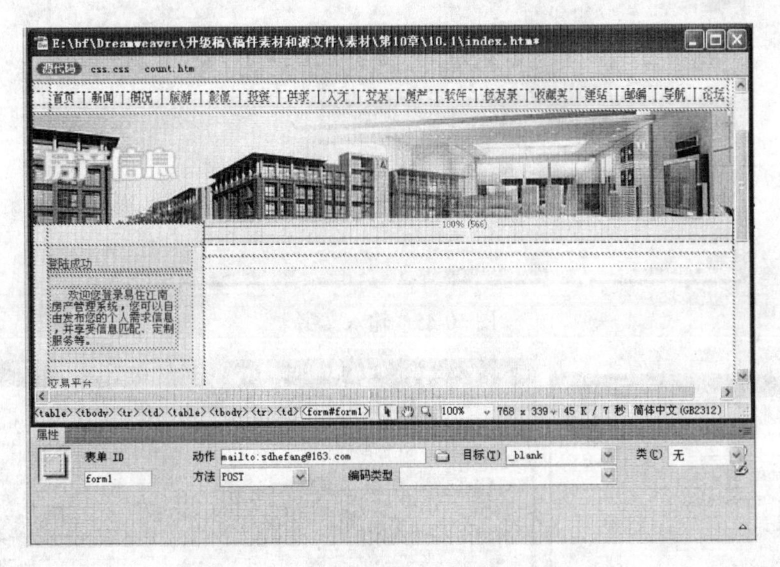

图 10-43　插入表单并设置表单属性

（3）在表单中插入一个 6 行 2 列的表格，如图 10-44 所示。

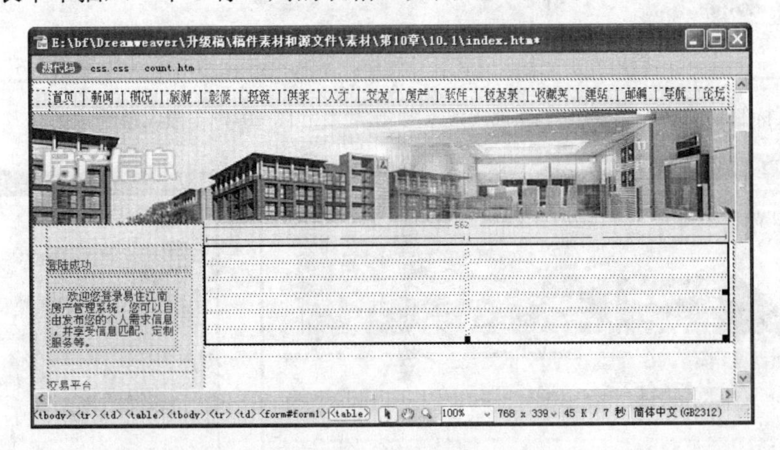

图 10-44　插入表格

（4）将第 1 行单元格合并，在合并后的单元格中输入文字，如图 10-45 所示。

（5）将光标置于第 2 行第 1 列的单元格中，输入文字“您的需求:”，然后单击“插入”|“表单”|“单选按钮”命令，弹出“输入标签辅助功能属性”对话框，如图 10-46 所示。

（6）在该对话框的“标签”文本框中输入“购房”，其余的选项保持默认设置，然后单击“确定”按钮，效果如图 10-47 所示。

（7）按照步骤（5）～（6）的操作方法，在文字“购房”的右侧再插入一个单选按钮，在“输入标签辅助功能属性”对话框的“标签”文本框中输入“租房”，如图 10-48 所示。

（8）将光标置于第 2 行第 2 列的单元格中，输入文字“产权要求:”，然后单击“插入”|

“表单”|“复选框”命令，弹出“输入标签辅助功能属性”对话框，如图 10-49 所示。

图 10-45 输入文字

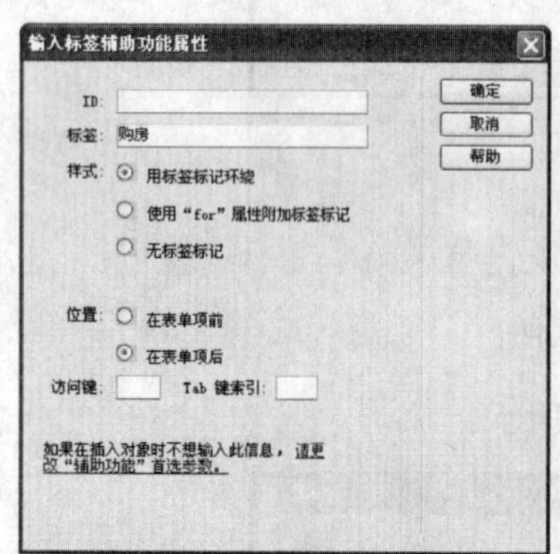

图 10-46 “输入标签辅助功能属性”对话框

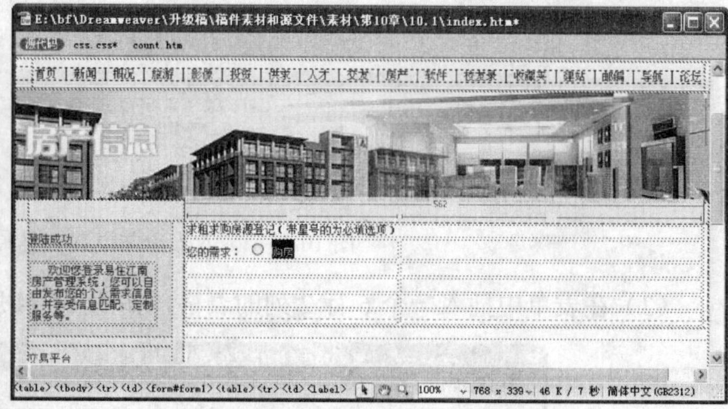

图 10-47 插入单选按钮

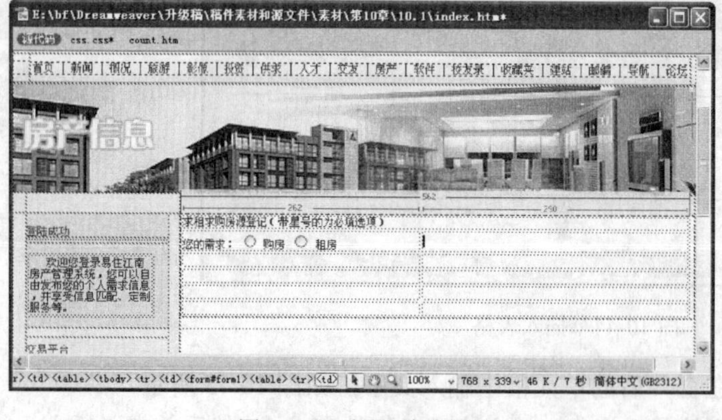

图 10-48 插入单选按钮

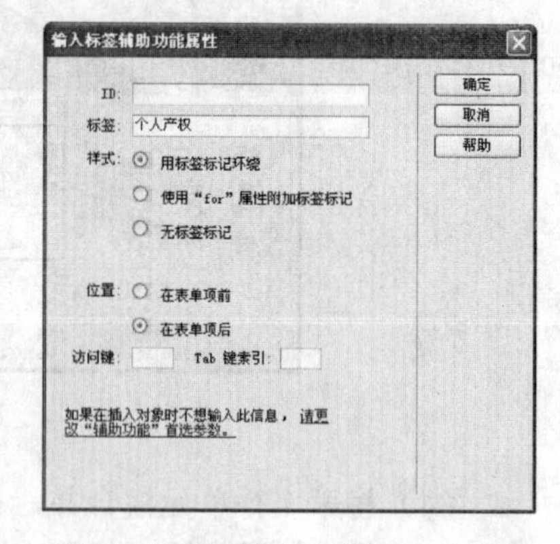

10-49 “输入标签辅助功能属性”对话框

（9）在“标签”文本框中输入“个人产权”，然后单击“确定”按钮，效果如图 10-50 所示。

（10）按照步骤（8）～（9）的操作方法，在文字“个人产权”的右侧再插入一个复选框，在“输入标签辅助功能属性”对话框的“标签”文本框中输入“集体房产”，然后单击“确定”按钮，如图 10-51 所示。

图 10-50　插入复选框

图 10-51　插入复选框

（11）在第 3 行第 1 列的单元格中输入文字“房源套型”，将光标置于文字的右侧，单击“插入”|“表单”|“列表 / 菜单”命令，弹出“输入标签辅助功能属性”对话框，因为此列表 / 菜单没有标签文字，所以直接单击“确定”按钮即可插入列表 / 菜单，如图 10-52 所示。

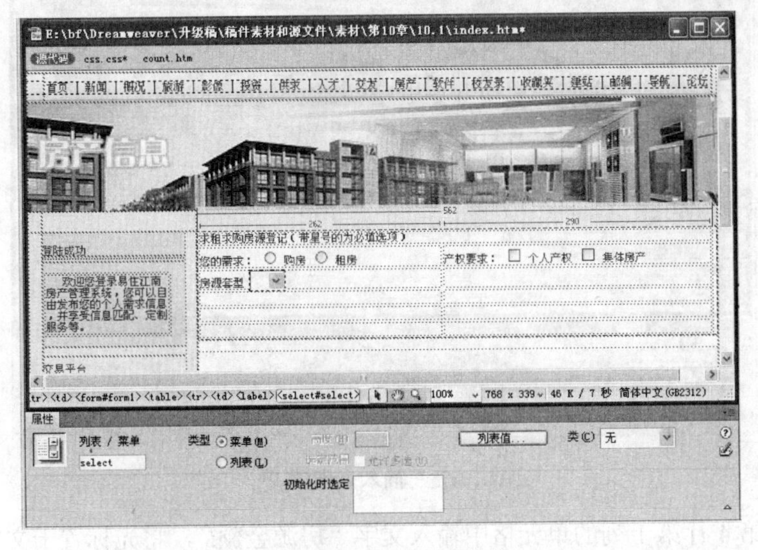

图 10-52　插入列表/菜单

（12）在“属性”面板中单击 列表值... 按钮，弹出“列表值”对话框，单击 + 按钮添加列表值，如图 10-53 所示。

（13）添加完毕后单击“确定”按钮，此时，列表 / 菜单的“属性”面板中“初始化时选定”列表框中就会显示新添加的列表值，如图 10-54 所示。

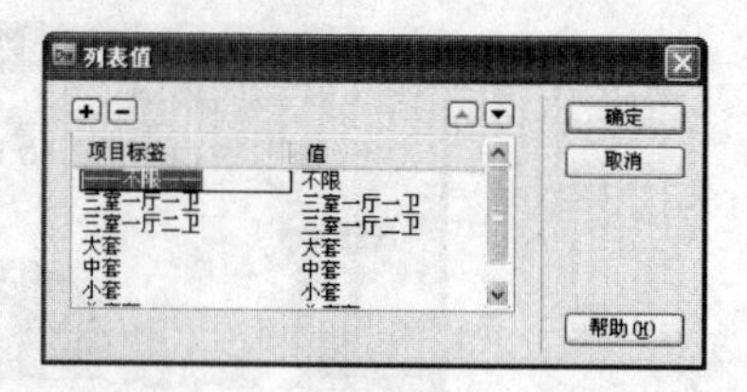

图 10-53 “列表值”对话框

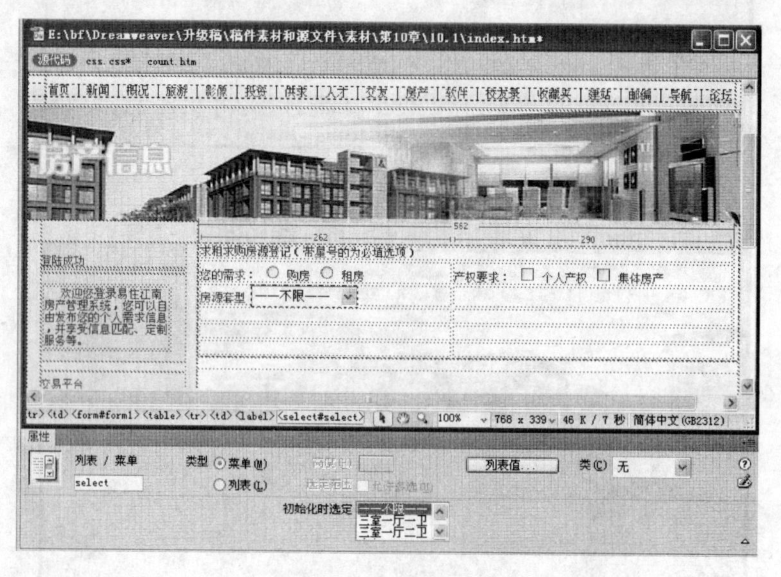

图 10-54 插入列表 / 菜单

（14）按照步骤（11）～（13）的操作方法，在第 3 行第 2 列的单元格中再插入一个列表/菜单，效果如图 10-55 所示。

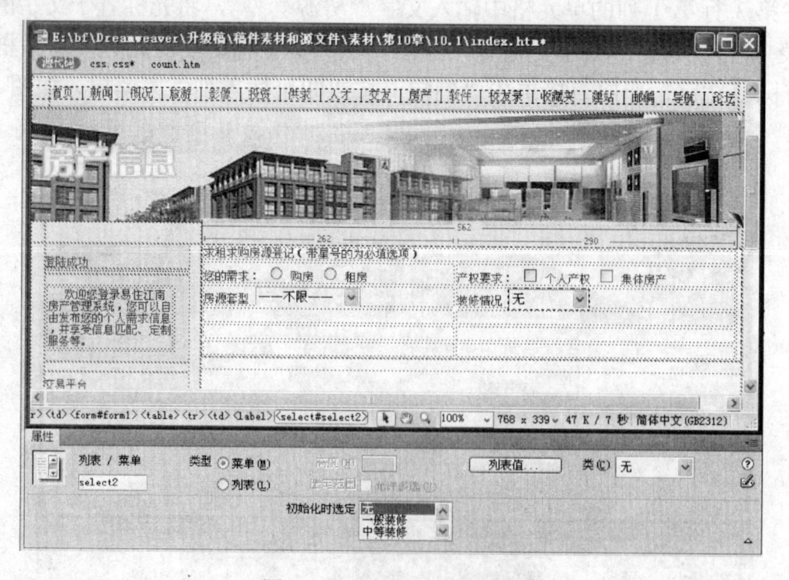

图 10-55 插入列表/菜单

（15）在第 4 行第 1 列的单元格中输入文字“房源金额:”，将光标置于文字的右侧，然

后单击“插入”|“表单”|“文本域”命令，弹出“输入标签辅助功能属性”对话框，如图 10-56 所示。

（16）在“标签”文本框中输入“元，左右”，然后单击“确定”按钮插入文本字段，并在“属性”面板中调整文本字段的“字符宽度”为 10，效果如图 10-57 所示。

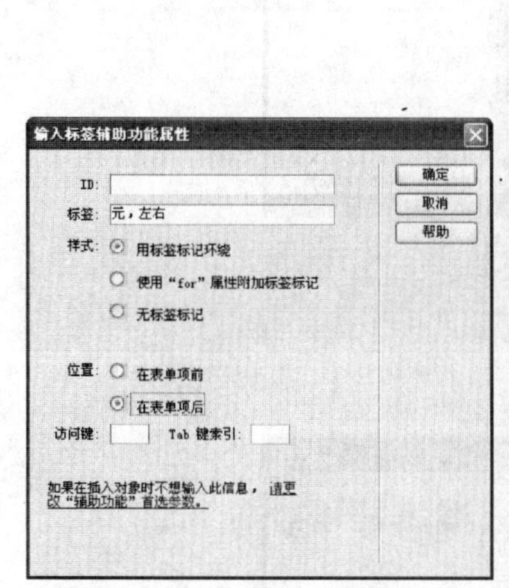

图 10-56 “输入标签辅助功能属性”对话框

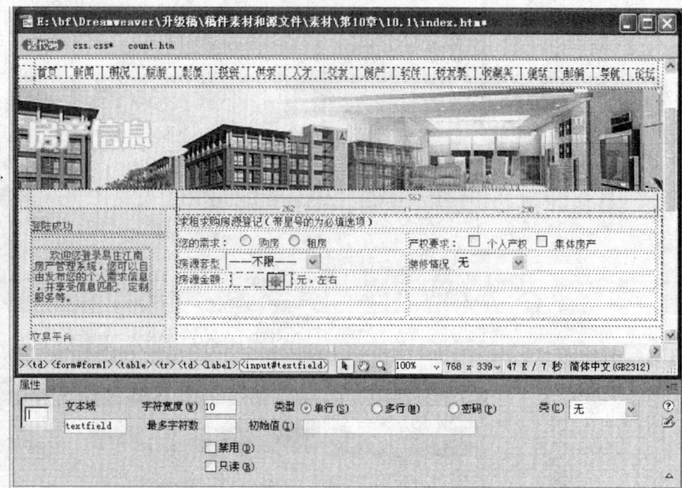

图 10-57　插入文本域

（17）按照步骤（15）～（16）的操作方法，在第 4 行第 2 列的单元格中再插入一个文本域，如图 10-58 所示。

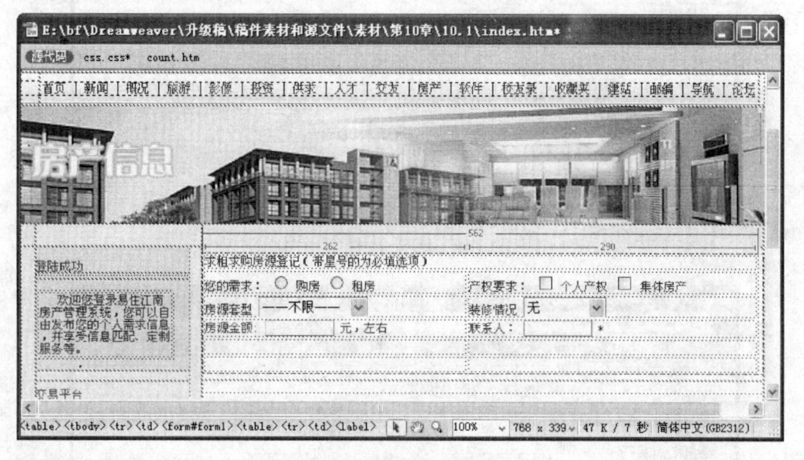

图 10-58　插入文本域

（18）将第 5 行的单元格合并，在合并后的单元格中输入文字“备注:”，将光标置于文字的右侧，然后单击“插入”|“表单”|“文本区域”命令，插入文本区域，如图 10-59 所示。

（19）将第 6 行的单元格合并，然后单击“插入”|“表单”|“按钮”命令，插入按钮，如图 10-60 所示。

（20）按照步骤（19）的操作方法，在“确认”按钮的右侧再插入一个按钮，如图 10-61 所示。

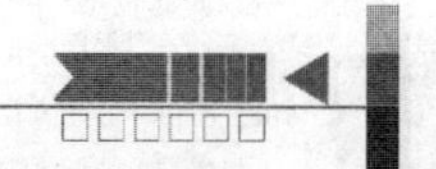

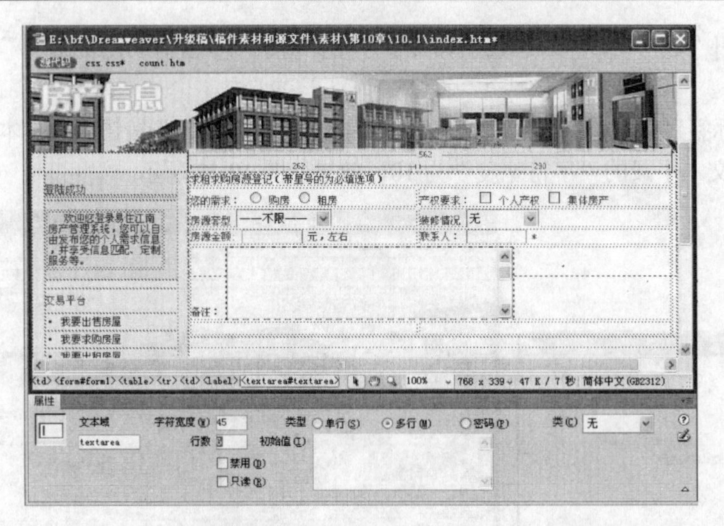

图 10-59　插入文本区域

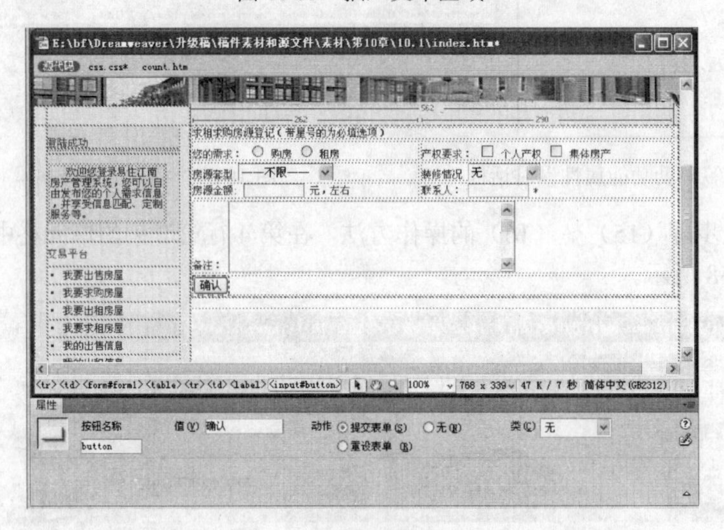

图 10-60　插入按钮（一）

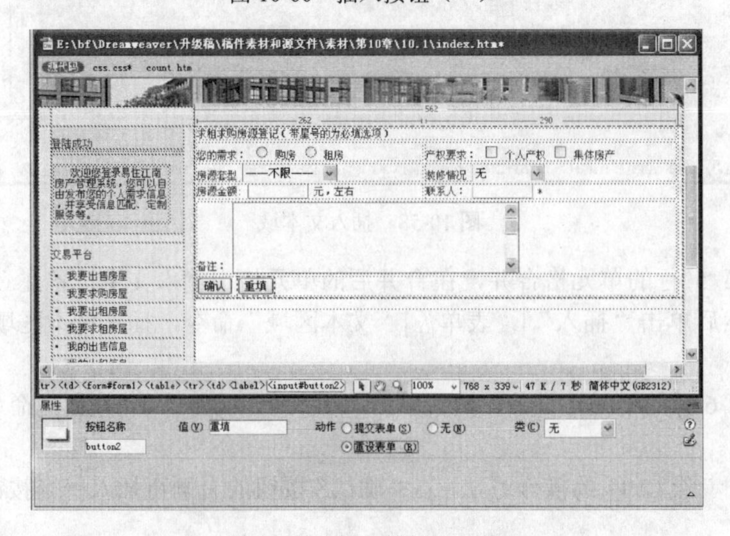

图 10-61　插入按钮（二）

（21）按【F12】键在浏览器中预览，效果如图 10-62 所示。

图 10-62　电子邮件反馈表单的预览效果

习题与上机操作

一、填空题

1．表单是一种__________的文件，用于________和________信息，它是________________与__________进行交流的一种媒介，它由两部分组成：一部分是_________________；另一部分是_____________________。表单的工作原理是典型的_________________________________。

2．申请 E-mail 时提示输入的注册信息，在留言板上需要输入的建议、意见等内容是表单的_________________，它主要用来显示表单的内容，主要形式有____________、___________、______________、__________、__________和__________等。_________________是用来处理用户提交内容的程序，一般使用_______________________________________，或者指定___________________________。

3．在“表单”插入栏中使用_________按钮，可以在文档中插入表单域，在表单域中可以添加____________、__________、_____________和______________等对象；使用______________按钮可以在表单域中插入文本域，文本域可以接受任何类型的__________、____________和____________，输入的文本可以以________________、_____________或____________显示。

4．在表单域中插入_____________，可以允许用户在一组选项中选择任意多个需要的选项；插入______________，则只能选中其中的一个按钮，它代表______________的选择。

5．使用“文件域”按钮，可以在文档中插入一个_________________，它包括一个

__________和一个______________。文件域允许用户________________，并将________________________。

二、思考题

1．什么是表单？“表单”插入栏中有哪些按钮？它们各自的功能是什么？

2．如何在表单域中添加文本域与隐藏域？

3．如何在表单域中添加单选按钮和复选框？

4．如何在表单域中添加列表和菜单？

5．如何在表单域中添加按钮和文件域？

三、上机操作

制作如图 10-63 所示的表单网页。

图 10-63　表单网页

第 11 章　行为与插件

本章学习目标

本章主要介绍如何使用行为与插件创建特殊的网页效果，通过灵活运用行为与插件，大家就能轻松创建出各种常见的网页特效。

学习重点和难点

- 添加背景音乐
- 添加弹出信息
- 添加弹出窗口
- 制作渐变颜色的文本效果
- 制作页面中漂浮的图片
- 定制右键快捷菜单
- 添加到收藏夹
- 制作打字效果

11.1　插入和使用行为

所谓行为，是为响应某一事件而采取的一个操作。行为是一系列使用 JavaScript 程序预定义的页面特效工具，是 JavaScript 在 Dreamweaver 中内置的程序库。当把行为赋予页面中某个元素时，也就是定义了一个操作以及用于触发这个操作的事件。使用行为，用户可以方便地制作出许多网页效果（如动态页面效果、交互页面效果等），极大地提高了工作效率。

11.1.1　行为概述

行为是为实现用户与网页间的交互而在页面中执行的一系列动作。一般行为由事件（Event）和对应的动作（Actions）组成。事件用于指明执行某项动作的条件，如鼠标指针移到对象上方、离开对象、单击对象、双击对象及定时等都是事件；动作实际上是一段执行特定任务的预先写好的 JavaScript 代码，如打开窗口、播放声音、停止 Shockwave 影片等都是动作。例如，当用户浏览网页时，将鼠标指针移到某个有链接的按钮上并单击该按钮，会载入一幅图像，此时就产生了 onMouseOver 和 onClick 两个事件，同时触发了一个 onLoad 动作。

1. 认识事件

在行为中事件由浏览器定义、产生与执行，可以附加到页面上，也可以附加到 HTML 标识符中。一个动作对应一个事件，通过事件可以触发动作，如页面加载、鼠标指针移动到对象上、单击鼠标等，都可作为用来触发动作的事件，下面列出了 Dreamweaver 中的一些主要事件。

- onBlur：当特定元素停止作为用户交互的焦点时触发该事件。
- onClick：单击选定元素（如超链接、图片、影像和按钮）时触发该事件。
- onDblClick：双击选定元素时触发该事件。

- onFocus：与 onBlur 相反，当指定元素成为焦点时触发该事件。例如，单击表单中的文本区触发该事件。
- onKeyDown：当用户按下任意键时触发该事件。
- onKeyPress：当用户按下并释放任意键时触发该事件。该事件相当于 onKeyDown 与 onKeyUp 事件的联合。
- onKeyUp：按下任意键后释放该键时触发该事件。
- onMouseDown：当用户按下鼠标按键时触发该事件。
- onMouseMove：当鼠标指针移动时触发该事件。
- onMouseOut：当鼠标指针离开对象边界时触发该事件。
- onMouseOver：当鼠标指针首次移至特定对象上时触发该事件。该事件通常用于链接。
- onMouseUp：当释放鼠标按键时触发该事件。

2. 认识动作

动作是指用于执行特殊指令的 JavaScript 脚本程序。中文版 Dreamweaver CS4 中内置了动作，当用户需要实现特定的任务时，只需通过 Dreamweaver 的可视化界面进行简单的设置即可，而不用再一行一行地去编写那些复杂的程序。

Dreamweaver 中一些常用动作的含义分别如下：

- 控制 Shockwave 或 SWF：利用该动作可播放、停止、重播或者转到 Shockwave 或 Flash 影片的指定帧。
- 播放声音：用此动作可播放声音。但客户端浏览器需要附加的音频支持（如音频插件）来播放声音，因此具有不同插件的浏览器所播放声音的效果会有所不同。
- 检查浏览器：利用该动作可根据客户端所使用的浏览器版本的不同发送不同的页面。
- 交换图像：此动作通过更改 IMG 标签的 SRC 属性，将一幅图像与另一幅图像进行交换，使用此动作可创建按钮的鼠标经过图像和其他图像效果。
- 弹出信息：显示带有指定信息的 JavaScript 警告。
- 恢复交换图像：此动作将最后一组交换的图像恢复成以前的源文件。
- 打开浏览器窗口：在新窗口中打开 URL，并可设置新窗口的属性、特性和名称。
- 拖动 AP 元素：利用该动作可允许用户拖动层。
- 改变属性：此动作可更改对象某个属性的值。
- 检查插件：利用该动作可根据客户端所安装的插件发送不同的页面。
- 检查表单：此动作用来检查编辑区的内容，以确保客户端用户输入的数据格式正确无误。
- 设置导航栏图像：此动作将某幅图像变为导航条图像，或更改导航条中图像的显示和动作。
- 设置容器的文本：利用指定内容取代当前容器中的内容及格式。
- 设置文本域文字：利用指定内容取代表单编辑区中的内容。
- 设置框架文本：动态设置框架文本，以指定内容替换框架内容及格式。
- 设置状态栏文本：在浏览器的状态栏中显示信息。
- 调用 JavaScript：此动作允许用户使用“行为”面板指定当发生某个事件时，应该执行的自定义函数或 JavaScript 代码。

- 跳转菜单开始：当用户通过单击“插入”|“表单”|“跳转菜单”命令创建了一个跳转菜单时，Dreamweaver 将创建一个菜单对象，并为其附加行为。在“行为”面板中双击“跳转菜单”动作可编辑跳转菜单。
- 转到 URL：在当前窗口或指定框架中打开一个新页面。
- 预先载入图像：此动作将不立即出现在页面上的图像载入浏览器缓冲中，防止图像出现因下载导致的延迟。

11.1.2　插入行为

在 Dreamweaver 中，可以将行为附加给整个文档、链接、图像、表单元素或其他任何 HTML 元素，并由浏览器决定哪些元素可以接受行为，哪些元素不能接受行为。在为对象附加动作时，可以一次为每个事件关联多个动作，动作按“行为”面板的“动作”列表中的顺序执行。

1. 认识“行为”面板

无论是插入行为还是编辑行为，都要通过“行为”面板来完成，因此在使用行为之前，我们先来学习与“行为”面板相关的知识。

单击“窗口”|“行为”命令，即可打开“行为”面板。此时的“行为”面板是空的，如图 11-1 所示。在“行为”面板中单击 按钮，将弹出如图 11-2 所示的动作下拉菜单，在该下拉菜单中显示了“行为”面板中可以插入的动作类型，选择一种动作类型，可以在页面中为相关对象设置相应的效果。如果选择“显示事件”选项，将弹出如图 11-3 所示的子菜单，该菜单用于选择不同版本的浏览器。默认情况下，中文版 Dreamweaver CS4 选择的是 HTML 4.01 版本的浏览器，用户可以选择高级版本的浏览器来获得更多行为。

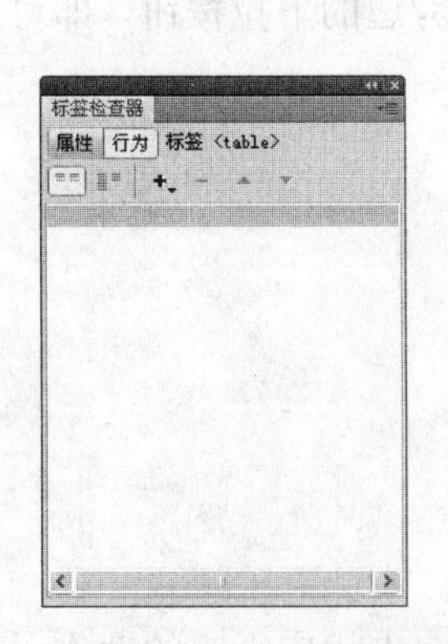

图 11-1 “行为”面板

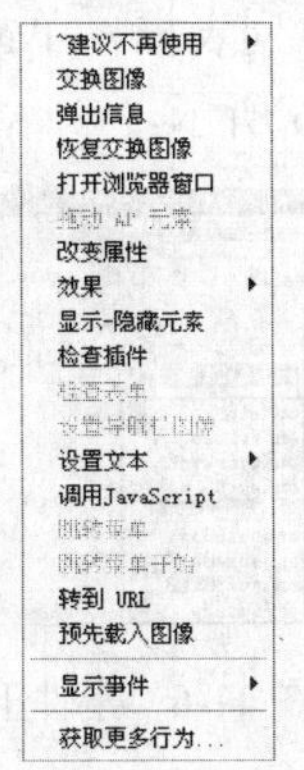

图 11-2　动作下拉菜单

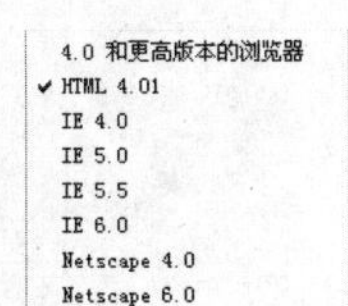

图 11-3 “显示事件”子菜单

2. 插入行为

要为页面中的元素附加行为，可在文档窗口中选择需要附加行为的对象，单击“窗口”|“行为”命令，打开“行为”面板。在“行为”面板中单击 按钮，在弹出的下拉菜单中选择需要的动作选项，将弹出该行为的属性设置对话框，根据需要设置好所选动作的行为属性后，单击“确定”按钮即可完成行为的插入。

例如，想在调用页面时弹出提示信息框，可在动作下拉菜单中选择“弹出信息”选项，此时将打开如图 11-4 所示的对话框，在“消息”文本区中输入需要的信息，单击“确定”按钮，将会在“行为”面板的列表中显示刚插入的行为。该行为的动作是弹出信息，默认事件是 onMouseOver，如图 11-5 所示。

图 11-4 “弹出信息”对话框

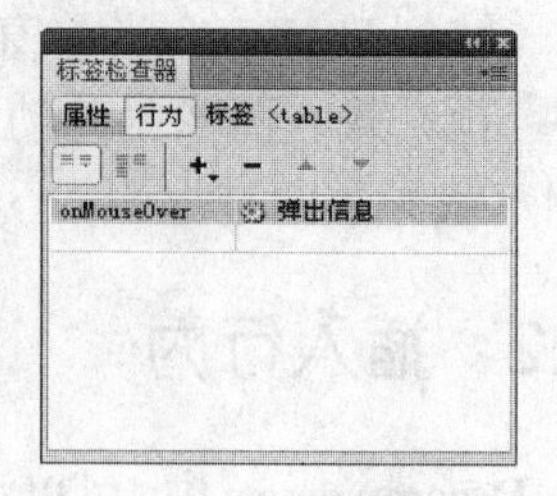

图 11-5 插入的行为

专家指点

在 Dreamweaver 中，并不是所有的对象都能接受事件和动作，要为那些不能接受事件和动作的对象附加行为，需要作特殊处理。例如，要为选择的文本附加动作，可在“属性”面板的“链接”文本框中输入“Javascript:;”，然后选择文本并打开“行为”面板。单击“行为”面板中的+按钮，从打开的“动作”下拉菜单中选择动作，并根据需要设置动作参数。如果为时间轴的某一帧附加了动作，当动画播放到该帧时就会触发该动作的行为。为时间轴附加行为时，可以在“时间轴”面板的行为通道上单击某一帧，然后使用“行为”面板为其添加动作。

3. 编辑行为

如果用户对 Dreamweaver 为动作设定的默认事件不满意，可以在显示列表的事件栏中单击鼠标左键，此时该栏将显示为下拉列表框，单击默认事件旁边的下拉按钮，即可从弹出的下拉列表中选择其他事件，如图 11-6 所示。

图 11-6 事件下拉列表

要修改选定动作的属性，可在“行为”面板右栏中直接双击相应行为的动作，打开相关的动作属性设置对话框，重新设置选定行为的动作属性。

要删除行为，则选择该行为，并单击“行为”面板上方的−按钮，即可将选定的行为删除。如果需要重新排列行为，只要在选定需要重新排列的行为后，单击▲或▼按钮，即可将选定的行为上移或下移一个位置。

11.1.3 使用 Dreamweaver 的内置行为

中文版 Dreamweaver CS4 中内置了多种行为，这些行为基本上可以满足网页设计的需要，下面我们通过几个常用行为的使用实例来介绍行为的应用。

1. 添加背景音乐

在页面中插入播放声音插件，可以为页面添加优美的背景音乐，还可以实现在线试听等，为网页增色不少。为页面添加背景音乐的具体操作步骤如下：

（1）启动 Dreamweaver，新建一个空白文档。单击“修改”|“页面属性”命令，打开“页面属性”对话框，单击“背景图像”文本框右侧的“浏览”按钮，在打开的对话框中选择需要的图像文件，将其作为背景图像，如图 11-7 所示。

（2）设置完毕后依次单击“确定”按钮，关闭对话框。单击“窗口”|“行为”命令，打开“行为”面板，单击 按钮，在弹出的下拉菜单中选择“建议不再使用”|“播放声音”选项，打开“播放声音”对话框，如图 11-8 所示。

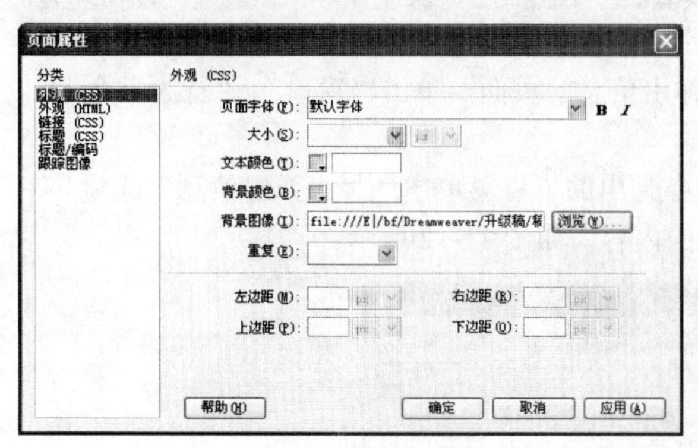

图 11-7　设置背景图像

图 11-8　“播放声音”对话框

（3）单击“浏览”按钮，在打开的对话框中选择需要添加的声音文件，单击“确定”按钮返回“播放声音”对话框，再单击“确定”按钮关闭该对话框，并在“行为”面板中将事件设置为 onLoad，如图 11-9 所示。

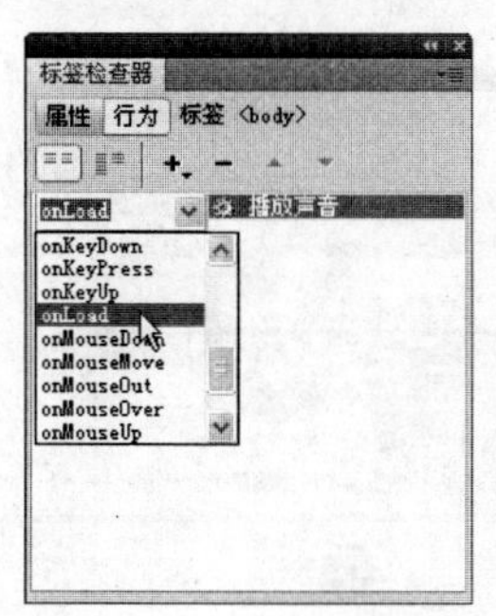

图 11-9　“行为”面板

图 11-10　设置播放声音插件的属性

（4）添加行为后会发现页面中多了一个 图标，这就是插入的播放声音插件，在 IE 中是看不到这个图标的。单击 图标，可在“属性”面板中设置播放声音插件的属性，如图 11-10 所示。

（5）在播放声音插件的“属性”面板中单击“参数”按钮，将打开“参数”对话框，单击相应的参数值，可对其进行修改，如图 11-11 所示。

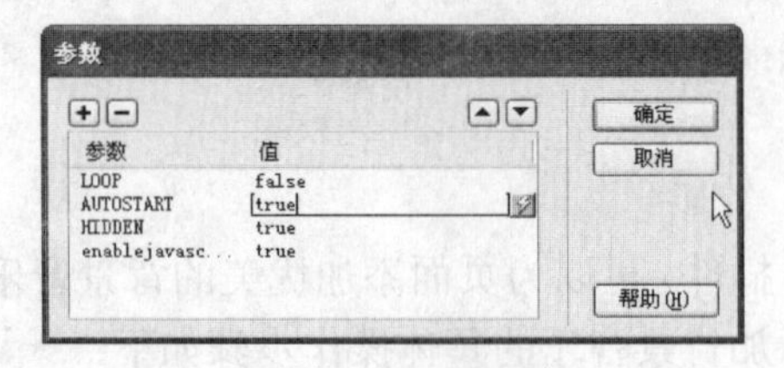

图 11-11　修改参数值

（6）设置完成后单击“确定”按钮，返回文档编辑窗口。单击“文件”|“保存”命令，保存页面。

2. 添加弹出信息

在网上浏览网页或进行操作时，经常见到提示用户进行有关操作或是显示欢迎信息的弹出窗口。本例将利用行为来制作页面弹出信息，具体操作步骤如下：

（1）在 Dreamweaver 中打开需要添加弹出信息的页面，单击“窗口”|“行为”命令，打开“行为”面板。

（2）在“行为”面板中单击 + 按钮，在弹出的下拉菜单中选择“弹出信息”选项，在打开的“弹出信息”对话框中添加提示信息的内容，如图 11-12 所示。

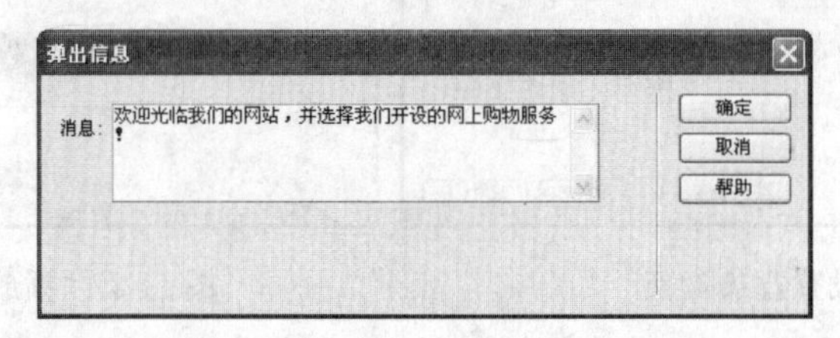

图 11-12　添加内容

（3）单击“确定”按钮，关闭对话框。在“行为”面板中为添加的行为选择 onLoad 事件，如图 11-13 所示。

图 11-13　选择 onLoad 事件

（4）设置完成后保存页面，在 IE 浏览器中加载页面时将会弹出一个提示信息框，效果如图 11-14 所示。

图 11-14　页面加载时的效果

3．添加弹出窗口

弹出窗口可以用来为网站发布一些重要通知。下面将利用行为来为页面制作弹出窗口，具体操作步骤如下：

（1）在 Dreamweaver 中新建文档并将其保存为“弹出窗口”。单击“插入”|“图像”命令，在弹出的对话框中选择需要的图像文件，如图 11-15 所示。

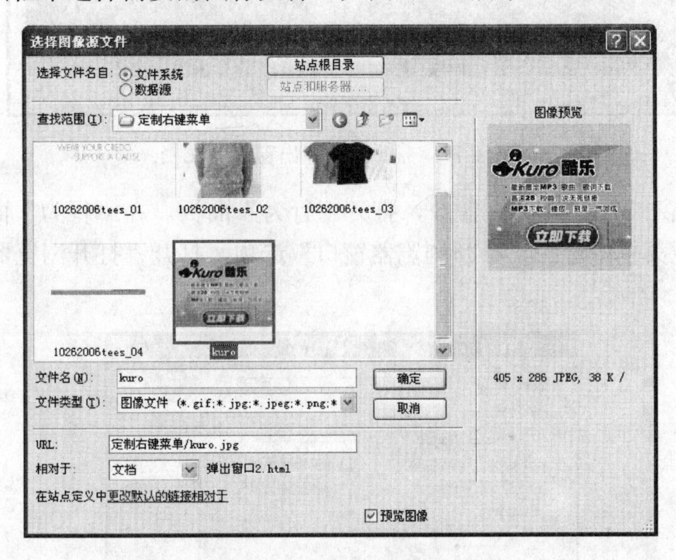

图 11-15　选择图像文件

（2）单击“确定”按钮，在页面中插入图像。在“属性”面板中单击“矩形热点工具”按钮，在图片上拖曳鼠标创建热点区域，如图 11-16 所示。

图 11-16　创建热点区域

（3）在热点区域“属性”面板的“链接”文本框中输入下载文件的相对路径，或者单击文件夹图标，在打开的“选择文件”对话框中选择文件，设置完成后保存页面。

（4）单击“文件”|“打开”命令，在 Dreamweaver 中打开需要添加弹出窗口的文档，并在文档编辑区的下方单击<body>标签，如图 11-17 所示。

图 11-17　需要添加弹出窗口的文档

（5）单击“窗口”|“行为”命令，打开“行为”面板。在“行为”面板中单击 + 按钮，在弹出的下拉菜单中选择“打开浏览器窗口”选项，打开“打开浏览器窗口”对话框，如图 11-18 所示。

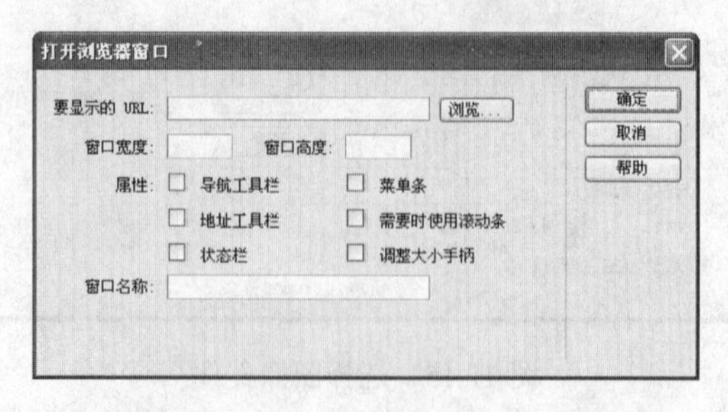

图 11-18　“打开浏览器窗口”对话框

（6）在“要显示的 URL”文本框中输入“弹出窗口”文档的路径，也可单击“浏览”

按钮，在打开的对话框中选择文档，此处输入前面制作的“弹出窗口”文档的路径。在“窗口宽度”与“窗口高度”文本框中输入需要的数值，在“属性”选项区中设置弹出窗口的属性，在“窗口名称”文本框中设置好名称，单击“确定”按钮，“行为”面板中将自动为该动作添加 onLoad 事件，如图 11-19 所示。

图 11-19　添加弹出窗口行为

（7）设置完成后保存页面，在 IE 浏览器中预览弹出窗口的效果，如图 11-20 所示。

图 11-20　弹出窗口的页面效果

4. 设置状态栏文本

在网上打开网页，或当鼠标指针移到链接的元素上时，IE 的状态栏会显示相应的说明信息。下面就来介绍自定义状态栏文本的操作，具体操作步骤如下：

（1）在 Dreamweaver 中打开需要定义状态栏文本的文档，单击“窗口”|“行为”命令，

打开“行为”面板。

（2）在“行为”面板中单击+按钮，在弹出的下拉菜单中选择“设置文本”|“设置状态栏文本”选项，打开“设置状态栏文本”对话框，在该对话框中添加状态栏文本，如图 11-21 所示。

（3）单击“确定”按钮，在“行为”面板中为添加的行为选择 onLoad 事件，如图 11-22 所示。

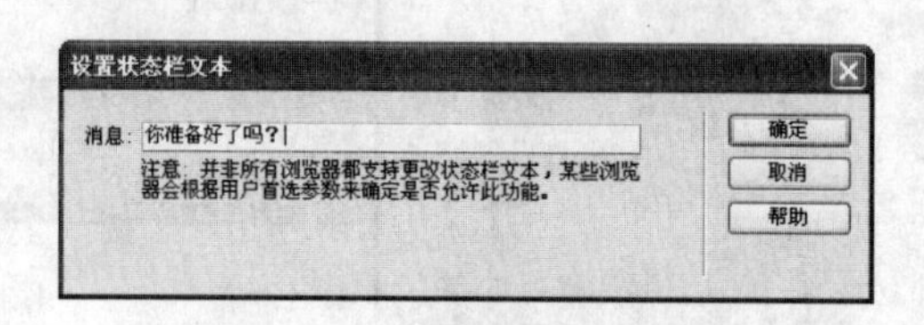

图 11-21　添加状态栏文本

图 11-22　选择 onLoad 事件

（4）保存页面后，在 IE 中预览，即可看到状态栏中显示的文本信息。

11.2　插入第三方插件

用户在浏览网页时，常常会看到一些特殊的效果，这些效果如果使用插件来制作，将是非常方便的。插件以 mxp 为扩展名，双击扩展名为 mxp 的插件文件即可进行安装，插件安装完成后，可以在中文版 Dreamweaver CS4 中直接使用，并可以在扩展管理器（Adobe Extension Manager）中对插件进行管理。插件极大地扩展了 Dreamweaver 的功能，在中文版 Dreamweaver CS4 中可以扩展三种类型的插件，即对象插件、命令插件和行为插件。本节将通过典型实例来介绍这三种类型的插件的使用。

11.2.1　对象插件的使用

下面通过在 Dreamweaver 文档中制作带有渐变颜色的文本和细线表格，来介绍对象插件的使用。

1. 制作渐变颜色的文本效果

文本的样式千变万化，本例介绍的是制作文本颜色逐渐变化的效果（需要安装 Gradient 插件），起始颜色和终止颜色可以随意设定。具体操作步骤如下：

（1）打开本书素材中“插件”文件夹下的“渐变颜色的文字”文件夹，双击其中的 Gradient.mxp 文件，将 Gradient 插件安装到 Dreamweaver 中。

（2）启动中文版 Dreamweaver CS4，新建一个空白文档。单击“修改”|“页面属性”命令，打开“页面属性”对话框，在该对话框中设置页面外观属性，如图 11-23 所示。

（3）单击“确定”按钮，关闭对话框完成设置。在“常用”插入栏中单击“常用”下拉按钮，在弹出的下拉菜单中选择 Gradient Text 选项，在 Gradient Text 插入栏中单击G按钮，打开 Gradient Text 对话框，如图 11-24 所示。

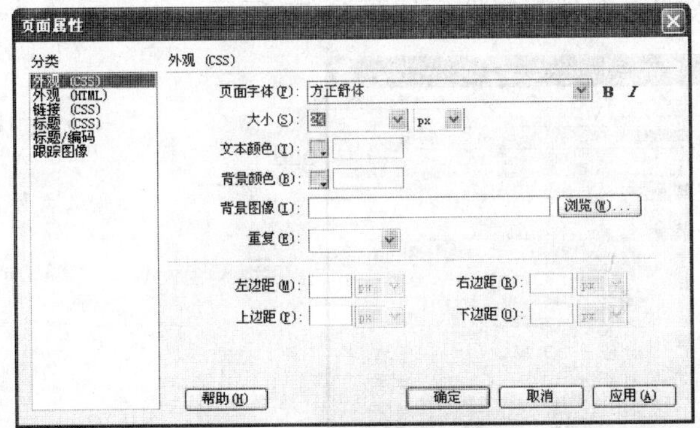

图 11-23　设置页面外观属性

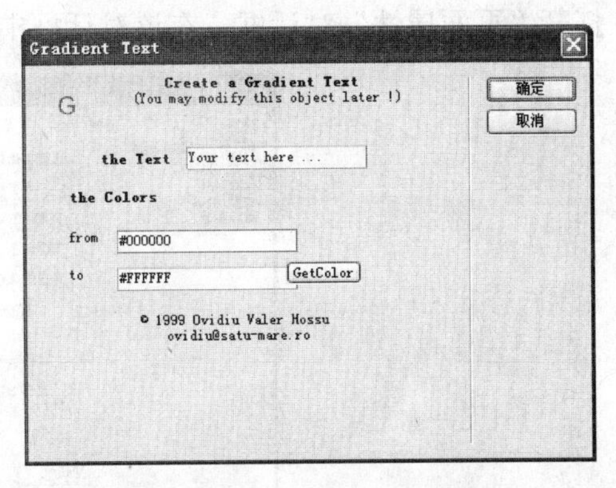

图 11-24　Gradient Text 对话框

（4）在 the Text 文本框中输入需要设置渐变颜色的文本，在 from 与 to 文本框中输入色码值，单击 GetColor 按钮，可在打开的“颜色”对话框中选择需要的颜色。

（5）设置完成后，单击“确定”按钮，效果如图 11-25 所示。在该文本的“属性”面板中，可重新设置文本的渐变色，单击 Change it ! 按钮即可使设置生效。

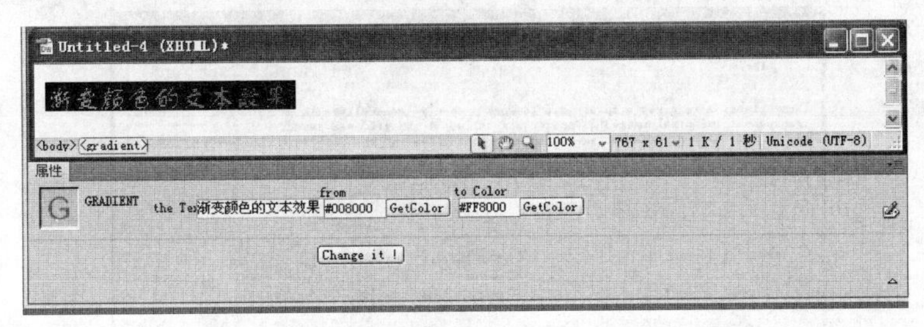

图 11-25　渐变色文本及其“属性”面板

如果在插入的文本后面再次插入渐变色文本，并且在 Gradient Text 对话框中将 from 与 to 两种颜色相互调换，其最终的效果如图 11-26 所示。

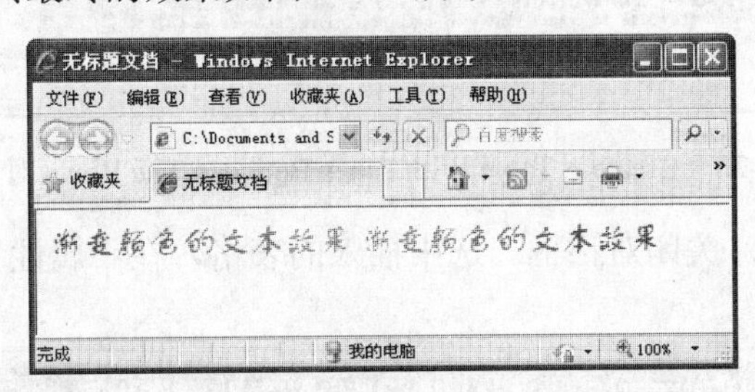

图 11-26　渐变颜色的文本效果

2. 制作细线表格

在网页中常常会用到细线表格。本例将介绍如何使用 TableLines 插件来制作细线表格，具体操作步骤如下：

（1）打开本书素材中“插件”文件夹下的“插入细线表格”文件夹，双击其中的 TableLines.mxp 文件图标，将 TableLines 插件安装到 Dreamweaver 中。

（2）启动 Dreamweaver CS4，新建一个空白文档。单击“修改”|“页面属性”命令，打开“页面属性”对话框，在该对话框中设置页面外观属性，如图 11-27 所示。

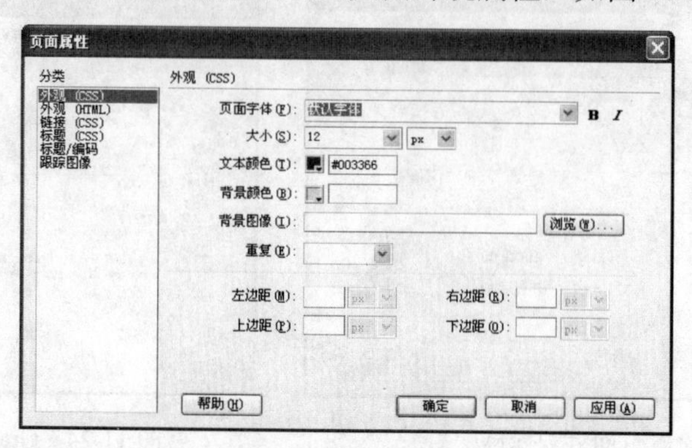

图 11-27　设置页面外观属性

（3）单击“确定”按钮关闭该对话框。在“常用”插入栏中单击“常用”下拉按钮，在弹出的下拉菜单中选择 TableLines 选项，在 TableLines 插入栏中单击按钮，打开 Create A Table With Lines Between The Rows 对话框，从中设置各项参数，如图 11-28 所示。

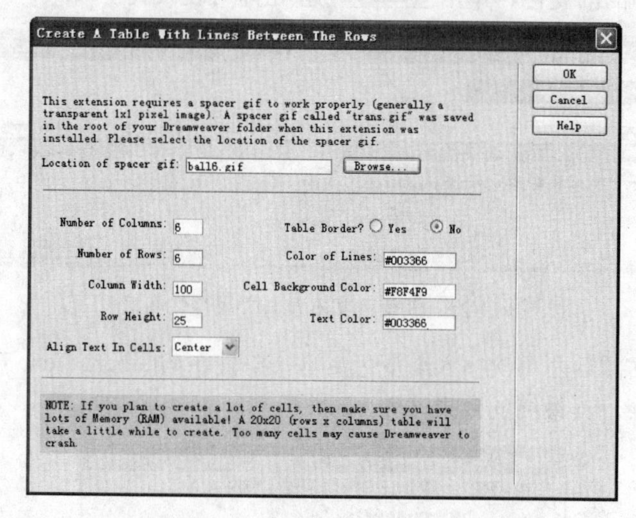

图 11-28　Create A Table With Lines Between The Rows 对话框

（4）单击 OK 按钮，关闭对话框。选中插入的表格，在“属性”面板中设置表格属性，如图 11-29 所示。

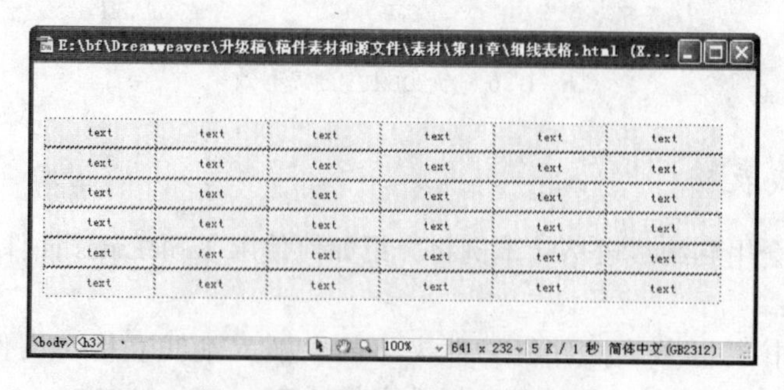

图 11-29　设置 TableLines 属性

（5）依次在表格的各个单元格中输入信息，如图 11-30 所示。细线表格设置完成后，将光标定位在表格的最左侧，输入表格的标题文字，并设置文本属性。

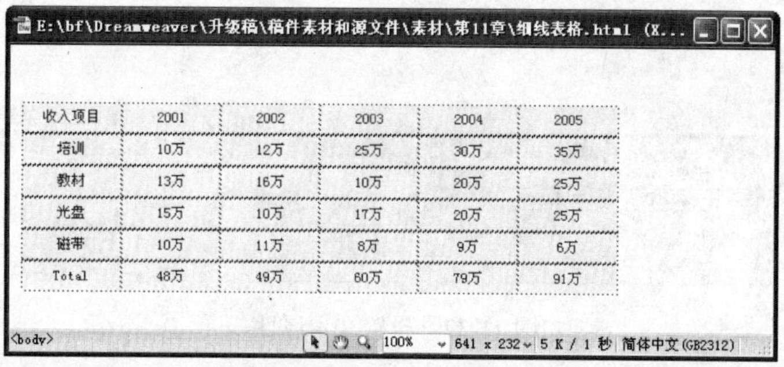
E:\bf\Dreamweaver\升级稿\稿件素材和源文件\素材\第11章\细线表格.html (X...
收入项目 2001 2002 2003 2004 2005
培训 10万 12万 25万 30万 35万
教材 13万 16万 10万 20万 25万
光盘 15万 10万 17万 20万 25万
磁带 10万 11万 8万 9万 6万
Total 48万 49万 60万 79万 91万
<body>
100%
641 x 232
5 K / 1 秒
简体中文(GB2312)

图 11-30　添加信息后的表格

（6）页面全部设置完成后，单击“文件”|“保存”按钮保存页面。按【F12】键预览其效果，如图 11-31 所示。

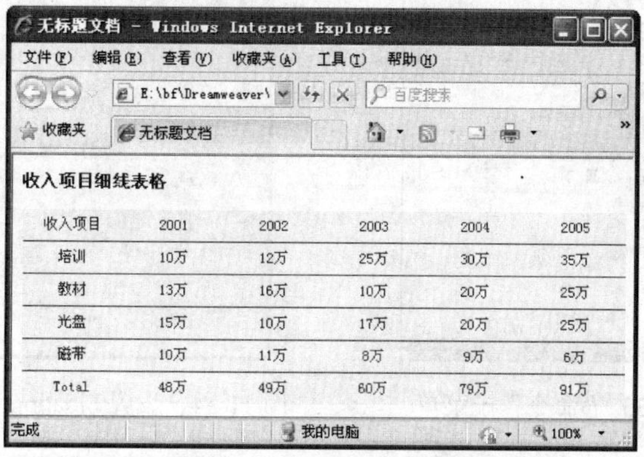
无标题文档 - Windows Internet Explorer
文件(F) 编辑(E) 查看(V) 收藏夹(A) 工具(T) 帮助(H)
E:\bf\Dreamweaver\
百度搜索
收藏夹
无标题文档
收入项目细线表格
收入项目 2001 2002 2003 2004 2005
培训 10万 12万 25万 30万 35万
教材 13万 16万 10万 20万 25万
光盘 15万 10万 17万 20万 25万
磁带 10万 11万 8万 9万 6万
Total 48万 49万 60万 79万 91万
完成
我的电脑
100%

图 11-31　表格的最终效果

11.2.2　命令插件的使用

上节中主要介绍了对象插件的使用，本节将介绍命令插件的使用，如在页面中显示漂浮的图片和定制右键快捷菜单等。

1. 制作页面中漂浮的图片

在浏览网页时，经常看到网页中有一些不停漂浮的图片，使用第三方插件可以很容易地制作出这样的效果。本例将介绍漂浮图片的制作，具体操作步骤如下：

（1）打开本书素材中“插件”文件夹下的“漂浮图片插件”文件夹，双击其中的 FLOATIMG.MXP 文件图标，将该插件安装到 Dreamweaver 中。

（2）启动中文版 Dreamweaver CS4，新建一个空白文档，输入文本“漂浮的图片效果”，并在“属性”面板中设置文本属性，如图 11-32 所示。

（3）打开“命令”菜单，可看到刚才安装的 Floating image 插件，如图 11-33 所示。单击该命令，打开 Floating Image 对话框，从中设置各项参数，如图 11-34 所示。

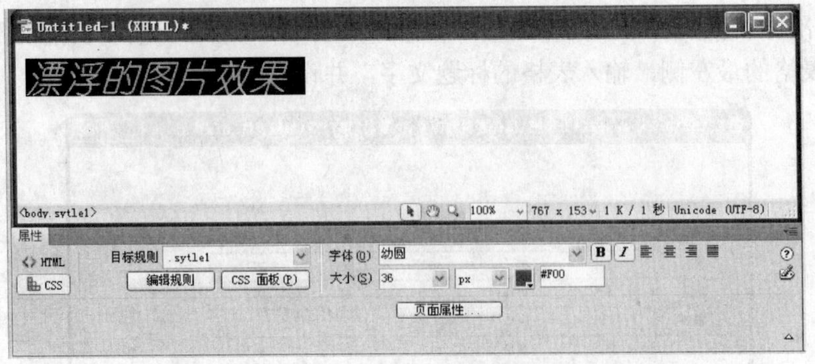

图 11-32 设置文本属性

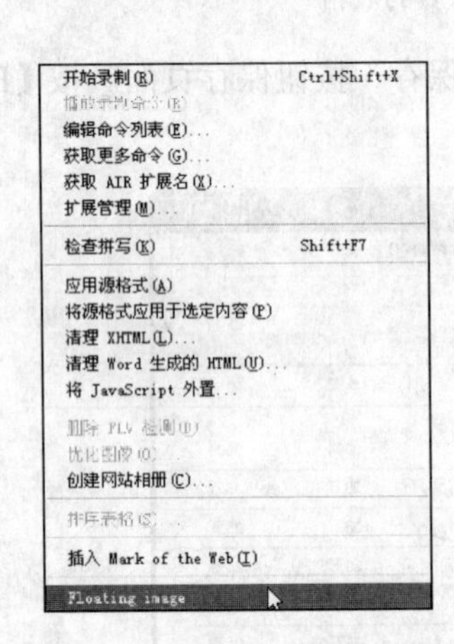

图 11-33 “命令”子菜单

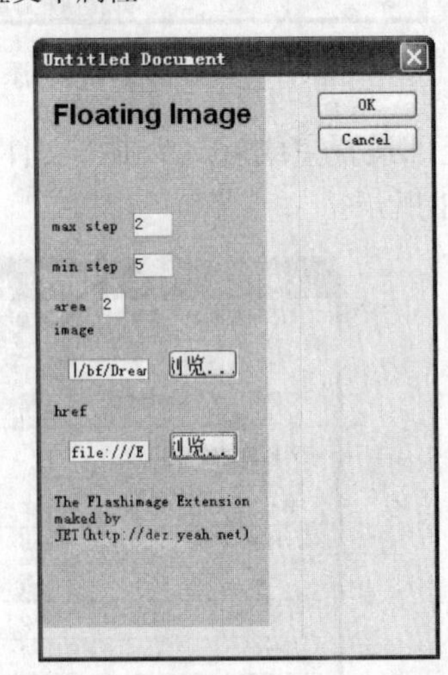

图 11-34 设置 Floating Image 参数

（4）设置完成后单击 OK 按钮，漂浮的图片便被插入到页面中，但是插入到页面中的图片是看不到的。保存页面，在 IE 浏览器中预览，才会显示漂浮的图片，效果如图 11-35 所示。

图 11-35 页面中漂浮图片的效果

2. 定制右键快捷菜单

在网页中单击鼠标右键，弹出的快捷菜单中的菜单项一般都是默认的，而利用第三方插件则可以改变右键快捷菜单中的选项。本例将介绍如何定制右键菜单，具体操作步骤如下：

（1）打开本书素材中“插件”文件夹下的“右键菜单”文件夹，双击其中的 Right Click Menu Builder.mxp 文件图标，将该插件安装到 Dreamweaver 中。

（2）启动中文版 Dreamweaver CS4，打开需要设置右键菜单的文档，输入文本“请单击右键链接相关页面”，并在“属性”面板中设置文本的属性，如图 11-36 所示。

图 11-36　在页面中输入文本

（3）单击“命令”｜Right Click Menu Builder 命令，打开 Right Click Menu Builder 2.0.0 对话框，在该对话框中设置各项参数，如图 11-37 所示。

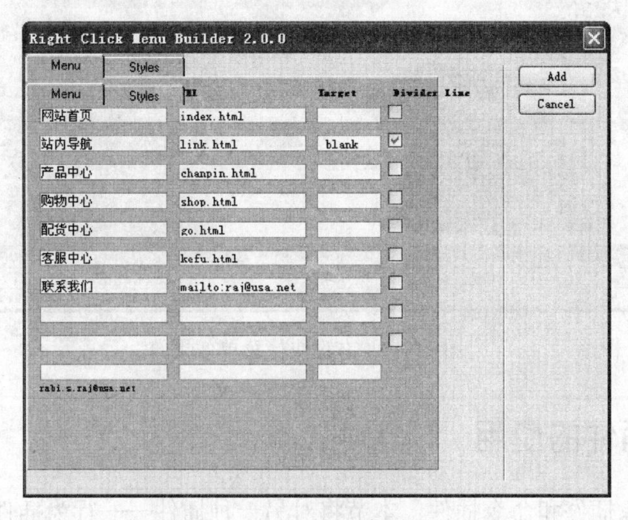

图 11-37　设置右键菜单参数

（4）单击 Add 按钮，完成右键菜单的添加操作。打开“CSS 样式”面板，可以看到该面板中出现了.cMenu 和.menuitems 两个 CSS 样式，如图 11-38 所示。选中.cMenu 样式，单击 按钮，打开“.cMenu 的 CSS 规则定义”对话框。在该对话框中，用户可根据自己的喜好设置右键快捷菜单中字体、背景及方框的属性，如图 11-39 所示。

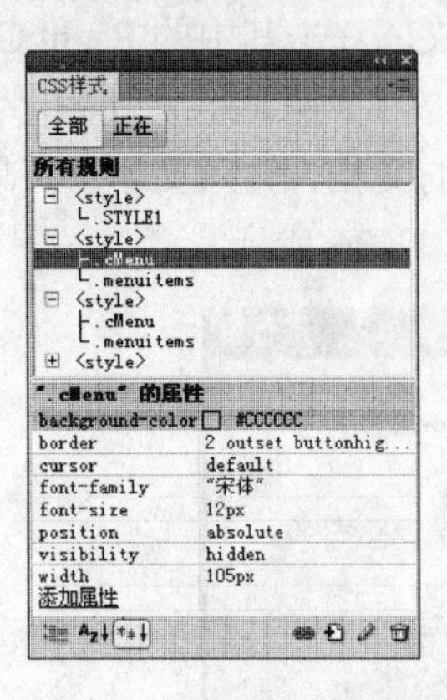

图11-38 “CSS样式”面板

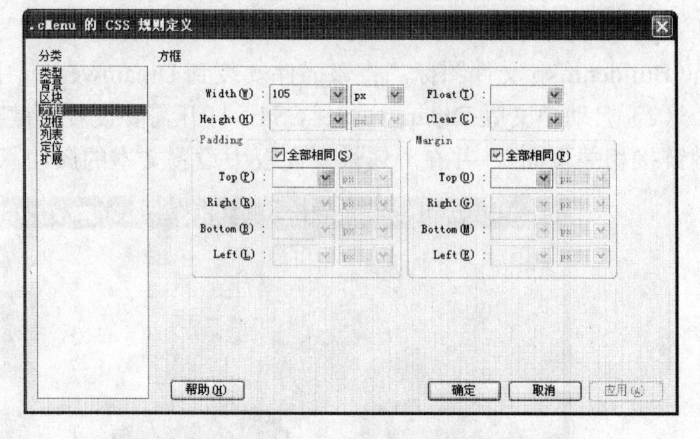

图11-39 “.cMenu的CSS规则定义”对话框

（5）单击“文件”|“保存”命令，保存修改的页面，按【F12】键打开IE浏览器，当用户在网页文档中单击鼠标右键时，弹出的快捷菜单如图11-40所示。

图11-40 右键快捷菜单效果

11.2.3 行为插件的使用

前面介绍了对象插件和命令插件，本节将对另一种插件——行为插件进行详细介绍，主要内容包括添加到收藏夹行为插件和打字效果插件。

1. 添加到收藏夹

当在网上发现一个非常好的网站或网页时，用户往往会将其添加到收藏夹中，以便下次浏览。本例将介绍如何制作添加到收藏夹的特效，具体操作步骤如下：

（1）打开本书素材中“插件”文件夹下的“把当前网页加入 IE 收藏夹”文件夹，双击其中的 addToFavoritesBH.mxp 文件图标，将该插件安装到 Dreamweaver 中。

（2）启动中文版 Dreamweaver CS4，打开需要添加行为的文档，插入一幅图片。选中插入的图片，在“属性”面板中设置图片参数，如图 11-41 所示。

图 11-41　设置图片属性

（3）选中该图片，打开“行为”面板，单击“添加行为”按钮，在弹出的下拉菜单中选择 IE | Add To Favorites 选项，打开 Add To Favorites 对话框，如图 11-42 所示。

（4）在 Title to Display in Favorites Menu 文本框中输入收藏页面在收藏夹中显示的名称，单击“确定”按钮关闭对话框。

（5）在“行为”面板中为添加的行为选择 onClick 事件，如图 11-43 所示。设置完成后，单击“文件”|“另存为”命令另存文档。

图 11-42　Add To Favorites 对话框

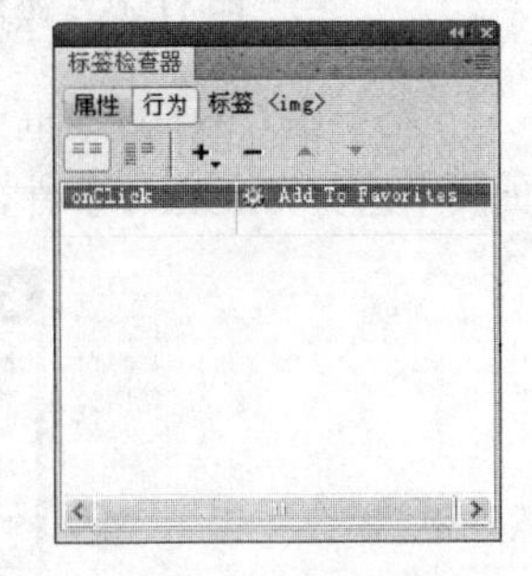

图 11-43　选择事件

（6）按【F12】键在 IE 浏览器中预览效果，单击“加入收藏夹”按钮，即可将该网页添加到收藏夹中。

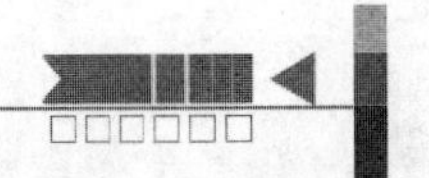

2. 制作打字效果

下面将使用 typewriter.mxp 行为插件，制作打字效果，具体操作步骤如下：

（1）打开本书素材中“插件”文件夹下的“打字效果”文件夹，双击其中的 typewriter.mxp 文件图标，将该插件安装到 Dreamweaver 中。

（2）启动中文版 Dreamweaver CS4，单击“文件”|“新建”命令，新建一个空白文档。输入文本“单击此处显示打字效果”，并设置文本的属性，如图 11-44 所示。

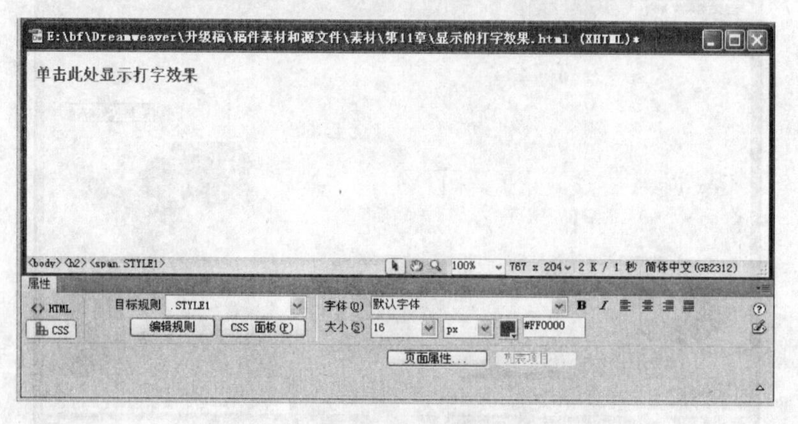

图 11-44 输入文本并设置其属性

（3）在“布局”插入栏中单击“绘制 AP Div”按钮，在页面中绘制层，如图 11-45 所示。

（4）将光标定位在文本中，单击“窗口”|“行为”命令，打开“行为”面板。单击 按钮，在弹出的下拉菜单中选择 yaromat | Typewriter 选项，打开 Typewriter 对话框，如图 11-46 所示。

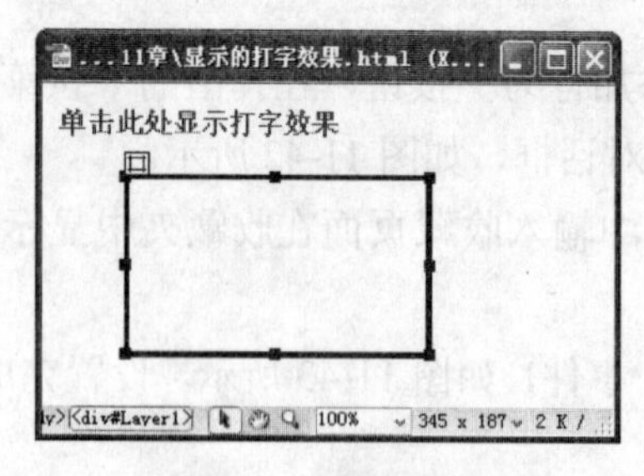

图 11-45 绘制层

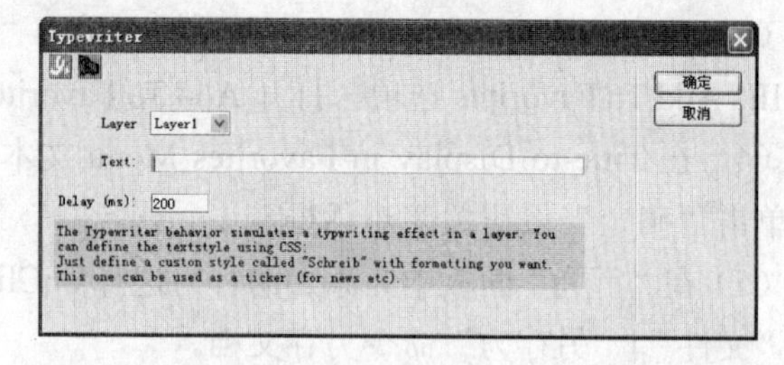

图 11-46 Typewriter 对话框

（5）在 Text 文本框中输入需要显示的文字，单击“确定”按钮关闭对话框。在“行为”面板中选择 onClick 事件，效果如图 11-47 所示。

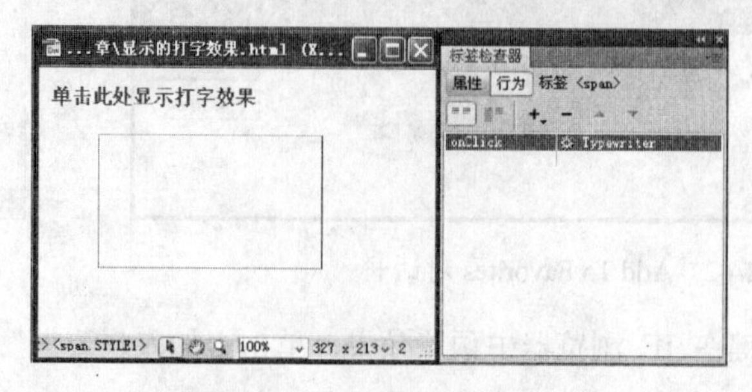

图 11-47 设置 Typewriter 行为

（6）设置完成后保存页面，按【F12】键在 IE 浏览器中预览效果。当单击文本时，就会在层中显示出打字效果，如图 11-48 所示。

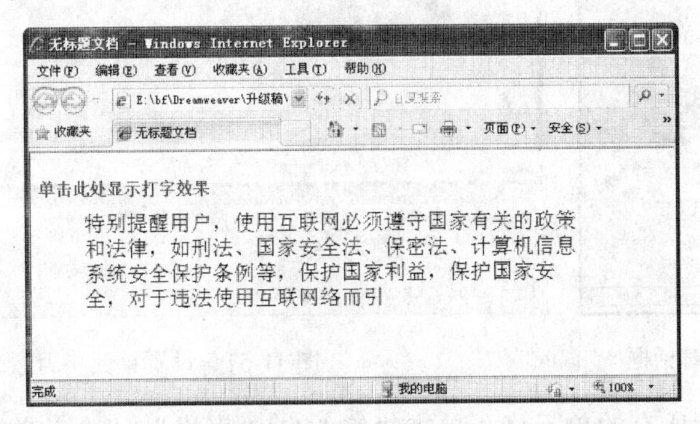

图 11-48　显示打字效果

上机操作指导

本节将利用前面所学知识制作一个论坛页面：当载入页面时，页面上方的文本以打字方式逐字显示出来；当单击“单击此处登录注册”文本时，将显示出登录注册页面。实例的最终效果如图 11-49 所示。

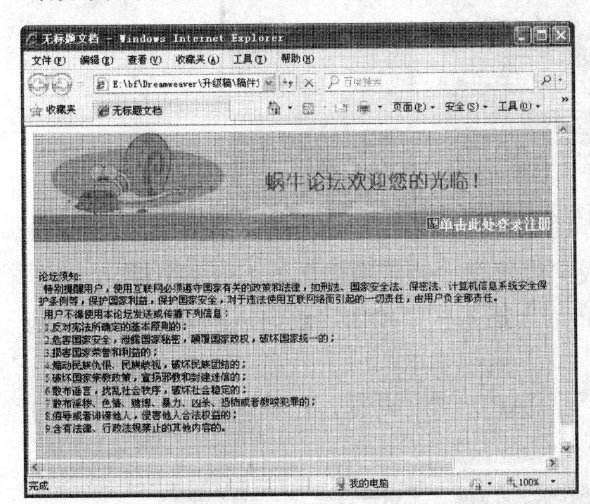

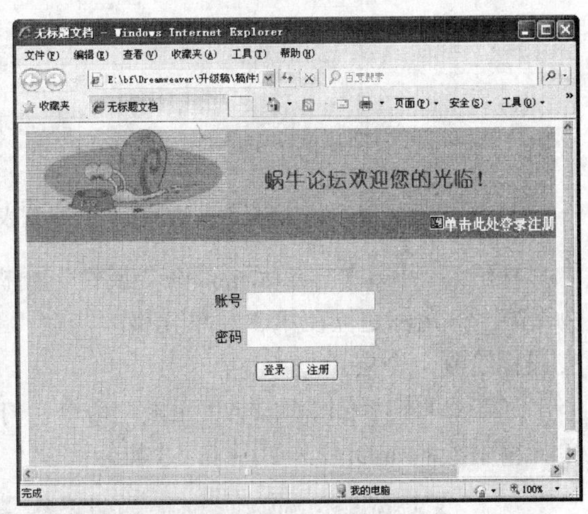

图 11-49　最终效果

具体操作步骤如下：

（1）启动中文版 Dreamweaver CS4，新建一个空白文档并保存。

（2）将光标置于页面中，单击“插入”|“表格”命令，打开“表格”对话框，设置各项参数，如图 11-50 所示。单击“确定”按钮关闭对话框。

（3）将光标定位在第 1 行第 1 列的单元格中，单击“插入”|“图像”命令，在打开的对话框中选择 bjs-1.gif 图像文件，单击“确定”按钮，在单元格中插入图像。

（4）将光标定位在第 1 行第 2 列单元格中，在“属性”面板中设置“背景颜色”值为 #ADD885，效果如图 11-51 所示。

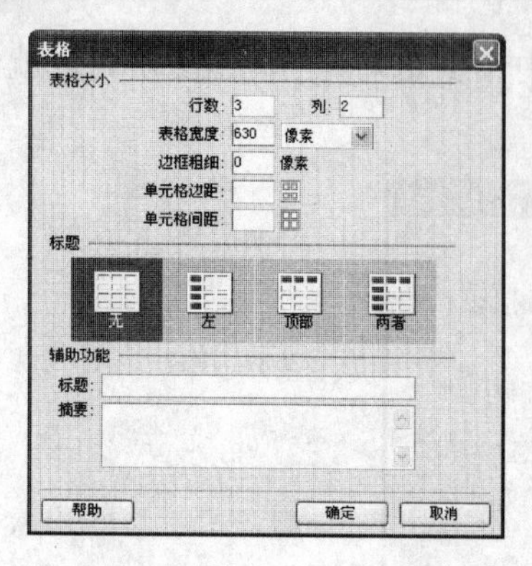

图 11-50 “表格”对话框

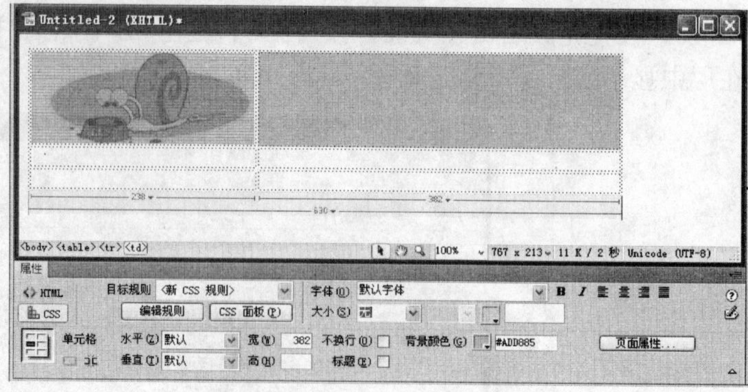

图 11-51 设置单元格背景颜色

（5）选择第 2 行所有的单元格，单击“修改”|“表格”|“合并单元格”命令合并单元格。为合并后的单元格设置背景颜色，并在“属性”面板中将单元格的高度调整为 32，效果如图 11-52 所示。

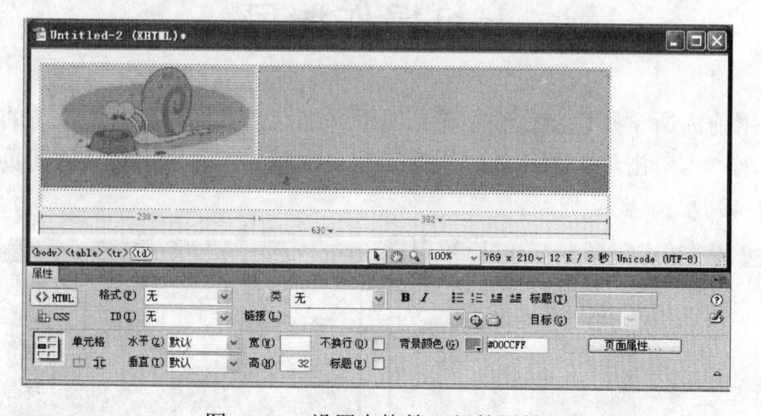

图 11-52 设置表格第 2 行的属性

（6）合并第 3 行单元格，在“属性”面板中设置其“背景颜色”值为#C4E0A9、“高”为 270。将光标定位在第 3 行单元格中，在“布局”插入栏中单击“绘制 AP Div”按钮，拖曳鼠标绘制一个层。

（7）单击“窗口”|“AP 元素”命令，打开“AP 元素”面板，隐藏 apDiv1，在第 3 行单元格中绘制 apDiv2，如图 11-53 所示。

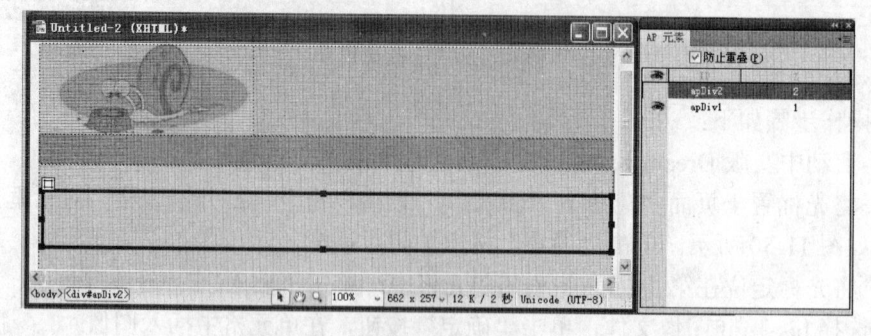

图 11-53 在第 3 行单元格中绘制层

（8）在 apDiv2 中输入需要的文本内容，在“属性”面板中设置文本大小为 12，设置层的“背景颜色”值为#C4E0A9，效果如图 11-54 所示。

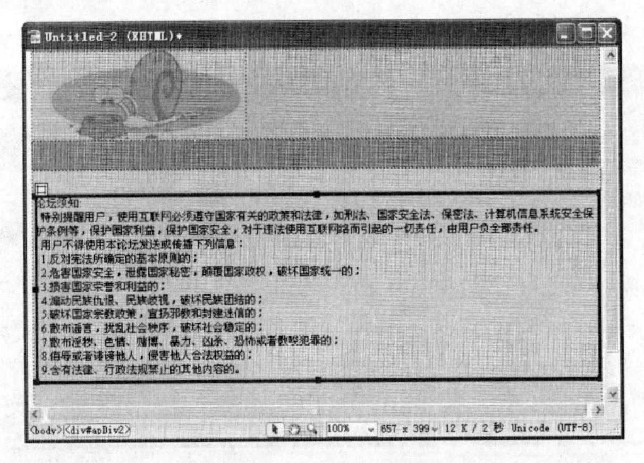

图 11-54　在 apDiv2 中输入文本

（9）在“AP 元素”面板中隐藏 apDiv2，显示 apDiv1。切换至“表单”插入栏，单击“文本字段”按钮，在 apDiv1 中分别添加“账号”和“密码”文本字段，效果如图 11-55 所示。

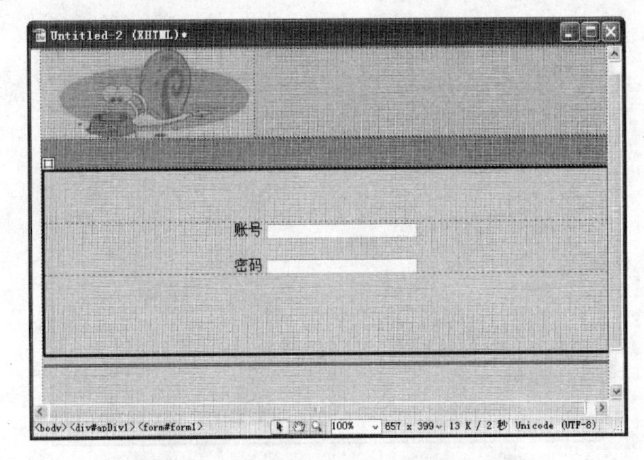

图 11-55　在 apDiv1 中添加文本字段

（10）单击“表单”插入栏中的“按钮”按钮，在 apDiv1 中添加两个按钮，并分别命名为“登录”与“注册”，效果如图 11-56 所示。

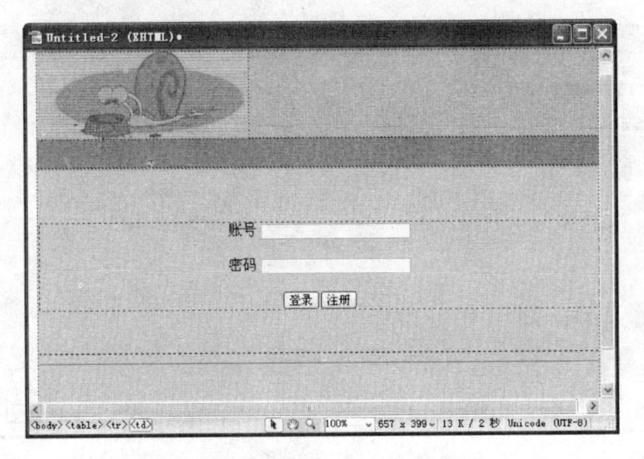

图 11-56　在 apDiv1 中添加按钮

（11）将光标定位在第 2 行单元格中，设置对齐方式为“右对齐”，在其中插入图像并输入文本，效果如图 11-57 所示。

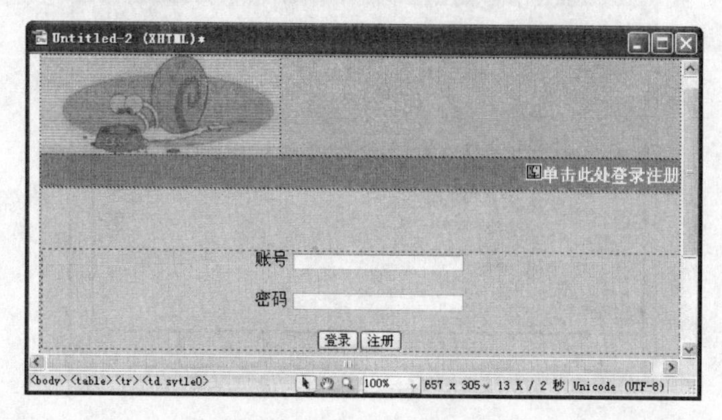

图 11-57　插入图像并输入文本

（12）单击“窗口”|“CSS 样式”命令，打开“CSS 样式”面板，单击该面板底部的“新建 CSS 规则”按钮，在打开的对话框中设置各项参数，如图 11-58 所示。

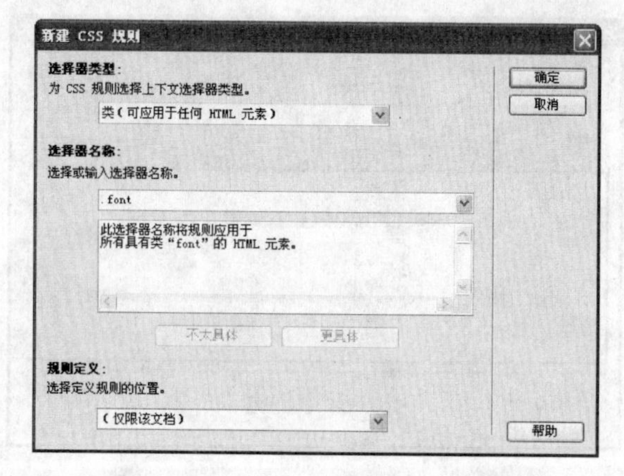

图 11-58　“新建 CSS 规则”对话框

（13）单击“确定”按钮，在打开的对话框的“分类”列表中选择“类型”选项，在“类型”选项区中设置各项参数，如图 11-59 所示。

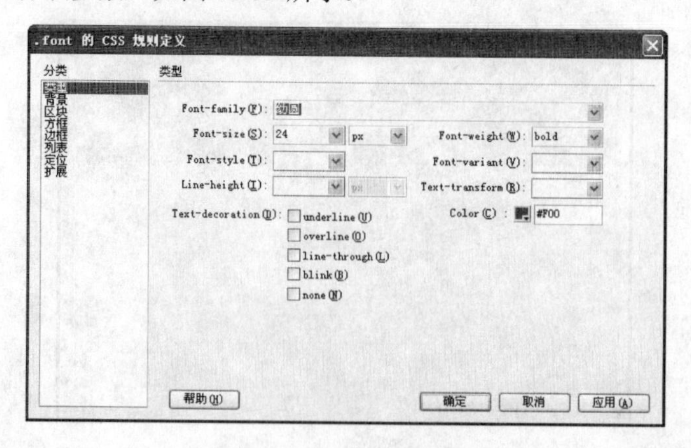

图 11-59　设置类型参数

（14）单击“确定”按钮，完成.font 样式的设置。在表格的第 1 行第 2 列单元格中绘制层 apDiv3，并对其应用刚创建的.font 样式，如图 11-60 所示。

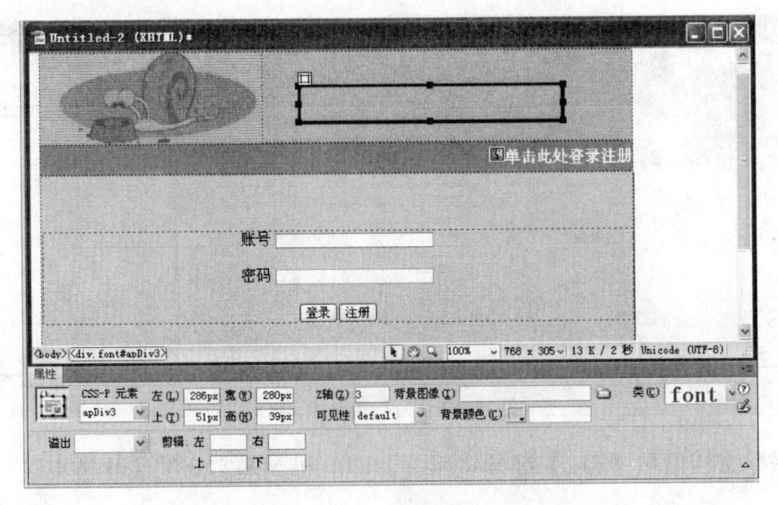

图 11-60　创建 apDiv3 并应用.font 样式

（15）单击页面下方的<body>标签，然后单击“窗口”|“行为”命令，打开“行为”面板。单击“添加行为”按钮 +，在弹出的下拉菜单中选择 yaromat | Typewriter 选项，在弹出的 Typewriter 对话框中设置各项参数，如图 11-61 所示。

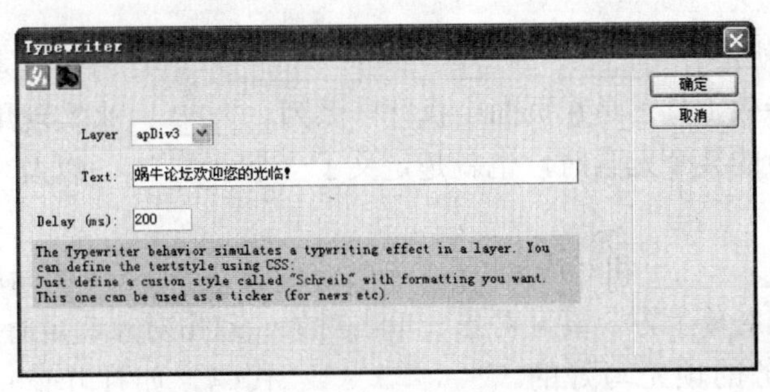

图 11-61　Typewriter 对话框

（16）选择第 2 行单元格中的图像与文本，在“行为”面板中单击 + 按钮，在弹出的下拉菜单中选择 Layer Transitions | Layer Box In 选项（读者需事先安装本书素材中“插件”文件夹下“层显示方式”文件夹中的 layer_transitions.mxp 插件）。

（17）在打开的 Layer Box In 对话框的 Layer 下拉列表框中选择 Layer “apDiv2” 选项，在 Duration 文本框中设置时间为 8 秒，如图 11-62 所示。

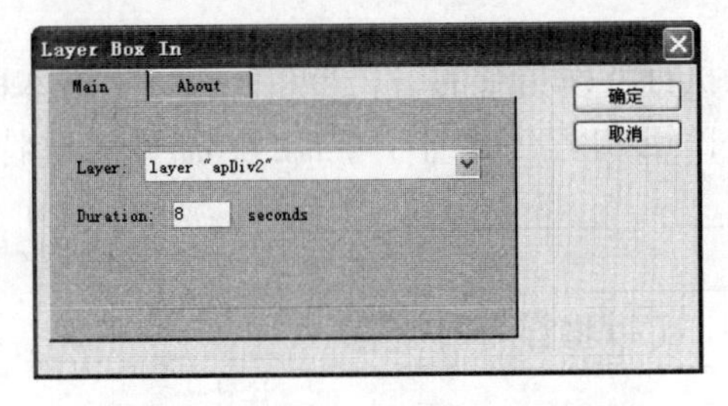

图 11-62　设置 Layer Box In 参数

（18）单击“确定”按钮，关闭Layer Box In对话框。在“行为”面板中为添加的行为选择事件，如图11-63所示。

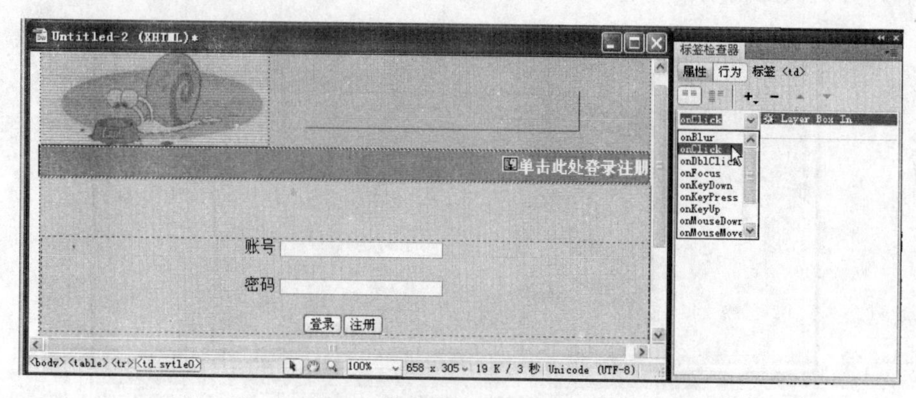

图11-63　为行为选择事件

（19）保存文档后按【F12】键预览网页，即可得到本实例的最终效果。

习题与上机操作

一、填空题

1．所谓行为，就是________________________。行为是一系列使用__________程序预定义的页面特效工具，是在页面中执行一系列________来实现用户与网页间的交互。当把行为赋予页面中的某个元素时，也就是定义了一个________以及__________________的事件。

2．一般行为由________和对应的________组成。________用于指明执行某项动作的条件，如鼠标指针移到对象上方、离开对象、单击对象、双击对象、定时等；________实际上是一段执行特定任务的预先写好的____________代码，如打开窗口、播放声音、停止Shockwave影片等。例如，当用户浏览网页时，将鼠标指针移到某个有链接的按钮上并单击该按钮，会载入一幅图像，此时就产生了OnMouseOver和OnClick两个________，同时触发了一个______________。

3．在行为中，事件由浏览器________、________与________，可以附加到________上，也可以附加到________中。一个________对应一个事件，通过事件可以触发________，如页面加载、鼠标指针移到其上、单击鼠标等都可作为________________的事件。

4．动作是指一些用来执行特殊指令的______________脚本程序，中文版Dreamweaver CS4将其__________在自己的程序之中，当用户需要实现特定的任务时，只需通过Dreamweaver的__________________________进行简单的设置即可，而不用再________________________。

5．在Dreamweaver中，可以将行为附加给________________、________、________、____________或______________________，并由__________决定哪些元素可以接受

行为，哪些元素不能接受行为。在为对象附加动作时，可以一次为每个事件关联_____个动作，动作按照“行为”面板“动作”列表中的顺序执行。

二、思考题

1．如何使用“行为”面板插入和编辑行为？
2．如何使用 Dreamweaver 的内置行为在页面中添加弹出窗口？
3．举例说明如何使用对象插件。
4．举例说明如何使用命令插件。
5．举例说明如何使用行为插件。

三、上机操作

利用行为给如图 11-64 所示的网页文档添加背景音乐。

图 11-64　网页文档

第12章　网页设计白金案例实训

本章学习目标

通过前面11章的学习，相信读者已经掌握了中文版Dreamweaver CS4的核心内容，但在实际应用中，往往还是不能完全发挥出这款软件的设计威力。为此，本章将通过实例来介绍Dreamweaver的实际应用，帮助读者达到立竿见影的学习效果。

学习重点和难点

- 通过白金案例实训掌握和巩固前面所学知识
- 通过案例的综合实训提高大家的网页设计能力

12.1　个人网站设计

案例说明

在网络时代，在网上给自己安个家，借助个人主页，可以表达平日无处言说的思想，展现独树一帜的个性，给自己构建一个与世界互动的角落。下面将通过实例介绍如何制作个人网站。

知识要点

本例站点的网页在版面布局上采用“厂”字型布局方式，顶部是网站广告，接下来是网站的主要内容，左侧是网站的导航条，包括“私人医生”、“我的宝宝”、“家庭日记”、“宝宝相册”和“家庭相册”五部分，中间是个人详细信息，最底部是网站的版权声明等。

案例效果

本案例效果如图12-1所示。

图12-1　个人网站效果

12.1.1　制作网站主页

主页是网站的门面，访问者访问网站时，首先看到的就是主页，所以主页的好坏对整个网站影响非常大。下面就来制作本例个人网站的主页，具体操作步骤如下：

（1）启动中文版 Dreamweaver CS4，新建一个站点 myweb，然后新建一个空白网页，并在“标题”文本框中输入文本“我的个人网站”，单击“文件”|“保存”命令，将该文件以 index.html 为文件名保存在 myweb 站点中，如图 12-2 所示。

（2）在“常用”插入栏中单击“表格”按钮，在打开的“表格”对话框中设置各项参数如图 12-3 所示。

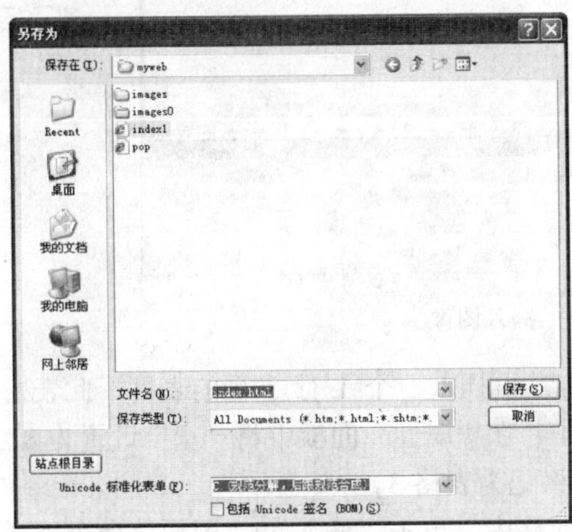

图 12-2　保存主页

图 12-3 “表格”对话框

（3）单击“确定”按钮插入表格，此表格记为表格 1，在“属性”面板中将“对齐”设置为“居中对齐”。将光标放置在表格 1 的第 1 列单元格中，单击“插入”|“图像”命令，在弹出的“选择图像源文件”对话框中选择 r3c45.gif 文件，单击“确定”按钮即可插入图像，如图 12-4 所示。

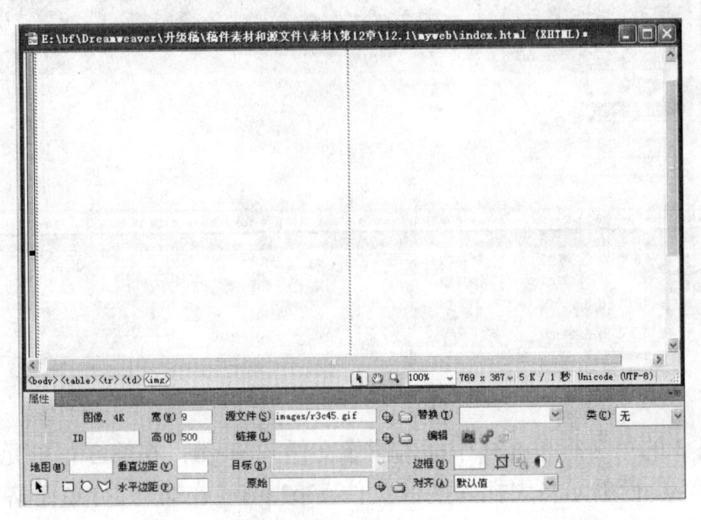

图 12-4　插入图像

（4）将光标定位在表格1的第2列单元格中，在“属性”面板中将“垂直”设置为“顶端”，单击“插入”|“图像”命令，弹出“选择图像源文件”对话框，从中选择top.jpg文件，单击“确定”按钮插入图像，如图12-5所示。

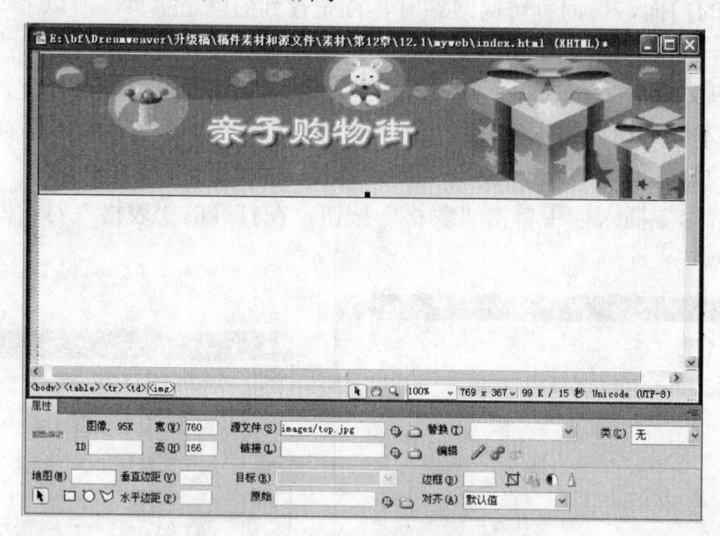

图12-5 插入图像

（5）将光标放置在刚插入的图像的下方，再插入一个1行3列的表格，此表格记为表格2。将光标定位在表格2的第1列单元格中，在“属性”面板中将“宽”设置为8，在第2列单元格中插入一个5行1列的表格，此表格记为表格3。

（6）将光标定位在表格3的第1行单元格中，单击“插入”|“图像”命令，弹出“选择图像源文件”对话框，从中选择r2c3.gif文件，单击“确定”按钮插入图像，如图12-6所示。

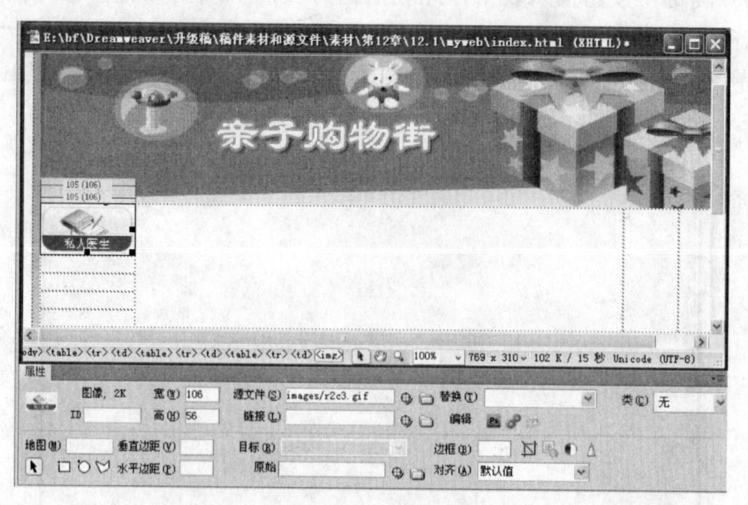

图12-6 第1行单元格中插入的图像

（7）在表格3的第2行单元格中插入图像文件r3c3.gif；在第3行单元格中插入图像文件r5c3.gif；在第4行单元格中插入图像文件r3c3.gif；在第5行单元格中插入图像文件r10c3a.gif文件，如图12-7所示。

图 12-7　在表格 3 中插入的图像

（8）将光标放置在表格 2 的第 3 列单元格中，插入一个 1 行 2 列的表格，此表格记为表格 4。将光标放置在表格 4 的第 1 列单元格中，单击“插入”|“图像”命令，在弹出的“选择图像源文件”对话框中选择 r2c7.gif 文件，单击“确定”按钮插入图像。在该图像下方插入一个 1 行 3 列的表格，此表格记为表格 5，如图 12-8 所示。

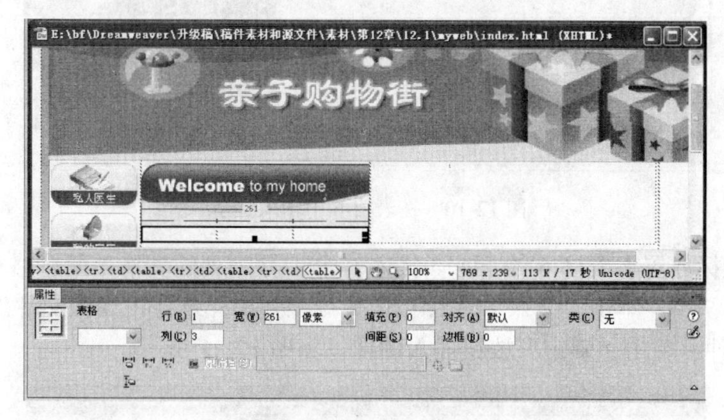

图 12-8　插入表格

（9）在表格 5 的第 1 列单元格中插入图像文件 r4c7.gif；在表格 5 的第 2 列单元格中插入图像文件 homephoto.jpg；在表格 5 的第 3 列单元格中插入图像文件 r4c9.gif，效果如图 12-9 所示。

图 12-9　在表格 5 中插入的图像

（10）将光标放置在表格 5 的下方，插入一个 1 行 2 列的表格，此表格记为表格 6。选中表格 6 的第 2 列，单击“插入”|“图像”命令，弹出“选择图像源文件”对话框，从中选择 r8c7-2.gif 文件，单击“确定”按钮插入图像。

（11）将光标放置在表格 6 的第 1 列单元格中，在“属性”面板中设置“宽”为 241、“高”为 35，单击按钮，在单元格中输入文字“已经有 XX 位客人到过我家啦!”，将 XX 文本的颜色设置为#F39，如图 12-10 所示。

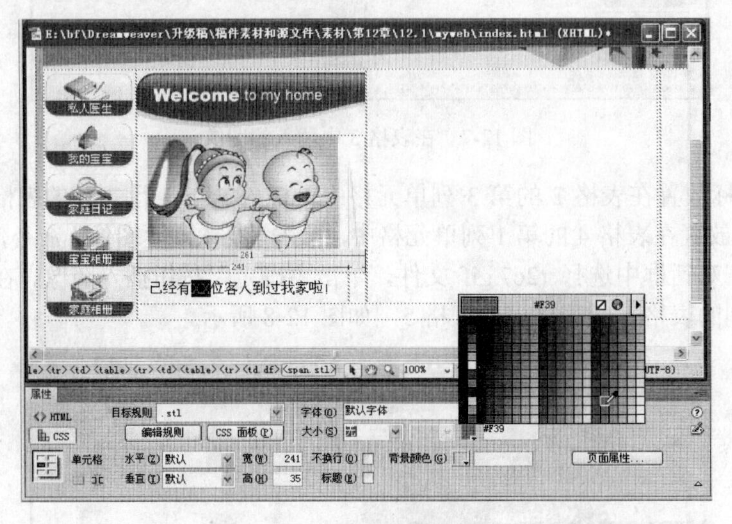

图 12-10　在表格 6 中输入文字

（12）将光标放置在表格 6 的下方，插入一个 1 行 1 列的表格，此表格记为表格 7。将光标放置在表格 7 中，单击“插入”|“图像”命令，弹出“选择图像源文件”对话框，从中选择 r9c7.gif 文件，单击“确定”按钮插入图像，如图 12-11 所示。

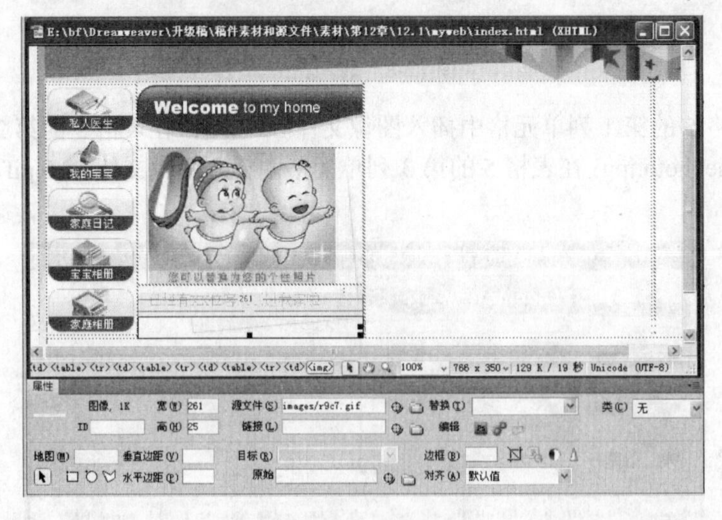

图 12-11　插入图像

（13）将光标放置在表格 4 的第 2 列单元格中，插入一个 2 行 1 列的表格，此表格记为表格 8。在表格 8 的第 1 行单元格中插入图像文件 r2c7s.gif；在表格 8 的第 2 行单元格中插入一个 4 行 4 列的表格，此表格记为表格 9，如图 12-12 所示。

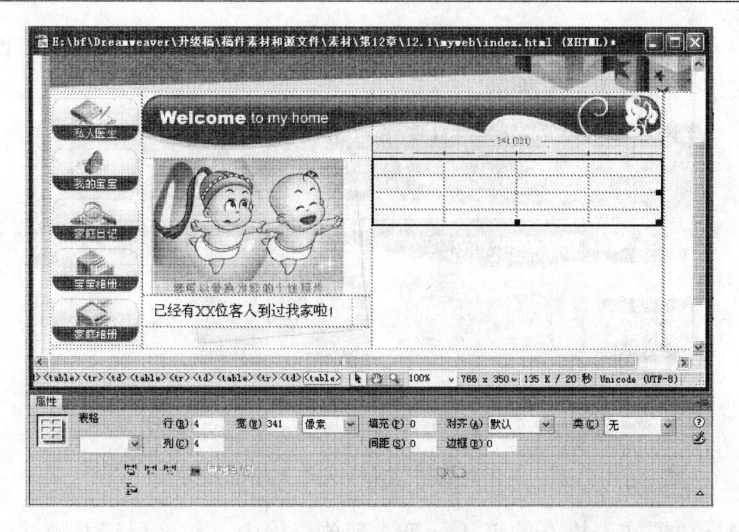

图 12-12　插入表格 9

（14）选中表格 9 的第 1 列单元格，在“属性”面板中将“背景颜色”设置为#ff7da8，并输入相应的文字，如图 12-13 所示。

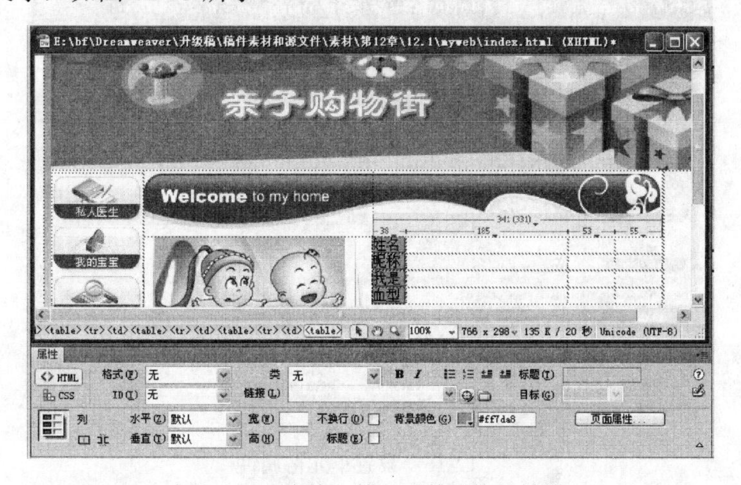

图 12-13　表格 9 第 1 列单元格的效果

（15）选中表格 9 的第 2 列单元格，在“属性”面板中将“背景颜色”设置为#ffdde8，并输入相应的文字，如图 12-14 所示。

图 12-14　表格 9 第 2 列单元格的效果

（16）选中表格9的第3列单元格，在“属性”面板中将“背景颜色”设置为#ff7da8，并输入相应的文字，如图12-15所示。

图12-15　表格9第3列单元格的效果

（17）将光标放置在表格9的第4行第3列单元格中，按住鼠标左键并向右拖动鼠标至第4行第4列单元格中，释放鼠标左键并单击鼠标右键，在弹出的快捷菜单中选择“表格”|“合并单元格”选项，在“属性”面板中将“背景颜色”设置为#ff7da8，如图12-16所示。

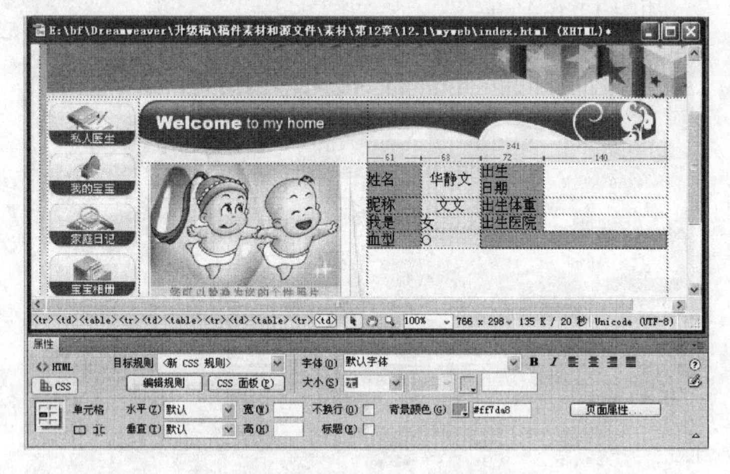

图12-16　设置单元格属性

（18）将光标放置在表格9的第1行第4列单元格中，按住鼠标左键并向下拖动鼠标至第3行第4列的单元格中，释放鼠标左键，在“属性”面板中将“背景颜色”设置为#ffdde8，并依次在各个单元格中输入相应的文字，如图12-17所示。

图12-17　输入文本

（19）将光标放置在表格 4 的下方，插入一个 1 行 1 列的表格，此表格记为表格 10。在表格 10 中输入文本，效果如图 12-18 所示。

图 12-18　输入文本

（20）将光标放置在表格 1 的第 3 列单元格中，单击“插入”|“图像”命令，弹出“选择图像源文件”对话框，选择 r3c45.gif 文件，单击“确定”按钮插入图像。保存文档，按【F12】键预览网页，效果如图 12-19 所示。

图 12-19　预览效果图

12.1.2　为网页添加特效

网页中的特效有很多种，这里主要添加网页背景音乐和弹出窗口，具体操作步骤如下：

（1）打开前面制作的网页文档，单击“窗口”|“行为”命令，打开“行为”面板，单

击“添加行为”按钮，从弹出的下拉菜单中选择“建议不再使用”|“播放声音”选项，如图 12-20 所示。

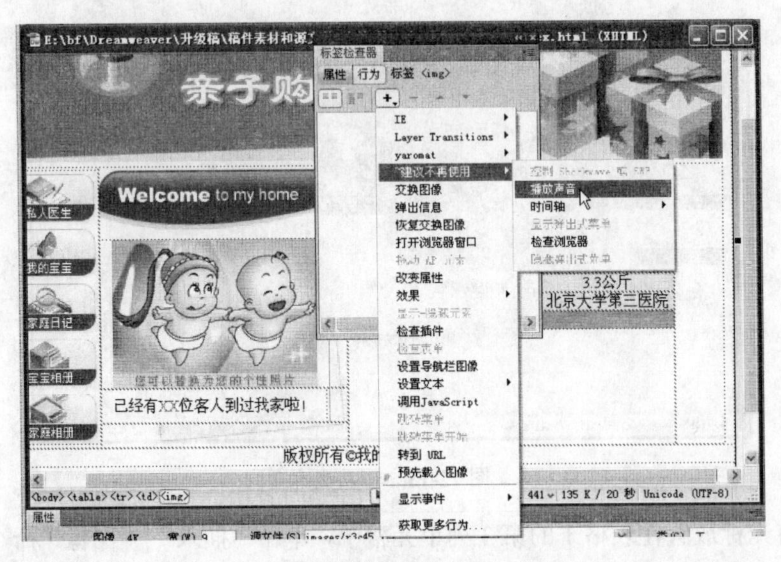

图 12-20 选择“播放声音”选项

（2）在弹出的“播放声音”对话框中单击“浏览”按钮，弹出“选择文件”对话框，从中选择声音文件 rgzhdcq.mp3，单击“确定”按钮，返回“播放声音”对话框，选择的声音文件即已添加到“播放声音”文本框中，如图 12-21 所示。

（3）单击“确定”按钮，将该动作添加到“行为”面板中。单击“行为”面板中的 + 按钮，从弹出的下拉菜单中选择“打开浏览器窗口”选项，如图 12-22 所示。

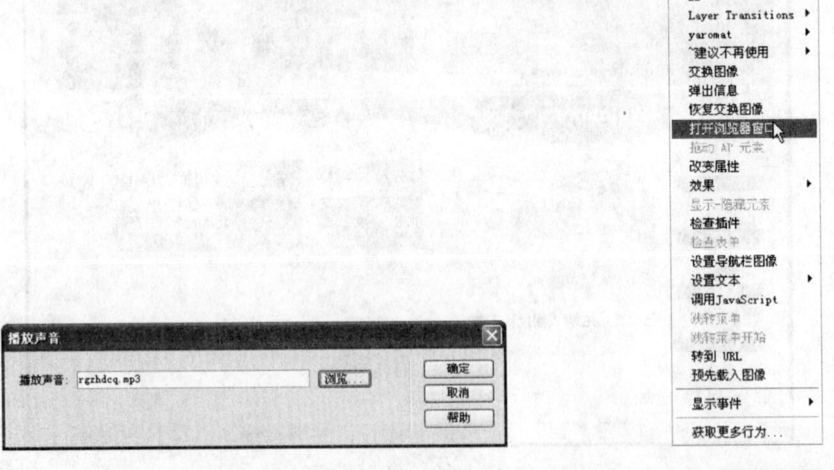

图 12-21 “播放声音”对话框　　图 12-22 选择“打开浏览器窗口”选项

（4）在打开的“打开浏览器窗口”对话框中单击“要显示的 URL”文本框右侧的“浏览”按钮，弹出“选择文件”对话框，在该对话框中选择 pop.html 文件，单击“确定”按钮，返回“打开浏览器窗口”。这时选择的文件已添加到了“要显示的 URL”文本框中，设置“窗口宽度”为 614、“窗口高度”为 300，如图 12-23 所示。

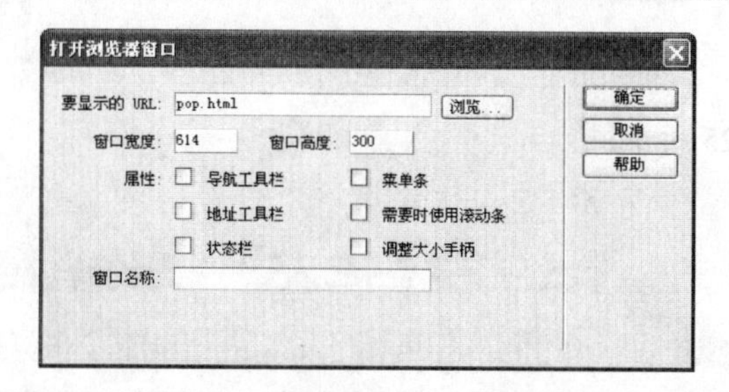

图 12-23 “打开浏览器窗口”对话框

（5）单击“确定”按钮，将该动作添加到“行为”面板中，按【F12】键在浏览器中预览效果，如图 12-24 所示。

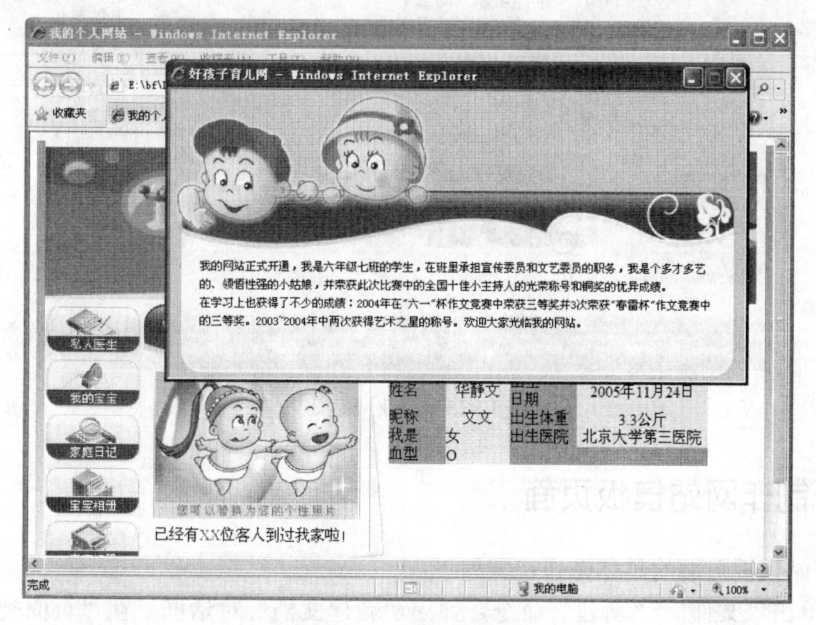

图 12-24 预览效果图

12.2 企业网站设计

案例说明

随着网络的普及与发展，越来越多的企业有了自己的网站，通过 Internet 宣传自己的产品和服务，并与用户及其他企业建立实时互动的信息交换，从而建立集生产、流通、交换、消费各环节于一体的电子商务流程，最终实现企业经营管理全面信息化。

知识要点

由于企业网站中有大量风格类似的网页，因此设计网页时应利用模板快速制作、更新网页。本案例网页顶部、底部和左右两侧的导航条是不变的，而中间为正文区，经常变动，因此将模板的中间部分设置为可编辑区。

案例效果

本案例效果如图 12-25 所示。

图 12-25 企业网站效果

12.2.1 制作网站模板页面

制作网站模板页面的具体操作步骤如下：

（1）单击“文件”|“新建”命令，弹出“新建文档”对话框，在“页面类型”列表中选择“库项目”选项（如图 12-26 所示），单击“创建”按钮，创建一个空白库文件。

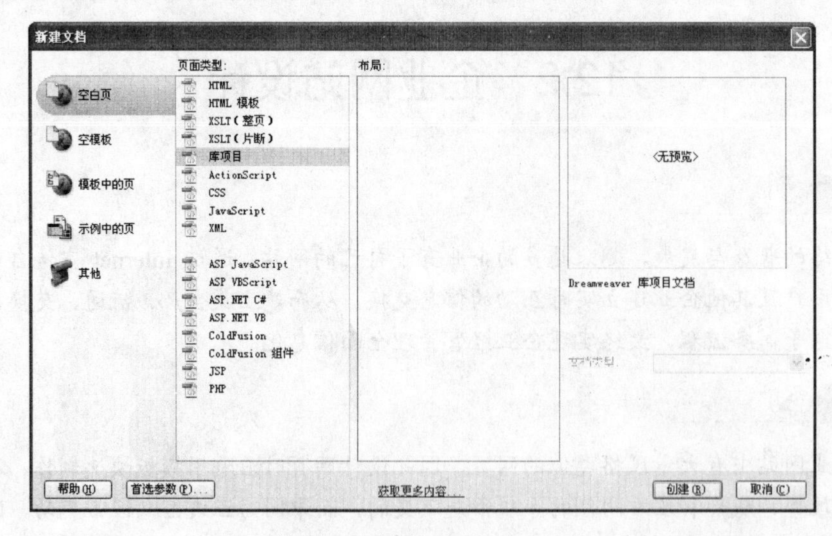

图 12-26 选择“库项目”选项

（2）将创建的库文件保存为 toubu.lbi，并在其中插入一个 2 行 1 列的表格。将光标放置在第 1 行单元格中，设置其高为 170；将光标定位在第 2 行单元格中，并插入一个 1 行 11 列的表格，如图 12-27 所示。

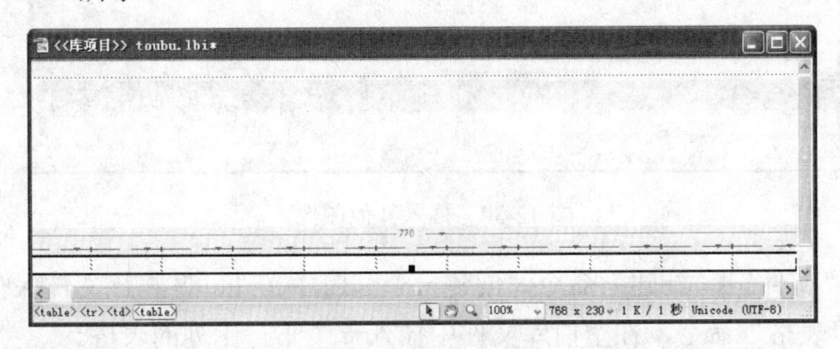

图 12-27　插入表格

（3）将光标定位在新插入表格的第 1 列单元格中，单击“插入”|“图像”命令，插入 a.gif 图像文件，如图 12-28 所示。将光标放置在第 2 列单元格中，单击“插入”|“图像”命令，插入 b.gif 图像文件，如图 12-29 所示。

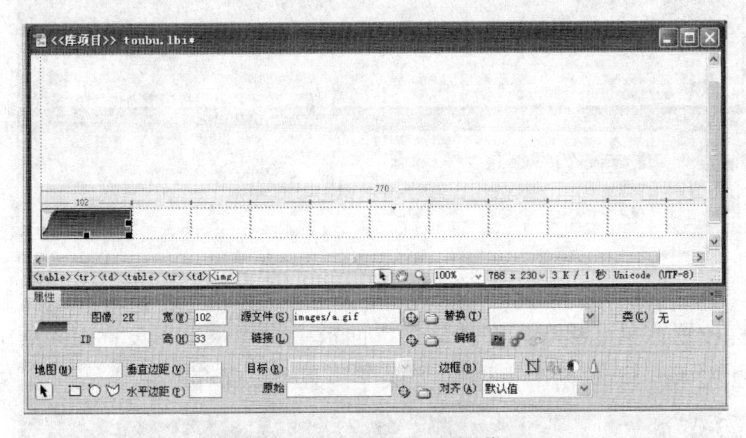

图 12-28　插入 a.gif 图像

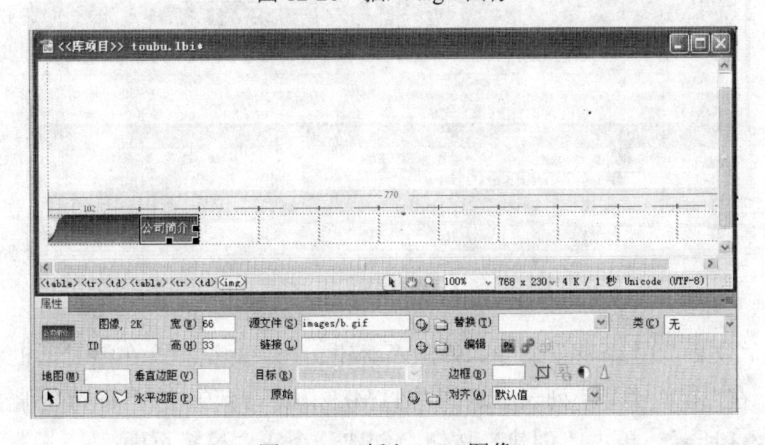

图 12-29　插入 b.gif 图像

（4）参照上述操作方法在其他单元格中分别插入图像，效果如图 12-30 所示。单击“文件”|“保存”命令，保存库文件。

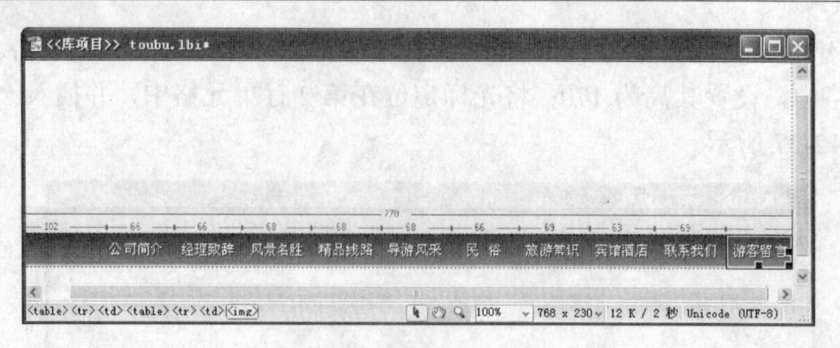

图 12-30　插入其他图像

（5）使用“文件”|“新建”命令，创建一个空白库文件，并将该文件保存为 dibu.lbi。单击“插入”|“表格”命令，在空白库文件中插入一个 1 行 1 列的表格。

（6）选中表格，在表格的“属性”面板中设置“背景颜色”为#00CC00，在“属性”面板中将“高”设置为 56，如图 12-31 所示。

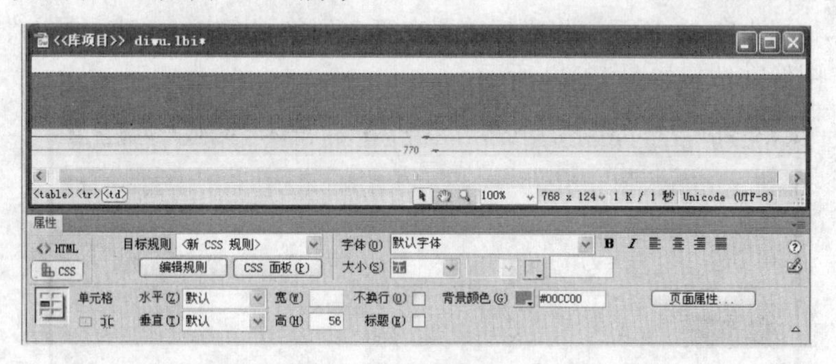

图 12-31　设置表格属性

（7）将光标放置在单元格中，在“属性”面板中将“水平”设置为“居中对齐”，并输入文字，如图 12-32 所示。单击“文件”|“保存”命令，保存库文件。

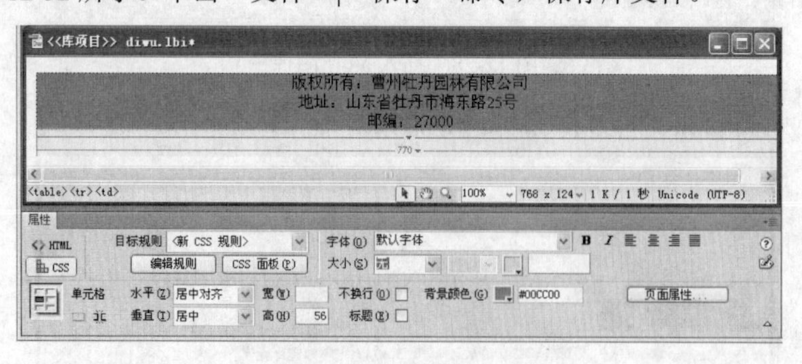

图 12-32　输入文字

（8）单击“文件”|“新建”命令，弹出“新建文档”对话框，在该对话框左侧单击“空模板”选项卡，在“模板类型”列表中选择“HTML 模板”选项，在“布局”列表中选择“无”选项，如图 12-33 所示。单击“创建”按钮，创建一个空白模板页面。

（9）将创建的页面保存为 moban.dwt，单击“窗口”|“资源”命令，打开“资源”面板，在“资源”面板中单击“库”按钮，显示创建的库，选中 toubu 库文件，单击面板左下角的“插入”按钮插入库，如图 12-34 所示。

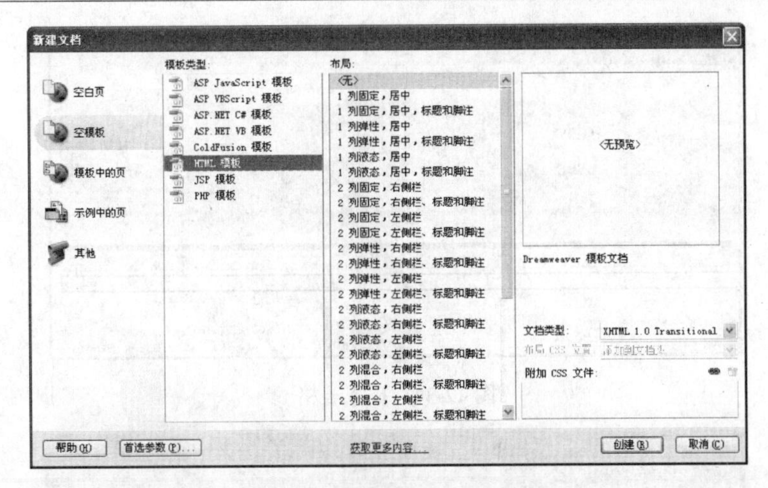

图 12-33 “新建文档”对话框

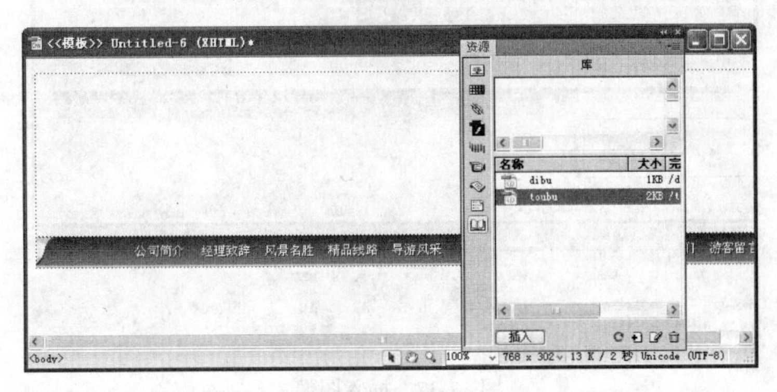

图 12-34　插入库

（10）选中刚刚插入的库文件，在“属性”面板中单击“从源文件中分离”按钮，使库文件变为可编辑状态，然后将光标定位到第一个单元格中，单击“插入”|“媒体”|SWF 命令，插入 banner.swf 文件，效果如图 12-35 所示。

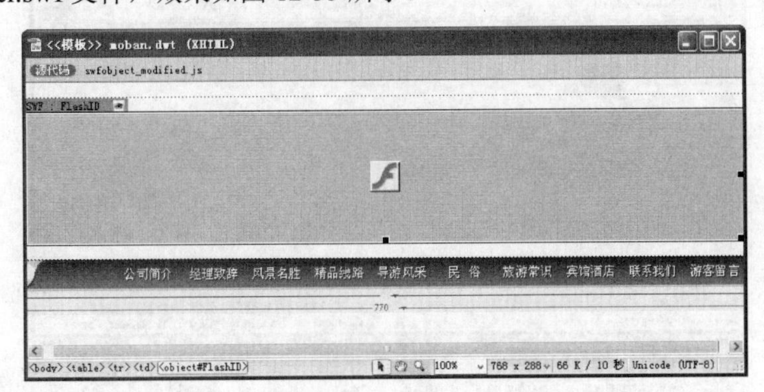

图 12-35　插入 SWF 动画

（11）将光标放置在库的下方，插入一个 1 行 3 列的表格，此表格记为表格 1，如图 12-36 所示。将光标放置在表格 1 的第 1 列单元格中，插入一个 5 行 1 列的表格，此表格记为表格 2。

（12）将光标放置在表格 2 的第 1 行单元格中，单击“插入”|“图像”命令，弹出“选择图像源文件”对话框，选择 syrightgg.gif 文件，单击“确定”按钮插入图像，如图 12-37 所示。

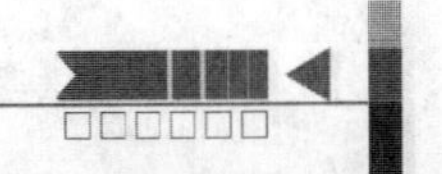

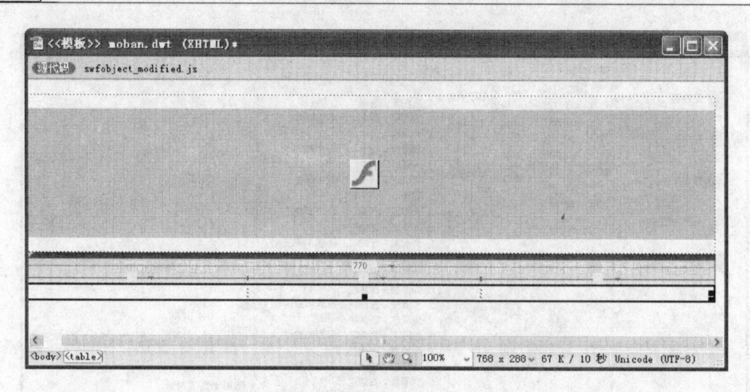

图 12-36　插入表格

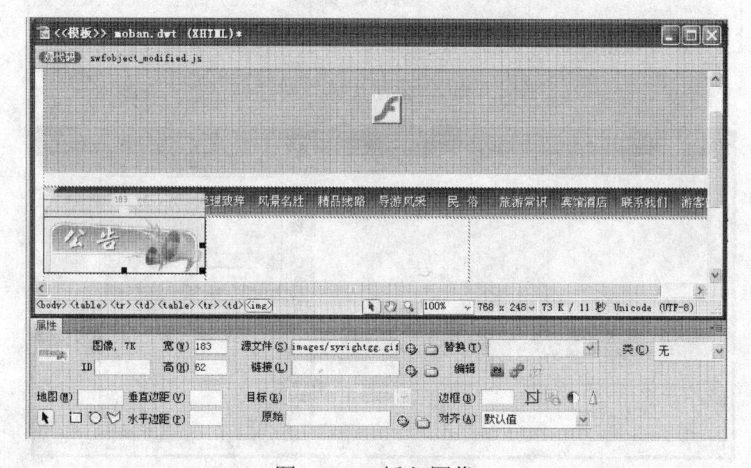

图 12-37　插入图像

（13）将光标放置在表格 2 的第 2 行单元格中，设置单元格的“高”为 144、“背景颜色”为淡黄色，如图 12-38 所示。

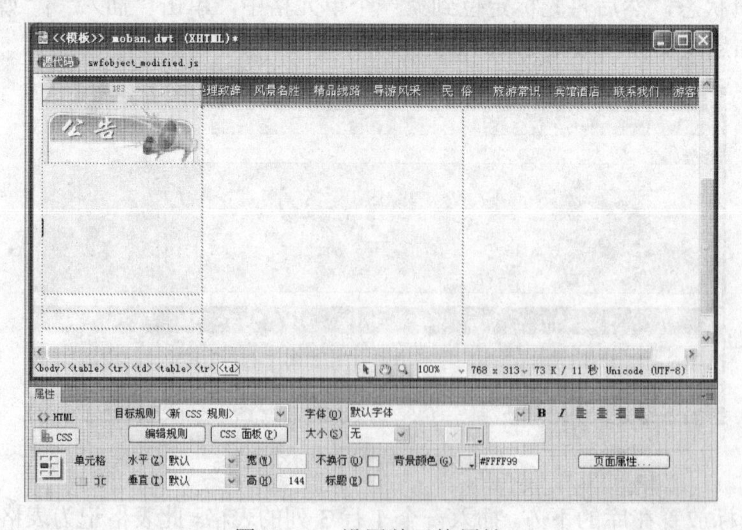

图 12-38　设置单元格属性

（14）将光标放置在背景图像上，插入一个 1 行 1 列的表格，此表格记为表格 3，在表格 3 中输入文字，并在“属性”面板中将“文本颜色”设置为#ff0000，效果如图 12-39 所示。

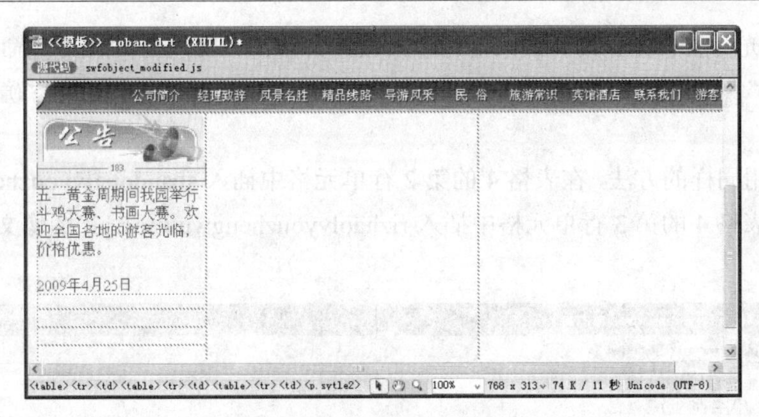

图 12-39　设置文本颜色

（15）将光标放在表格 2 的第 3 行单元格中，单击“插入”|“图像”命令，弹出“选择图像源文件”对话框，选择 syyqlj.gif 文件，单击“确定”按钮插入图像，如图 12-40 所示。

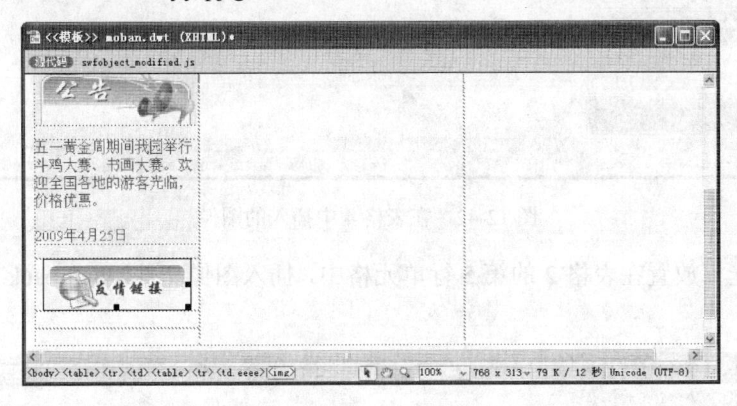

图 12-40　插入图像

（16）将光标放置在表格 2 的第 4 行单元格中，插入一个 3 行 1 列的表格，此表格记为表格 4，如图 12-41 所示。

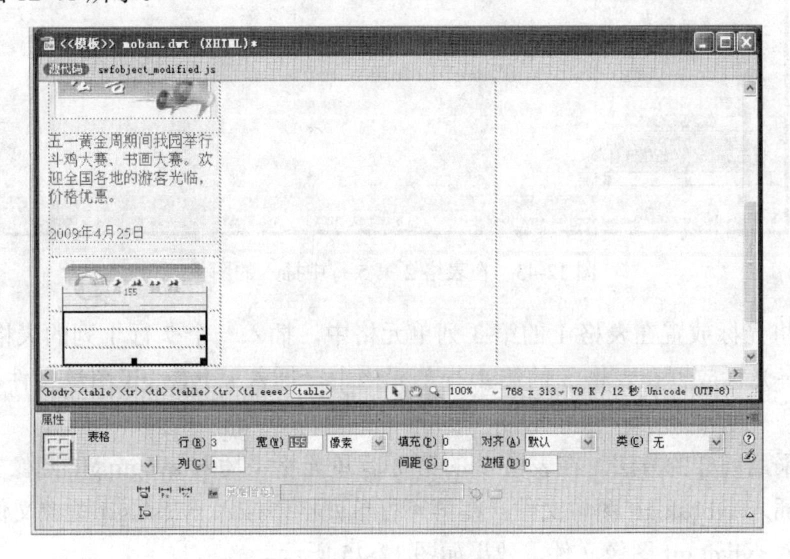

图 12-41　插入表格

（17）将光标放置在表格 4 的第 1 行单元格中，单击“插入”|“图像”命令，弹出“选择图像源文件”对话框，从中选择 shandonglvyouzixunwang.gif 文件，单击“确定”按钮插入图像。

（18）采用同样的方法，在表格 4 的第 2 行单元格中插入 shandonglvyouzhengwuwang.gif 图像文件；在表格 4 的第 3 行单元格中插入 rizhaolvyouzhengwuwang.gif 图像文件，效果如图 12-42 所示。

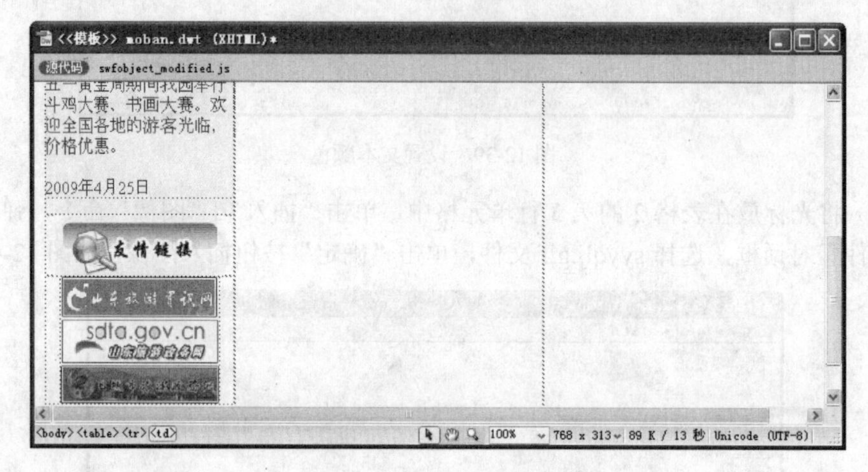

图 12-42　在表格 4 中插入的图像

（19）将光标放置在表格 2 的第 5 行单元格中，插入图像文件 syyqljback.gif，如图 12-43 所示。

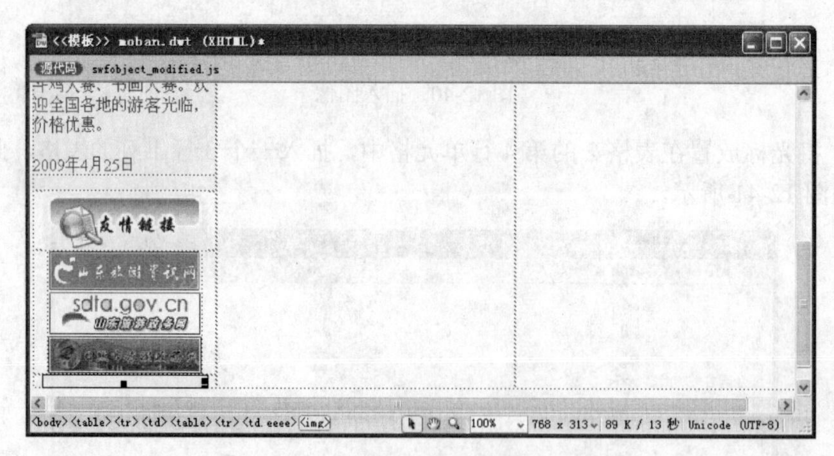

图 12-43　在表格 2 第 5 行中插入的图像

（20）将光标放置在表格 1 的第 3 列单元格中，插入一个 7 行 1 列的表格，此表格记为表格 5。将光标放置在表格 5 的第 1 行单元格中，插入 sylyfw.gif 图像文件，如图 12-44 所示。

（21）采用同样的方法，在表格 5 的第 2 行单元格中插入 syqgtq.gif 图像文件；在第 3 行单元格中插入 syhbsk.gif 图像文件；在第 4 行单元格中插入 sylcsk.gif 图像文件；在第 5 行单元格中插入 sylydt.gif 图像文件，效果如图 12-45 所示。

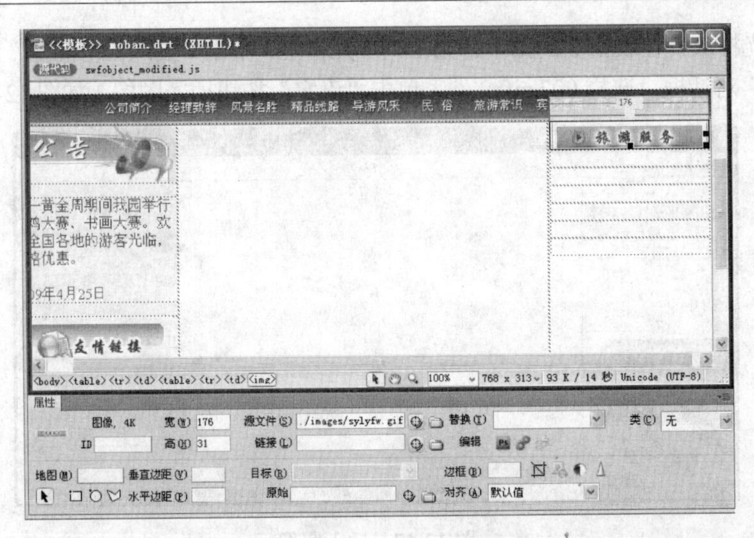

图 12-44　在表格 5 第 1 行中插入的图像

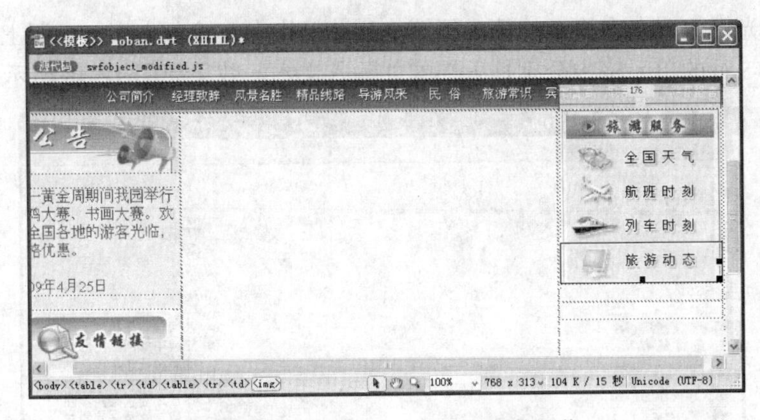

图 12-45　在表格 5 中插入的其他图像

（22）在表格 5 的第 6 行单元格中插入 sylycs.gif 图像文件，将光标放置在表格 5 的第 7 行单元格中，调整其高度，并设置“背景颜色”为#FFFFCC，如图 12-46 所示。

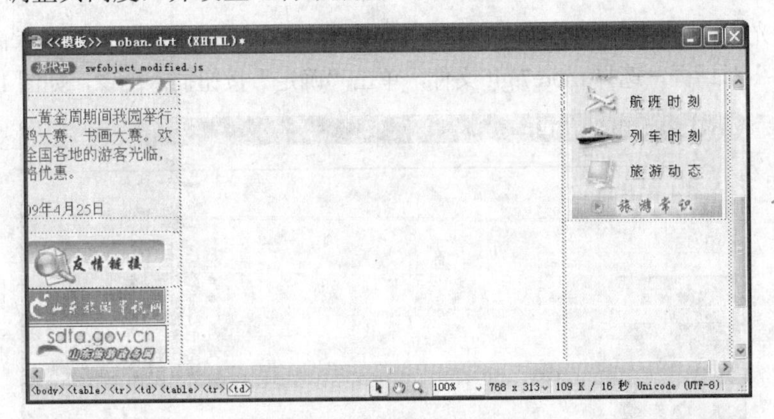

图 12-46　设置单元格属性

（23）将光标定位在表格 5 的第 7 行单元格中，插入一个 6 行 2 列的表格，此表格记为表格 6。

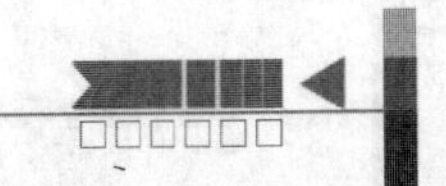

（24）将光标放置在表格 6 的第 1 行第 1 列单元格中，单击“插入”|“图像”命令，弹出“选择图像源文件”对话框，选择 007.gif 文件，单击“确定”按钮插入图像，如图 12-47 所示。

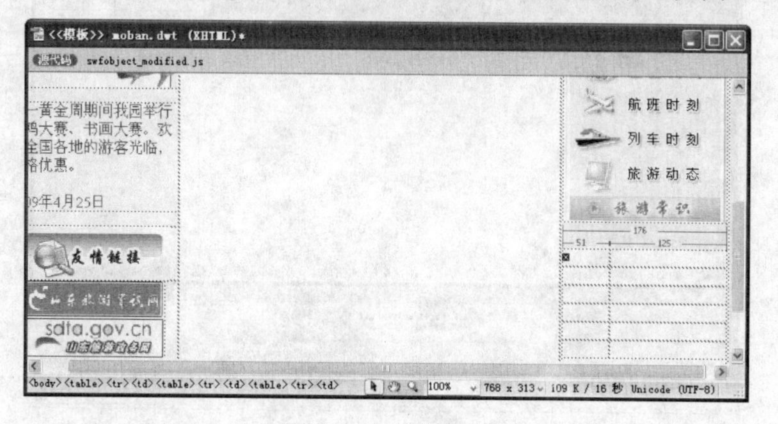

图 12-47　插入图像

（25）将光标放置在表格 6 的第 1 行第 2 列单元格中，输入文字。参照上述操作方法，在表格 6 第 2~5 行的单元格中分别插入图像并输入文本，效果如图 12-48 所示。

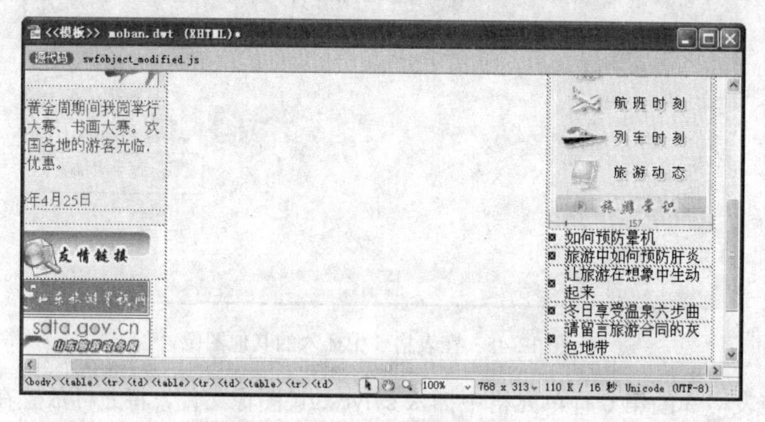

图 12-48　插入其他图像并输入文本

（26）将光标放置在表格 6 的第 6 行第 2 列单元格中，单击“插入”|“图像”命令，弹出“选择图像源文件”对话框，选择 more7.gif 文件，单击“确定”按钮插入图像，如图 12-49 所示。

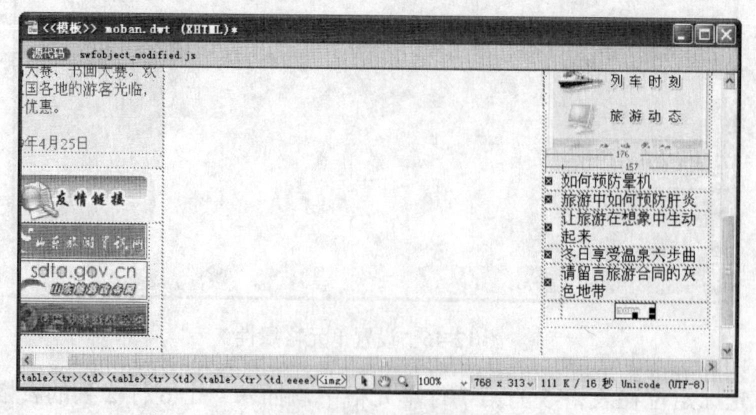

图 12-49　插入图像

（27）将光标定位在表格 1 的下方，在“资源”面板中选中 dibu 库文件，单击“插入”按钮插入库，效果如图 12-50 所示。

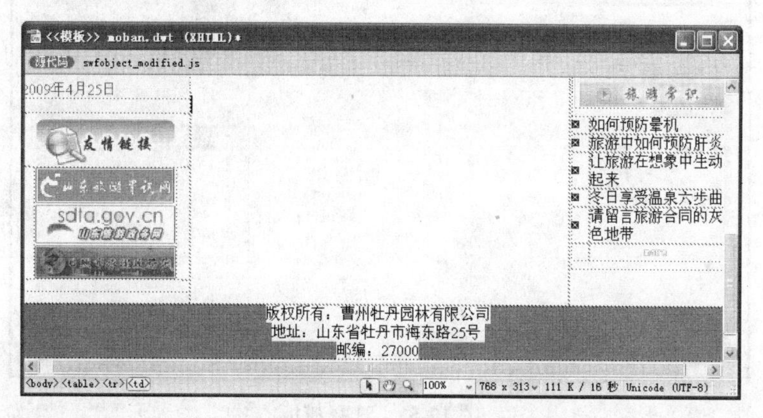

图 12-50　插入库

（28）将光标放置在表格 1 的第 2 列单元格中，单击“插入”|“模板对象”|“可编辑区域”命令，弹出“新建可编辑区域”对话框。在“名称”文本框中输入 zhenwen，单击“确定”按钮插入可编辑区域，如图 12-51 所示。

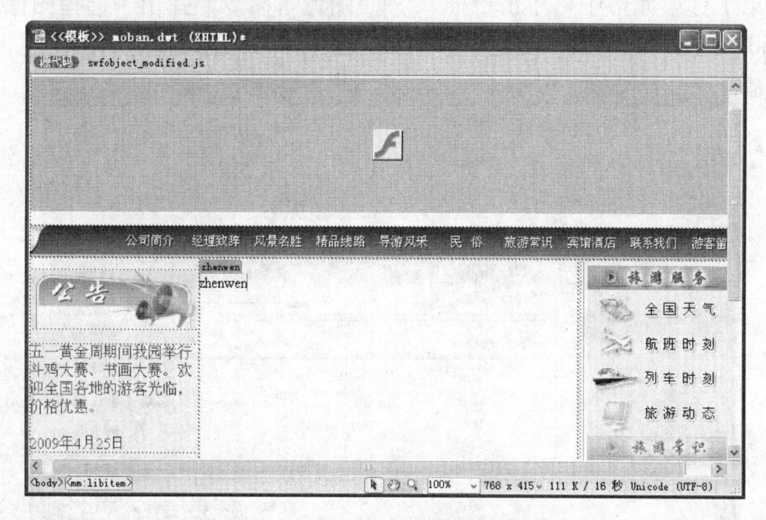

图 12-51　插入可编辑区域

（29）单击“文件”|“另存为模板”命令，弹出“另存为模板”对话框，在“另存为”文本框中输入 index，单击“保存”按钮，在弹出的提示信息框中单击“是”按钮，将文档保存为模板。

12.2.2　利用模板创建网页

有了模板，大家就可以应用模板快速、高效地设计出风格一致的网页了。下面就利用模板来创建网站主页，具体操作步骤如下：

（1）单击“文件”|“新建”命令，弹出“新建文档”对话框，在该对话框中单击“模板中的页”选项卡，在站点模板列表中选择 index 模板，如图 12-52 所示。

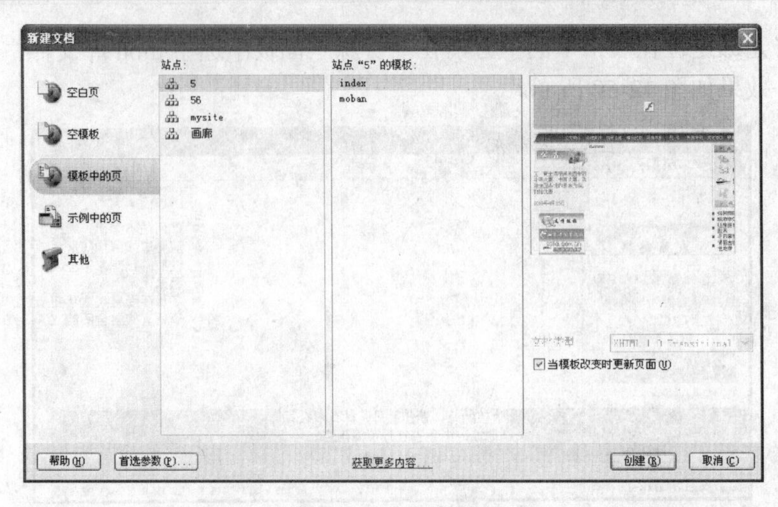

图 12-52 选择模板

（2）单击“创建”按钮，创建一个网页文档。单击“文件”|“另存为”命令，将文件保存到相应的目录下，并命名为index.htm。

（3）将光标定位在可编辑区，插入一个3行1列的表格，此表格记为表格1。将光标放置在表格1的第1行单元格中，单击“插入”|“图像”命令，弹出“选择图像源文件”对话框，选择symid.gif文件，单击“确定”按钮插入图像，如图12-53所示。

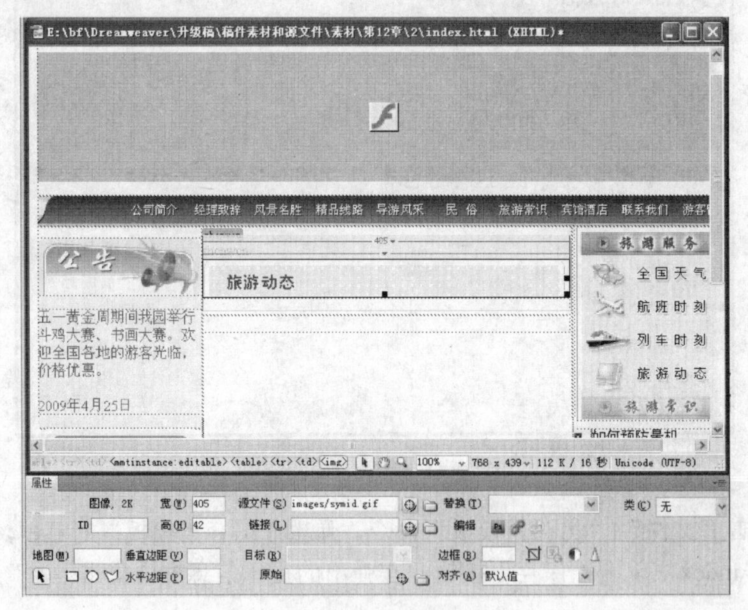

图 12-53 插入图像

（4）将光标放置在表格1的第2行单元格中，插入一个7行2列的表格，此表格记为表格2。

（5）将光标放置在表格2的第1行第1列单元格中，单击“插入”|“图像”命令，弹出“选择图像源文件”对话框，选择0.gif图像文件，单击“确定”按钮插入图像，如图12-54所示。

（6）将光标放置在表格2的第1行第2列单元格中，输入文字。参照上述操作方法，在表格2的第2~6行的单元格中分别插入图像并输入文本，效果如图12-55所示。

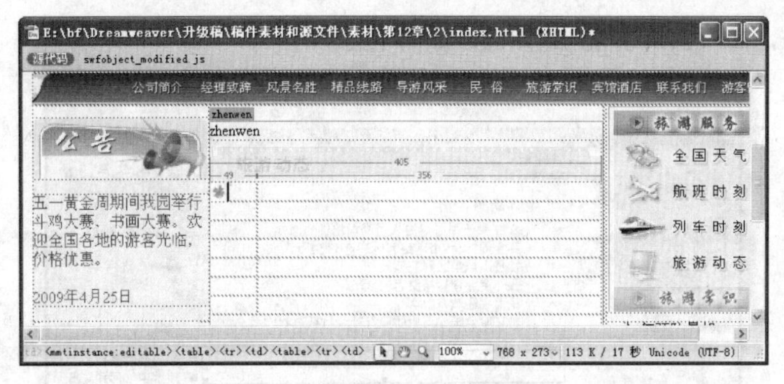

图 12-54　插入图像

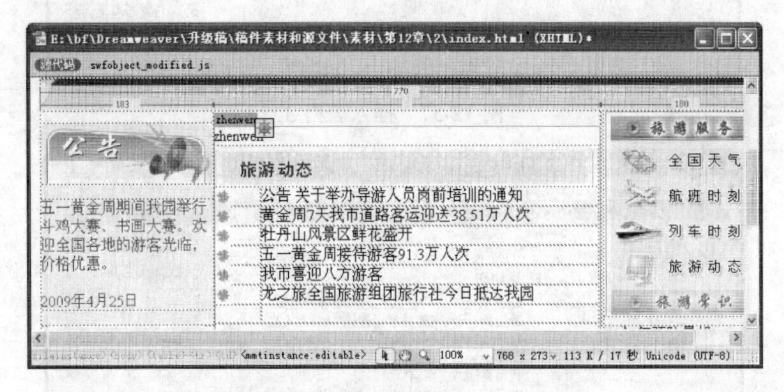

图 12-55　插入图像并输入文本的效果

（7）选中表格 2 第 7 行所对应的单元格，单击鼠标右键，在弹出的快捷菜单中选择“表格”|“合并单元格”选项，合并第 7 行的单元格。将光标放置在合并后的单元格中，单击“插入”|“图像”命令，弹出“选择图像源文件”对话框，选择 more01.gif 图像文件，单击“确定”按钮插入图像，如图 12-56 所示。

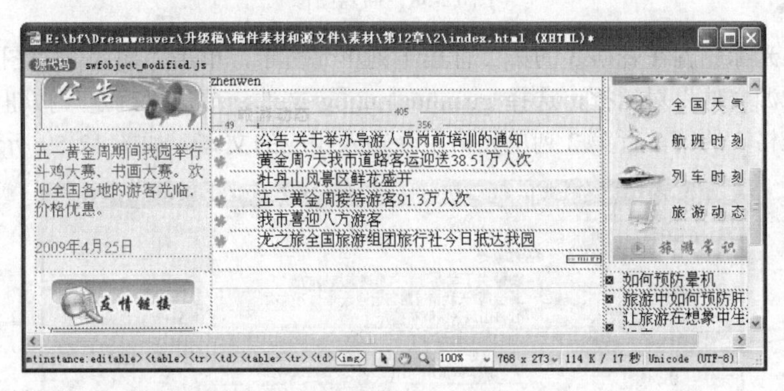

图 12-56　插入图像

（8）将光标放置在表格 1 的第 3 行单元格中，单击“插入”|“图像”命令，弹出“选择图像源文件”对话框，选择 symidbj12.gif 文件，单击“确定”按钮，插入图像。将光标放置在表格 1 的下方，插入一个 2 行 2 列的表格，此表格记为表格 3，如图 12-57 所示。

（9）选中表格 3 第 1 行的单元格，单击鼠标右键，在弹出的快捷菜单中选择“表格”|“合并单元格”选项，合并第 1 行单元格。将光标放置在合并后的单元格中，单击“插入”|

"图像"命令，插入 symidjqjd.gif 图像，如图 12-58 所示。

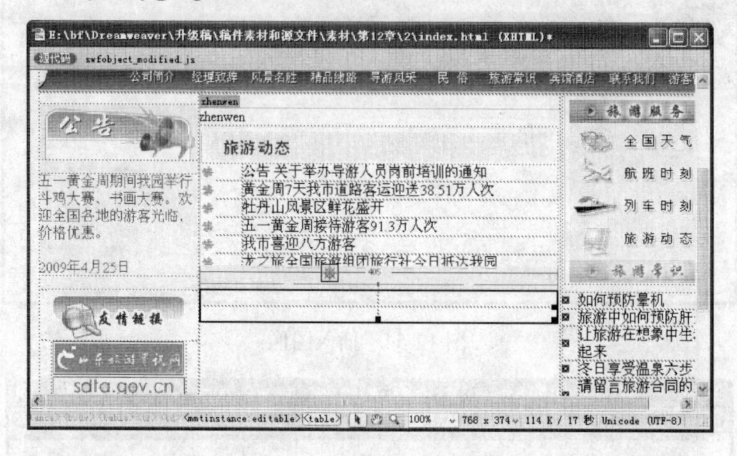

图 12-57　插入表格 3

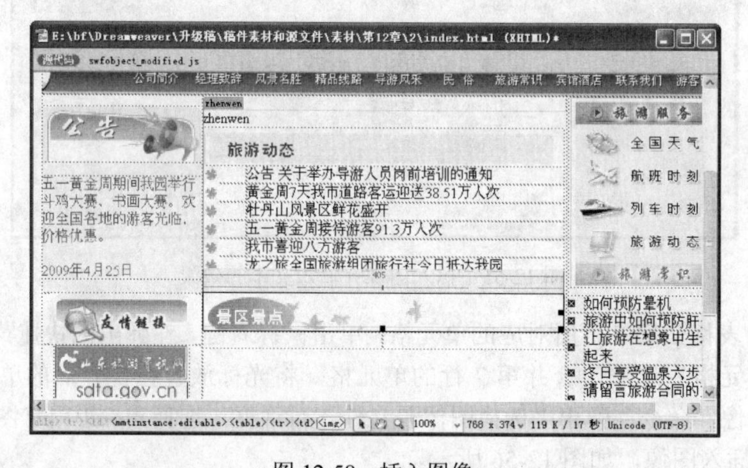

图 12-58　插入图像

（10）将光标放置在表格 3 的第 2 行第 1 列单元格中，单击"插入"|"图像"命令，弹出"选择图像源文件"对话框，选择 guanhualou.jpg 文件，单击"确定"按钮插入图像。将光标放置在表格 3 的第 2 行第 2 列单元格中，输入相应的文本，如图 12-59 所示。

图 12-59　插入图像并输入文本

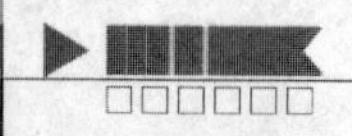

（11）设置完成后保存文档，按【F12】键预览网页，即可得到本实例的最终效果。

12.3　房地产网站设计

案例说明

房地产网站的目的是为了提升企业形象，希望有更多的人关注自己的公司和楼盘，以获得更大的发展，本案例网站主要包括“首页”、“关于嘉园”、“新闻中心”、“集团下属”、“精品楼盘”、“诚邀加盟”、“诚聘英才”和“联系我们”几个栏目。

知识要点

本案例通过使用“鼠标经过图像”命令，制作出精美的网站导航栏，然后使用<marquee>标签，制作动感十足的滚动公告栏，最后利用“打开浏览器窗口”动作，制作网站弹出窗口特效。

案例效果

本案例效果如图 12-60 所示。

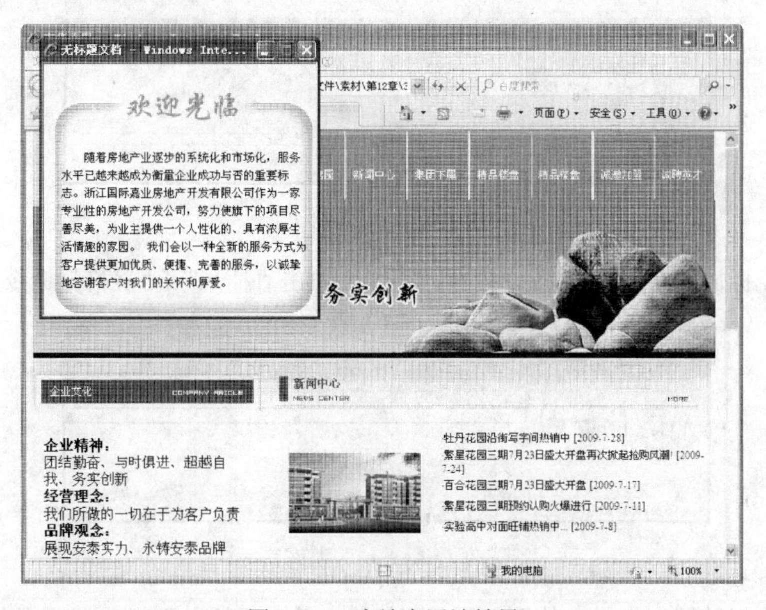

图 12-60　房地产网站效果

12.3.1　制作导航栏效果

鼠标经过图像是一种鼠标指针移过它时，会发生变化的图像。下面将利用此效果创建网站导航栏，具体操作步骤如下：

（1）启动 Dreamweaver，单击“文件”|“新建”命令，打开“新建文档”对话框。在该对话框左侧单击“空白页”选项卡，在“页面类型”列表中选择 HTML 选项，单击“创建”按钮，即可创建一个新的空白网页。

（2）将光标放置在“标题”文本框中，输入网页的标题名称“南华嘉园”，然后单击“文件”|“保存”命令，打开“另存为”对话框，在“文件名”文本框中输入名称 index.htm，单击“保存”按钮保存网页。

（3）单击“窗口”|“属性”命令，打开“属性”面板，在“属性”面板中单击“页面属性”按钮，弹出“页面属性”对话框。

（4）在“页面属性”对话框的“分类”列表中选择“外观”选项，将“左边距”、“右边距”、“上边距”、“下边距”的值均设置为 0，如图 12-61 所示。单击“确定”按钮关闭对话框，完成页面属性的修改。

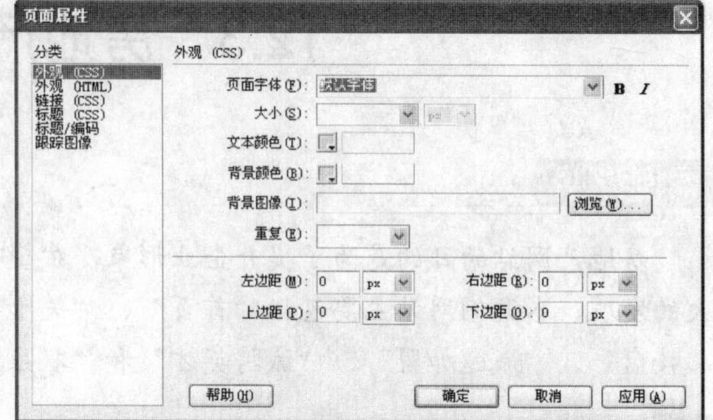

图 12-61 “页面属性”对话框

（5）将光标放置在页面中，单击“插入”|“表格”命令，打开“表格”对话框，在该对话框中将“行数”设置为 2、“列数”设置为 2、“表格宽度”设置为 778 像素，单击“确定”按钮插入表格（此表格记为表格 1）。

（6）在“属性”面板中将“对齐”设置为“居中对齐”，将光标放置在表格 1 的第 1 行第 1 列单元格中，单击“插入”|“图像”命令，打开“选择图像源文件”对话框，在该对话框中选择图像 top_01.gif，单击“确定”按钮插入图像，如图 12-62 所示。

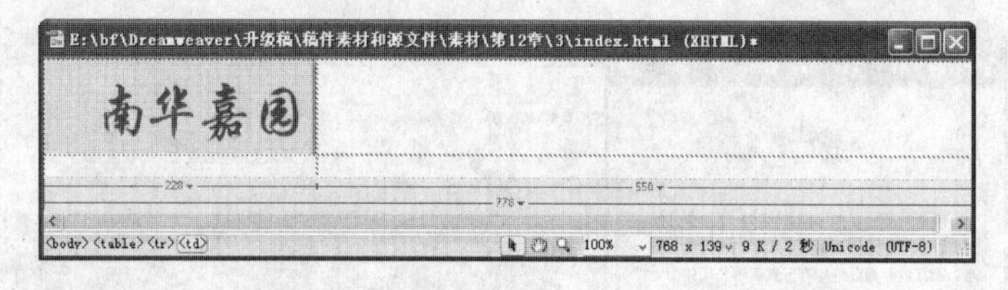

图 12-62 插入图像

（7）将光标放置在第 1 行第 2 列单元格中，单击“插入”|“表格”命令，插入一个 1 行 8 列的表格（此表格记为表格 2），如图 12-63 所示。

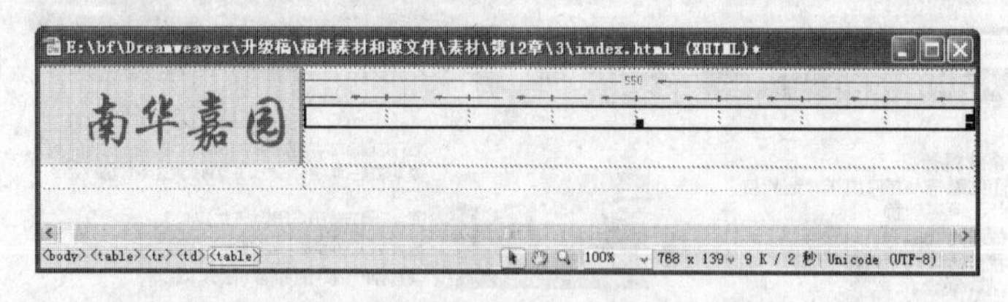

图 12-63 插入表格

（8）将光标放置在表格 2 的第 1 列单元格中，单击“插入”|“图像对象”|“鼠标经过图像”命令，打开“插入鼠标经过图像”对话框，如图 12-64 所示。

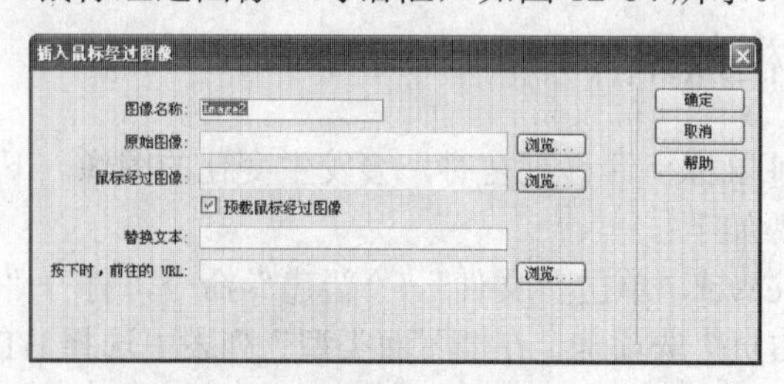

图 12-64 “插入鼠标经过图像”对话框

（9）单击“原始图像”文本框右侧的“浏览”按钮，在打开的对话框中选择图像 shy1.gif；单击“鼠标经过图像”右侧的“浏览”按钮，在打开的对话框中选择图像 shy.gif，并选中“预载鼠标经过图像”复选框，单击“确定”按钮，创建鼠标经过图像效果，如图 12-65 所示。

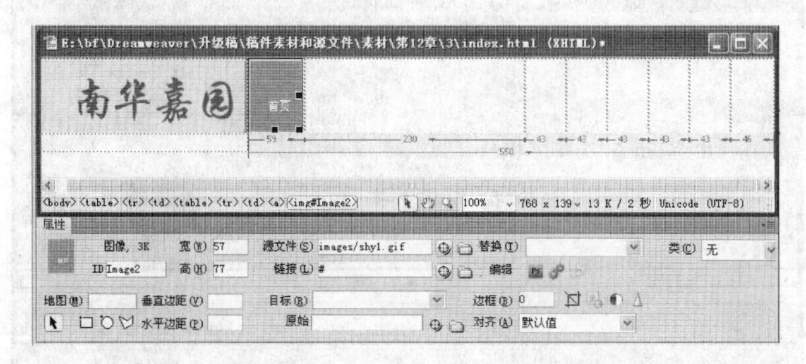

图 12-65　创建鼠标经过图像效果

（10）参照步骤（8）～（9）的操作方法，在其他的单元格中都分别创建鼠标经过图像效果，如图 12-66 所示。

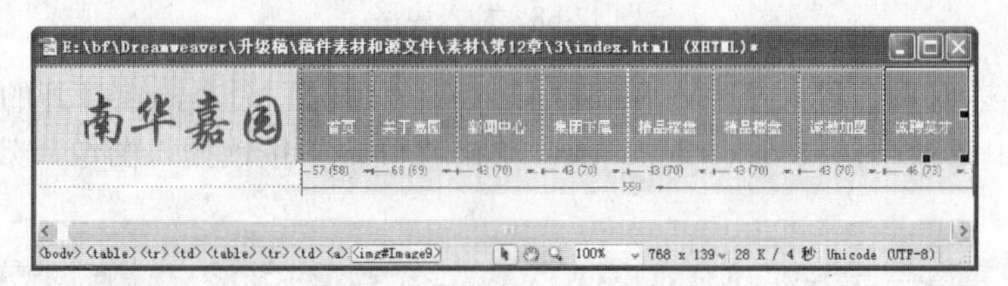

图 12-66　在其他单元格中创建鼠标经过图像效果

（11）选中表格 1 的第 2 行单元格，单击鼠标右键，在弹出的快捷菜单中选择“表格”|“合并单元格”选项，合并单元格，将光标放置在合并后的单元格中，单击“插入”|“图像”命令，在打开的“选择图像源文件”对话框中选择图像 top_10.gif，单击“确定”按钮，插入的图像如图 12-67 所示。

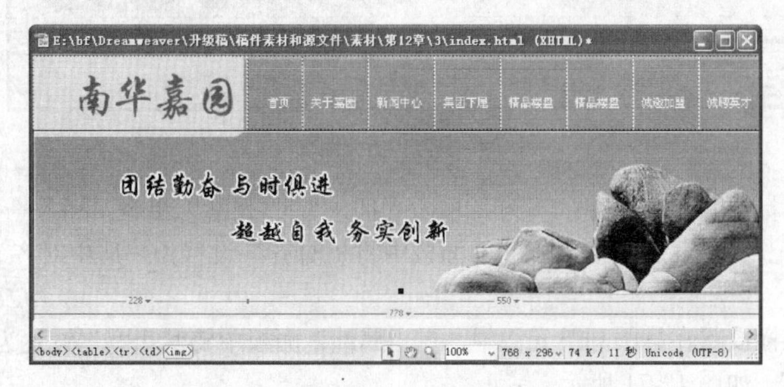

图 12-67　插入图像

12.3.2　制作滚动公告栏

滚动公告栏是一种网页特效，可以使用较少的空间显示较多的内容。制作滚动公告栏效

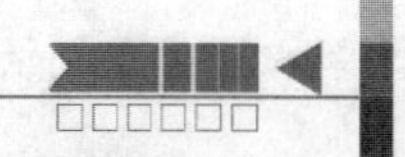

果的具体操作步骤如下：

（1）将光标放置在页面中，单击“插入”|“表格”命令，插入一个1行1列的表格（此表格记为表格1），在“属性”面板中将“对齐”设置为“居中对齐”，如图12-68所示。

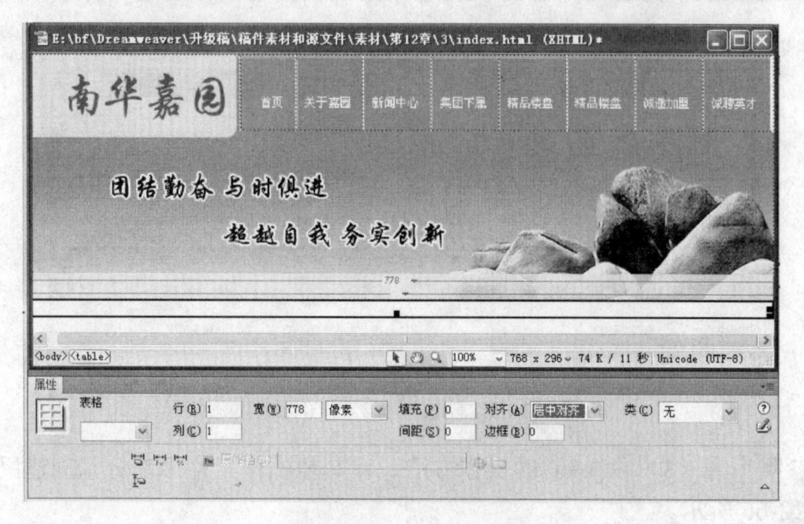

图 12-68　插入表格

（2）将光标放置在单元格中，单击“插入”|“图像”命令，在打开的“选择图像源文件”对话框中选择图像 index_r2_c1.jpg，单击“确定”按钮插入图像，效果如图 12-69 所示。

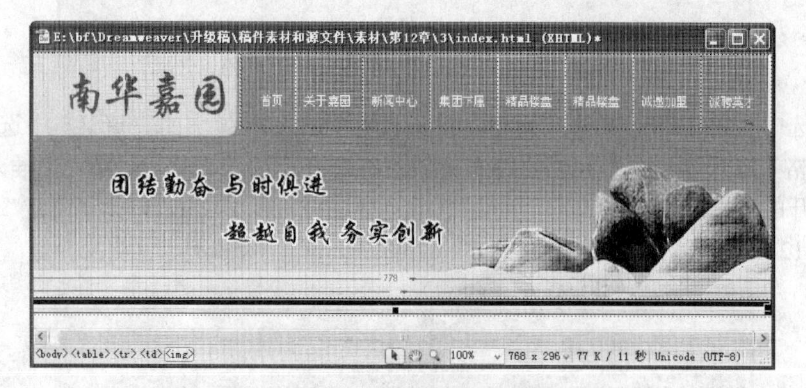

图 12-69　插入图像

（3）将光标放置在表格1的下方，单击“插入”|“表格”命令，插入一个1行2列的表格（此表格记为表格 2），在“属性”面板中将“对齐”设置为“居中对齐”，如图 12-70 所示。

（4）将光标放置在第1列单元格中，在“属性”面板中将其“宽”设置为268、“垂直”设置为“顶端”，如图12-71所示。

（5）将光标放置在背景图像上，单击“插入”|“表格”命令，插入一个 1 行 1 列的表格（此表格记为表格3），将光标放置在单元格中，单击“插入”|“图像”命令，在打开的“选择图像源文件”对话框中选择图像 index_r3_c1.jpg，单击“确定”按钮插入图像，如图12-72所示。

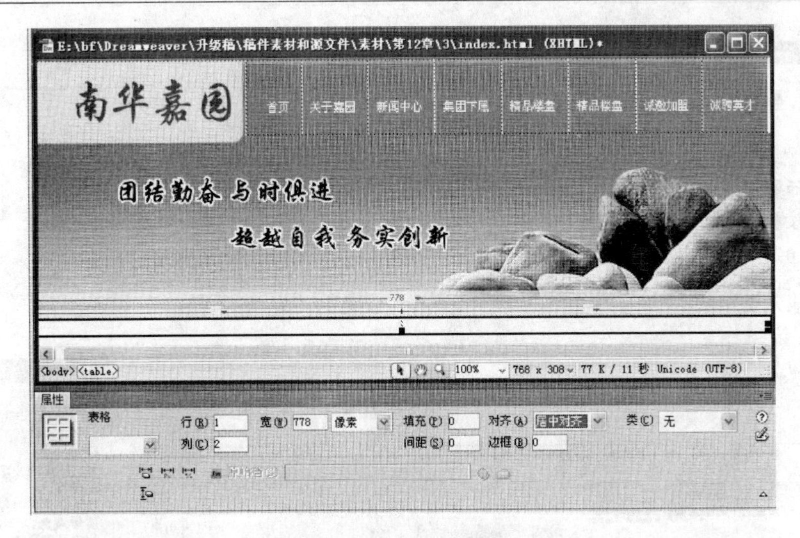

图 12-70　插入表格

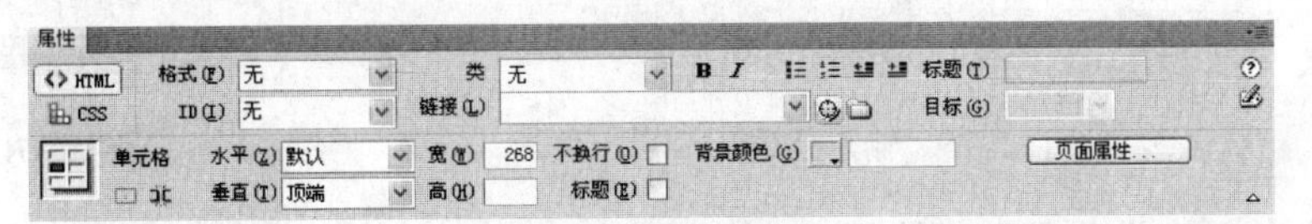

图 12-71　设置单元格属性

图 12-72　插入图像

（6）将光标放置在表格 3 的下边，单击“插入”|“表格”命令，插入一个 1 行 1 列的表格（此表格记为表格 4），在“属性”面板中将“对齐”设置为“居中对齐”。将光标放置在表格 4 的单元格中，在其中输入相应的文字，如图 12-73 所示。

（7）将光标放置在文字的前面，切换到“拆分”视图，在相应的位置输入代码：<marquee behavior="scroll" direction="up" scrolldelay="236" height="240">，如图 12-74 所示。

（8）将光标放置在文字的后面，在“拆分”视图中输入代码</marquee>，如图 12-75 所示。

（9）将光标放置在表格 4 的下方，单击“插入”|“表格”命令，插入一个 1 行 1 列的表格（此表格记为表格 5），将光标放置在表格 5 的单元格中，单击“插入”|“图像”命令，在打开的“选择图像源文件”对话框中选择图像 index_r7_c1.jpg，单击“确定”按钮插入图像，如图 12-76 所示。

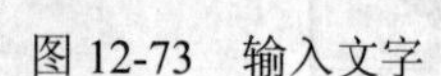

图 12-73 输入文字

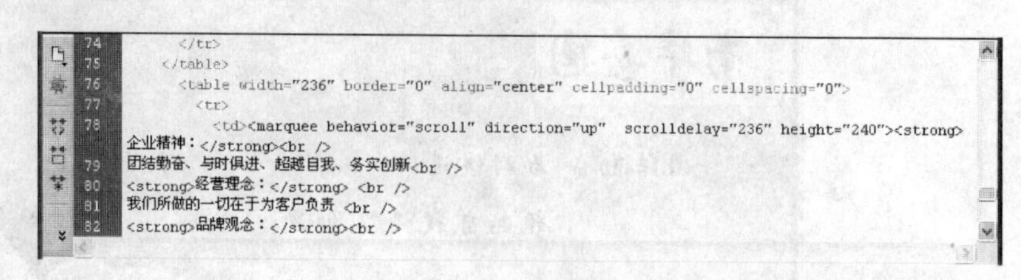

图 12-74 输入代码

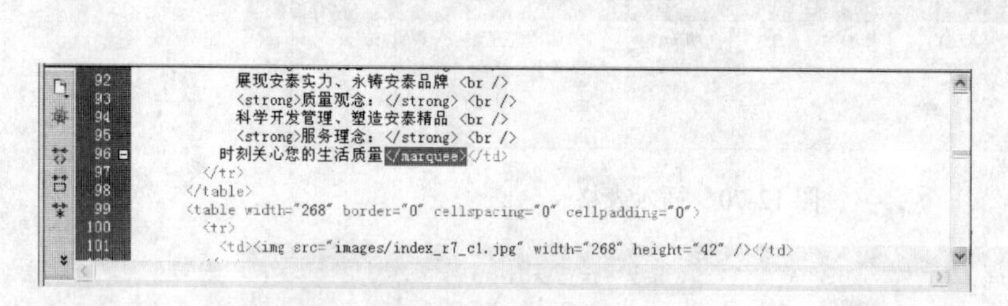

图 12-75 输入代码

图 12-76 插入图像

（10）将光标放置在表格 5 的下方，单击“插入”|“表格”命令，插入一个 3 行 2 列的表格（此表格记为表格 6），在“属性”面板中将“对齐”设置为“居中对齐”，如图 12-77 所示。

（11）将光标放置在相应的单元格中，并输入相应的文字，如图 12-78 所示。

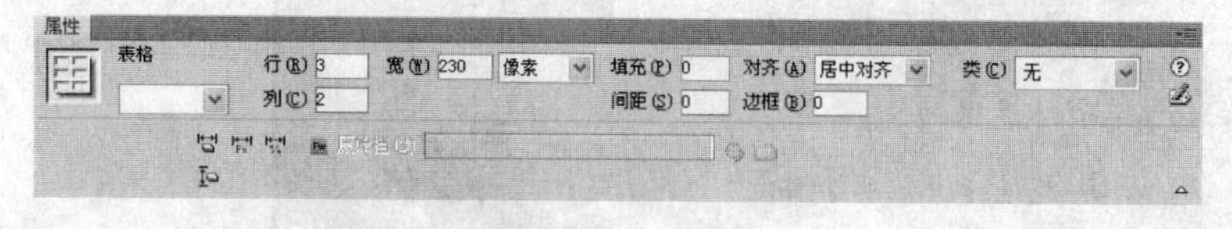

图 12-77 插入表格

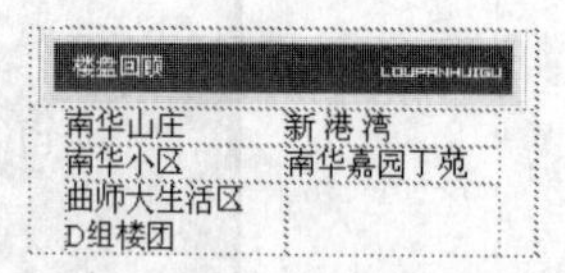

图 12-78 输入文字

12.3.3 制作网站动态新闻

网站动态新闻一般发布公司的最新新闻信息，它放置在网站正文的右上侧，占有举足轻重的位置。制作网站动态新闻的具体操作步骤如下：

（1）将光标放置在“滚动公告栏”右侧的单元格中，在“属性”面板中将“背景颜色”设置为#FFFFFF、“垂直”设置为“顶端”，如图 12-79 所示。

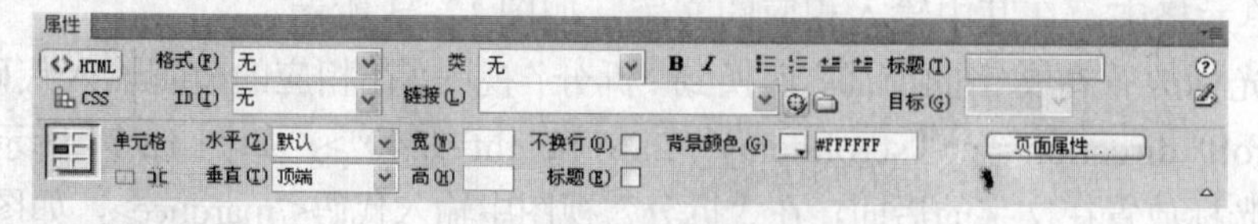

图 12-79 设置单元格属性

（2）单击“插入”|“表格”命令，插入一个 2 行 1 列的表格（此表格记为表格 1），将光标放置在第 1 行单元格中，单击“插入”|“图像”命令，在打开的“选择图像源文件”对话框中选择图像 index_r3_c2.jpg，单击“确定”按钮插入图像，如图 12-80 所示。

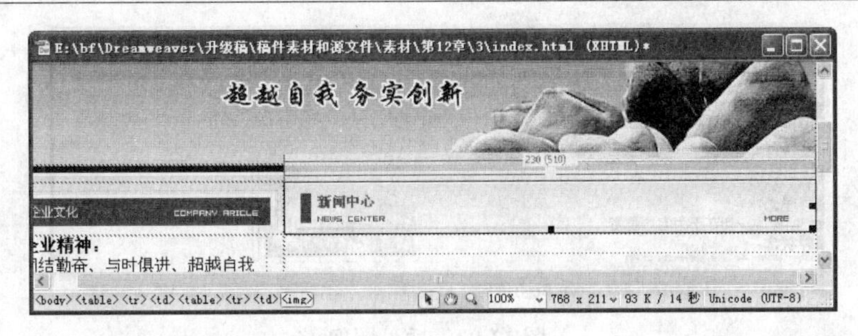

图 12-80　插入图像

（3）将光标放置在第 2 行单元格中，在“属性”面板中将“高”设置为 10。将光标放置在表格 1 的下方，单击“插入”|“表格”命令，插入一个 1 行 2 列的表格（此表格记为表格 2），在“属性”面板中将“对齐”设置为“居中对齐”，如图 12-81 所示。

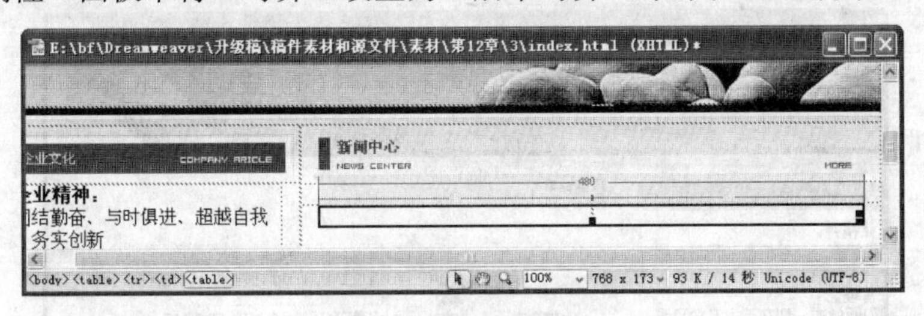

图 12-81　插入表格 2

（4）将光标放置在表格 2 的第 1 列单元格中，单击“插入”|“表格”命令，插入一个 1 行 2 列的表格（此表格记为表格 3），在“属性”面板中将“对齐”设置为“居中对齐”。将光标放置在表格 3 的第 1 列单元格中，单击“插入”|“表格”命令，插入一个 1 行 1 列的表格（此表格记为表格 4）。

（5）选中表格 4，在“属性”面板中将“对齐”设置为“居中对齐”、“间距”设置为 1、“宽”设置为 160 像素，将光标放置在表格 4 的单元格内，在“属性”面板中将“背景颜色”设置为#FFFFFF。

（6）将光标放置在表格 4 的单元格内，单击“插入”|“图像”命令，在打开的“选择图像源文件”对话框中选择图像 xinwenzhongxin.gif，单击“确定”按钮插入图像，然后在“属性”面板中设置其对齐方式为“居中对齐”，如图 12-82 所示。

图 12-82　插入图像

（7）将光标放置在表格 3 的第 2 列单元格中，单击“插入”|“图像”命令，在打开的“选择图像源文件”对话框中选择图像 index-3_r5_c12-jpg，单击“确定”按钮插入图像，如图 12-83 所示。

图 12-83　插入图像

（8）将光标放置在表格 2 的第 2 列单元格中，单击“插入”|“表格”命令，插入一个 6 行 1 列的表格（此表格记为表格 5）。选中表格 5 的所有单元格，在“属性”面板中将“高”设置为 23，分别在表格 5 的各个单元格中输入相应的文字，如图 12-84 所示。

图 12-84　输入文字

12.3.4　布局楼盘展示部分

圆角表格可以使网页看起来具有立体感，也更美观。下面利用圆角表格布局楼盘展示部分，其具体操作步骤如下：

（1）将光标放置在动态新闻的下方，单击“插入”|“表格”命令，插入一个 3 行 1 列的表格（此表格记为表格 1），设置其“宽”为 480 像素，将“填充”、“间距”和“边框”均设置为 0，在“属性”面板中将“对齐”设置为“居中对齐”，效果如图 12-85 所示。

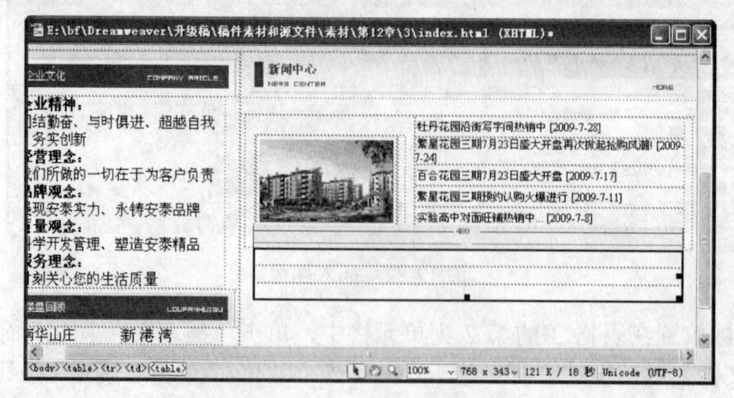

图 12-85　插入表格 1 并设置其属性

（2）在“属性”面板中分别将表格 1 的第 1 行和第 3 行单元格的“高”设置为 10，将光标放置在表格 1 的第 2 行单元格中，单击“插入”|“图像”命令，在打开的“选择图像源文件”对话框中选择图像 hot.jpg，单击“确定”按钮，插入的图像如图 12-86 所示。

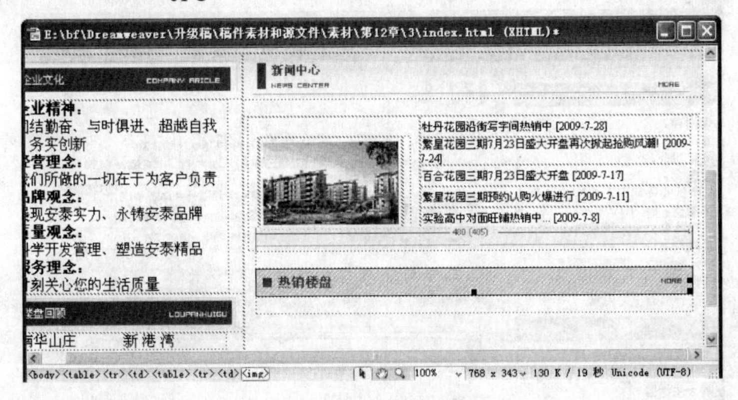

图 12-86　插入图像

（3）将光标放置在表格 1 的下方，单击“插入”|“表格”命令，插入一个 3 行 3 列的表格（此表格记为表格 2），在“属性”面板中将“对齐”设置为“居中对齐”，如图 12-87 所示。

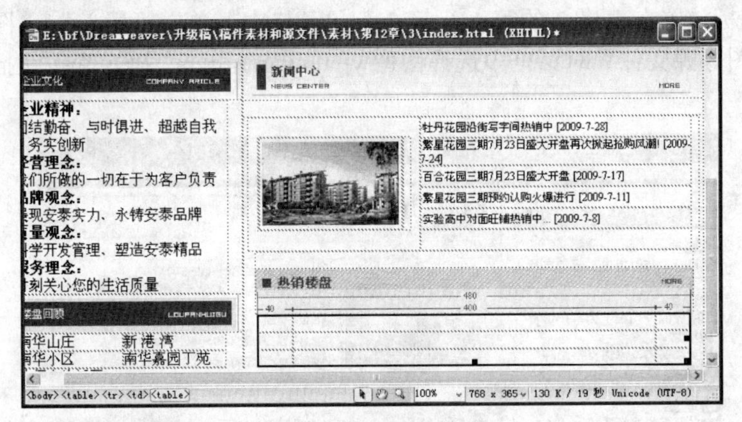

图 12-87　插入表格 2

（4）将光标放置在表格 2 的第 1 行第 1 列单元格中，单击“插入”|“图像”命令，在打开的“选择图像源文件”对话框中选择图像 yj_01.jpg，单击“确定”按钮插入图像，如图 12-88 所示。

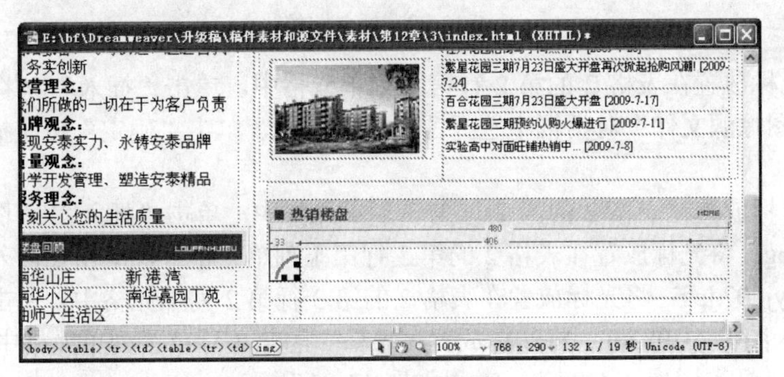

图 12-88　插入图像

（5）将光标放置在表格 2 的第 1 行第 2 列单元格中，单击“插入”|“图像”命令，在打开的“选择图像源文件”对话框中选择图像 yj_02.jpg，单击“确定”按钮插入图像，如图 12-89 所示。

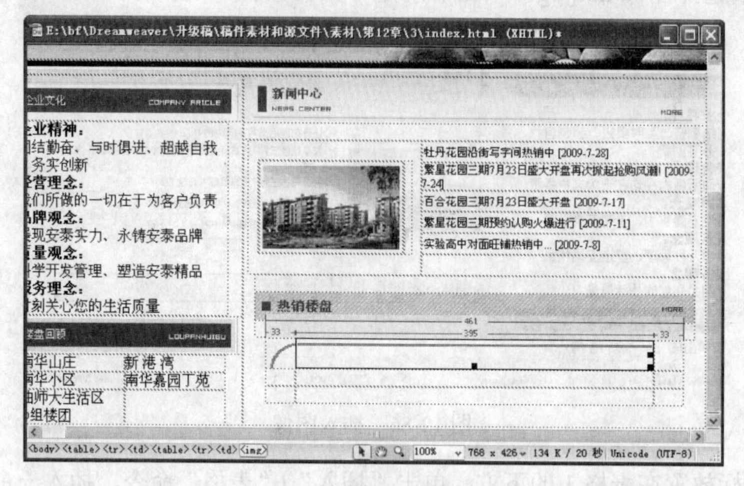

图 12-89　插入图像

（6）将光标放置在表格 2 的第 1 行第 3 列单元格中，单击“插入”|“图像”命令，在打开的“选择图像源文件”对话框中选择图像 yj_03.jpg，单击“确定”按钮插入图像，如图 12-90 所示。

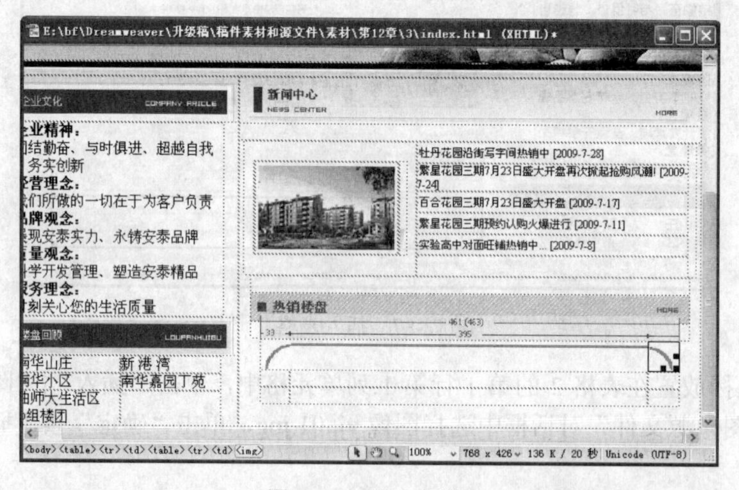

图 12-90　插入图像

（7）将光标放置在表格 2 的第 2 行第 1 列单元格中，单击“插入”|“图像”命令，在打开的“选择图像源文件”对话框中选择图像 yj_04.jpg，单击“确定”按钮插入图像，如图 12-91 所示。

（8）将光标放置在表格 2 的第 2 行第 3 列单元格中，单击“插入”|“图像”命令，插入图像 yj_06.jpg；将光标放置在表格 2 的第 3 行第 1 列单元格中，单击“插入”|“图像”命令，插入图像 yj_07.jpg；将光标放置在表格 2 的第 3 行第 2 列单元格中，单击“插入”|“图像”命令，插入图像 yj_08.jpg；将光标放置在表格 2 的第 3 行第 3 列单元格中，单击“插入”|“图像”命令，插入图像 yj_09.jpg，效果如图 12-92 所示。

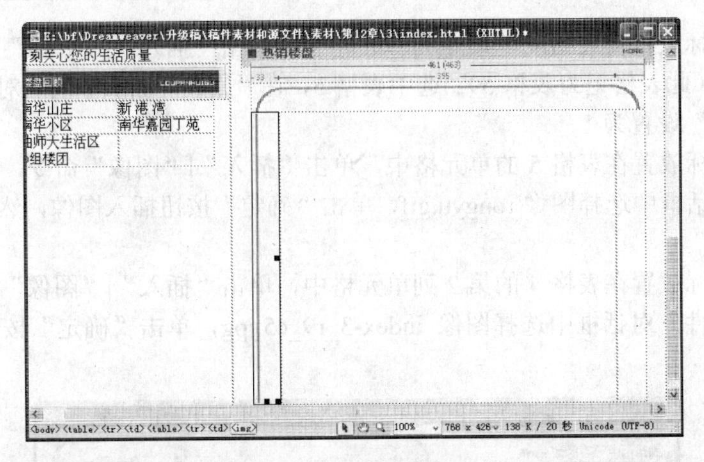

图 12-91　插入图像

图 12-92　插入图像

（9）将光标放置在表格 2 的第 2 行第 2 列单元格中，单击“插入”|“表格”命令，插入一个 2 行 2 列的表格（此表格记为表格 3）。将光标放置在表格 3 的第 1 行第 1 列单元格中，在“属性”面板中将“高”设置为 100，单击“插入”|“表格”命令，插入一个 1 行 2 列的表格（此表格记为表格 4），如图 12-93 所示。

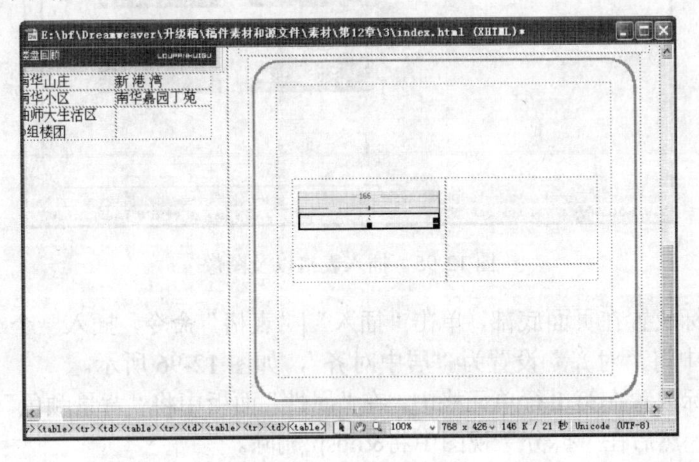

图 12-93　插入表格 4

（10）将光标放置在表格 4 的第 1 列单元格中，单击“插入”|“表格”命令，插入一个 1 行 1 列的表格（此表格记为表格 5）。选中表格 5，在“属性”面板中将“对齐”设置为“居中对齐”、“间距”设置为 1。

（11）将光标放置在表格 5 的单元格中，单击“插入”|“图像”命令，在打开的“选择图像源文件”对话框中选择图像 rongyu.gif，单击“确定”按钮插入图像，然后将“对齐”设置为“居中对齐”。

（12）将光标放置在表格 4 的第 2 列单元格中，单击“插入”|“图像”命令，在打开的“选择图像源文件”对话框中选择图像 index-3_r9_c5.jpg，单击“确定”按钮插入图像，如图 12-94 所示。

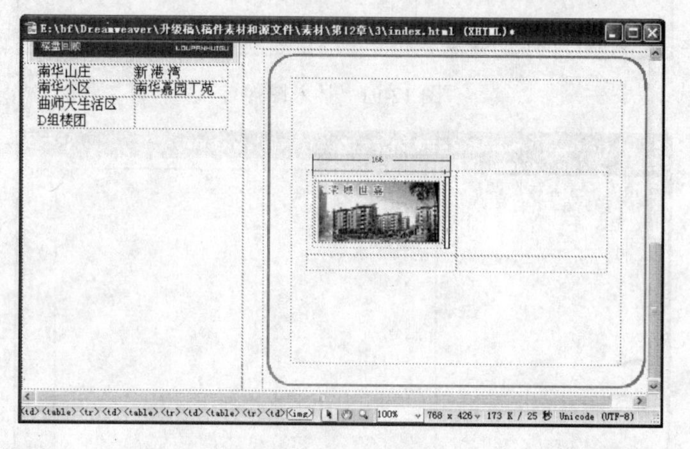

图 12-94　插入图像

（13）按照步骤（9）～（12）的操作方法，分别在表格 4 的其他单元格中插入表格并插入图像，效果如图 12-95 所示。

图 12-95　插入表格以及图像

（14）将光标放置在页面底部，单击“插入”|“表格”命令，插入一个 2 行 1 列的表格，在“属性”面板中将“对齐”设置为“居中对齐”，如图 12-96 所示。

（15）将光标放置在第 1 行单元格中，在“属性”面板中将“背景颜色”设置为#000000、“高”设置为 6，然后在“拆分”视图中将 删除。

（16）将光标放置在第 2 行单元格中，在“属性”面板中将“高”设置为 75、“背景颜色”设置为#FF0000，如图 12-97 所示。

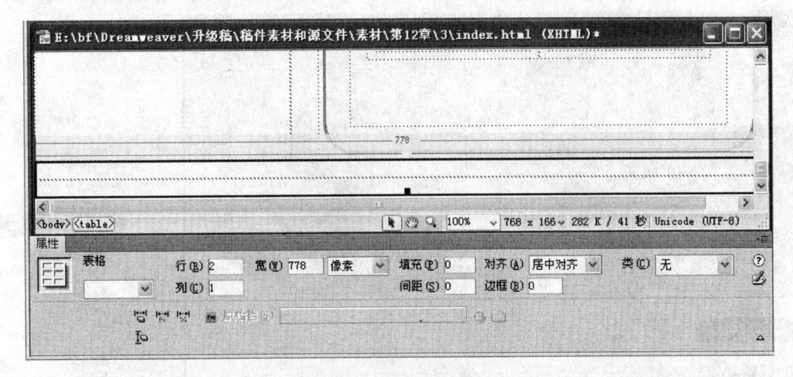

图 12-96　插入表格

图 12-97　设置单元格属性

（17）将光标放置在第 2 行单元格中，输入相应的文字，在“属性”面板中将“对齐”设置为“居中对齐”，如图 12-98 所示。

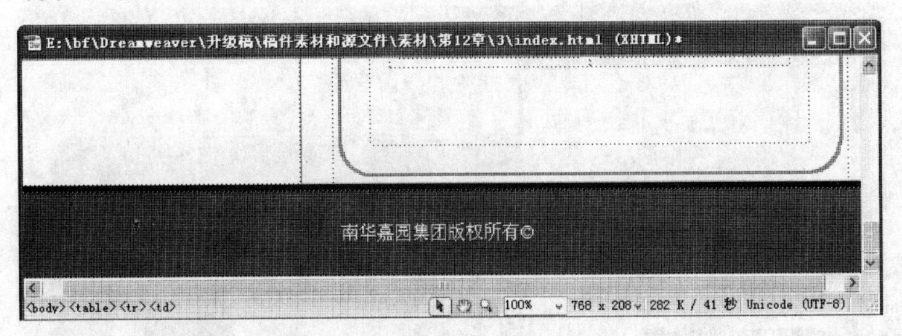

图 12-98　输入文字

12.3.5　制作弹出窗口特效

使用“打开浏览器窗口”动作，可以指定在一个新的窗口中打开 URL，用户可以指定新窗口的大小，以及是否具有菜单栏等。制作弹出窗口特效的具体操作步骤如下：

（1）打开需要制作弹出窗口特效的网页文档，如图 12-99 所示。

（2）单击文档左下角的<body>标签，单击“窗口”|“行为”命令，打开“行为”面板，在“行为”面板中单击 + 按钮，在弹出的下拉菜单中选择“打开浏览器窗口”选项，如图

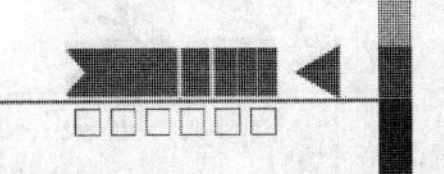

12-100 所示。

图 12-99　打开网页文档

图 12-100　选择相应选项

（3）在打开的“打开浏览器窗口”对话框中单击“要显示的 URL”文本框右侧的“浏览”按钮，打开“选择文件”对话框，在该对话框中选择文件 tanchu.html，单击“确定”按钮，返回“打开浏览器窗口”对话框,将“窗口宽度”设置为 310、“窗口高度”设置为 280，如图 12-101 所示。

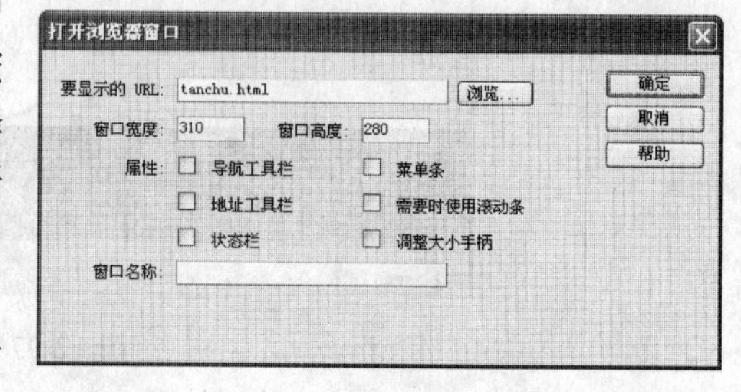

图 12-101　“打开浏览器窗口”对话框

（4）单击“确定”按钮，将行为添加到“行为”面板中。保存文档，按【F12】键在浏览器中预览网页，效果如图 12-102 所示。

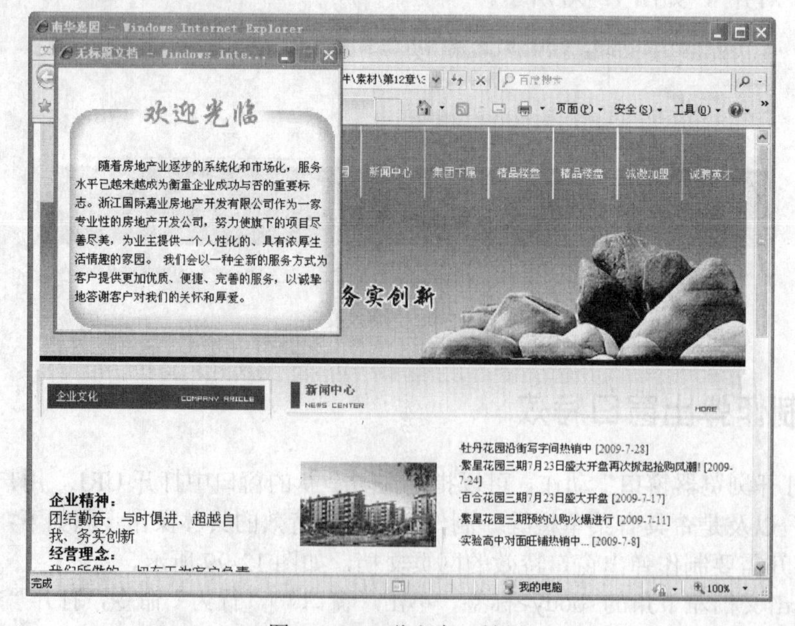

图 12-102　弹出窗口效果

12.4　交友网站设计

案例说明

目前各类专门的交友网站数不胜数，各大门户网站也纷纷开设交友频道，就连一些访问量不高的地方网站和个人网站，也都设有交友栏目。本章将通过世纪情缘交友网的制作，向读者介绍如何制作交友类网站。

知识要点

本实例网站主页整体结构采用框架型布局，顶部框架在网页的顶部，主要由 LOGO 和导航栏构成，是整个网站的导航部分，左侧框架是一幅图片，右侧框架是网站的主要内容。

案例效果

本案例效果如图 12-103 所示。

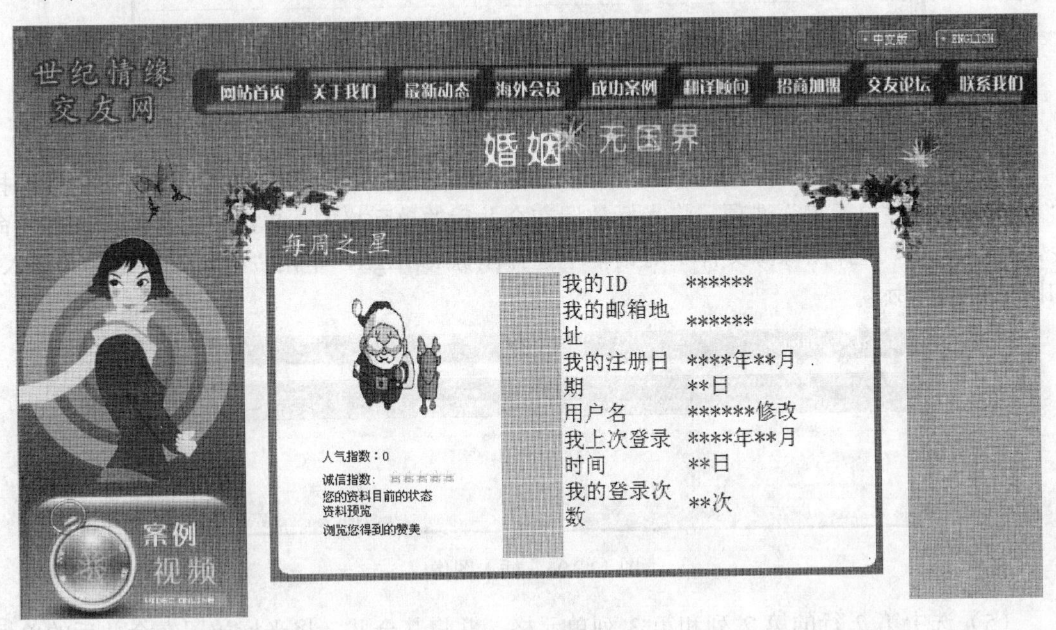

图 12-103　交友网站效果

12.4.1　制作顶部框架

顶部框架在网页的顶部，主要由 LOGO 和导航栏构成，是整个网站的导航部分。下面具体介绍顶部框架的制作方法：

（1）单击“新建”|“文件”命令，创建一个空白文档。将光标放置在页面中，单击“插入”|“表格”命令，插入一个 4 行 3 列的表格，在“属性”面板中将“对齐”设置为“居中对齐”，如图 12-104 所示。

图 12-104　插入表格并设置其属性

（2）选中第 1 列单元格的 1～3 行单元格，单击鼠标右键，在弹出的快捷菜单中选择“表格”|“合并单元格”选项，合并单元格。

（3）将光标放置在合并后的单元格中，单击“插入”|“图像”命令，打开“选择图像源文件”对话框，选择图像 top1_r1_c1.jpg，单击“确定”按钮将其插入，如图 12-105 所示。

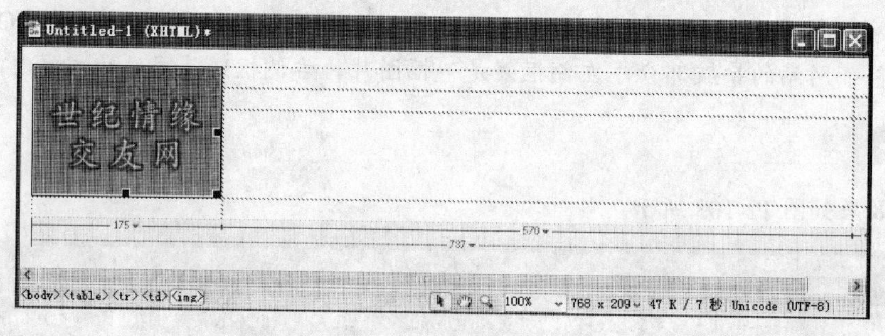

图 12-105　插入图像

（4）选中第 1 行的第 2 列和第 3 列单元格，单击鼠标右键，在弹出的快捷菜单中选择“表格”|“合并单元格”选项，将光标放置在合并后的单元格中，单击“插入”|“图像”命令，在打开的“选择图像源文件”对话框中选择图像 top1.gif，单击“确定”按钮将其插入，如图 12-106 所示。

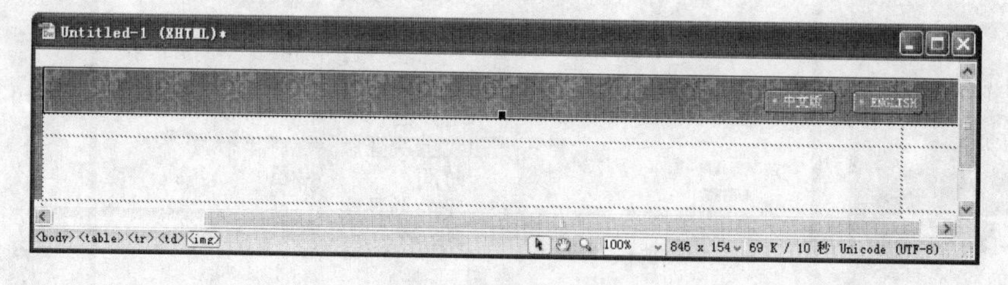

图 12-106　插入图像

（5）选中第 2 行的第 2 列和第 3 列单元格，并将其合并，将光标放置在合并后的单元格中，单击“插入”|“图像”命令，插入图像 top2.gif，如图 12-107 所示。

图 12-107　插入图像

（6）将光标放置在第 3 行第 2 列单元格中，单击“插入”|“图像”命令，插入图像 top1_r5_c3.jpg，如图 12-108 所示。

图 12-108　插入图像

（7）选中第 4 行的第 1 列和第 2 列单元格，将其合并。将光标放在合并后的单元格中，单击“插入”|“图像”命令，插入图像 top1_r6_c1.jpg，如图 12-109 所示。

图 12-109　插入图像

（8）选中第 3 行和第 4 行的第 3 列单元格，将其合并，将光标放置在合并后的单元格中，单击“插入”|“图像”命令，插入图像 top.jpg，如图 12-110 所示。至此，顶部框架制作完毕，单击“文件”|“另存为”命令，将该文档保存为模板文件 top.dwt。

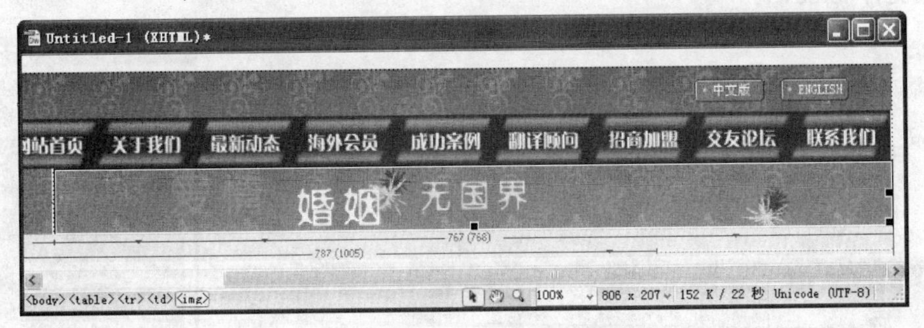

图 12-110　插入图像

12.4.2　制作左侧框架

左侧框架主要由图片构成，是固定的、不能拖动的滚动条。下面介绍左侧框架的制作方法：

（1）单击“文件”|“新建”命令，新建一个空白文档。将光标放置在页面中，单击“插入”|“表格”命令，插入一个 1 行 2 列的表格。

（2）将光标放置在第 1 列单元格中，单击“插入”|“表格”命令，插入一个 3 行 1

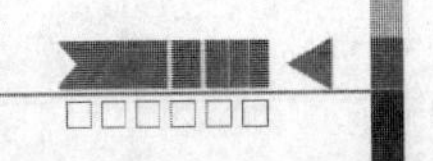

列的表格，将光标放置在第 1 行单元格中，单击“插入”|“图像”命令，插入图像 left_pic_r1_c1.jpg，如图 12-111 所示。

（3）分别在其下的两个单元格中插入相应的图像，如图 12-112 所示。

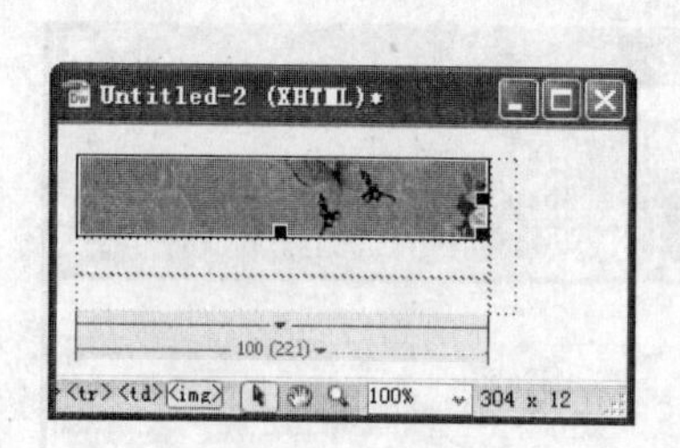

图 12-111　插入图像

图 12-112　插入其他图像

（4）将光标放置在右侧的单元格中，在“属性”面板中将“宽”设置为 14、“背景颜色”设置为#FFFFFF、“垂直”设置为“顶端”，如图 12-113 所示。

（5）将光标放置在该单元格中，单击“插入”|“图像”命令，插入图像 flower_pic1.jpg，如图 12-114 所示。至此，左侧框架制作完毕，单击“文件”|“另存为”命令，将该文档保存为模板文件 left.dwt。

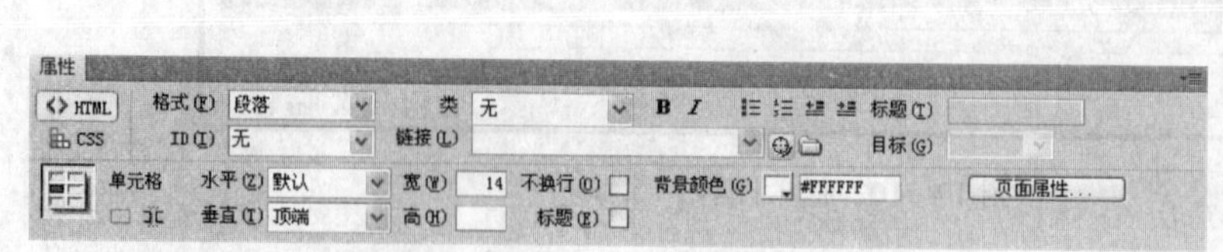

图 12-113　设置单元格属性

图 12-114　插入图像

12.4.3　制作右侧框架

右侧框架是网站的主要内容部分，主色调也是紫色，用户可以拖动滚动条来浏览网页。下面介绍右侧框架的制作方法：

（1）单击“文件”|“新建”命令，新建一个空白文档。将光标放置在页面中，单击

“插入”|“表格”命令，插入一个1行4列的表格（此表格记为表格1）。

（2）将光标放置在第1列单元格中，在“属性”面板中将“垂直”设置为“顶端”。单击“插入”|“图像”命令，在打开的“选择图像源文件”对话框中选择图像 flower_pic2.jpg，单击“确定”按钮将其插入，如图12-115所示。

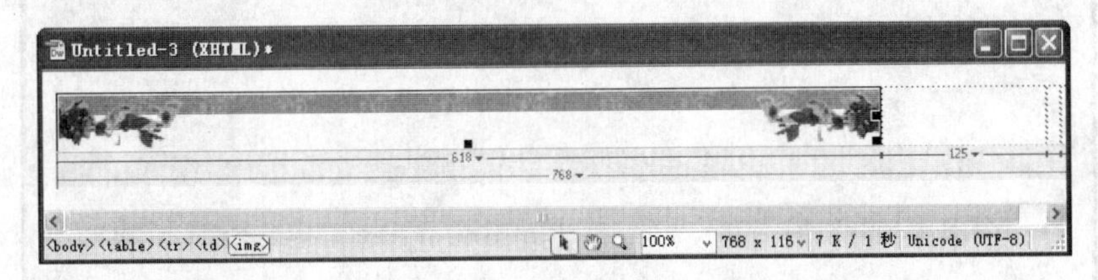

图12-115　在第1列插入图像

（3）将光标放置在第2列单元格中，在“属性”面板中将“垂直”设置为“顶端”。单击“插入”|“图像”命令，插入图像 flower_pic3.jpg，如图12-116所示。

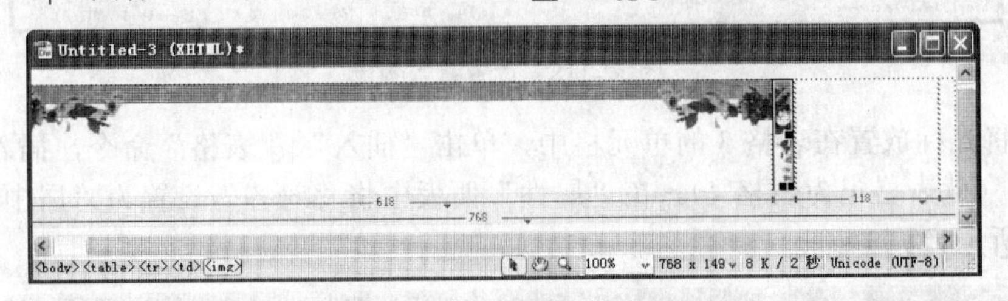

图12-116　在第2列插入图像

（4）参照步骤（3）的操作方法，在第3列单元格中插入图像 flower_pic4.jpg，如图12-117所示。

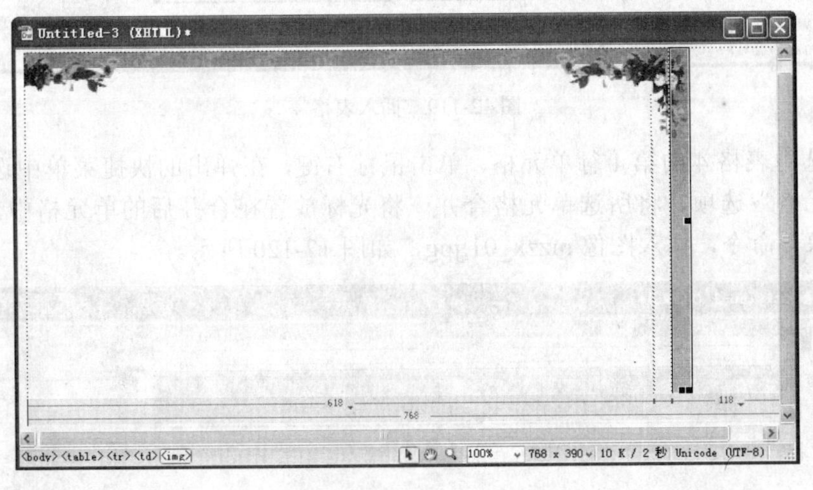

图12-117　在第3列插入图像

（5）将光标放置在第4列单元格中，在“属性”面板中设置其“背景颜色”为#F692F4，如图12-118所示。

（6）将光标放置在表格1的第1列单元格中，单击“插入”|“表格”命令，插入一个1行1列的表格（此表格记为表格3）。在“属性”面板中将“对齐”设置为“居中

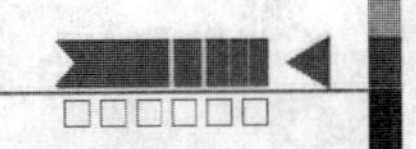

对齐”。

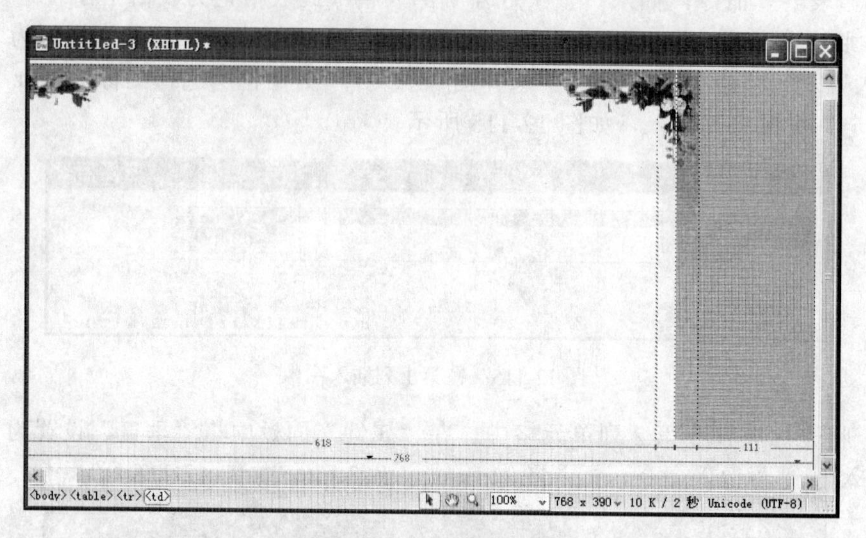

图 12-118　设置背景颜色

（7）将光标放置在表格 3 的单元格中，单击“插入”|“表格”命令，插入一个 3 行 3 列的表格（此表格记为表格 4）。在“属性”面板中将“对齐”设置为“居中对齐”，如图 12-119 所示。

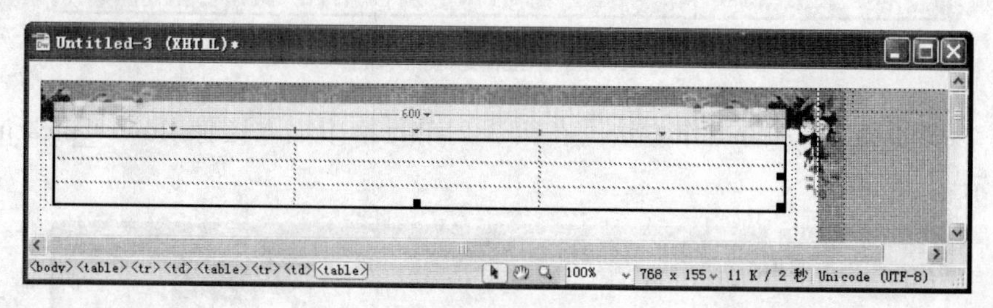

图 12-119　插入表格 4

（8）选中表格 4 的第 1 行单元格，单击鼠标右键，在弹出的快捷菜单中选择“表格”|“合并单元格”选项，将所选单元格合并。将光标放置在合并后的单元格中，单击“插入”|“图像”命令，插入图像 mzzx_01.jpg，如图 12-120 所示。

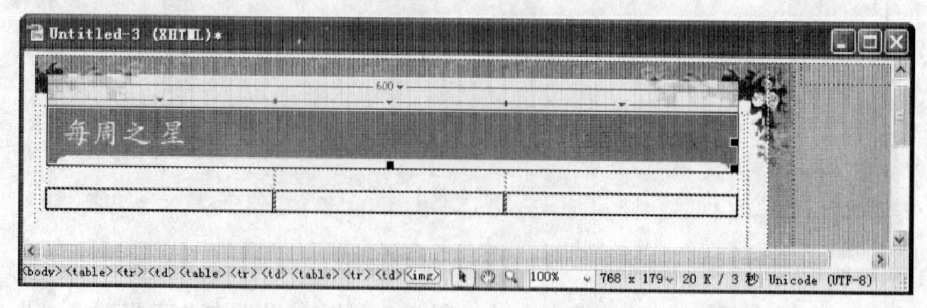

图 12-120　插入图像

（9）分别在表格 4 的第 2 行第 1 列和第 3 列单元格中插入背景图像，如图 12-121 所示。

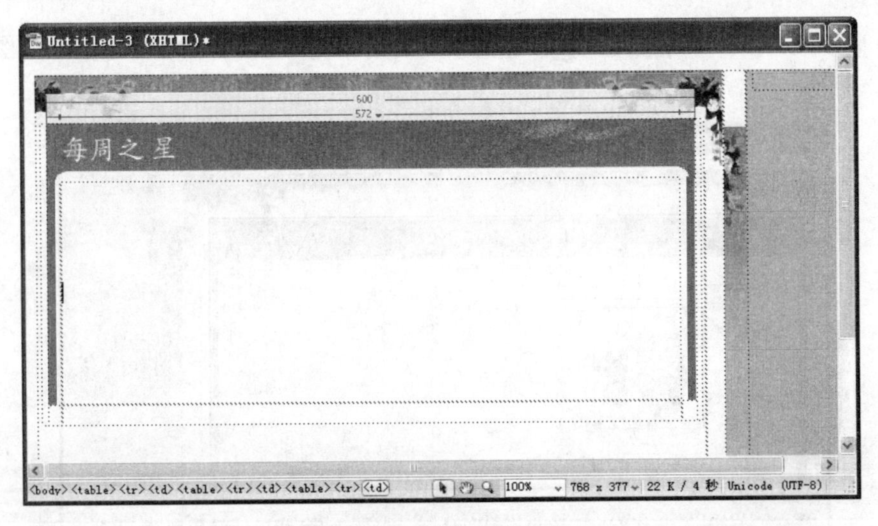

图 12-121　插入背景图像

（10）选中表格 4 的第 3 行单元格，将其合并，然后在合并后的单元格中插入图像 mzzx_05.gif，如图 12-122 所示。

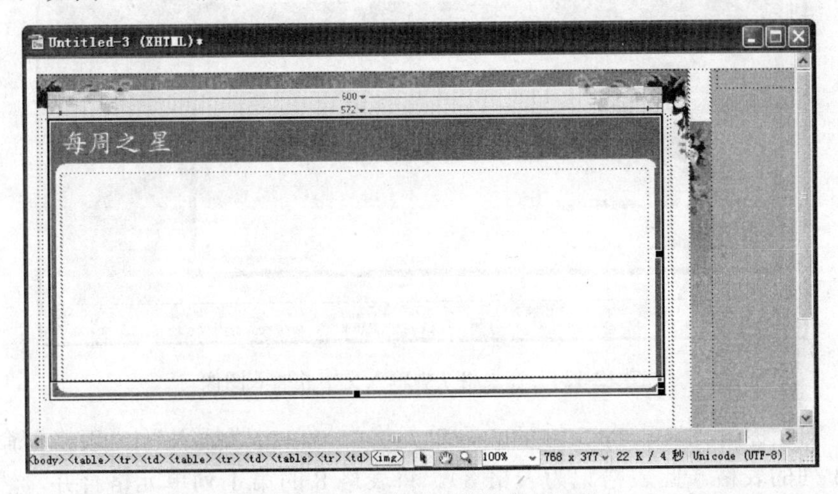

图 12-122　合并单元格并插入图像

（11）将光标放置在表格 4 的第 2 行第 2 列单元格中，单击“插入”|“表格”命令，插入一个 1 行 2 列的表格（此表格记为表格 5）。在“属性”面板中将“对齐”设置为“居中对齐”。

（12）将光标放置在表格 5 的第 1 列单元格中，单击“插入”|“表格”命令，插入一个 1 行 1 列的表格（此表格记为表格 6）。在“属性”面板中将“对齐”设置为“居中对齐”、“填充”设置为 1。将光标放置在表格 6 中，单击“插入”|“图像”命令，插入图像 2.gif，如图 12-123 所示。

（13）将光标放置在表格 6 的下方，单击“插入”|“表格”命令，插入一个 2 行 1 列的表格（此表格记为表格 7）。在“属性”面板中将“对齐”设置为“居中对齐”、“填充”设置为 2。

（14）将光标放置在表格7的单元格中，输入文字并插入相应的图像，如图12-124所示。

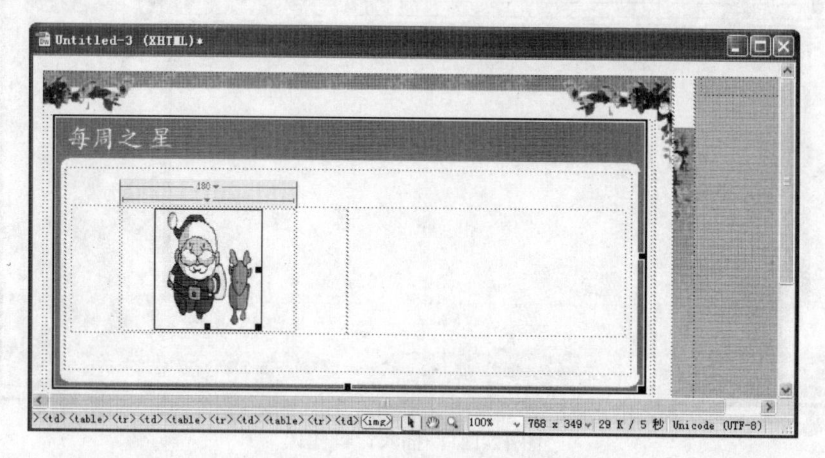

图12-123　插入表格并插入图像

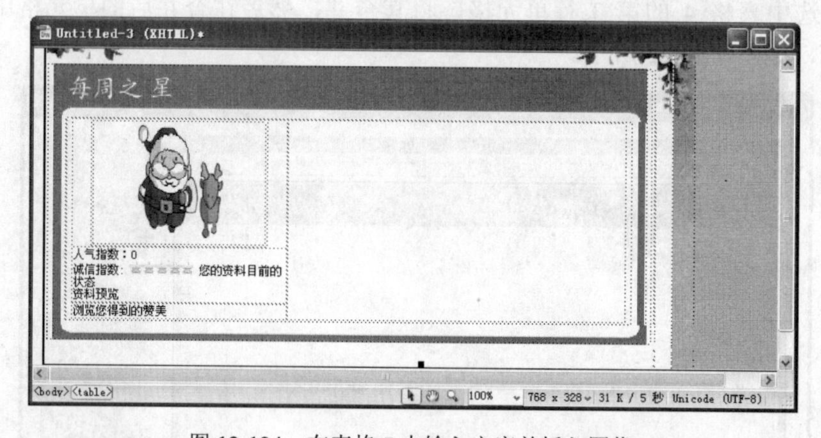

图12-124　在表格7中输入文字并插入图像

（15）将光标放置在表格5的第2列单元格中，单击“插入”|“表格”命令，插入一个7行3列的表格（此表格记为表格8）。将表格8的第1列单元格合并，然后设置其“背景颜色”为#BBE462，如图12-125所示。

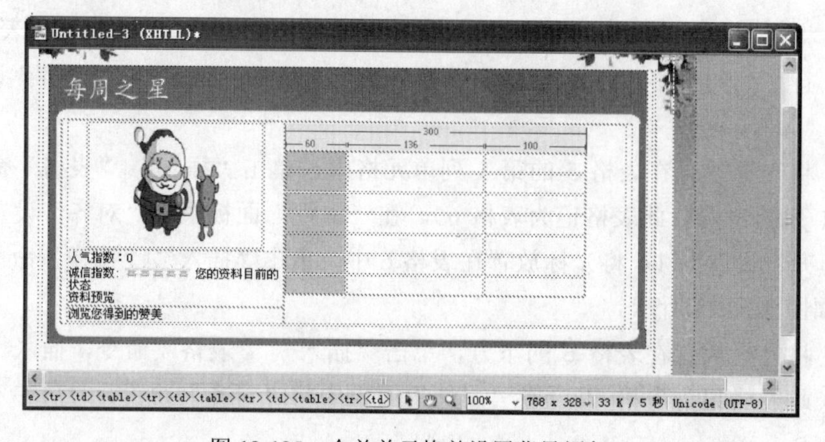

图12-125　合并单元格并设置背景颜色

（16）分别在表格 8 的其他单元格中输入相应的文字，如图 12-126 所示。至此，右侧框架制作完毕，单击“文件”|“另存为”命令，将该文档保存为模板文件 right.dwt。

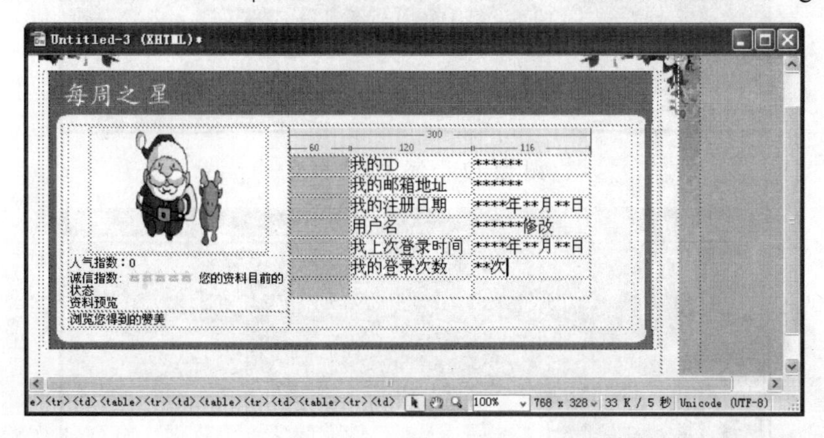

图 12-126　在表格 8 中输入文字

12.4.4　制作框架网页

下面通过使用框架集，将网站的各个框架组合起来，其具体操作步骤如下：

（1）单击“文件”|“新建”命令，在弹出的“新建文档”对话框左侧单击“示例中的页”选项卡，在“示例文件夹”列表中选择“框架页”选项，在“示例页”列表中选择“上方固定，左侧嵌套”选项，如图 12-127 所示。

（2）单击“创建”按钮，创建一个上方固定、左侧嵌套的框架网页。将光标移到顶部框架内，在打开的“资源”面板中单击“模板”按钮，然后将该面板中的 top 模板拖曳到顶部框架内，并重新调整顶部框架的高度，效果如图 12-128 所示。

（3）将光标移到左侧框架内，在“资源”面板中将 left 模板拖曳到左侧框架内，并重新调整左侧框架的宽度，效果如图 12-129 所示。

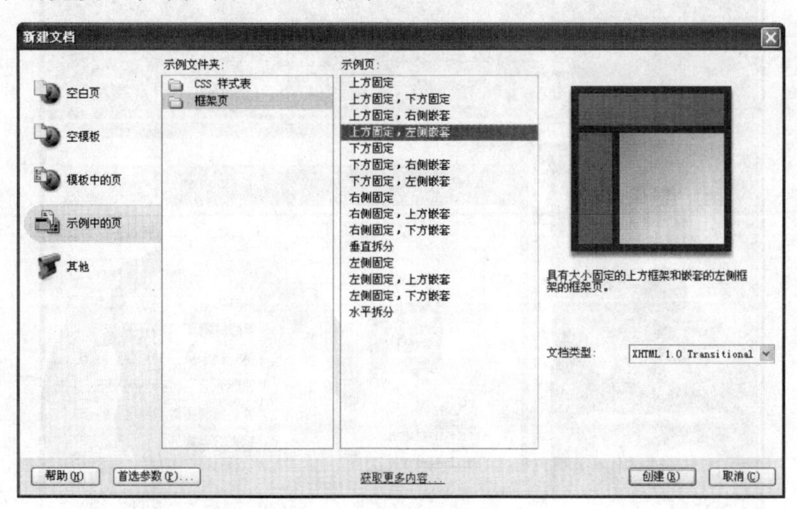

图 12-127　选择示例页

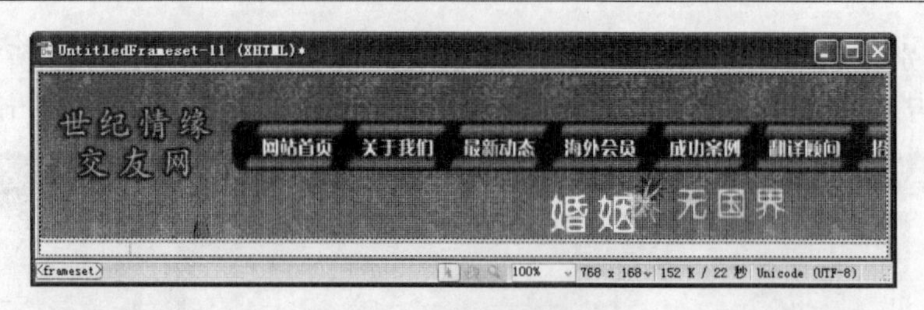

图 12-128　添加顶部框架

图 12-129　添加左侧框架

（4）将光标移到右侧框架内，在“资源”面板中将 right 模板拖曳到右侧框架内，效果如图 12-130 所示。

图 12-130　添加右侧框架

（5）单击“修改”|“模板”|“从模板中分离”命令，使右侧框架变为可编辑状态，然后将整个框架全部保存，按【F12】键可预览此网页，效果如图 12-131 所示。

图 12-131　整个网页效果

附录　习题参考答案

第1章

一、填空题

1．超文本信息　超文本链接　固定线性　跳转到其他位置　单击鼠标左键　多链接性　Web

2．六　图形化的界面　兼容的系统平台　交互式的操作　分布式的存储　信息的时效性　Web的可设计性

3．域名　.com　.net

二、思考题

（略）

三、上机操作

（略）

第2章

一、填空题

1．一系列文档的组合　链接　Web　本地存储

2．网站主题　网站名称

3．树形的目录结构　本地站点　远程站点　Web服务器上　远程站点

4．本地站点　远程站点　上传　下载　上传/下载

二、思考题

（略）

三、上机操作

（略）

第3章

一、填空题

1．超文本标记　WWW　表示符号　格式　网络

2．<HTML></HTML>　超文本标记　<head></head>　不显示出来　<title></title>　浏览器的标题栏中　<body></body>　浏览器

3．“编辑”|“首选参数”　文档选项　显示欢迎屏幕

4．保存文档　另存文档　存储所有文档　将文档保存为模板　“文件”|“全部关闭”　【Ctrl+Shift+W】

5．“插入”|HTML|“文件头标签”|Meta　META　“插入”|HTML|“文件头标签”|“关键字”　关键字　关键字　逗号

6．自动刷新　自动跳转　“插入”|HTML|“文件头标签”|“刷新”　刷新　延迟　转到URL

二、思考题

（略）

三、上机操作

（略）

第4章

一、填空题

1．Delete Back Space　Enter　Shift+Enter　Ctrl+Shift+Space

2．编辑字体列表　编辑字体列表

3．项目　编号　定义　项目　项目列表　编号　编号列表

4．层叠样式单　格式设置规则

5．选择器　声明　选择器　声明　声明　属性　值

二、思考题

（略）

三、上机操作

（略）

第5章

一、填空题

1. 链向位置　站内　创建文档之间　锚链接　长篇文章　技术文件　锚记　锚记

2. 文件链接　邮件链接　脚本链接　脚本链接　JavaScript　脚本链接　JavaScript 脚本　JavaScript 函数　E-Mail 链接　跳转到相应的网页上　下载相应的文件　启动计算机中相应的 E-Mail 程序

3. 绝对　相对　相对　相对　当前站点所在　协议　域名　IP 地址　绝对　绝对　其他站点　当前站点

4. 热点　热点　链接区　链接区　规则的　不规则的　矩形　椭圆　多边形

5. 目标　四　_blank　_parent　整个浏览器窗口　_self 方式　默认的　_top 方式

二、思考题

（略）

三、上机操作

（略）

第6章

一、填空题

1. 像素　叠加层次　可见与不可见　移动和调整层

2. Ctrl

3. 框架集　单个框架　框架集　单个框架　框架集

4. Alt

二、思考题

（略）

三、上机操作

（略）

第7章

一、填空题

1. 前景　背景　前景　背景

2. 前景图像　并列显示　直接输入　拷贝的　外部文件

3. 背景图像　背景　并列放置　背景　背景图像

4. “编辑”　外部图像编辑程序

5. 状态图像　鼠标经过图像　按下图像　按下时鼠标经过图像

二、思考题

（略）

三、上机操作

（略）

第8章

一、填空题

1. 矢量　Flash 插件

2. 设置 Flash 对象动画的名称　脚本设置 Flash 对象对应的存放路径　直接输入文件的存放路径　“自动播放”　“播放”

二、思考题

（略）

三、上机操作

（略）

第9章

一、填空题

1. 具有固定格式　新建的文档　有格式　具有相同布局　在每个文档中输入不同的内容

2. dwt　Templates　创建模板　HTML 文档　创建一个空白模板

3. 可编辑区域　锁定区域　可编辑区域　锁定区域　锁定　可编辑

4. 直接在空白模板中创建可编辑区域　将现有的模板内容标记为可编辑区域

5. 库　图像　表格　声音　Flash 影片

6. 库项目　lbi　更新

二、思考题

（略）

三、上机操作

（略）

第10章

一、填空题

1．结构化　收集　发布　网站管理员　访问者　前台显示程序　后台处理程序　客户/服务器关系模式

2．前台显示程序　文本框　单选按钮　复选框　列表　菜单　按钮　后台处理程序　应用程序来处理表单的内容　发送到特定的E-mail邮箱中

3．“表单”　文本域　按钮　列表框　单选按钮　“文本字段”　字母　数字　文本项　单行方式　多行方式　密码方式

4．复选框　单选按钮　互相排斥

5．文件域　空白文本域　“浏览”按钮　浏览计算机上的文件　这些文件作为表单数据上传

二、思考题

（略）

三、上机操作

（略）

第11章

一、填空题

1．为响应某一事件而采取的一个操作　JavaScript　动作　操作　用于触发这个操作

2．事件　动作　事件　动作　JavaScript　事件　OnLoad动作

3．定义　产生　执行　页面　HTML标记　动作　动作　用来触发动作

4．JavaScript　内置　可视化界面　一行一行地去编写那些复杂的程序

5．整个文档　链接　图像　表单元素　其他任何HTML元素　浏览器　多

二、思考题

（略）

三、上机操作

（略）